美国对华科技竞争战略与中国数字经济创新发展研究

王达　李征◎著

世界知识出版社

序　言

近年来，世界百年未有之大变局加速演进，新一轮科技革命和产业变革深入发展，国际力量对比深刻调整，我国发展面临新的战略机遇。同时，世纪疫情影响深远，逆全球化思潮抬头，单边主义、保护主义明显上升，世界经济复苏乏力，局部冲突和动荡频发，全球性问题加剧，世界进入新的动荡变革期。对此，可以从地缘政治、世纪疫情、技术创新以及制度变迁四个方面，对中国发展所处的百年变局做一个概览。

从地缘政治角度来看，主要大国之间的地缘政治关系趋于紧张。一方面，在美国的主导下，中美关系从"互利共赢"转向"全面竞争"，全球前两大经济体之间的互动交流陷入低谷；另一方面，美国领导的北约与俄罗斯加剧对抗，乌克兰危机的爆发对世界经济产生了巨大冲击。从世纪疫情角度来看，新冠肺炎疫情推动世界经济格局分化调整，冲击全球贸易、金融与治理体系，经济全球化向周边化、区域化、集团化、安全化转型。从技术创新角度来看，数字技术引领的科技创新正在重塑国际权力结构并成为国际战略竞争的核心。数字经济发展领域的国际竞争日趋激烈，中国在数字技术创新和数字经济发展领域呈现出赶超美国之势，广大发展中国家也面临难得的历史性发展机遇。从制度变迁角度来看，经过了半个多世纪的演变，世界经济多极化趋势日益明显，美国难掩霸权实力的衰落，第二次世界大战后确立的传统治理体系和制度框架日益僵化，在诸多领域陷入失灵，已经难以适应新时期全球经济和社会的发展变化，新兴双边和多边治理机制蓬勃发展，发展中大国在全球治理中地位不断提升。

人类社会处于"百年变局"，学术研究开启"黄金时代"。解码百年变局，厘清发展大势，把握核心问题，探寻应对之道，是学界同人需要认真思考和回答的时代之问。本书尝试着从不同的角度，对这一宏大的问题进行理性的思辨和审慎的回应。本书的研究主要从以下五个方面渐次展开。

第一，科技创新重塑国际权力结构并成为国际战略竞争的核心。当今世界正处在新一轮科技革命与产业变革深入发展的重要历史时期。以第五代移动通信技术（5G）、人工智能以及量子计算等为代表的数字技术创新，正在重塑国际权力的内涵与形态。基于技术的权力已成为支撑其他国际权力的基础；而围绕技术权力的争夺和秩序构建，将成为国际战略竞争的核心。在新一轮科技革命的塑造下，国际权力的博弈与互动模式突破了地理空间的限制，国际权力的基础正在相当程度上被技术权力所替代。因此，打造科技实力成为支撑传统霸权体系的重要支柱。有学者认为，国际权力结构的质变推动国际政治从"地缘政治时代"走向"技术政治时代"，进而孕育出"技术政治战略"，围绕新技术权力的国际战略布局已经全面展开。

第二，数字经济背景下科技竞争成为影响中美博弈的关键。数字经济时代中美博弈的特殊之处在于：数字经济成为财富的主要来源。网络技术迭代速度快，技术垄断和跨越式竞争并存，技术标准制定权的竞争日益成为国际规则制定权的重点。数字经济时代的这些特点对大国的改革能力提出了新要求——中美两国谁能集中更多力量于科技创新，谁能通过改革使有限的资源发挥出最大的创新成果，谁就有希望在大国博弈中最终胜出。因此，中美两国都必然会深度介入科技创新，以争取科技创新能力的长期优势。

第三，中国的数字技术创新和数字经济发展呈赶超美国之势。近年来，数字经济发展领域的国际竞争日趋激烈。作为未来数字经济发展的核心基础设施之一，5G通信网络是传统产业升级和数字经济创新的助推器，5G通信技术也因此成为全球高科技领域竞争的制高点。在此背景下，中国在5G标准制定、网络建设以及设备制造方面形成的全球竞争力，既为自身数字经济创新提供了强大的技术支持和基础设施保障，也在全球层面对美国的创新优势构成了挑战。此外，中国在大数据、人工智能、量子计算等普遍被视为推动新一轮产业革命的核心技术领域，不仅展现了强大的创新能力，而且呈现出赶超美国的技术优势并引领全球技术发展和商业模式创新的巨大潜力。

第四，美国对华战略转向并推出"全政府"对华科技竞争战略。在中国科技创新能力迅速崛起的背景下，美国对华战略也发生了根本性变化。特朗普政府在《2019财年国防授权法案》中明确提出"全政府"竞争这一新的对华战略，即综合使用经济、政治、外交、军事、信息战等各种手段赢得与中国的战略竞争。2020年5月20日，白宫发布了《美国对中华人民共和国的战略方针》报告，明确了美国将同中国在经济、技术、安全、制度等各个领域开展长期竞争。拜登政府在2022年《美国国家安全战略》中将中国定位为"唯一一个既有重塑国际秩序意愿，又有强大实力实现这一目标的战略竞争对手"。拜登政府通过组建"印太经济框架"以及"芯片四方联盟"等一系列手段，旨在通过多边渠道对中国的科技创新能力进行围堵与遏制。

第五，中国在数字经济时代的发展与安全面临美国的严峻挑战。中国日渐强大的科技创新能力以及以此为基础的数字经济创新体系，是美国对华"全政府"科技遏制战略的重点。在美方的主导和推动下，中美科技竞争不断加剧，并在事关国家安全的核心技术领域呈现出"脱钩"态势。中美科技"脱钩"趋势所带来的巨大不确定性，对中国高端制造业以及高科技产业发展产生了直接冲击，对中国的国家经济安全构成了严重威胁，使中国数字经济创新发展的可持续性面临巨大挑战。因此，深入研究美国对华战略转变，尤其是"全政府"科技遏制战略，从理论层面剖析中美科技竞争对中国国家经济安全产生的复杂影响，从实践层面跟踪美国科技创新战略与具体措施的制定与执行情况，从政策层面回应我国维护数字经济创新发展大局的重要关切，无疑具有极为重大而紧迫的战略意义。

显然，无论是中美科技竞争还是数字经济创新发展，都是百年变局下的时代主题，本书试图将二者相结合，探讨美国"全政府"对华科技竞争战略对中国数字经济创新发展的影响。作为一项探索式研究，本书还存在很多不足，例如逻辑链条的构建还不甚严密，数据资料的引证也未必全面，对于量化分析方法的使用也不够充分，等等。如果说数字技术创新所引领的新一轮产业革命已经到来的话，人类社会必将随之进入一个新的时代，中国的发展和中美关系也将进入新的历史阶段。我们衷心希望能够有越来越多的业界同人关注中美科技关系的变化及其对中国发展以及对世界格局演变的影响。愿中美两国能够走出"守成国"与"崛起国"遏制与反遏制的历史循环，在数字经济时代共同开创人类社会更加美好的未来。

目　录

序　言 1

第一章　绪　论 1
 第一节　研究背景与意义 1
 第二节　相关文献综述 3
 第三节　结构安排与研究方法 31
 第四节　创新之处与不足 34

第二章　相关理论、逻辑主线与分析框架 37
 第一节　相关理论与概念界定 37
 第二节　本书的逻辑主线与分析框架 49

第三章　科技在美国国家经济安全战略中的地位 60
 第一节　冷战后美国国家安全战略重心的转移 60
 第二节　冷战后美国国家经济安全战略演变的逻辑与原则 77
 第三节　科技在维护美国国家经济安全中的作用 85
 第四节　美国保持科技领先优势的战略定位与举措 99
 第五节　小　结 120

第四章　美国对华"全政府"科技竞争战略的形成 121
 第一节　冷战后中美经济关系的演变历程与发展趋势 121

I

第二节　美国对华科技合作政策向科技竞争战略的转变............142
　　第三节　美国对华实施"全政府"科技竞争的原因............162
　　第四节　小　结............184

第五章　美国对华"全政府"科技竞争的战略举措　186
　　第一节　以行政管制方式遏制涉华技术出口与投资............187
　　第二节　以司法诉讼方式精准打击中国高科技企业............200
　　第三节　以外交施压方式构建围堵中国的多边联盟............215
　　第四节　拜登政府对华科技竞争战略的调整............226
　　第五节　小　结............246

第六章　美国科技竞争战略对中国数字经济创新的冲击　248
　　第一节　评估对中国数字经济影响的四个维度............248
　　第二节　对中国基础理论研究与技术创新活力的抑制............255
　　第三节　对中国形成和推广技术标准与行业规范的冲击............266
　　第四节　对中国核心元件研发与装备制造能力的遏制............278
　　第五节　对中国数字经济领域商业模式创新的影响............297
　　第六节　小　结............308

第七章　美国科技竞争战略下中国数字经济的创新发展　310
　　第一节　中美数字经济发展概况——基于数字经济创新指数的分析............310
　　第二节　中美数字经济创新竞争态势的变化............323
　　第三节　数字经济发展战略与治理模式的国际比较............333
　　第四节　中国数字经济创新发展的战略定位............347
　　第五节　中国数字经济创新的"一体两翼三驱动"战略............355
　　第六节　小　结............368

第八章　结　论 369

参考文献 374

附　录 387

后　记 390

图表目录

图 2-1　本书的分析框架 51
图 3-1　2019年全球集成电路（IC）市场份额 91
图 3-2　2017年各国（地区）出口的外国增加值占比 92
图 3-3　微笑曲线变化趋势 93
图 3-4　2006—2018年美国经济整体增速与数字经济增速
　　　　（实际GDP） 96
图 3-5　2005—2018年美国主要数字经济产品实际GDP增加值 96
图 3-6　美国数字服务贸易额与占服务贸易总额比重 97
图 3-7　2010—2017年美国研发投入各部门占比 104
图 4-1　1992—2019年中美贸易依存度的变化情况 124
图 4-2　1992—2019年中美贸易依存度的变化情况（续）......125
图 4-3　2001—2019年美国对华贸易逆差 129
图 4-4　2000—2020年中美合著论文数量 144
图 4-5　1953—2017年美国研发投入各部门占比（%）..........145
图 4-6　2000—2017年主要国家研发支出占GDP比重 151
图 4-7　主要国家科学与工程论文引用率指数 152
图 4-8　全球高研发密集型产业附加值国别分布变化 176
图 4-9　全球中高研发密集型产业附加值国别分布变化...........176
图 4-10 中国占美国跨国公司总产品与计算机和电子产品海外
　　　　附加值比重 178

图 6-1　评估美国科技遏制战略对中国数字经济创新影响的
　　　　四个维度 254
图 6-2　2000—2019 年中美信息通信技术产业投资额 280
图 6-3　中美信息通信技术产业贸易依存度 281
图 6-4　芯片产业生产链 286
图 6-5　2009—2018 年中国芯片产业市场结构变化 287
图 6-6　传统经济企业创新模式 300
图 6-7　数字经济数据驱动型创新模式 300
图 7-1　2019 年各国数字服务贸易壁垒指数 322
图 7-2　国家数字经济治理竞争力内部结构示意 323
图 7-3　云计算模式 328
图 7-4　边缘计算模式 328
图 7-5　2014—2020 年中国大数据产业市场规模 331

表 1-1　数字经济实践的三个细分领域的相关研究综述 29
表 3-1　1987 年以来历届美国政府发布的《国家安全战略》
　　　　报告重点 73
表 3-2　奥巴马和特朗普政府的科技战略优先发展领域 102
表 3-3　2000—2017 年美国研发支出额 104
表 4-1　1992—2019 年中美双边贸易额的增长 122
表 4-2　2006—2015 年美国对华贸易壁垒事件数量 127
表 4-3　中国科技企业在美研发活动 146
表 4-4　主要国家研发投入及占全球研发总投入比重 151
表 4-5　全球 5G 专利族数量企业排名和国家专利数量占比 153
表 4-6　2013 年和 2018 年中美两国贸易结构 170
表 4-7　主要国家和地区的全球价值链（GVC）参与度情况 175
表 4-8　美国跨国公司的海外增加值分布 177

表4-9	2018年中国高技术产品进出口额按技术领域分布	182
表4-10	全球市值前十大互联网公司	183
表5-1	驱逐留学生政策对美国经济的短期影响估算	217
表6-1	中美科技型企业人工智能产业技术领域布局	259
表6-2	2016—2019年中国研究者参与的科学与工程领域国际合著论文	266
表6-3	2000—2019年中国对美信息通信技术产品进出口额	279
表6-4	2014—2019年中美信息通信技术产业贸易额按产品类别分布	282
表6-5	2010—2019年中美知识产权使用服务贸易额	283
表6-6	华为公司的主要美国供应商	284
表7-1	国内外数字经济相关指标体系一览表	311
表7-2	数字经济创新指标体系	314
表7-3	指标数据来源	315
表7-4	数字经济创新指数国家排名	317
表7-5	2018年数字经济创新前25名的国家分项指数得分	318
表7-6	中美数字贸易规则主张对比	321
表7-7	《通用数据保护条例》典型案件与处罚金额	341

附表1	2018年各国数字经济创新指数分项（一级指标）得分	387
附表2	2018年各国数字经济创新指数分项（二级指标）得分	388

第一章
绪　论

第一节　研究背景与意义

一般而言，数字经济是由信息技术与实体经济深度融合产生的新经济形态。随着全球经济步入真正意义上的大数据时代，以可再生的数据资源驱动的数字经济增长模式受到各国的高度重视。近年来，数字经济发展领域的国际竞争日趋激烈，主要大国纷纷布局数字经济创新。美国依托其强大的科学技术实力和创新能力，在数字经济领域形成了综合竞争优势；而中国则凭借在数据规模、商业模式创新应用以及数据基础设施建设方面的相对优势，在全球数字经济竞争格局中占据了重要的一极。

从技术层面来看，先进的数字技术和发达的网络设施是一国数字经济创新发展的基础。由于第五代移动通信（简称5G）技术具备大带宽、高可靠和低时延等特征，因此其能够与工业互联网、人工智能、机器人以及纳米技术等创新深度融合，从而提高改善现有行业的技术水平，催生更多新兴业态。作为未来数字经济发展的核心基础设施之一，5G通信网络是传统产业升级和数字经济创新的助推器，5G通信技术也因此成为全球高技术领域竞争的制高点。在此背景下，中国在5G标准制定、网络建设以及设备制造方面形成的全球竞争力，既为自身数字经济创新提供了强大的技术支持和基础设施保障，也在全球层面对美国的创新优势构成了挑战。"美国国会中国经济与安全审查委员会"

（USCC）在向国会提交的2018年年度报告中直言不讳地指出，中国公司不仅成为信息技术和网络设备制造领域的全球领导者，而且在5G标准制定与布局方面的地位不断提升；中国对物联网和5G技术的支持、美中之间密切交织的供应链以及中国在经济与军事领域与美国之间的竞争，在经济、安全、供应链和数据隐私方面给美国带来了巨大风险。

更为重要的是，2008年国际金融危机后，中国的崛起已经成为能够对国际格局以及中美关系产生影响的最大变量。唐纳德·特朗普（Donald Trump）执政以后，中美关系开始发生质变：2017年12月18日，《美国国家安全战略报告》首次将中国确立为美国的"战略竞争对手"和"修正主义国家"；2018年1月19日，《美国国防战略报告》将中国称为"敌手"；同年1月30日，特朗普总统在其执政以后的首个《国情咨文》中，更是将中国定性为"挑战美国利益、经济和价值观的'对手'"。基于对中国"角色认知"的转变，美国政府将其对华政策由"接触"调整为"规锁"，并在《2019财年国防授权法案》中明确提出"全政府"竞争这一新的对华战略，即综合使用经济、政治、外交、军事、信息战等各种手段赢得与中国的战略竞争。2020年5月20日，白宫发布了由美国国防部提交的《美国对中华人民共和国的战略方针》报告。该报告全面阐述了美国"全政府"对华竞争战略的基本方针与策略，且措辞强硬、立场坚定。报告明确了美国对华战略的定位，即同中国在经济、技术、安全、制度等各个领域开展长期竞争。报告再次表明，中美关系已经进入一个以战略竞争为主基调的新时期。

尽管乔·拜登（Joe Biden, Jr）于2021年1月20日正式就任美国总统后，对特朗普政府的内政和外交政策进行了大幅调整，但是在对华政策方面仍然保持了强硬的立场。学术界一般普遍认为，美国政府的对华战略已经发生了根本性的转变。在此背景下，中国日渐强大的技术创新能力以及以此为基础的数字经济创新体系，成为美国对华"全政府"科技竞争战略关注的重点；而中国的5G通信技术，更是成为其遏制的首要目标。因此，对美国对华"全政府"科技竞争战略进行深入的研究，并基于这一研究，有针对性地提出中国数字经济的创新发展战略，不仅具有紧迫性，而且具有重大的理论意义和现实意义。

本研究的理论价值主要体现在两个方面：第一，通过对美国对华"全政府"科技竞争战略这一新动向展开深入研究，推动国内学术界对中美双边经济关系，特别是如何避免陷入"修昔底德陷阱"这一重大理论和现实问题进行深入的思考；第二，通过对美国对华"全政府"科技竞争战略的研究，从制度、贸易以及金融等层面，进一步深化对数字经济创新的理论研究。本研究的现实意义则体现在：第一，为中国决策部门如何应对美国对华"全政府"科技竞争战略，提供理论支持和政策建议；第二，为中国的相关市场主体推动数字经济在中国的创新发展提供智力支持和决策参考。

第二节 相关文献综述

一直以来，中美两国的政治、经济、科技关系等问题都是国内外学术界关注的热点领域。2017年以来，国内外学者聚焦美国对华战略发生重大转变这一现实，深入分析了其原因和影响。学者们对美国的国家安全体制和出口管制、安全审查、知识产权等制度的研究，诠释了美国维护全球科技领导地位的途径和方式。此外，学术界还对数字经济时代经济运行的诸多新现象和规律展开了广泛讨论，从而为本书研究数字经济时代的中美科技竞争以及中国数字经济创新发展战略提供了丰厚的理论积淀。

一、对美国对华战略转变的一般性讨论

国内外学者对美国对华战略发生根本性转变这一观点已基本达成共识。特朗普政府自2017年12月以来在《美国国家安全战略》和

《美国国防战略》等一系列有关报告中,将中国定义为"战略竞争对手""修正主义国家"和"敌手",将对华竞争上升到"'自由'世界秩序与'压制性'世界秩序之间的地缘政治竞争"的高度。① 特朗普政府的国家安全理念在全球战略界引发了密切关注和广泛讨论。新美国安全中心科技与国家安全项目研究员马丁·拉瑟(Martijn Rasser)和梅根·兰博斯(Megan Lamberth)指出,崛起的中国对美国及盟国的经济活力、国家安全以及世界各地的自由民主价值观构成了根本性挑战,与能力强大且资源丰富的中国进行战略竞争,使美国面临史上前所未有的"威胁"。② 美国学者罗伯特·萨特(Robert Sutter)认为,为实现大国竞争的"可操作化",美国政府在涉华政策领域大力构建竞争理念、竞争话语、竞争心态以及竞争氛围,加紧制定和实施"全政府"对华竞争战略,旨在通过美国式的"举国体制",在诸多领域强化针对中国的竞争。③ 有国内学者认为,特朗普政府将中国作为战略竞争对手加以遏制,意在消除中国对美国全球领导地位的威胁和挑战;④ 中美关系发生质变可以概括为美国的对华政策已经由"接触"调整为"规锁"⑤。"规锁"政策的核心是要规范中国的行为,锁定中国经济增长的空间和水平,从而把中国的发展方向和增长极限控制在无力威胁或挑战美国世界主导权的范围以内。

一些学者比较深入地讨论了美国对华战略转变的国际背景和历史背景。美国学者罗伯特·卡根(Robert Kagan)指出,特朗普并无承担维系全球秩序的责任,其奉行的"美国优先"理念意味着现行全球

---

① 赵明昊:《特朗普执政与中美关系的战略转型》,《美国研究》2018年第5期。
② Martijn Rasser, Megan Lamberth, "Taking the Helm a National Technology Strategy to Meet the China Challenge," *Report of Technology & National Security*, January 13, (2021).
③ Robert Sutter, "Pushback: America's New China Strategy," *The Diplomat* 2 (2018).
④ 孙海泳:《美国对华科技施压战略:发展态势、战略逻辑与影响因素》,《现代国际关系》2019年第1期。
⑤ 张宇燕、冯维江:《从"接触"到"规锁":美国对华战略意图及中美博弈的四种前景》,《清华金融评论》2018年第7期。

秩序的终结。① 得克萨斯大学奥斯汀分校的历史学教授杰里米·苏瑞（Jeremi Suri）指责特朗普政府通过"对自由主义国际秩序发动直接攻击的方式"②增强美国实力，从而使世界陷入了巨大的衰退，这一秩序包括建立多边贸易体系和联盟以维护美国利益并吸引其他国家遵从美国的生活方式。有学者在印度—太平洋地区各国相互牵制和权力动态转移的大背景下，对中美战略竞争问题展开了深入研究；③ 还有学者认为，全球危机、政治动乱、民族主义的兴起等因素威胁着美国在东欧、亚洲的霸权地位，怀着对国际体系发生重大变化的预期，美国加速了对"自由秩序"的瓦解。④ 诺贝尔经济学奖得主约瑟夫·斯蒂格利茨（Joseph Stiglitz）指出，在二战后建立的全球地缘经济和政治秩序已无法支撑21世纪的新格局，特朗普政府对华"贸易战"加速了反全球化的保护主义新纪元的到来。⑤ 在中美经济关系发生重大转变的新形势下，有学者认为，美国对华战略转变是对中国"一带一路"倡议作出的战略回应；⑥ 美国《纽约时报》评论员大卫·布鲁克斯（David Brooks）提出，中国在经济、技术方面对美国和全球秩序的挑战，从根本上改变了美国自由主义的思维方式，使美国社会与民主、共和两

---

① Robert Kagan, "Trump Marks the End of America as Worlds Indispensable Nation," *Financial Times* 19 (2016).

② Jeremi Suri, "How Trump's Executive Orders Could Set America Back 70 Years," *Atlantic* 27 (2017).

③ Enrico Fels, *Shifting Power in Asia–Pacific? The Rise of China, Sino-US Competition and Regional Middle Power Allegiance* (Cham, Switzerland: Springer, 2016), p. 788; He Kai and Mingjiang Li, "Understanding the Dynamics of the Indo-Pacific: US–China Strategic Competition, Regional Actors, and Beyond," *International Affairs* 96, no.1 (2020): 1-7.

④ Patrick Porter, "A World Imagined: Nostalgia and Liberal Order," *Cato Institute Policy Analysis* 843 (2018): 1-24.

⑤ Joseph E. Stiglitz, *Globalization and Its Discontents Revisited: Anti-globalization in the Era of Trump* (WW Norton & Company, 2017).

⑥ Jonathan Hillman, "China's Belt and Road Initiative: Five Years Later," *Center for Strategic & International Studies* 25 (2018).

党开始团结起来。① 还有研究进一步指出，两党在对华态度上达成共识说明对华强硬将是美国的一项长期战略，美国需要对如何管理中美关系并保护美国利益进行超越"互惠"原则的行动。②

也有一些学者从美国政治派系对华立场的分化与合流这一角度探讨了美国对华战略的转变。有美国学者认为，美国精英群体对中国的认知发生了巨大转变，随着中国实力的崛起，一直以来美国上层社会对将中国变为所谓的自由民主和市场经济国家的想法已逐渐消减。③ 还有学者指出，自尼克松总统时期美国便将推动中国融入自由主义的国际秩序作为其最重要的目标之一，但这种"中国幻想"（The China Fantasy）在特朗普政府时期已销声匿迹。④ 自中美关系正常化以来，中国的发展现状与美国的期望之间的差距越来越大，美国政府高估了其塑造中国、影响中国发展轨迹的能力。⑤ 美国按其价值观塑造中国的想法源自"美国例外论"这一观念的驱使。⑥

与此同时，学者们对于中美大国竞争的本质进行了比较深入的研究。美国著名学者萨缪尔·亨廷顿（Samuel H. Huntington）在《文明的冲突与世界秩序的重建》一书中指出，冷战后世界冲突的根源不再是意识形态，而是文化方面的差异，主宰全球的将是"文明的冲突"⑦。芝加哥大学教授约翰·米尔斯海默（John J. Mearsheimer）则在《大国政治的悲剧》一书中指出，大国竞争实质上是政治上的囚徒困境——

---

① David Brooks, "How China Brings Us Together," *New York Times*, February 15, (2019).

② Peter Mattis, "From Engagement to Rivalry: Tools to Compete with China (August 2018)," *Texas National Security Review* (2018).

③ Taylor G, "Steve Bannon in Japan, Rail Against China's 'Hegemonic' Ambitions," *The Washington Times*, November 15, (2017).

④ Gordon G. Chang, "The Great Fall of China," *The National Interest* 154 (2018): 64-72.

⑤ Kurt M.Campbell and Ely Ratner, "The China Reckoning: How Beijing Defied American Expectations," *Foreign Affairs* 97 (2018): 60.

⑥ Richard Fontaine and Mira Rapp-Hooper, "The China Syndrome," *The National Interest* 143 (2016): 10-18.

⑦ 萨缪尔·亨廷顿：《文明的冲突与世界秩序的重建》，周琪等译，新华出版社，2010。

"大国的首要目标是安全和生存",由于大国无法确定其他国家的意图,因而即使明知合作能够共赢,但其选择的最优政策仍然是竞争,这一逻辑是大国之间发生竞争和冲突的根源。① 全球经济的不确定性,使一国对可靠的合作伙伴的需求大于对"共赢"的渴望,只有当利益对双方都是可靠的情况下,中美两国才会更多地进行合作。② 国内学者则聚焦中美"贸易战",认为"贸易战"是老牌守成帝国与迅速崛起的中国之间的全球战略竞争在经贸领域的反映,其具有结构性、复杂性和长期性。③ 还有学者探讨了特朗普政府时期美国对华战略竞争的深化,特别是全球疫情加深了中美竞争的程度;④ 也有学者在美国对华战略逻辑演进的研究中指出,美国对华战略始终根据两国在国际体系内相对位置的变化而调整。⑤ 有研究从美国国内利益集团政治的视角出发,探讨了美国对华贸易政策的形成和结果。⑥ 有研究进一步提出,中美贸易摩擦的政治影响主要来源于"总统—国会"的权力分配结构以及利益集团对中国的敌对。⑦

二、美国对华战略转变的动因及影响

(一)美国对华战略发生根本性转变的原因

自 1993 年弗莱德伯格(Aaron Friedberg)提出"中国将加剧现行

---

① 约翰·米尔斯海默:《大国政治的悲剧》,王义桅、唐小松译,上海人民出版社,2003。
② Brantly Womack, "Beyond Win–win: Rethinking China's International Relationships in an Era of Economic Uncertainty," *International Affairs* 89, no.4 (2013): 911-928.
③ 陈继勇:《中美贸易战的背景、原因、本质及中国对策》,《武汉大学学报(哲学社会科学版)》2018 年第 5 期;雷达:《中美贸易战的长期性和严峻程度》,《南开学报(哲学社会科学版)》2018 年第 3 期。
④ 赵明昊:《新冠肺炎疫情与美国对华战略竞争的深化》,《美国研究》2020 年第 4 期。
⑤ 达巍:《美国对华战略逻辑的演进与"特朗普冲击"》,《世界经济与政治》2017 年第 5 期。
⑥ 李坤望、王孝松:《美国对华贸易政策的决策和形成因素——以 PNTR 议案投票结果为例的政治经济分析》,《经济学(季刊)》2009 年第 2 期。
⑦ 张文宗:《美国涉华经济利益集团与中美贸易摩擦》,《美国研究》2019 年第 6 期。

国际体系的潜在竞争"①这一观点以来,西方学术界对于中国强化核心利益的动机可能与国际体系的主导国家发生利益冲突这一话题的关注不断升温。②近年来,西方学者基本上达成了如下共识:中国崛起对美国的挑战是导致美国对华战略发生根本性转变的主要原因。有学者认为,中国在亚洲的崛起改变了亚太地区的政治和经济格局,加剧了亚太地区的"不稳定性";③甚至声称,中国占据的"首要地位"将成为东亚地区政治博弈的中心。④还有学者指出,中国的大战略意图通过改革现有国际秩序,利用中国的经济和军事影响力实现中国的复兴,这是导致美国对华"脱钩"的重要原因。⑤由于中国迅速增长的综合国力超过了西方国家对中国的预期,西方学者对中国的发展提出了质疑。⑥特别是中国的"一带一路"倡议引起了外国学者和各国当局的广泛关

---

① Aaron Friedberg, "Ripe for Rivalry: Prospects for Peace in a Multipolar Asia," *International Security*, no.18(3)(1993): 5–33.

② Rosemary Foot, "Chinese Strategies in a US-Hegemonic Global Order: Accommodating and Hedging," *International Affairs* 82, no.1 (2006): 77-94; Ian Clark, "China and the United States: A Succession of Hegemonies?" *International Affairs* 87, no.1 (2011): 13-28.

③ Adam P. Liff and John G. Ikenberry, "Racing toward Tragedy? China's Rise, Military Competition in the Asia Pacific, and the Security Dilemma," *International Security* 39, no.2 (2014): 52-91.

④ Yuen Foong Khong, "Primacy or World Order? The United States and China's Rise—A Review Essay," *International Security* 38, no.3 (2013): 153-175; Evelyn Goh, "Contesting Hegemonic Order: China in East Asia," *Security Studies* 28, no.3 (2019): 614-644.

⑤ Avery Goldstein, "China's Grand Strategy under Xi Jinping: Reassurance, Reform, and Resistance," *International Security* 45, no.1 (2020): 164-201.

⑥ Ann E. Kent and East-West Center, *Beyond Compliance: China, International Organizations, and Global Security* (Stanford University Press, 2007); Marc Lanteigne, "Social States: China in International Institutions, 1980-2000," *Pacific Affairs* 81, no.2 (2008): 275-277; Barry Naughton, "China's Distinctive System: Can It Be a Model for Others?" *Journal of Contemporary China* 19, no.65 (2010): 437-460; Nicola Horsburgh, *China and Global Nuclear Order: From Estrangement to Active Engagement* (USA: Oxford University Press, 2015); Gray Tuttle, "China's Race Problem," *Foreign Affairs* 94 (2015): 39; China Daily Mail, "What It Means to Be Chinese—Nationalism and Identity in Xi's China," *Retrieved*, August 23 (2015): 2016; Liu Chuyu and Ma Xiao, "Popular Threats and Nationalistic Propaganda: Political Logic of China's Patriotic Campaign," *Security Studies* 27, no.4 (2018): 633-664.

注。有学者认为，"一带一路"倡议旨在形成以中国为中心的经济政治新格局，特别是将对未加入该倡议的欧亚国家产生重要影响。① 另有观点认为，中国通过"一带一路"倡议逐渐将其全球安全战略转移到"印太"地区，以维护中国的商业利益和国家安全。② 有学者强调，中国的"和平崛起"战略将对"印太"地区未来的政治格局产生影响并形成区域主义。③ 还有学者对中国属于维护二战后形成的自由主义国际秩序的"现状国家"，还是寻求颠覆该秩序的"修正主义国家"进行了讨论。④ 这些讨论聚焦于对现有多边机构的研究，将新旧大国的"僵局"归咎于新兴大国对国家主权的维护、对国际地位的更高要求以及对国家利益的追求。⑤ 有学者认为，美国对多边机构的控制力受到挑战，倾向于建立新的机构使美国重获主导权。⑥

技术是经济、政治和军事力量的关键推动力，在中美战略竞争中处于前沿和中心地位。自中国加入世界贸易组织（WTO）开始，中国

---

① David Shambaugh, "China's Soft-power Push: The Search for Respect," *Foreign Affairs* 94, no.4 (2015): 99-107; Gal Luft, "China's Infrastructure Play: Why Washington Should Accept the New Silk Road," *Foreign Affairs* 95, no.5 (2016): 68-75; Douglas H. Paal, "How US-China Disputes on Trade, Taiwan, and the South China Sea Are Driven by Washington's New Generation," *South China Morning Post*, October 10, 2018; Astrid HM Nordin and Mikael Weissmann, "Will Trump Make China Great Again? The Belt and Road Initiative and International Order," *International Affairs* (2018).

② Li Mingjiang, "The Belt and Road Initiative: Geo-economics and Indo-Pacific Security Competition," *International Affairs* 96, no.1 (2020): 169-187.

③ Wei Ling, "Developmental Peace in East Asia and Its Implications for the Indo-Pacific," *International Affairs* 96, no.1 (2020): 189-209.

④ Alastair Iain Johnston, "Is China a Status quo Power?" *International Security* 27, no.4 (2003): 5-56; John G. Ikenberry, "The Rise of China and the Future of the West-Can the Liberal System Survive," *Foreign Affairs* 87 (2008): 23; John J. Mearsheimer, "The Gathering Storm: China's Challenge to US Power in Asia," *The Chinese Journal of International Politics* 3, no.4 (2010): 381-396; Randall L. Schweller and Pu Xiaoyu, "After Unipolarity: China's Visions of International Order in an Era of US Decline," *International Security* 36, no.1 (2011): 41-72.

⑤ Hale Thomas, David Held, and Kevin Young, *Gridlock: Why Global Cooperation Is Failing When We Need It Most* (Cambridge: Polity, 2013).

⑥ James F. Paradise, "The Role of 'Parallel Institutions' in China's Growing Participation in Global Economic Governance," *Journal of Chinese Political Science* 21, no.2 (2016): 149-175.

科技实力的崛起对于美国国际地位的挑战便始终是学术界关注的重点问题。一些西方学者更是提出极端观点甚至污蔑称，中国以"牺牲"美国的利益为代价取得发展，美国部分工人的低工资和高失业率是由于中国对美出口造成的。① 所谓的中国企业"窃取"美国知识产权问题也备受关注；② 中国迅速提升的技术创新能力也为全球秩序带来了广泛的挑战。③ 还有一些西方学者提出，中国国有企业的战略性地位、制定《中国制造2025》等一系列发展高端技术的战略，使美国政界和学术界意识到美国的霸权面临挑战，核心竞争优势受到威胁，成为美国重新考量中美"经济—安全"关联的关键因素。④ 另有学者将中国的科技政策和技术进步上升为在意识形态和制度上对美国的威胁，认为中国数字技术的发展政策是一种"民族主义"的体现，通过搜索引擎、社交媒体等渠道促进"利益相关者"的民族主义倾向。⑤

当然，也有一些西方学者认为，中国的实力仍然不足以对美国的全球领导地位构成严重威胁。有学者认为，中国作为潜在的超级大国，对于单极化世界的挑战是存在的；然而仅凭经济规模的增长并不会动摇美国在长期内作为唯一超级大国的地位，也并不意味着全球单极化体系及其运行机制会发生结构性改变，科技、文化等软实力对中国的

---

① David H. Autor, David Dorn, and Gordon H. Hanson, "The China Shock: Learning from Labor-market Adjustment to Large Changes in Trade," *Annual Review of Economics* 8 (2016): 205-240.

② William C. Hannas, James Mulvenon, and Anna B. Puglisi, *Chinese Industrial Espionage: Technology Acquisition and Military Modernization* (Routledge, 2013).

③ Andrew B. Kennedy and Darren J. Lim, "The Innovation Imperative: Technology and US–China Rivalry in the Twenty-first Century," *International Affairs* 94.3 (2018): 553-572.

④ Michael Brown and Pavneet Singh, "China's Technology Transfer Strategy: How Chinese Investments in Emerging Technology Enable a Strategic Competitor to Access the Crown Jewels of US Innovation," *Defense Innovation Unit Experimental* (2018): 3; Lorand Laskai and Samm Sacks, "The Right Way to Protect America's Innovation Advantage," *Foreign Affairs* 23 (2018); Orville Schell and Susan L. Shirk, "Course Correction: Toward an Effective and Sustainable China Policy. Task Force on US–China Policy," *New York: Asia Society Center on US-China Relations*, UC San Diego: 21st Century China Center (2019).

⑤ Florian Schneider, *China's Digital Nationalism* (Oxford University Press, 2018).

国际影响力至关重要。① 另有学者指出，中国在网络安全方面对美国的安全威胁被严重高估，且只要中美经济的相互依赖关系能够继续为两国带来利益，双方的经济和技术合作就会对冲网络安全冲突带来的不利影响。② 而有观点则认为，西方世界存在对中国的误解，中国仍然是国际秩序中负责任的合作伙伴，也是现有体系中负责任的利益相关者；当前的国际秩序已适应了中国作为新型国家的崛起，也使其他国家寻求与中国的合作。③

（二）美国对华遏制战略的主要影响

在对美国的影响方面，中外学者基本上持相似的观点，认为美国对华遏制战略将不利于美国利益。一项调查表明，多数经济学家认为特朗普政府对钢材和铝的进口关税政策不会对美国经济有所助益。④ 有研究得到的结论是，美国对所谓"高威胁"国家的技术出口管制程度远高于其他出口竞争对手，使得被管制国家寻求从新兴的技术供应国获得相关设备和技术，进而导致美国出口贸易利益受损。⑤ 另有国内学者聚焦于特朗普政府对中国技术出口管制的经济影响这一问题，认为美国的管制在损害中国经济利益的同时，也有损美国自身的经济利益；但如果中国增强自主创新能力并加强国际经济技术合作，不但能够减

---

① Stephen G. Brooks and William C. Wohlforth, "The Once and Future Superpower: Why China Won't Overtake the United States," *Foreign Affairs* 95 (2016): 91; Stephen G. Brooks and William C. Wohlforth, "The Rise and Fall of the Great Powers in the Twenty-first Century: China's Rise and the Fate of America's Global Position," *International Security* 40, no.3 (2015): 7-53.

② Jon R. Lindsay, "The Impact of China on Cybersecurity: Fiction and Friction," *International Security* 39, no.3 (2014): 7-47.

③ Shaun Breslin, "China and the Global Order: Signalling Threat or Friendship?" *International Affairs* 89, no.3 (2013): 615-634; Zeng Jinghan, Xiao Yuefan, and Shaun Breslin, "Securing China's Core Interests: The State of the Debate in China," *International Affairs* 91, no.2 (2015): 245-266.

④ Shrutee Sarkar, "Economists United: Trump Tariffs Won't Help the Economy," *Reuters*, March 14, 2018.

⑤ David J. Richardson and Asha Sundaram, "Sizing Up US Export Disincentives for a New Generation of National-Security Export Controls," *Peterson Institute for International Economics*, Number PB13-13 (2013).

少甚至消除美国技术出口管制对中国经济的负面影响，还能够使美国经济付出更大的代价。① 也有研究测算了美国的出口管制政策给美方造成的贸易损失，其研究发现，美国的出口管制不仅直接影响其技术产品出口，而且间接影响美国上游与下游的中低技术产品出口，如果美国将其对世界其他国家和地区的出口管制强度放松至其对法国的出口管制水平，美国每年可减少3349亿美元的贸易损失。② 巴黎政治学院国际研究中心研究员雨果·梅耶（Hugo Meijer）认为，美国在冷战时期对战略竞争对手实行先进军事技术的出口限制是可取的，而当前美国高科技公司对进入中国不断增长的庞大市场存在内在需求，中国市场为其技术研发提供资金，使美国公司在信息、通信和太空技术等方面保持全球领先地位。因此，虽然行政当局与国会就两用技术对华出口管制政策产生分歧，但技术和市场的发展使美国决策者几乎没有其他选择。③

在对中国的影响方面，诸多学者对美国对华战略和政策的影响进行了广泛的讨论。一些国内学者研究了美国的关税政策对中国产业链的影响，④ 以及对华反倾销政策的影响。⑤ 学者们还对中美"贸易战"的

---

① 朱启荣、王玉平：《特朗普政府强化对中国技术出口管制的经济影响——基于"全球贸易分析模型"的评估》，《东北亚论坛》2020年第1期。

② 姜辉：《美国出口管制的贸易损失效应及对我国的启示》，《上海经济研究》2019年第3期。

③ Hugo Meijer, *Trading with the Enemy: The Making of US Export Control Policy toward the People's Republic of China* (Oxford University Press, 2016).

④ 姚曦、赵海、徐奇渊：《美国对华加征关税排除机制对产业链的影响》，《国际经济评论》2020年第5期。

⑤ 沈国兵：《美国对华反倾销对中国内向和外向FDI的影响》，《财贸经济》2011年第9期；陈巧慧：《美国对华反倾销的影响因素研究——基于负二项模型的方法》，《国际贸易问题》2015年第6期；罗胜强、鲍晓华：《反倾销影响了在位企业还是新企业：以美国对华反倾销为例》，《世界经济》2019年第3期；黄永明、潘安琪：《贸易壁垒如何影响中国制造业全球价值链分工——以美国对华反倾销为例的经验研究》，《国际经贸探索》2019年第4期；渠慎宁、杨丹辉：《美国对华关税制裁及对美国在华投资企业的影响》，《国际贸易》2018年第11期。

效果进行了分析。①诺贝尔经济学奖获得者美国经济学家约瑟夫·斯蒂格利茨（Joseph Stiglitz）指出，中国经济已从出口导向型增长转向内需驱动型增长，与美国的"贸易战"将加快中国经济改革的步伐。②在技术层面，有国内学者对特朗普对华科技战略的影响进行了深入的探索；也有研究者分析了美国科技竞争政策对中国科技创新的冲击，进而分析了美国的贸易霸权主义对中国国家安全的威胁。③另有学者关注了美国"301调查"问题，④并探讨了美国对华科技企业限制的影响，认为美国的制裁措施将对中国关键原材料供应、科技产业国际合作和人才交流造成不同程度的负面冲击。⑤

美国国内有很多学者意识到特朗普政府"零和博弈"这一思维方式的弊端。⑥有观点认为，特朗普的对外政策体现了一种准现实主义世界观；特朗普的对外经济政策偏离了奥巴马政府"巧实力"战略的

---

① 宋国友:《中美贸易战：动因、形式及影响因素》,《太平洋学报》2019年第6期。

② Joseph E. Stiglitz, "The Truth about the Trump Economy," Project Syndicate, January 17, 2020, accessed February 1, 2020, https://www.project-syndicate.org/commentary/grim-truth-about-trump-economy-by-joseph-e-stiglitz-2020-01.

③ 梁一新:《美国对华高技术封锁：影响与应对》,《国际贸易》2018年第12期；孙海泳:《美国对华科技施压战略：发展态势、战略逻辑与影响因素》,《现代国际关系》2019年第1期；刘薇、张溪:《美国对华高技术出口限制对中国科技创新的影响分析——基于中美贸易摩擦背景》,《工业技术经济》2019年第9期；张彦:《美国贸易霸凌主义对中国国家安全的影响与应对》,《当代世界与社会主义》2018年第6期。

④ 孙丽、王厚双:《特朗普启动对华"301调查"的目的与影响透视》,《国际贸易》2017年第9期。

⑤ 王雪佳、雷雨清、周全:《美国对华科技企业限制：措施、影响与应对建议》,《产业经济评论》2020年第3期。

⑥ Hal Brands and Peter Feaver, "Saving Realism from the So-called Realists," *Commentary* (2017): 23; Robert Kagan, "Trump's America Does Not Care," Brookings, June 17, 2018, accessed January 20, 2020, https://www.brookings.edu/blog/order-from-chaos/2018/06/17/trumps-america-does-not-care/; Friedman Lissner, Rebecca, and Mira Rapp-Hooper, "The Day after Trump: American Strategy for a New International Order," *The Washington Quarterly* 41, no.1 (2018): 7-25.

理念轨道，侧重运用"硬实力"。① 美国圣母大学教授乔治·洛佩兹（George Lopez）表示，美国新安全战略强调了主权国家复兴与国家间的竞争。② 另有研究认为，当前中美关系的"战略漂移"存在巨大风险；美国应当关注的是如何与中国等新兴大国分享权力，如何理智地推动国际秩序的良性变革。③ 哈佛大学教授格雷厄姆·艾利森在总结了大国博弈的历史经验后，认为中美两国并非"注定一战"。④

从总体上看，国内外学者基本上对美国对华战略发生根本性转变这一观点达成了共识。学者们在美国对华战略遏制的研究中广泛讨论了这种转变的原因和影响。而自冷战结束后，美国国家安全战略在特朗普政府时期发生了重大变化，这种变化背后的逻辑也必然对美国对华战略产生影响，值得学术界密切关注。

三、美国保持全球科技领导地位的途径

（一）国家经济安全体制

事实上，自20世纪下半叶起，学术界就已关注国家将对外经济政策作为战略工具这一问题，国家主义者将经济全球化下的贸易与投资

---

① Stephen M. Walt, "Real Donald Trump Is Not a Realist," *Foreign Policy*(2016):1; Ralf Havertz, "Trump's Departure from Smart Power," *Zeitschrift für Außen- und Sicherheitspolitik* 12, no.1 (2019): 93-111.

② 陈积敏：《新版〈美国国家安全战略报告〉评析》，《国际研究参考》2018年第4期，第1—8页。

③ Kurt M. Campbell and Ely Ratner, "The China Reckoning: How Beijing Defied American Expectations," *Foreign Affairs* 97 (2018): 60; David Lampton, "Three Perspectives to Stop the Sino-US Strategic Drift," South China Morning Post, November 24, 2015, accessed December 11, 2019, https://www.scmp.com/comment/insight-opinion/article/1882090/three-perspectives-stop-sino-us-strategic-drift; Doug Bandow, "America and China: Finding Cooperation, Avoiding Conflict," Forbes, May 23, 2011, accessed November 30, 2019, https://www.forbes.com/sites/dougbandow/2011/05/23/america-and-china-finding-cooperation-avoiding-conflict/?sh=49378274e1f5.

④ 格雷厄姆·艾利森：《注定一战：中美能避免修昔底德陷阱吗？》，陈定定、傅强译，上海人民出版社，2019。

视为一国影响他国的重要手段。① 研究表明，各国的决策者之所以注重国家间商品、资本、技术和信息的流动，不仅是考虑到它们关系着本国的经济福祉，还由于国际经济活动本身存在安全意义上的外部性。② 因此，决策者常用积极的经济战略增强盟国的实力，用消极的经济战略削弱敌国的实力以及在目标国国内培养或增强支持友好关系的势力。由于面临来自国内的压力，决策者在将对外经济政策作为安全战略工具时，也要在经济利益与安全利益之间进行平衡。③

在美国国家经济安全战略的机构安排方面，众多学者从美国国家安全委员会演进的历史进程这一角度进行了考察。国内外学者们梳理了美国国家安全委员会的历史沿革，分析了美国国家安全体制改革的动力以及对历次国家安全委员会改革的评价。④ 其中，克林顿政府设立的"国家经济委员会"（National Economic Council，NEC）标志着国家安全体制从此前仅仅关注外交与安全议题转向重视包括国际经济政策在内的更广泛的议题。也有学者指出，国家安全委员会的改革最大限度地整合了政治、经济、军事及外交力量，避免了各行政部门为了片面追求部门利益而造成的相互倾轧，保证了总统对外交决策进程的控制。⑤

---

① Harry Magdoff, *The Age of Imperialism: The Economics of US Foreign Policy* (NYU Press, 1969); Von Amerongen, Otto Wolff, "Commentary: Economic Sanctions as a Foreign Policy Tool?" *International Security* 5, no.2 (1980): 159-167.

② 吴其胜：《安全战略与美国对华贸易政策的演变》，《美国问题研究》2019年第2期。

③ 宋国友：《中美贸易战：动因、形式及影响因素》，《太平洋学报》2019年第6期。

④ Jonh P. Burke, "The National Security Advisor and Presidential Decision Making," *Presidential Studies Quarterly* 39, no.2 (2009): 283-321；刘建华：《美国国家安全体制改革：历程、动力与特征》，《美国研究》2015年第2期，第68—92页；孙成昊：《美国国家安全委员会的模式变迁及相关思考》，《现代国际关系》2014年第1期，第28—35页；孙成昊：《特朗普执政后美国国家安全委员会的变化》，《现代国际关系》2019年第11期，第34—42页；肖河：《美国国家安全委员会机制的创立与演变》，《国际经济评论》2015年第6期，第106—131页。

⑤ 李枏：《美国国家安全委员会决策体制研究》，《美国研究》2018年第6期，第127—141页。

（二）出口管制制度

美国对高技术出口实行限制措施引起了学者们对这一政策的目标及其影响的关注。有观点认为，美国通过强化高新技术安全管制，限制高技术产品向竞争国家出口，调整技术进出口措施以抑制竞争国家优势产品进口，维护国家竞争优势，从而达到操控和牵制竞争对手发展的目的。[1] 出口管制政策是美国推行歧视性贸易政策的重要方式，它源于冷战时期美国对社会主义阵营国家施行的经济遏制政策。[2] 另有学者详细梳理了后冷战时代美国出口管制政策的演变。长期以来，美国将出口管制政策作为维护国家安全和领先地位的战略性工具加以运用，对敏感的设备、软件及技术等产品出口实施严格管制。[3] 中美两国的经贸关系从"压舱石"变为博弈焦点，美国为维护技术领导地位对中国大力施压，具体体现在遏制中国企业在美直接投资和加强高新技术出口管制两个方面。[4]

大量研究表明，美国的出口管制对经济贸易产生了不利影响。有研究曾指出，冷战时期，美国为防止敏感技术产品落入所谓的敌对国家而实施的出口管制使得美国的出口额减少了150亿—205亿美元。[5] 同时，美国对华技术产品出口管制直接阻碍了美国技术产品出口，扩大了美国对中国的贸易逆差。有学者指出，美国对中国实施技术出口

---

[1] 桂畅旎、杨诗雨：《美国强化高新技术安全管制的动向及影响》，《中国信息安全》2018年第8期，第92—95页。

[2] 魏简、康凯：《美国出口管制改革对中国的影响及应对》，《国际经济合作》2018年第11期，第33—36页。

[3] 刘子奎：《冷战后美国出口管制政策的改革和调整》，《美国研究》2008年第2期，第107—127页；靳风：《美国出口管制体系概览》，《当代美国评论》2018年第2期，第117—120页。

[4] 余万里：《美国对华技术出口：管制及其限制》，《国际经济评论》2000年第4期；赵明昊：《特朗普执政与中美关系的战略转型》，《美国研究》2018年第5期，第26—48页；张一飞：《改革开放以来中美关系"压舱石"的演变进程、内在动力与未来走向》，《国际经济评论》2019年第2期，第75—97页。

[5] Fred C. Bergsten, *America in the World Economy: A Strategy for the 1990s* (Ohio State University Press, 1990).

管制是造成中美贸易不平衡的主要原因；美国对所谓"高威胁"国家的技术出口管制程度远高于其他出口竞争对手，使得被管制国家寻求从新兴的技术供应国获得相关设备和技术，导致美国出口贸易利益受损。① 国内学者也认为，美国对华技术出口管制在损害中国经济利益的同时，也有损美国的经济利益；但若中国增强自主创新能力并加强国际经济技术合作，不但能够减少甚至消除美国技术出口管制对中国经济的负面影响，还能够使美国经济付出更大的代价。②

（三）安全审查制度

国内外学者从审查对象、审查机制、风险评估路径和框架等方面对美国的外资安全审查和监管机制进行了深入研究。总体来说，美国主要通过外资审查与监管制度来规避国家安全风险和其他潜在的安全风险。③ 对于美国外资审查机制的出发点，有观点认为，美国是以收购公司的国家利益背景作为审查的关键点，而不是并购本身的局部经济利益。④ 在审查机制方面，美国通过以风险预防为原则的外资安全审查制度完成对外资的事前审查。⑤ 外资安全风险评估的基本标准一方面在于外国投资者是否有能力或者意图对本国经济造成损害，即威胁

---

① Daniel Berger, et al, "Commercial Imperialism? Political Influence and Trade during the Cold War," *American Economic Review* 103, no.2 (2013): 863-96; Zhang Jialin, "Sino-US Trade Issues after the WTO Deal: A Chinese Perspective," *Journal of Contemporary China* 9, no.24 (2000): 309-322; David J. Richardson and Asha Sundaram, "Sizing Up US Export Disincentives for a New Generation of National-Security Export Controls," *Peterson Institute for International Economics*, Number PB13-13 (2013).

② 朱启荣、王玉平：《特朗普政府强化对中国技术出口管制的经济影响——基于"全球贸易分析模型"的评估》，《东北亚论坛》2020年第1期，第54—68页。

③ 林乐、胡婷：《从FIRRMA看美国外资安全审查的新趋势》，《国际经济合作》2018年第8期，第12—15页。

④ 顾海兵、詹莎莎、孙挺：《国家经济安全的战略性审视》，《南京社会科学》2014年第5期，第20—26期。

⑤ Benjamin H. Friedman, "The Terrible Ifs," *Regulation* 30 (2007): 32.

因素;①另一方面在于所属投资领域内美国实业的性质,或者其在一个系统或结构中是否脆弱或短缺,即该实业是否容易产生国家安全损害,即脆弱性因素。有研究进一步指出,美国国家安全风险就是威胁和脆弱性两者互动的结果,这种"威胁—脆弱性"风险分析范式,是美国安全风险评估中经常采用的模式,该模式在美国的国防、反恐领域中被广泛应用。②判断涉及外资的国家安全脆弱性,首先要从确定国家安全体系中的脆弱点着手。③这些脆弱点涉及美国的敏感产业、敏感技术、敏感设施、敏感信息、敏感区域,是国家安全系统中易受攻击的敏感节点,能够使安全系统的功能、完整性或保密性等受损。有学者将外资并购对国家安全的威胁分为三大类,即接受国对外国供应者的依赖,技术和其他专业知识的转移,以及渗透、监测或破坏的渠道,并在此基础上设计了三类威胁评估框架。④

对于外国投资安全审查制度和程序的演进以及美国"外国投资委员会"(CFIUS)的机构改革这一问题,学者们进行了详细论述和深入

---

① John Moteff, "Risk Management and Critical Infrastructure Protection: Assessing, Integrating, and Managing Threats, Vulnerabilities and Consequences," Library of Congress Washington DC Congressional Research Service, 2005.
② 李军:《外国投资安全审查中国家安全风险的判断》,《法律科学(西北政法大学学报)》2016年第4期,第189—200页。
③ Meiring De Villiers, "Reasonable Foreseeability in Information Security Law: A Forensic Analysis," *Hastings Comm. & Ent. LJ* 30 (2007): 419.
④ Moran, Theodore H., "Foreign Acquisitions and National Security: What Are Genuine Threats? What Are Implausible Worries?" in *Regulation of Foreign Investment: Challenges to International Harmonization*. Singapore World Scientific, World Studies in International Economics (New York: Columbia University, 2013).

研究。① 研究发现，美国的投资审查力度趋于严格，且更为关注特定交易的政治影响，并以影响重大的并购案例为契机推动其自身的改革；"外国投资委员会"的权限不断扩大，且国会与总统一直在争夺对"外国投资委员会"的主导权。② 在监管形式上，在"外国投资委员会"负责的正式审查程序之外，一些非正式监管的介入时常发挥更具决定性的影响。有学者基于中国对美直接投资快速增长这一背景，研究了由美国国会参议员约翰·科宁（John Cornyn）于2017年11月8日提出的《美国外国投资风险评估更新法》（FIRRMA）这一有关"外国投资委员会"自身改革的内在逻辑及其针对性。③ 另有学者则在当前背景下，分析了美国外资审查趋紧对中国的影响以及中国的应对之道。④ 研究指出，美国以国家安全为由收紧了对关键技术的审查，保护其高端技术在全球的领导地位。⑤ 由于"外国投资委员会"注重以明确的案例来具体界定经济安全，美国外资安全审查制度涉及的"关键基础设施"以及"关键技术"具有不确定性，审查目标视美国国家利益而变，具有

---

① Matthew J. Baltz, "Institutionalizing Neoliberalism: CFIUS and the Governance of Inward Foreign Direct Investment in the United States Since 1975," *Review of International Political Economy* 24, no.5 (2017): 859-880; Matthew R. Byrne, "Protecting National Security and Promoting Foreign Investment: Maintaining the Exon-Florio Balance," *Ohio St. LJ* 67 (2006): 849; Ronald R. Krebs, *Narrative and the Making of US national Security* (Cambridge University Press, 2015)；潘圆圆、唐健：《美国外国投资委员会国家安全审查的特点与最新趋势》，《国际经济评论》2013年第5期，第130—141页；孙哲、石岩：《美国外资监管政治：机制变革及特点分析（1973~2013）》，《美国研究》2014年第3期，第39—57页。

② 潘圆圆、张明：《中国对美投资快速增长背景下的美国外国投资委员会改革》，《国际经济评论》2018年第5期，第32—48页。

③ 林乐、胡婷：《从FIRRMA看美国外资安全审查的新趋势》，《国际经济合作》2018年第8期，第12—15页；沈伟：《美国外资安全审查制度的变迁、修改及影响——以近期中美贸易摩擦为背景》，《武汉科技大学学报（社会科学版）》2019年第6期，第654—668页。

④ 杨长湧：《美国外国投资国家安全审查制度的启示及我国的应对策略》，《宏观经济研究》2014年第12期，第30—41页；李巍、赵莉：《美国外资审查制度的变迁及其对中国的影响》，《国际展望》2019年第1期，第44—71页；张宇燕：《理解百年未有之大变局》，《国际经济评论》2019年第5期，第9—19页。

⑤ 贺丹：《企业海外并购的国家安全审查风险及其法律对策》，《法学论坛》2012年第2期，第48—55页。

歧视性和针对性。① 另有国内研究者着重分析中国企业在美国投资阻力重重的原因、中国企业在美并购面临的新风险，以及美国对华高技术企业投资并购的安全审查等问题。②

（四）知识产权保护制度

事实上，美国始终将知识产权保护作为巩固其全球科技领导地位的重要工具。专利、商标和版权是保护知识产权、鼓励科技创新进而保障企业利润最重要的途径。③ 美国政府十分重视对知识产权的保护，利用学术界构建的包含知识产权执法要素的指标体系，衡量知识产权保护水平，支撑其全球知识产权立场。在知识产权保护和侵权进口产品调查方面，有学者从"霸权稳定论"的视角，对美国知识产权的强保护政策进行了国际政治经济学分析。④ 另有学者分析了"301条款"对保护美国知识产权的作用以及实施的效果；⑤ 并研究了美国滥用知识产权调查以及中国企业遭遇美国"337调查"问题。⑥ 在美国构建国际知识产权保护体系的过程中，有研究关注了对美国在双边自由贸易协定中嵌入知识产权保护、利用自由贸易协定推进全球知识产权保护问

---

① 杨鸿：《美国国家安全审查对主权基金的监管及其启示——结合美国国家安全审查相关规则最新改革的分析》，《河北法学》2009年第6期，第179—185页。

② 王碧珺、肖河：《哪些中国对外直接投资更容易遭受政治阻力？》，《世界经济与政治》2017年第4期，第106—128页；李莉文：《"逆全球化"背景下中国企业在美并购的新特征、新风险与对策分析》，《美国研究》2019年第1期，第9—25页；赵家章、丁国宁：《美国对华高技术企业投资并购的安全审查与中国策略选择》，《亚太经济》2020年第1期，第71—79页。

③ Rebecca M. Blank, et al, "Intellectual Property and the US Economy: Industries in Focus," Economics and Statistics Administration: Washington, DC, USA (2012).

④ 徐元：《美国知识产权强保护政策的国际政治经济学分析》，《宏观经济研究》2014年第4期。

⑤ Kim Newby, "The Effectiveness of Special 301 in Creating Long Term Copyright Protection for US Companies Overseas," *Syracuse J. Int'l L. & Com.* 21 (1995): 29.

⑥ 高华：《国际贸易中知识产权滥用的概念及判定标准分析——以美国判例、立法及TRIPS为背景》，《国际贸易问题》2011年第10期，第159—167页；余乐芬：《美国"337调查"历史及中国遭遇知识产权壁垒原因分析》，《宏观经济研究》2011年第7期，第35—40页。

题；① 同时有观点提出用"体制转换"（Regime Shifting）的研究路径分析知识产权国际立法进程，并认为《与贸易有关的知识产权协定》对知识产权保护的强化已使政府和非政府组织（特别是发展中国家的政府和非政府组织）高度重视知识产权保护议题。② 一些国内研究者则对美国知识产权政策的走向及对中国的影响展开了深入研究；③ 认为缩减对华贸易逆差、遏制中国产业升级、减缓中国经济增长是美国对华"301调查"的重要原因。④ 美国对华"强制技术转移"展开"301调查"这一问题的实质是美国力图维护其在与中国战略性新兴产业竞争上的优势地位。⑤ 此外，中外学者还考察了中美科技合作的发展历程。⑥

国内外学术界对美国维护自身科技创新地位的传统政策和制度框架有着比较系统的研究。然而，自2018年以来，美国整合行政、司法、外交等各方面的国家力量，对中国的科技创新实施"全政府"竞争战略，从而对中美关系特别是中美经济关系的健康发展构成了前所未有的挑战。为此，学术界应密切关注这一新现象、新趋势，并在学理和政策层面上给予回应。

---

① 王弈通：《论美国双边自由贸易协定中的知识产权保护制度》，《美国问题研究》2011年第2期，第122—141页。

② Laurence R. Helfer, "Regime Shifting: the TRIPs Agreement and New Dynamics of International Intellectual Property Lawmaking," *Yale J. Int'l L.* 29 (2004): 1.

③ 廖丽：《美国知识产权执法战略及中国应对》，《法学评论》2015年第5期，第130—139页；易继明、孙那：《美国知识产权政策走向及其对中国的影响——从美国总统特朗普执政角度的一个初步分析》，《国际贸易》2017年第3期，第54—57页。

④ 任靓：《特朗普贸易政策与美对华"301"调查》，《国际贸易问题》2017年第12期，第153—165页。

⑤ 张幼文：《中美贸易战：不是市场竞争而是战略竞争》，《南开学报（哲学社会科学版）》2018年第3期，第8—10页。

⑥ Richard P. Suttmeier, "Scientific Cooperation and Conflict Management in US-China Relations from 1978 to the Present," *Annals of the New York Academy of Sciences* 866.1 (1998): 137-164；赵刚：《中美科技关系发展历程及其展望》，《国际经济评论》2018年第5期；王明国：《中美科技合作的现状、问题及对策》，《现代国际关系》2013年第7期，第1—7页。

四、数字经济发展与治理的相关研究

多年来,联合国、经济合作与发展组织(OECD)以及全球主要国家始终高度关注数字经济的发展,并对数字经济的内涵及其演变、数字经济的度量和发展指数、数字经济的贡献度等问题进行了深入的研究。如联合国贸易和发展会议(UNCTAD)详细梳理了数字经济的概念及其内涵的发展与演变,认为随着互联网的广泛使用和数字技术应用领域的不断拓展,数字经济的内涵从局限于高科技领域向社会经济各部门延伸。[①] 学术界则从不同视角对数字经济的贡献度进行了研究。有研究认为,与传统经济范式不同,数字经济范式改变了信息结构,突破了信息获取在时间与空间上的局限性。[②] 数字技术降低了数据存储、计算和传输的成本,对数字经济的研究实质上是对数字技术是否改变及如何改变经济活动的研究。[③] 研究认为,数字技术能够降低经济活动的搜索成本、边际成本、运输成本、跟踪成本以及验证成本。经济合作与发展组织对信息通信技术(ICT)创新和数字导向型企业发展的内涵进行了比较深入的诠释;[④] 联合国贸易和发展会议也指出,不断发展的数字经济能够促进高端机器人技术、人工智能、物联网、云计算、大数据和3D(三维)打印的广泛应用;[⑤] 世界银行则结合发展中国

[①] United Nations Conference on Trade and Development (UNCTAD), "Digital Economy Report 2019: Value Creation and Capture: Implications for Developing Countries," *United Nations publication*, New York and Geneva, 2019; Milton Mueller and Karl Grindal, "Data Flows and the Digital Economy: Information as a Mobile Factor of Production," *Digital Policy, Regulation and Governance* (2018).

[②] Nicholas Negroponte, et al, "Being Digital," *Computers in Physics* 11, no.3 (1997): 261-262.

[③] Avi Goldfarb and Catherine Tucker, "Digital Economics," *Journal of Economic Literature* 57, no.1 (2019): 3-43.

[④] OECD, *OECD Internet Economy Outlook 2012* (Paris: OECD Publishing, 2012); OECD, *Measuring the Digital Economy: A New Perspective* (Paris: OECD Publishing, 2014).

[⑤] United Nations Conference on Trade and Development, *Information Economy Report 2017: Digitalization, Trade and Development* (UN, 2017).

家的情况进行了更有针对性的分析。①对于一国经济的数字化转型,经济合作与发展组织就数字产品和服务对传统部门的影响进行了分析,探索跨部门的数字化趋势。②这些相对成熟的数字经济分析范式与指标体系,值得中国学习和借鉴。

近年来,国内学者在有关数字经济的内涵、量化和贡献度方面进行了深入的研究。有研究分析了数字经济的本质和发展逻辑,指出对资源配置的优化带来了人类经济活动的高度协调,进而使新的生产组织方式不断演进。③在量化方面,有学者建立了数字经济发展评价指标体系并在测算后发现,中国数字经济处于高速发展态势;还有学者基于信息网络空间、实体物理空间以及人类社会空间的三元空间理论,进一步丰富和扩展了数字经济发展评价体系;也有研究对经济合作与发展组织数字经济核算方式进行了系统梳理与比较。④

在数字经济推动经济社会发展方面,国内学者梳理了数字经济的内涵与发展规律以及对中国经济增长的作用机制,⑤另有研究将路径进一步分解为新的投入要素、资源配置效率和全要素生产率。⑥在促进传统产业数字化转型研究中,有研究结合数字经济的新特征,阐释了数

---

① World Bank Group, *World Development Report 2016: Digital Dividends* (World Bank Publications, 2016).

② OECD, *Ministerial Declaration on the Digital Economy ("Cancún Declaration") from the Meeting on the Digital Economy: Innovation, Growth and Social Prosperity* (Cancun, 21–23 June 2016); OECD, *OECD Digital Economy Outlook 2017* (Paris: OECD Publishing, 2017).

③ 张鹏:《数字经济的本质及其发展逻辑》,《经济学家》2019年第2期,第25—33页。

④ 张雪玲、焦月霞:《中国数字经济发展指数及其应用初探》,《浙江社会科学》2017年第4期,第32—40页;刘军、杨渊鋆、张三峰:《中国数字经济测度与驱动因素研究》,《上海经济研究》2020年第6期,第83—98页;单志广、徐清源、马潮江等:《基于三元空间理论的数字经济发展评价体系及展望》,《宏观经济管理》2020年第2期,第48—55页;向书坚、吴文君:《OECD数字经济核算研究最新动态及其启示》,《统计研究》2018年第12页,第3—15页。

⑤ 张辉、石琳:《数字经济:新时代的新动力》,《北京交通大学学报(社会科学版)》2019年第2期,第10—22页。

⑥ 荆文君、孙宝文:《数字经济促进经济高质量发展:一个理论分析框架》,《经济学家》2019年第2期,第66—73页。

字经济推动新旧动能转换的形成机制;也有学者从马克思生产力理论出发,研究了数字技术的变革对生产过程的影响机制。[①] 有观点认为,数字经济对传统经济的影响逐渐从价值重塑升级为价值创造,为制造业转型赋能;并提出了数字经济时代中国产业价值链在全球价值链地位的提升机制——产业价值链四维度协同管控。[②] 此外还有研究考察了数字经济对传统部门的技术溢出和技术冲击双重效应。[③] 在微观层面,有研究指出,数字经济不仅为企业的价值创造和传递提供了新方法和新载体,也为产业价值转移提供了独特诱因。[④] 另有研究表明,数字经济时代的用户价值主导和替代式竞争,是促进企业内部管理模式变革的根本因素,包括推动目标转变和治理结构创新。[⑤] 在促进社会公平方面,有研究者认为,对互联网的使用提高了中国总体工资水平,并缩小了性别工资差异;数字化治理在改善民生和提高社会管理水平方面具有突出作用。[⑥]

在海量的数据与技术迭代的驱动下,数字经济创新通过商业模式的演进和产业数字化转型等方式实现对经济社会的重构。在数字经济研究中,创新驱动这一根本价值主张的重要性得到了国内学者的肯

[①] 李晓华:《数字经济新特征与数字经济新动能的形成机制》,《改革》2019年第11期,第40—51页;王梦菲、张昕蔚:《数字经济时代技术变革对生产过程的影响机制研究》,《经济学家》2020年第1期,第52—58页。

[②] 焦勇:《数字经济赋能制造业转型:从价值重塑到价值创造》,《经济学家》2020年第6期,第87—94页;傅元略:《数字经济下的产业价值链四维度协同管控》,《财务研究》2020年第4期,第3—10页。

[③] 许恒、张一林、曹雨佳:《数字经济、技术溢出与动态竞合政策》,《管理世界》2020年第11期,第63—84页。

[④] 王文倩、金永生、崔航:《移动互联网产业价值转移研究的演进与展望——从工业经济到数字经济视角》,《科学管理研究》2019年第2期,第55—59页。

[⑤] 戚聿东、肖旭、蔡呈伟:《产业组织的数字化重构》,《北京师范大学学报(社会科学版)》2020年第2期,第130—147页。

[⑥] 戚聿东、刘翠花:《数字经济背景下互联网使用是否缩小了性别工资差异——基于中国综合社会调查的经验分析》,《经济理论与经济管理》2020年第9期,第70—87页;杨佩卿:《数字经济的价值、发展重点及政策供给》,《西安交通大学学报(社会科学版)》2020年第2期,第57—65页。

定,① 并提出数字经济的"技术—经济"范式的新特征与推动传统产业向创新驱动转变的功能。② 学者们认为,数字经济创新的实质是"创造性破坏"的动态演进过程;数字经济时代,创新生态系统为资源配置方式和组织方式的创新提供了广阔的发展空间。③ 有学者从供给端论证了数字化对企业组织模式创新的影响,又从公共政策的匹配角度提出政府部门应为数字经济创新提供促进竞争的市场环境和秩序,激发创新主体的活力。④ 另有研究聚焦数字经济创新的研究框架,提出应从理论、文化、技术和制度等多个创新维度展开探讨。⑤ 在对数据要素作用的研究中,数据要素促进经济增长的路径受到较多关注,有研究认为数据资本积累具有拉动经济增长的潜在能力;⑥ 另有研究从马克思主义政治经济学角度阐释了数据要素在社会生产中的作用。⑦ 在对数字经济进行监管方面,互联网市场的发展为反垄断带来挑战这一现象被广泛关注,对其监管政策的制定和实施需要根据数字经济的特殊性质因时因地制宜这一理念在学术界达成普遍共识。⑧

---

① 姜奇平:《数字经济学的基本问题与定性、定量两种分析框架》,《财经问题研究》2020年第11期,第13—21页。
② 王姝楠、陈江生:《数字经济的技术—经济范式》,《上海经济研究》2019年第12期,第80—94页。
③ 张昕蔚:《数字经济条件下的创新模式演化研究》,《经济学家》2019年第7期,第32—39页。
④ 张穹、曾雄、蒋传海等:《数字经济创新——监管理念更新、公共政策优化与组织模式升级》,《财经问题研究》2019年第3期,第3—16页。
⑤ 张森、温军、刘红:《数字经济创新探究:一个综合视角》,《经济学家》2020年第2期,第80—87页。
⑥ 徐翔、赵墨非:《数据资本与经济增长路径》,《经济研究》2020年第10期,第38—54页。
⑦ 刘璐璐:《数字经济时代的数字劳动与数据资本化——以马克思的资本逻辑为线索》,《东北大学学报(社会科学版)》2019年第4期,第404—411页。
⑧ 张菲、朱桐雨:《互联网平台企业的数据垄断问题研究》,《国际经济合作》2022年第5期,第69—79页;贾璐:《平台经济反垄断规制的困境与完善》,《中国物价》2022年第9期,第71—74页;唐要家、唐春晖:《"数据垄断"的反垄断监管政策》,《经济纵横》2022年第5期,第31—38页;蒋岩波:《互联网产业中相关市场界定的司法困境与出路——基于双边市场条件》,《法学家》2012年第6期,第58—74页。

在数字经济的实践层面，特别是数据治理、数字贸易和金融科技创新方面，中外学者的相关研究与讨论较为丰富（参见表1-1）。一般认为，"治理"这一概念起源于美国学者詹姆斯·罗西瑙（James N. Rosenau）等人创立的治理理论。[①] 该理论认为，治理是通过建立在规制空隙间的制度安排，以解决多种制度间的重叠和冲突、协调相互竞争的利益的原则、规范、规则和决策程序。学术界对数据治理的关注始于美国佐治亚大学教授休·沃森对企业数据仓库治理的研究。[②] 此后，学者们从政府、企业、医院和高校等视角出发，对数据治理的模型、框架和技术展开了讨论。[③] 近年来，随着欧美等发达经济体不断完善个人数据保护、跨境数据流动以及数据主权的规制体系，中国学者也对数据治理框架、具体规范、态势和各国博弈进行了深入的探讨。[④] 在有关数字贸易的研究中，中外学者对数字贸易的含义、测度、全球

[①] James N. Rosenau, Ernst-Otto Czempiel, and Steve Smith, eds. *Governance Without Government: Order and Change in World Politics* (No. 20. Cambridge University Press, 1992).

[②] Barbara H. Wixom and Hugh J. Watson, "An Empirical Investigation of the Factors Affecting Data Warehousing Success," *MIS quarterly* (2001): 17-41.

[③] Jane Griffin, "Data Governance: A Strategy for Success," *Information Management* 15, no.6 (2005): 49; Dan Power, "The Politics of Master Data Management & Data Governance," *Information Management* 18, no.3 (2008): 24; Kristin Weber, Boris Otto, and Hubert Österle, "One Size Does Not Fit All—A Contingency Approach to Data Governance," *Journal of Data and Information Quality* 1, no.1 (2009): 1-27; Cheong Lai Kuan and Vanessa Chang, "The Need for Data Governance: A Case Study," *ACIS 2007 Proceedings* (2007): 100; Brian Lowans, Deborah Kish, Bart Willemsen, and John Girard, "How to Use the Data Security Governance Framework," Gartner Research, April 27, 2018, accessed December 12, 2020, https://www.gartner.com/en/documents/3873369.

[④] 惠志斌：《面向数据经济的跨境数据流动管理研究》，《社会科学》2016年第8期，第13—22页；史宇航：《主权的网络边界——以规制数据跨境传输的视角》，《情报杂志》2018年第9期，第160—165页；吴沈括：《数据治理的全球态势及中国应对策略》，《电子政务》2019年第1期，第2—10页。

范围内的发展态势、对传统贸易政策制定的影响等问题进行了研究。①国内学者从大国博弈的视角，分析了数字贸易规则的美式模板、欧式模板及其对中国的挑战，包括中美数字贸易治理的主要分歧以及国际服务贸易协定（TISA）框架下数字贸易谈判的焦点及发展趋势。②国内外学者对金融科技的研究包括基于创新型技术而衍生的金融产品和服务模式，如互联网借贷平台（P2P）借贷、众筹融资、区块链技术、数字货币等；也包括对金融科技创新的监管技术和模式，例如金融监管改革和监管科技（RegTech）在金融体系中的应用。有研究对互联网借贷平台、众筹等具体业务模式进行了深入分析，从互联网金融的内涵、本质、风险尤其是对传统金融机构和监管部门的冲击等角度进行了比较充分的研究。③另有学者对数字普惠金融的理念和中国的政策框架与实践进行了初步研究，并进而对监管科技创新的实践进行了探索式

---

① Hosuk Lee-Makiyama, "Digital trade in the US and global economies," US International Trade Commission (2014); 李忠民、周维颖、田仲他：《数字贸易：发展态势、影响及对策》，《国际经济评论》2014年第6期，第131—144页；马述忠、房超、梁银锋：《数字贸易及其时代价值与研究展望》，《国际贸易问题》2018年第10期，第16—30页；Javier López González and Janos Ferencz, "Digital Trade and Market Openness," *OECD Trade Policy Papers* (2018); Carolina Aguerre, "Digital Trade in Latin America: Mapping Issues and Approaches," *Digital Policy, Regulation and Governance* (2018).

② 李杨、陈寰琦、周念利：《数字贸易规则"美式模板"对中国的挑战及应对》，《国际贸易》2016年第10期；周念利、陈寰琦、王涛：《特朗普任内中美关于数字贸易治理的主要分歧研究》，《世界经济研究》2018年第10期；张茉楠：《全球数字贸易战略：新规则与新挑战》，《区域经济评论》2018年第5期，第23—27页；陈维涛、朱柿颖：《数字贸易理论与规则研究进展》，《经济学动态》2019年第9期，第114—126页；孙杰：《从数字经济到数字贸易：内涵、特征、规则与影响》，《国际经贸探索》2020年第5期，第87—98页。

③ Ajay Agrawal, Christian Catalini and Avi Goldfarb, "Some Simple Economics of Crowdfunding," *Innovation Policy and the Economy* 14, no.1 (2014): 63-97; 谢平、邹传伟、刘海二：《互联网金融手册》，中国人民大学出版社，2014；郑联盛：《中国互联网金融：模式、影响、本质与风险》，《国际经济评论》2014年第5期，第103—118页。

研究。①

五、文献述评

从总体上看，国内外学者在美国对华战略发生根本性转变以及美国形成竞争性对华战略这一观点上已基本达成共识，各方对这种转变的原因和影响进行了比较深入的探讨。但现有文献在以下几个方面仍存在不足：

首先，虽然有部分学者从美国国家安全战略的高度研究美国对华战略的转变，但是对冷战后美国国家经济安全战略的演变逻辑和基本原则的分析较少。特别是在科技领域，美国对华实施科技竞争战略，隐含着冷战后美国国家经济安全战略演变的核心逻辑。只有从美国国家安全战略的高度，探究科技在美国国家经济安全中扮演的核心作用这一视角出发，才能够更加深刻地认识美国对华"全政府"科技竞争战略形成的原因、作用机制和潜在影响。

其次，关于美国对华科技竞争对中国数字经济创新的影响方面的研究仍然存在逻辑断点。现有研究基本上在以下两个问题上取得了共识：一是美国将会在一个较长的时期内实施竞争性对华战略，而遏制中国迅速增长的数字技术创新能力，尤其是打压中国的标志性高科技企业和抑制中国的产业链升级能力，将是美国对华战略的重点；二是数字经济创新是大国博弈的新领域，中美两国在数字经济领域的竞争将越发激烈。然而，学术界未能就美国对华实施科技竞争战略如何影

---

① 焦瑾璞、孙天琦、黄亭亭、汪天都：《数字货币与普惠金融发展——理论框架、国际实践与监管体系》，《金融监管研究》2015年第7期，第19—35页；黄益平：《数字普惠金融的机会与风险》，《新金融》2017年第8期；朱太辉、陈璐：《Fintech的潜在风险与监管应对研究》，《金融监管研究》2016年第7期，第18—32页；王小燕、张俊英、王醒男：《金融科技、企业生命周期与技术创新——异质性特征、机制检验与政府监管绩效评估》，《金融经济学研究》2019年第5期，第93—108页；石光、宋芳秀：《新一轮金融科技创新的主要特征、风险与发展对策》，《经济纵横》2020年第12期，第100—108页。

响中国的数字经济创新能力这一问题展开深入研究。

表1-1 数字经济实践的三个细分领域的相关研究综述

细分领域	研究方向	主要研究内容
数据治理	数据垄断	对数据垄断的内涵与数据垄断进行了初步研究。该领域目前仍以立法规制和案例分析为主，严谨的学术研究仍不多见①
	数据安全	国内外学者对欧盟2016年通过的《一般数据保护条例》进行了探索性研究，进而探讨了数据治理框架、具体规范、态势和各国数据治理规则的博弈等问题②
	个人隐私保护	现有研究集中在数字技术对个人隐私的侵犯、跨境数据流动与隐私保护、数据本地化存储与隐私保护的冲突等问题。已有研究大多从技术和法律层面展开，经济学视角的研究仍不多见③
数字贸易	内涵与发展	对数字贸易的含义、测度、全球范围内的发展态势、对传统贸易政策制定的影响等问题进行了研究。从总体上看，国内关于数字贸易的研究仍处于起步阶段④
	数字贸易规则	国内学者从大国博弈的视角，分析了数字贸易规则的美式模板、欧式模板及其对中国的挑战，包括中美数字贸易治理的主要分歧以及国际服务贸易协定框架下数字贸易谈判的焦点及发展趋势⑤
金融科技	互联网金融	国外学者主要对互联网借贷平台、众筹等具体业务模式进行了深入分析；国内学者则主要从互联网金融的内涵、本质、风险，尤其是对传统金融机构和监管部门的冲击等角度进行了比较充分的研究⑥
	数字普惠金融	对数字普惠金融的理念和中国的政策框架与实践进行了初步研究。该领域目前缺乏一致的分析框架，有待继续开展深入研究⑦
	创新技术应用	现有研究主要集中在区块链、数字货币、机器学习、人工智能等新兴技术在金融业的应用，侧重于金融科技的风险、对传统金融的挑战以及监管应对⑧
	监管科技创新	对监管科技的内涵和英格兰银行的"监管沙盒"实践进行了研究。国内学者对中国2018年推出的金融业综合统计体系进行了论述。有待于对中国监管科技创新进行深入研究⑨

资料来源：作者根据相关文献整理。

① 王世强:《数字经济中的反垄断:企业行为与政府监管》,《经济学家》2021年第4期,第91—101页;崔海燕:《大数据时代"数据垄断"行为对我国反垄断法的挑战》,《中国价格监管与反垄断》2020年第1期,第56—64页;唐要家:《数字平台反垄断的基本导向与体系创新》,《经济学家》2021年第5期,第83—92页;曾彩霞、朱雪忠:《必要设施原则在大数据垄断规制中的适用》,《中国软科学》2019年第11期,第55—63页。

② 吴沈括:《数据治理的全球态势及中国应对策略》,《电子政务》2019年第1期,第2—10页;惠志斌:《面向数据经济的跨境数据流动管理研究》,《社会科学》2016年第8期,第13—22页; Razieh Nokhbeh Zaeem and K. Suzanne Barber, "The Effect of the GDPR on Privacy Policies: Recent Progress and Future Promise," *ACM Transactions on Management Information Systems (TMIS)* 12, no.1 (2020): 1-20; Christian Peukert, et al., "Regulatory Spillovers and Data Governance: Evidence from the GDPR," *Marketing Science* (2022).

③ Chen Deyan and Hong Zhao, "Data Security and Privacy Protection Issues in Cloud Computing," 2012 International Conference on Computer Science and Electronics Engineering. Vol. 1. IEEE, 2012; Jim Isaak and Mina J. Hanna, "User Data Privacy: Facebook, Cambridge Analytica, and Privacy Protection," *Computer* 51, no.8 (2018): 56-59; Zhang Dongpo, "Big Data Security and Privacy Protection," 8th International Conference on Management and Computer Science (ICMCS 2018). Vol. 77. Atlantis Press, 2018.

④ Carolina Aguerre, "Digital Trade in Latin America: Mapping Issues and Approaches," *Digital Policy, Regulation and Governance* (2018);李忠民、周维颖、田仲他:《数字贸易:发展态势、影响及对策》,《国际经济评论》2014年第6期,第131—144页;马述忠、房超、梁银锋:《数字贸易及其时代价值与研究展望》,《国际贸易问题》2018年第10期,第16—30页; Robert W. Staiger, *Does Digital Trade Change The Purpose of a Trade Agreement?* National Bureau of Economic Research, No. w29578. 2021.

⑤ 孙杰:《从数字经济到数字贸易:内涵、特征、规则与影响》,《国际经贸探索》2020年第5期,第87—98页;周念利、陈寰琦:《基于〈美墨加协定〉分析数字贸易规则"美式模板"的深化及扩展》,《国际贸易问题》2019年第9期,第1—11页; Mira Burri, "Towards a New Treaty On Digital Trade," *Journal of World Trade* 55, no.1 (2021).

⑥ 李继尊:《关于互联网金融的思考》,《管理世界》2015年第7期,第1—7页;周光友、施怡波:《互联网金融发展、电子货币替代与预防性货币需求》,《金融研究》2015年第5期,第67—82页; Douglas Cumming and Lars Hornuf, *The Economics of Crowdfunding* (Palgrave Macmillan, 2018); Ryan Randy Suryono, Betty Purwandari, and Indra Budi, "Peer To Peer (P2P) Lending Problems and Potential Solutions: A Systematic Literature Review," *Procedia Computer Science* 161 (2019): 204-214.

⑦ 郭峰、王靖一、王芳、孔涛、张勋、程志云:《测度中国数字普惠金融发展:指数编制与空间特征》,《经济学(季刊)》2020年第4期,第1401—1418页;黄倩、李政、熊德平:《数字普惠金融的减贫效应及其传导机制》,《改革》2019年第11期,第90—101页;张勋、万广华、张佳佳等:《数字经济,普惠金融与包容性增长》,《经济研究》2019年第8期,第71—86页。

⑧ Mustafa Raza Rabbani, Shahnawaz Khan, and Eleftherios I. Thalassinos, "FinTech,

Blockchain and Islamic Finance: An Extensive Literature Review," *International Journal of Economics and Business Administration* 2 (2020): 65-86; Anjan V. Thakor, "Fintech and Banking: What Do We Know?" *Journal of Financial Intermediation* 41 (2020): 100833.

⑨ 石光、宋芳秀:《新一轮金融科技创新的主要特征、风险与发展对策》,《经济纵横》2020年第12期,第100—108页;王小燕、张俊英、王醒男:《金融科技、企业生命周期与技术创新——异质性特征、机制检验与政府监管绩效评估》,《金融经济学研究》2019年第5期,第93—108页;Greg Buchak, Gregor Matvosb, Tomasz Piskorskic, and Amit Seru, "Fintech, Regulatory Arbitrage, and the Rise of Shadow Banks," *Journal of Financial Economics* 130, no.3 (2018): 453-483; Charles R. Taylor, et al., *Institutional Arrangements for Fintech Regulation and Supervision* (International Monetary Fund, 2020).

最后,虽然国内学者对数字经济创新的相关理论和实践进行了比较丰富的探索,但现有研究基本上都是基于制度层面和技术层面的研究,鲜有从宏观视角出发,探索在全球高科技产业链重构背景下,中国数字经济发展面临的问题与挑战。为此,本书试图基于美国对华战略转变这一背景,从强化中国的非对称数字经济创新优势这一视角出发,分析中国数字经济创新发展的基本原则与路径选择,从而为进一步丰富数字经济的相关理论与政策分析,提供新的视角。

第三节 结构安排与研究方法

本书的研究分为七个部分,具体结构安排如下:

第一章为绪论。本章从不同维度阐述了本书研究的理论价值和现实意义,并从美国对华战略转变的一般性讨论、美国对华战略转变的动因及影响、美国保持全球科技领导地位的途径以及数字经济发展与治理等四个方面,比较系统地回顾和梳理了与本书研究主题相关的文献。在此基础上,本章归纳了现有研究在三个方面存在的不足,介绍了本书的研究方法与结构安排,并指出了本书的创新之处与不足。

第二章为相关理论、逻辑主线与分析框架。本章首先对本书研究所涉及的三个方面的理论以及相关概念进行了比较细致的阐述,旨在为本书的研究提供一个统一的理论框架。本章分四个层次逐级递进地介绍了本书研究的逻辑线索。在此基础上，本章展示了本书的分析框架。

第三章从美国国家经济安全战略的视角，分析了全球领先的科技优势对美国的重要意义。本章首先对冷战后美国国家经济安全战略的演变逻辑和根本目标进行了分析，基于冷战后美国国家经济安全战略在经济全球化过程中的演变逻辑和基本原则，从维护经济规模优势和确保政府对战略性产业干预这两个角度，论述了保持全球科技领先优势对于维护美国经济安全的重大意义。进一步地，本章还对美国科技创新发展的战略定位和政策体系进行了比较系统的梳理。

第四章分析了美国对华科技竞争战略形成的背景及原因。本章从三个方面回顾了中美经济关系变化的宏观背景，分析了美国对华科技战略由科技合作转变为科技竞争的表现，对美国对华"全政府"科技竞争战略的内涵进行了比较深入的研究。在此基础上，从中国科技实力削弱美国的科技优势、中国高技术产业具有价值链攀升能力以及中国在数字经济领域具有相对优势等三个方面，剖析了美国对华实施"全政府"科技竞争战略的原因。

第五章对特朗普政府对华科技竞争的手段进行了系统分析，并对拜登政府对华科技战略的走向进行了前瞻性分析。本章从行政、司法以及外交三个维度，阐述了美国"全政府"对华科技竞争战略的组成，尤其是对美国动用国家力量打压中国民营高科技企业问题进行了深入的案例分析，并与类似的国际案例进行了比较研究。在此基础上，本章对拜登政府在对华立场、科技战略以及具体的竞争手段等方面，对中国采取的遏制政策进行了归纳和分析。

第六章评估了美国"全政府"对华科技竞争战略对中国数字经济创新的影响。首先，本章提出了评估美国科技竞争战略对中国数字经济影响的四个维度，即基础研究与技术创新、技术标准与行业规范制定、核心元件与装备制造以及商业模式创新与应用。在此基础上，本章对中国数字经济发展受到的冲击分门别类地进行了评估。

第七章对中国数字经济创新发展战略的战略设计和具体举措提出了建议。本章首先通过构建数字经济创新评价体系，对比了中美数字经济创新发展差异，总结了中美数字经济创新竞争态势的变化，分析了数字经济模式的"创新循环"特征以及中美两国的新相互依赖格局，梳理了全球主要国家的数字经济战略规划与数据治理范式，阐述了中国数字经济创新发展的战略定位。在此基础上，本章提出了中国数字经济创新的"一体两翼三驱动"战略，并从八个方面提出了具体的政策建议。

本书研究主要使用了以下研究方法：

第一，规范分析。本书采用经济学意义上的规范分析方法，研究了在美国对华"全政府"科技竞争背景下，中国数字经济的创新发展问题。本书分析了科技在美国国家经济安全战略中的重要性，论证了中国科技实力提高对美国产生的挑战以及由此引发美国战略打压的逻辑，进而揭示了美国对华实行科技竞争战略的本质，并全面分析了美国科技竞争战略对中国数字经济创新发展的影响。

第二，量化指数分析。本书在借鉴已有研究的基础上，采用量化分析的方法，构建了数字经济创新综合性指标体系，并对指标数据进行标准化处理，计算了各个维度的指标结果，进而测度了全球主要国家的数字经济创新水平。在此基础上，本书将中美两国在数字经济领域的发展情况进行了比较研究，为相关政策建议的提出奠定了比较坚实的基础。

第三，跨学科分析。本书的研究综合了世界经济、国际政治经济学、国家安全学等学科的相关理论和方法。在对中美经济和科技关系的阐述中，本书从国际政治经济学的研究视角出发，结合全球价值链理论以及美国学者提出的美国国家经济安全的相关理论观点，系统分析了美国对华"全政府"科技竞争战略提出的背景、逻辑以及对中国的影响。从国家安全学的角度洞察美国对华战略的演变逻辑和发展趋势，有利于更加深入地理解和把握中美关系的发展大局。

第四，案例分析。通过对比美国动用国家力量打压华为公司和法国阿尔斯通遭遇美国的反腐败调查案例，本书揭示了美国惯用以行使"长臂管辖"（The Principle of Long Arm Jurisdiction）为由对外国企业施以制裁，以达到瓦解竞争对手、获取先进技术这一目的的事实。通过对美日半导体争端案例的分析，本书指出，在面对来自外部的竞争压力时，美国政府往往会采取联邦政府、国会和产业界相互配合的方式，全面打击和遏制竞争者。

第五，国别比较分析。本书在中美数字经济创新发展的相对优势、发展策略等方面，进行了比较深入的中美国别比较分析；此外，本书梳理了全球主要国家的数字经济发展战略规划，并对当前最有代表性的两种全球数据治理机制——构建制度壁垒以抢占发展先机的欧洲模式和强化单边优势以争夺数据资源的美国模式——进行了比较深入的比较分析，在此基础上提出了中国构建数字经济发展战略的方针、目标与政策框架。

第四节 创新之处与不足

本书的创新主要体现在以下三个方面：

第一，将美国对华"全政府"科技竞争战略置于冷战后美国国家安全战略调整的宏大历史背景中进行考察，这一研究视角具有一定的新意。鉴于此，本书突出了意识形态、国家安全观、国家经济安全理念与战略等因素对于美国对华科技战略的影响，并从美国国家安全战略的高度研究其对华竞争战略的形成、手段与发展趋势。

第二，在研究方法的选择和分析框架的构建上，本书采用了跨学科综合分析方法，涉及世界经济、国际政治经济学以及国家安全学等多个学科。当然，这是由本书所要研究问题的复杂性和现实性决定的。学科交叉既是本书的新意之一，也提升了研究的难度。尤其是如何在一个统一的分析框架中，按照连贯严谨的逻辑将数字技术与经济安全所涉及的方方面面的问题整合起来，对于本书而言，是一项不小的挑战。

第三，本书提出了一些略有新意的观点。例如，在评估美国对华科技竞争政策对中国数字经济创新发展的影响时，本书提出了一个四维分析框架，即将中国数字经济的创新发展分为基础理论与技术创新、标准与行业规范制定、核心元件与装备制造以及商业模式创新与应用四个维度，分门别类地评估各个维度遭受的冲击，从而为理解这一复杂问题提供了一个简明的分析框架。此外，本书还提出了中国数字经济创新的"一体两翼三驱动"战略。这些观点可以作为现有研究的有益补充。

本书的不足之处主要在于以下几个方面。

第一，尽管本书的研究具有重大而紧迫的战略意义，但从学理上看，本书选题的理论基础相对薄弱。国家经济安全在传统的经济学理论体系中缺乏完整、系统的理论支撑，其更多的是被作为一个现实问题进行研究和讨论。而国家安全学作为一门新兴的一级学科，具有十分鲜明的学科交叉特色，现阶段，其学科体系、基础理论以及分析范式仍有待进一步明确。因此，相对而言，本书研究的理论基础不够扎实，学理性不够强。这是本书研究的一项短板，也是一个不小的遗憾。

第二，本书研究所涉及的问题较多，开展跨学科综合分析的难度较大，因此在分析逻辑的严密性和凝练概括的准确性上，瑕疵难免。由于本书涉及的问题较多，不同问题之间的逻辑联系往往并不是线性的，而是彼此以一种复杂的方式相互影响。出于降低研究难度、增强文章可读性的考虑，本书对数字技术、国家经济安全、国家安全战略、数字经济发展等主要分析对象之间的影响和作用机制进行了线性化处理。分析框架的简明扼要固然重要，但从某种意义上说，这种简化是以牺牲逻辑的严密性为代价的。

第三，在量化分析方法的使用方面存在不足。本书在量化研究方法的使用方面存在一定的不足。本书以规范分析方法为主的两个主要原因是：首先，从技术层面来看，很难找到合适的度量一国经济安全的指标；在回归分析中，只有控制足够多的能够对我国经济安全产生影响的传统经济变量，才能够剥离出美国对华科技竞争战略的影响，从现有的经济计量方法来看，难度较大。其次，特朗普政府制定和推行"全政府"对华科技竞争战略的时间比较短，即使采取量化分析方法，数据样本容量也非常有限，这将弱化实证模型的效果。相信随着时间周期的拉长和实证研究方法的改进，这一问题会逐渐得到解决。

第 二 章
相关理论、逻辑主线与分析框架

本章旨在从两个层面为全文的研究奠定基础。一方面,厘清本书研究涉及的相关理论与概念。本书作为一项具有学科交叉特色的研究,涉及世界经济、国际政治经济学以及国家安全学等多个学科。因此,在展开研究之前,将本书研究所涉及的相关理论与概念进行比较系统的梳理与界定,无疑是十分必要的。另一方面,本书重点研究的两个问题——美国对华实施"全政府"科技竞争战略以及中国数字经济创新发展之间,存在相互连接的诸多逻辑链条,有必要开宗明义地阐述清楚美国对华科技竞争战略影响中国数字经济创新发展的逻辑,并在此基础上提出本书的分析框架。

第一节 相关理论与概念界定

一、"全政府"体制及其理论内涵

一般认为,"全政府"是源于组织学和公共管理的概念,其含义是调集政府力量以解决和应对公共政策问题的一项组织原则。目前,关于"全政府"的理论内涵并未形成统一、准确的界定。从现有文献来看,"全政府"具有十分广泛的含义。一方面,有学者认为,"全政府"是指为解决或应对复杂的公共行政管理问题,由多个政府职能部门通过一定的机制或组织形式,从政策制定到政策执行等多个方面,进行横向和纵向的统一协调、相互配合、联合行动。① 如澳大利亚管理咨询委员会认为,"全政府"是指政府等公共服务部门进行跨部门合作,以完成共同目标并以联合政府的统一身份对特定问题做出回应,问题涉及政策发展、项目管理和公共服务实施等。② 另一方面,有学者将"全政府"的范围进一步扩展到包括政府机构的各个层级和非政府机构在内的各种组织,甚至是全球各国、国际社会以及私人部门。③ 近年来,作为"全政府"概念范畴的重要补充,有学者提出了"全社会"和"全国家"④的概念,旨在强调政府与私人部门、全球各国组织之间就同一目标加强整合、相互协调和配合行动。所谓"全政府国家安全战略"或"全政府体制",实际上是指以"全政府"为支撑的国家安全战略或体系,即以"全政府"为组织原则调动政府资源,为特定国家安全战略提供组织上的支持和保障。

具体而言,"全政府"是20世纪90年代兴起于欧美公共行政管理和组织学领域的概念。在长达20年的"新公共管理改革"(NPM)运动结束后,许多发达国家的社会政策环境发生了深刻的变化。利物浦大学政治学教授丹尼斯·卡瓦纳(Dennis Kavanagh)指出,从20世纪70年代开始,人们逐渐意识到越来越多的问题需要采取政府间跨部门

---

① Tom Christensen, "Smart Policy?" in *The Oxford Handbook of Public Policy*, ed. Moran, Michael, Martin Rein, and Robert E. Goodin, eds. (New York: Oxford University Press Inc., 2006),pp.460-461; Janine O'Flynn, "Crossing Boundaries: The Fundamental Questions in Public Management and Policy," in *Crossing Boundaries in Public Management and Policy: The International Experience*, ed. Janine O'Flynn, Deborah Blackman, and John Halligan, eds. (Routledge, 2013), pp. 31-64.

② Australian Public Service Commission. "Connecting Government: Whole of Government Responses to Australia's Priority Challenges," The Management Advisory Committee (MAC), Australian Government (2004).

③ Tom Christensen and Per Lægreid, "The Whole-of-Government Approach to Public Sector Reform," *Public Administration Review* 67, no.6 (2007): 1059-1066.

④ Brett Doyle, "The Whole-of-Nation and Whole-of-Government Approaches in Action," *Interagency Journal* 10 (2019): 105-122.

行动，因此各部门必须更加紧密地合作。① 20世纪80年代末至90年代初，占主导地位的经济理性主义因"能促型政府"理念而受到抑制。"能促型政府"试图将其他社会科学视角融入以经济学为主的政策考量思维，② 通过将竞争、管理和居民自主价值观统一起来而形成一个新型治理结构，强调将政府定位为协调企业、社区和个人之间"社会伙伴关系"的"经纪人"，和为提高人们自理和负责能力的公共政策的"投资人"。③ 这种转变对既有政府的组织结构和行政程序提出了挑战。政府的政策组合主要按部门划分；而新兴理念则更加注重不同部门的共同目标和利益。"新公共管理改革"运动的先锋国家（英国、澳大利亚、加拿大、新西兰等）先后引领了"后新公共管理改革"运动。与"新公共管理改革"运动相比，"后新公共管理改革"更注重建立牢固而统一的价值观念，促进基于价值观的管理与合作，注重团队建设和相互信任。④ 这导致推广"协同政府"或"横向政府"的倡议越发增多，⑤ 形成了这种公共行政协作模式。

1997年，时任英国首相托尼·布莱尔（Tony Blair）最早提出"协同政府"（JUG）这一概念，试图在僵化的公共机构中克服程序复杂的部门主义，从而使现有资源和激励措施得以有效运用。同年，英国政府设立了"社会排斥局"（SEU），负责协调解决社会排斥问题。该机构的成员包括英国内政部、教育部和环境部的代表，分别从犯罪、学

---

① Dennis Kavanagh and David Richards, "Departmentalism and Joined-Up Government," *Parliamentary Affairs* 54, no.1 (2001): 1-18.

② Vernon Bogdanor, ed., *Joined-up Government*, (Vol. 5. Oxford University Press, 2005).

③ Wayne Jackson, "Achieving Inter-Agency Collaboration in Policy Development," *Canberra Bulletin of Public Administration* 109 (2003): 20-26.

④ Tom Ling, "Delivering Joined-Up Government in the UK: Dimensions, Issues and Problems," *Public Administration* 80, no.4 (2002): 615-642.

⑤ Herman Bakvis and Luc Juillet, *The Horizontal Challenge: Line Departments, Central Agencies and Leadership* (Canada School of Public Service, 2004); Geoffrey Mulgan, "Joined-Up Government in the United Kingdom: Past, Present and Future," *Canberra Bulletin of Public Administration* 105 (2002): 25-29.

校和恶劣居住环境等角度合作处理问题。另外该局任命杰克·坎宁安（Jack Cunningham）为"内阁执行官"，以确保政府不同部门的协同工作得以落实，并协调各部门间的矛盾与隔阂。[①]继英国之后，加拿大政府提出了"横向政府"这一概念；新西兰政府提出了"整合政府"这一概念；澳大利亚政府提出了"全政府"这一概念。

"全政府"这一概念在一国国内和国际上的应用十分广泛，突出表现为实现某种目标或应对某种危机的战略性部署。就一国而言，20世纪90年代，加拿大政府在推进创新、改善贫困和应对气候变化等方面推行"全政府"战略。澳大利亚的"国家食品计划"就是在"全政府"下为实现经济、保健和可持续发展目标整合而成的食品政策。[②]鉴于"全政府"对环境政策和管理的持续性具有重要意义，澳大利亚成立了"地区可持续项目"，以"全政府"的方式解决郊区可持续发展的问题。[③]近年来，"全政府"还渗透在各国国家安全、社会治安、城乡发展、教育科技、公共卫生、反恐等多个领域的公共管理中，以便从多方位解决公共部门管理中由"部门化"带来的碎片化问题。就国际社会而言，联合国等国际组织的很多倡议和措施体现了超越狭义的民族国家政府内部各部门和社会组织的"全政府"和"全国家"的理念，即通过联合各个国家、全球社会和私人部门展开全球治理的各项议题。如《巴黎协定》就是联合国在推进全球气候治理方面实行"全政府"和"全国家"的重要体现。

[①] Kavanagh D., "So What Is Joined-Up Government?" BBC News, November, 1998, accessed October 10, 2020, http://news.bbc.co.uk/2/hi/special_report/1998/11/98/e-cyclopedia/211553.stm.

[②] Rachel Carey, et al. "Opportunities and Challenges in Developing a Whole-of-Government National Food and Nutrition Policy: Lessons from Australia's National Food Plan," *Public Health Nutrition* 19, no.1 (2016): 3-14.

[③] Tiffany Morrison and Marcus Lane, "What 'Whole-of-Government' Means for Environmental Policy and Management: an Analysis of the Connecting Government Initiative," *Australasian Journal of Environmental Management* 12, no.1 (2005): 47-54.

二、国家安全与国家经济安全

（一）国家安全

一般而言，学术界对国家安全理论内涵的界定主要包括两种观点：① 第一种是"状态论"，认为安全本身是一种不处于危险、没有恐惧的状态，国家安全指的是一个国家的生存免于危险、得到保障的状态；第二种是"能力论"，认为国家安全指的是一种保持国家统一和领土完整的能力，使一国维持与世界其他部分的联系，防止外部势力改变国家性质、制度和统治。②

学术界对国家安全理论内涵的认识逐渐从传统的政治军事领域拓展到经济、社会和环境等非传统安全领域。冷战时期，由于美苏对抗，美国对国家安全的理解更多地停留在军事和国防安全方面，强调一种捍卫独立自由生活方式的能力，③ 与经济并无明显的直接联系。从20世纪60年代开始，经济在国家安全中的重要地位不断在学术界得到论证。1960年，前美国国防部长詹姆斯·施莱辛格（James R. Schlesinger）在《国家安全的政治经济学》一书中系统地论述了经济能力（Economic Capacity）对国家实力（National Power）的重要影响。④ 伴随着冷战局

---

① 国际关系领域对于国家安全的认识存在第三种观点，即感觉论，认为安全是一种感觉，客观意义上表明获得的价值不存在威胁，在主观意义上表明不存在对价值会受到攻击的恐惧。参见：Arnold Wolfers, "National Security as an Ambiguous Symbol," *Security Studies* (2011): 5-10.

② Lester R. Brown, "Redefining National Security," *Challenge* 29, no.3 (1986): 25-32.

③ Helen ES. Nesadurai, "Introduction: Economic Security, Globalization and Governance," *The Pacific Review* 17, no.4 (2004): 459-484; Karen Lund Petersen, *Corporate Risk and National Security Redefined* (Routledge, 2012).

④ 受冷战时期对军事和武力的崇拜及影响，詹姆斯·施莱辛格（James R. Schlesinger）主要从国防和军事层面解读了国家经济能力的作用。经济能力在这里主要指经济潜在产能（economic potential），是指一国在一段时间内商品和服务的最大总产出，即国民经济总量最大值。由于潜在能力与实际情况有一定距离，在战争时期，经济潜力被引申为"战备经济潜力（economic potential for war）"和"可转化经济储备（economic mobilization base）"。参见：James R. Schlesinger, *The Political Economy of National Security: A Study of the Economic Aspects of the Contemporary Power Struggle* (New York: Praeger, 1960): 49-59。

势的变化、新技术革命的迅猛发展,国家间经济上的相互依存日益加强,美国重新意识到经济因素在实现美国国家安全目标方面的重要作用。① 由此,国家安全理论的研究重点正式从军事层面转向了以政治经济层面为主,经济作为独立课题开始进入安全研究领域。② 美国学者迈克尔·梅西(Michael J. Meese)、苏珊·尼尔森(Suzanne C. Nielsen)以及蕾切尔·桑德海默(Rachel M. Sondheimer)在其著作《美国国家安全》(第七版)中,将国家安全理论的内涵主要概括为四个部分,即国家安全政策的目标与方式、国家安全政策的制定与执行、国家安全战略的实现方式与手段、国际与区域安全问题;并认为,"经济能力是和外交与信息、军事威慑力、常规战争以及核政策等并列的,实现一国国家安全战略目标的重要方式"③。

综上所述,狭义上国家安全的含义是以主权国家为核心,以军事手段为维护安全的主要方式,以防范外部军事入侵和攻击为目标,保护国家独立、领土完整,保证社会生活和基本价值观等方面不受损害。而本书涉及的国家安全则基于广义国家安全的视角,既包含传统国家安全,也将政治、经济、科技、文化等非传统安全领域纳入其中,维护国家安全的手段除传统的军事手段以外,还包括经济、法律、外交等方式。

(二)国家经济安全

一般认为,国家经济安全是国家安全在经济领域的延伸。然而,国际上却不存在一个被广为接受的国家经济安全的准确定义。狭义的

---

① Carl Richard Neu and Charles Wolf, Jr., *The Dimensions of National Security* (Rand National Defense Research Institute, 1994).

② 其中,以西方国家安全领域的理论研究界泰斗、英国威斯敏斯特大学教授巴瑞·布赞为代表。参见:Barry Buzan, et al. *Regions and Powers: The Structure of International Security* (Vol. 91. Cambridge University Press, 2003)。

③ Michael J. Meese, Suzanne C. Nielsen, and Rachel M. Sondheimer, *American National Security* (JHU Press, 2018).

国家经济安全仅仅从与经济活动密切相关的贸易、投资、金融等领域出发探讨经济安全；而广义的经济安全的内涵则包罗万象，一切可能对经济安全产生威胁的因素都可以纳入研究范畴，既包括传统国家安全的军事政治领域，也包括20世纪70年代以后出现的非传统国家安全领域。

学术界对国家经济安全这一概念，通常从"能力论"和"状态论"两个角度进行界定。有学者认为，国家经济安全是指当一国面对威胁或阻碍其经济利益的情势时，保护其经济利益的能力，即经济生存能力和对内外威胁的抵御力，本质上是经济适应变化的能力和自我恢复能力；也有学者强调一国经济和国际地位的竞争力、国内外环境的维持力。[①] 另有学者则认为，对国家经济安全的研究应侧重于经济安全的状态，即主权国家的经济发展和经济利益不被打断，整个国民经济保持平稳运行及良好的发展态势，不受内部或外部因素威胁的状态。[②] 一国为达到这种状态，既要保护和调节国内市场的稳定运转，还要通过积极参与国际经济合作，确保本国在世界市场的经济利益，在国际竞争中赢得有利地位和良好的外部环境。[③]

国家经济安全的实质在于"不受他国控制"[④]。"能力论"和"状态论"都从广义上强调一国经济利益不受到一切来自国内和外来势力的威胁和控制。这些威胁既包括经济领域的挑战和冲击，还包括政治、

---

① Carl Richard Neu and Charles Wolf, Jr., *The Dimensions of National Security* (Rand National Defense Research Institute, 1994); Konrad Raczkowski and Friedrich Schneider, eds. *The Economic Security of Business Transactions: Management in Business* (Chartridge Books Oxford, 2013); 赵英：《政府采购与国家经济安全》，《中国招标》2007年第4期，第4—6页；顾海兵、刘陈杰、周智高：《美国的国家经济安全：经验与借鉴》，《上饶师范学院学报》2007年第2期，第1—6页。

② 柳剑平、陈玉海：《国家安全新概念：国家经济安全与国家经济安全战略》，《湖北大学成人教育学报》1999年第5期，第34—36页。

③ 中国现代国际关系研究院经济安全研究中心：《国家经济安全》，时事出版社，2005，第4—6页。

④ Harold D. Lasswell, *Propaganda Technique in World War I* (MIT Press, 1971).

文化、战争、公共卫生等一切关系到一国经济利益的国内外因素。

在以往对国家安全的研究中，美国学者主要从经济实力对军事目标的支撑性、经济的相互依赖度和自主性、生产要素是否受到威胁等方面界定国家经济安全。冷战时期，前美国国防部长詹姆斯·施莱辛格对经济安全的界定停留在其能否为军事和战争提供有力的物资保证和经济潜力，认为经济产能决定了武力斗争的成败。在二战后美国领导并建立的自由的世界经济体系下，贸易和投资得到了繁荣，这引起了学者对于经济相互依赖对国家经济安全影响的讨论。前美国主管经济事务的副国务卿、哈佛大学经济系教授理查德·库珀（Richard Cooper）认为，相互依存关系具有缓和国际形势的作用，国家经济安全依赖于各国之间的经济合作。[①] 美国著名学者罗伯特·基欧汉和约瑟夫·奈在《权力与相互依赖》(Power and Interdependence)一书中，认为国家除了需考虑竞争中的绝对利益，互利合作带来的相对利益也不容忽视。[②] 美国学者罗伯特·玻莱（Robert Pollard）也指出，美国发起的世界经济改革和重建的主要目标是把主要工业化国家联系在一起，以增强美国自身的经济安全。[③] 然而，也有学者认为强调全球化为国家经济安全带来威胁。美国彼得森研究所高级研究员西奥多·莫兰（Theodore H. Moran）研究了经济开放对国家经济自主权的侵蚀问题，认为除了经济的相对衰退和关键技术潜力的丧失，美国越来越强的对外经济依赖也是威胁其国际地位的重要因素，贸易和金融一体化、货币的相互依赖是美国经济安全的薄弱环节。[④] 对相互依赖理论的深入

[①] Richard N. Cooper, *Economics of Interdependence: Economic Policy in the Atlantic Community* (Columbia University Press, 1968).

[②] 罗伯特·基欧汉、约瑟夫·奈:《权力与相互依赖（第3版）》，门洪华译，北京大学出版社，2002。

[③] Pollard, Robert A., *Economic Security and the Origins of the Cold War, 1945–1950* (Columbia University Press, 1985).

[④] Moran, Theodore H., *American Economic Policy and National Security* (Council on Foreign Relations, 1993).

探讨的过程中，在经济相互依赖是促进和平还是导致摩擦这一问题上，也出现了现实主义学派与自由主义学派的争论。① 随着信息技术的引入，电子商务的发展以及一系列非传统国家安全因素的出现加重了国际经济关系的复杂性。如有观点认为，腐败和信息恐怖主义等一系列新挑战和威胁因素在一定程度上抵消了美国利用管理技术和风险资本影响世界经济而带来的新机遇。② 此外，也有研究将能源、人力资源、创新等生产要素纳入对国家经济安全的讨论中。③

本书主要从"能力论"的角度，对国家经济安全的理论内涵进行两个层面的界定，即国家经济安全一方面是指面对威胁国家经济利益的事件、发展或行为时，保护和实现本国经济利益的能力，这些挑战可能源自国外或国内，也可能是蓄意或偶然、人力或自然原因所导致的；另一方面是指一国依照自己的价值观参与全球经济治理和塑造国

---

① 传统自由主义理论认为，经济频繁交往、相互依赖的关系加重了国家之间爆发战争的成本；与康德的永久和平思想一脉相承的实证研究也表明，国家间的贸易往来具有促进和平的作用，一国不太可能与贸易伙伴国展开战争。原因在于，国家间相互依赖关系会在一国内形成利益集团；受到利益驱使的集团将倾向于游说政府，使其保持和平稳定的对外依赖关系。而与之对立的现实主义理论认为，一国对经济相互依赖敏感性和脆弱性的担忧会促使其为保障国家安全转而寻求武力，以争夺有限的资源和市场。这场自由主义与现实主义的辩论使一些学者发现，经济上的相互依赖对和平的促进作用是有条件的。正如美国弗吉尼亚大学国际关系教授戴尔·科普兰（Dale C. Copeland）在其著作《经济交往与战争》（*Economic Interdependence and War*）中所论述的：当各国都盼望进行互利贸易时，经济交往将促进和平；而一旦有一国预期到贸易最终将使该国变得极其脆弱时，就会萌生战争的想法。参见：Richard Cobden, *The Political Writings of Richard Cobden* (W. Ridgway, 1878); Han Dorussen, "Heterogeneous Trade Interests and Conflict: What You Trade Matters," *Journal of Conflict Resolution* 50, no.1 (2006): 87-107; Ronald Rogowski, *Commerce and Coalitions: How Trade Affects Domestic Political Alignments* (Princeton University Press, 1990); Etel Solingen, *Regional Orders at Century's Dawn: Global and Domestic Influences on Grand Strategy* (Vol. 77. Princeton University Press, 1998); Kenneth N. Waltz, *Theory of International Politics* (Waveland Press, 2010); Dale C. Copeland, *Economic Interdependence and War* (Princeton University Press, 2014)。

② Kevin C. Desouza, "Information and Knowledge Management in Public Sector Networks: The Case of the US Intelligence Community," *Intl Journal of Public Administration* 32, no.14 (2009): 1219-1267.

③ Sheila R. Ronis, *Economic Security: Neglected Dimension of National Security?* (Smashbooks, 2012).

际经济环境的能力。

三、数字经济与数字经济创新

20世纪90年代,学者们对于数字经济这一概念的界定主要涉及互联网的使用以及对互联网经济影响的早期思考。数字经济这一概念由泰普斯科特(Don Tapscott)在《数字经济:网络智能时代的承诺与危机》一书中正式提出。[①]他将数字经济视为储存在数字网络中的创新和依托数字信息循环的知识经济。此后,数字经济的理论内涵被不断界定和拓展,学术界对这一概念尚未达成共识。

从经济社会发展的角度来看,2016年《二十国集团数字经济发展与合作倡议》将数字经济界定为:"以使用数字化的知识和信息作为关键生产要素、以现代信息网络作为重要载体、以信息通信技术的有效使用作为效率提升和经济结构优化的重要推动力的一系列经济活动。"经济合作与发展组织在《数字经济展望2017》报告中强调,数字经济是经济社会发展的数字化转型,通过数字技术和互联性技术的有效使用对传统生产成本和组织方式产生变革,对经济增长和社会繁荣具有重要作用。有研究聚焦于数字技术、服务和产品在各个经济体之间的传播方式,认为数字化即通过使用数字技术、产品和服务进行的商业模式变革。另有学者则认为,数字经济是各类数字化投入带来的全部经济产出,数字化投入包括数字技术、软硬件和通信设备、用于生产的数字化中间产品与服务。[②]结合《二十国集团数字经济发展与合作倡议》的定义,本书将数字经济的概念界定如下:数字经济,即以数据作为关键生产要素,以数字化技术作为提高生产效率的主要支撑,以

---

① Don Tapscott, *The Digital Economy: Promise and Peril in the Age of Networked Intelligence* (New York: McGraw-Hill, 1996).

② Mark Knickrehm, Bruno Berthon, and Paul Daugherty, "Digital Disruption: The Growth Multiplier," *Dublin: Accenture* (2016): 1-12.

创新作为经济增长驱动力的全部经济活动,是对原有经济生产方式和生产组织结构的数字化渗透和变革。其内涵不仅包括数字化交易,而且涵盖为确保数字化交易顺利进行的基础设施、数字化媒体和数字化产品与服务。

从行业类型的角度来看,1999年美国商务部发布的《新兴的数字经济》报告认为,数字经济包括电子商务等商业模式和信息技术产业。经济合作与发展组织官员纳迪姆·艾哈迈德进一步指出,数字经济由赋能部门和基于赋能部门而进行的生产、消费等环节组成。[①] 2012年,波士顿咨询公司(BCG)在《G20数字经济的未来》报告中指出,数字经济是电子商务、大数据和社交媒体等的结合。[②] 经济合作与发展组织的数字经济数据库表明,数字经济的内涵包括信息通信、电子商务和互联网技术设施的建设。2018年,美国商务部经济分析局(BEA)认为,数字经济的含义应包括支持计算机网络运行的数字化基础设施和材料(生产行业)、依托计算机系统产生的数字交易(电子商务)以及互联网用户创造和访问的数字内容(数字媒体)。[③] 根据这一定义,美国商务部经济分析局将数字产品和服务分为三类,即信息通信技术商品和服务、通过计算机网络远程销售的商品和服务,以及定价的数字服务。中国信息通信研究院(2017)将数字经济分为信息产业基础部分和数字经济融合部分。2019年,上海社会科学院发布的研究报告指出,数字经济的产出表现为与传统经济活动的创新性融合,以提升传

---

① Nadim Ahmad and Jennifer Ribarsky, "Towards a Framework for Measuring the Digital Economy," (paper presented at the 16th Conference of the International Association of Official Statisticians, 2018).

② David Dean, Sebastian Digrande, Dominic Field, et al., "The Internet Economy in the G-20, Boston Consulting Group," March, 2012, accessed December 11, 2020, https://eizba.pl/wp-content/uploads/2018/07/BCG_3._Internet_Economy_G20.pdf.

③ Kevin Barefoot, et al., "Defining and Measuring the Digital Economy," US Department of Commerce Bureau of Economic Analysis, Washington, DC (2018).

统经济活动的生产效率和经济结构升级。① 依据国家统计局发布的《数字经济及其核心产业统计分类（2021）》②，本书中的数字经济产业范围为：数字产品制造业、数字产品服务业、数字技术应用业、数字要素驱动业和数字化效率提升业。数字产品制造业包括计算机、通信设备、数字媒体设备和智能设备、电子元器件制造等行业；数字产品服务业包括数字产品批发、零售、租赁行业；数字技术应用业包括数字产品维修、软件开发、广播电视和卫星传输服务、互联网相关服务和信息技术服务等行业；数字要素驱动业包括互联网平台、互联网金融、数字内容与媒体、信息基础设施建设和数据资源与产权交易等行业；数字化效率提升业包括智慧农业、智能制造、智能交通、智慧物流、数字金融、数字商贸、数字社会、数字政府等行业。经济学家约瑟夫·熊彼特（Joseph A. Schumpeter）在《经济发展理论》一书中，用"产业突变"来形容经济结构从内部发生变革。这一不断破坏原有结构、创造新结构的过程被称为"创造性破坏"。③ 熊彼特认为，技术发明不等于创新，创新更多地表现为"以不同的方式将原材料和力量组合起来"，这种"新组合"即创新。一国的创新能力与其科技发展水平密切相关，但两者存在本质区别：创新能力强调技术的应用，及其带来的经济效益。科技水平仅作为影响创新能力的因素之一，创新能力并不评价科技水平本身的高低。④ 本书在熊彼特这一创新概念的基础上理解数字经济创新的内涵，即利用数字技术将现有生产资料进行重新组合

---

① 王振、惠志斌主编《全球数字经济国家竞争力发展报告（2019）》，社会科学文献出版社，2019。

② 具体行业分类说明和行业代码参见：数字经济及其核心产业统计分类（2021），国家统计局，http://www.stats.gov.cn/tjsj/tjbz/202106/t20210603_1818134.html，访问日期：2021年6月6日。

③ Joseph Schumpeter and Ursula Backhaus, *The Theory of Economic Development* (Cambridge, MA: Harvard University Press, 1934).

④ 魏守华：《国家创新能力的影响因素——兼评近期中国创新能力演变的特征》，《南京大学学报（哲学·人文科学·社会科学版）》2008年第3期，第30—36页。

而形成的新的生产力、生产方式和生产关系。数字经济创新有狭义和广义之分：广义的数字经济创新泛指一切与数字经济形态中的生产力、生产方式、生产关系变革有关的活动，是一种包括经济、技术、文化、政治等各方面活动的集合体；而狭义的数字经济创新则是指与数字经济发展所需的新理念、新技术和新模式的产生和应用相关的技术和经济活动。由于数字经济创新涉及的领域广泛、影响因素众多，创新具有颠覆性强的特征，本书将从狭义的角度对数字经济创新进行界定并展开分析。

第二节　本书的逻辑主线与分析框架

本书研究的逻辑主线包括逐次递进的三个层次。

第一，第五代移动通信技术（5G）时代中美数字经济创新的竞争已经拉开了序幕。数字经济作为未来经济演化的主要方向之一，近年来为全球主要国家高度重视，由此导致数字经济创新的国际竞争日益激烈。2018年10月，美国率先宣布实现5G通信技术的商用，中国也在2020年基本实现5G通信技术的商用。由于5G通信的技术特性决定了其能够与众多新技术深度融合并催生更多新兴业态，因此5G网络是未来数字经济发展的核心基础设施和数字经济创新的助推器；5G通信技术也因此成为全球高科技竞争的制高点。中国在5G标准制定、网络建设以及设备制造方面形成的全球竞争力，对美国数字经济的创新优势构成了挑战。

第二，5G通信领域是美国实施"全政府"对华科技竞争战略的重点。2018年以来，中美关系进入质变期。特朗普政府将中国定义为战略竞争者，并提出对华"全政府"竞争战略，旨在综合使用各种手段赢得与中国的战略竞争。中国在5G通信领域迅速成长的科技创新能力成为美国对华实施战略遏制的重点。美国不仅综合运用行政、司法、外交等国家机器打压中兴和华为等中国通信设备制造的领军企业，而且还在中美双边贸易谈判中设置知识产权保护和所谓的"强制性技术转让"等议题，向中国全面施压并要求中国做出结构性改变。拜登政府上台后，基本上延续了特朗普政府制定的竞争性对华科技战略。美国对华"全政府"科技竞争战略，使中国在5G时代实现技术和数字经济"弯道超车"的难度增加。

第三，应当审慎评估美国对华"全政府"科技竞争战略对中国数字经济创新的冲击和影响。数字经济大体上可以分为基础理论与技术创新、标准与行业规范制定、关键元件研发与装备制造、商业模式创新与应用等四个层次。美国对华实施"全政府"科技竞争战略，使得中国数字经济在前两个层次上受到一定冲击，在第三个层次受到的冲击和挑战最大，而第四个层次则是中国的比较优势，所受的冲击有限。由于中美两国均已深深融入全球价值链并且相互依赖（即中国依赖美国专利使用和关键器件供应、美国依赖中国的制造能力和庞大市场），为此，中国应当采取"两手抓"的策略，即一方面加强核心技术研发，继续向全球信息产业价值链的高端攀升，最终摆脱核心技术受制于人的被动局面；另一方面，中国应当发挥加工制造能力强、数据市场规模大的相对优势，在数据治理、数字贸易以及金融科技等方面，做好商业模式创新与大规模应用这篇大文章，对冲技术性冲击对我国数字经济创新的影响。

本书的分析框架如图2-1所示。

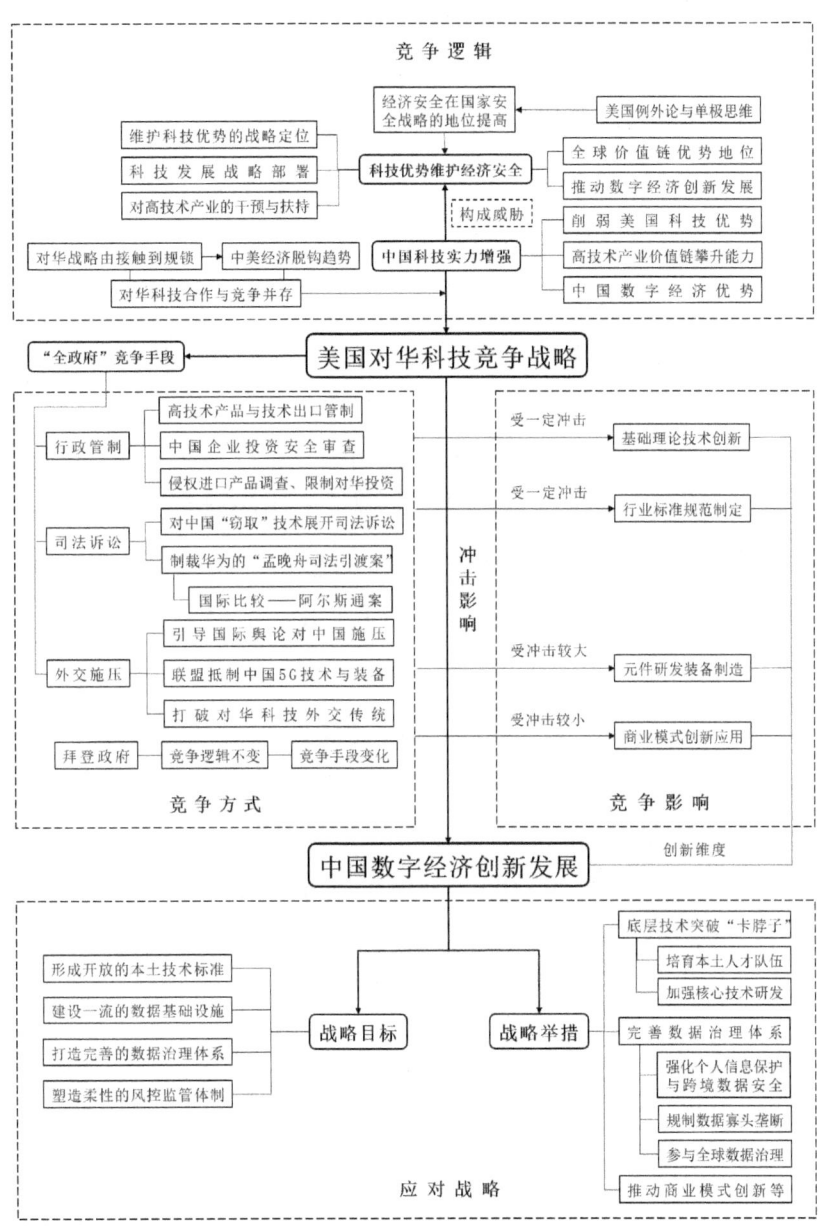

图2-1 本书的分析框架

资料来源:作者整理。

大体而言，本书的研究主要从以下四个方面渐次展开。

一、科技领先优势维护美国国家经济安全

美国国家安全战略是其国家安全观和核心利益的集中体现。美国对华科技竞争与遏制的意图早已根植于其国家安全观念和战略之中，但由于国家安全观的非显性特质，暗含于美国对华总体战略的背后，因此需要深入分析与挖掘方能揭示其本质。从思想观念的起源上看，"美国例外论"和在此基础上形成的单极霸权思维，是冷战后美国国家安全观念和战略的意识形态基础。"美国例外论"认为，美国对世界具有强烈的使命感。这一观念深深地影响了美国的对外政策和理念，并具体表现在美国自建国以来的外交政策的总体设计之中。冷战结束后，以军事目标为主的美国国家安全观发生变化，经济安全上升为美国国家安全战略的核心。美国国家经济安全战略的演变有两个相互交织的内在逻辑，一是不变的逻辑：始终维护美国在全球经济中的核心地位；二是变化的逻辑：这一战略一定是随着全球经济格局的调整和国际环境以及美国经济的变化而动态调整的。

从国家安全的角度来看，美国追求世界经济的稳定与美国追求全球政治局势稳定的动力是一致的；美国追求经济安全与追求全球经济稳定的逻辑也是一致的。为降低经济的不确定性进而推动经济的持续发展，冷战结束后，美国利用其唯一的超级大国地位，在全球范围内持续巩固有利于实现美国国家利益的国际秩序，如以美元为中心的国际货币体系和开放的国际经济体系，并主导建立国际机构以不断强化这种"中心—外围"的国际政治经济格局。

美国实现经济安全遵循两项基本原则：一是保持美国经济规模的绝对优势；二是保持美国政府对关键领域的干预与扶持。技术优势在实现美国经济安全的两项基本原则中具有重要作用。一方面，美国依靠科技优势维持其经济规模。全球价值链分工使美国对发展中国家产

生技术锁定效应。美国跨国公司凭借技术优势和规模优势，在不断延伸的全球价值链中长期占据上游位置；而发展中国家大多数企业则长期局限于利润较低的生产环节，长期依靠初级产品出口。美国作为"中心—外围"结构中的中心国家，与外围国家价值链的位势差和技术差距的固化使后者被困于价值链低端，技术转移、产业升级受限，形成技术锁定效应。美国在引领经济全球化的过程中，通过促进贸易自由化使全球分工逐步由产业间分工和产业内分工转向生产过程的国际分工。美国凭借贸易强国地位和美元的国际影响力，维系着符合美国价值观和国家利益的全球秩序的稳定运行。经济全球化也使中国快速融入全球产业链，与美国经济的相互依存度在冷战结束后明显提高。然而中美贸易的相互依存关系是不对称的：中国的代工模式长期处于全球价值链的中低端；而美国则凭借技术优势占据上游位置。中国在加工组装环节依附美国的技术与先进装备，代工企业又受跨国公司和美国市场需求制约，因此中国对美国产生"技术—市场"依附关系。另一方面，战略性产业往往是对美国军事、经济至关重要的高技术行业，如数字经济时代的信息与通信技术产业、生物技术产业，等等。[①] 因此，从国家安全的角度出发，美国对与数字经济相关的战略性产业一向保持高度警惕。

由于全球领先的科技优势对美国国家安全至关重要，因此历届美国政府都高度重视科技创新发展的战略定位和相关部署，在投资创新基础要素、鼓励私人部门创新发展、推动优先发展领域的技术创新以及推广美国技术标准与规则等方面进行大量投入。美国政府还大力扶持其战略性高技术产业的创新发展。以美国半导体产业的发展历程为

[①] 新兴技术的产生对国际政治和未来战争的形式产生重要影响，中国社会科学院世界经济与政治研究所所长张宇燕曾指出："随着数字技术在军事领域的大量使用，与实体战线并行的数字战线被开辟出来。"参见：张宇燕：《理解百年未有之大变局》，《国际经济评论》2019年第5期，第9—19页。

例，美国政府的扶持与干预在其半导体产业从萌芽走向成熟直至称霸全球的过程中如影随形。美国政府在创造初期需求、提供资金支持、抵御外部竞争和调配全球产业链等多个方面制定了大量支持政策，为美国的半导体产业最终确立全球领导地位奠定了坚实基础。

二、中国科技实力增强对美国产生的影响

中美经济关系的发展变化与冷战后美国经济安全战略密切相关。中美经济在相互依赖中保持合作竞争关系，实质上是美国实行对华"全面接触"战略的结果；而这也恰逢中国推行改革开放的关键时期，因而中美经济关系较多地表现出合作的一面。而美国对华战略发生转向，主要原因在于中美综合国力的相对变化打破了美国维护其国家经济安全的两个重要前提，从而使得美国认为其自身的国家安全受到了威胁。特朗普上台后，美国政府不断升级对华贸易摩擦，并试图利用新冠肺炎疫情加速对华全方位"脱钩"，战略竞争和对抗成为美国对华政策的主基调。美国对华战略的整体性转向是特朗普政府对华实施"全政府"科技竞争战略的重要背景。

美国对华科技政策受到中美经济关系和美国对华战略的影响，由冷战后的合作发展方针逐渐转向竞争、遏制战略，这种趋势转变始终未曾脱离美国经济安全战略的指引性作用。冷战结束后，中美两国在科技领域的交流与合作往来密切，成果颇丰；但是科技领域的竞争与分歧也日益增多，主要矛盾集中在美国政府对中国知识产权保护、对美国商业机密所谓的"窃取"行为以及中国的产业政策等方面的诟病。2020年5月20日，特朗普政府正式提出"全政府"对华战略，遏制中国迅速发展的高技术产业是其中最为重要的组成部分。这是在中美经济出现"脱钩"倾向这一背景下，美国试图加速对华科技"脱钩"的重要举措。

保持科学技术创新优势对维护美国经济安全至关重要，因此中国

科技创新能力的提升被美国视为对其国家经济安全的"威胁"。冷战结束后，中国与美国科学技术实力的差距较为悬殊，两国在全球价值链中的嵌入位置有较大差别。全球价值链上两国的"位势差"是决定美国对华采取科技合作还是科技竞争战略的决定性因素。中国通过持续的科技投入与自主创新，在尖端科技领域的竞争力不断提升，进而削弱了美国在全球科技创新领域的领导地位。中国整体科技水平的提高和产业链的完整性，使美国对其科技领先优势产生了强烈的危机感。在美国看来，中国的崛起将对美国在5G及其相关数字经济领域主导国际规则与秩序构成巨大威胁。

尤其需要指出的是，中国高技术产业具有沿着全球价值链"逆流而上"的能力，这正是美国最为忌惮之处。中国作为后发经济体通过参与全球价值链实现了产业升级，[①]在与发达国家进行科技、贸易、投资交流合作中学习并吸收先进技术和管理经验，提高科技水平和创新能力。中国制造业融入全球化进程后，其整体水平在国际分工中受制于美国的技术锁定，长期处于相对下游位置，对美国产生"技术—市场"依附关系。但随着中国高技术产业参与全球价值链程度的不断提高，中国高技术产业沿价值链逐渐攀升，中美两国高技术产业在全球价值链上的"位势差"逐渐缩小。中国凭借互联网接入量、智能手机使用率和人口规模等优势，拥有庞大的数据市场和数据资源。全球数

---

① 中国主要通过技术学习与技术扩散、贸易中间品进口、外商直接投资（FDI）技术溢出等多种途径推动技术和创新水平的提高，依次实现工艺升级、产品升级、功能升级和价值链升级。以较低的学习成本，对先进技术进行模仿吸收，并培养高级熟练劳动力，实现本土技术学习能力的提升。参见：赵玉林、高裕：《技术创新对高技术产业全球价值链升级的驱动作用——来自湖北省高技术产业的证据》，《科技进步与对策》2019年第3期，第52—60页；郝凤霞、张璘：《低端锁定对全球价值链中本土产业升级的影响》，《科研管理》2016年第1期，第131—141页；孙学敏、王杰：《全球价值链嵌入的"生产率效应"——基于中国微观企业数据的实证研究》，《国际贸易问题》2016年第3期，第3—14页；王岚、李宏艳：《中国制造业融入全球价值链路径研究——嵌入位置和增值能力的视角》，《中国工业经济》2015年第2期，第76—88页；王玉燕、林汉川、吕臣：《全球价值链嵌入的技术进步效应——来自中国工业面板数据的经验研究》，《中国工业经济》2014年第9期，第65—77页。

据大国的地位使中国的数字经济创新具有独特的相对优势。因此，在中国数字经济创新实力不断增强的背景下，遏制中国的科技创新能力成为美国打压中国数字经济发展的主要手段。

三、美国"全政府"手段打压中国科技发展

特朗普政府对华"全政府"科技竞争战略的具体内容包括行政手段、司法手段以及外交手段等。具体而言，行政手段包括加强外国投资安全审查与出口管制力度，强化国家安全管制；司法手段包括通过"长臂管辖"原则对中国企业的海外经营和网络空间经营活动进行干涉和管制；外交手段包括利用舆论对中国科技成果进行攻击和诽谤、结成国际联盟抵制中国科技产品、打破以往的"科技外交"方针限制中美科技交流，以及对中国进行"污名化"，全方位向中国施压。

行政命令和管制是美国最直接、最多样化的遏制手段，是美国政府对华科技竞争的主体方式。司法手段为行政层面的遏制政策提供法律保障，运用"长臂管辖"原则增强执行力度。外交手段则旨在诋毁中国国际形象，通过多边结盟以孤立中国，强化行政和司法手段的效果。这三种手段虽侧重点不同，但相互支撑，形成以遏制中国科技发展为核心目标的多部门协调合作机制。美国还利用一系列维护国家科技安全以及参与科技相关事务的机构，[①] 以国家安全为基础制定支持科技创新的政策。美国国务院、商务部、司法部、财政部以及联邦调查局等多部门协作，在落实"全政府"对华科技竞争战略的过程中都扮演了十分重要的角色，集中体现了美国在行政、司法和外交层面展开

---

① 这些机构具体包括以美国总统为主席的国家科学技术委员会（National Science and Technology Council, NSTC）、总统科技政策办公室（Office of Science and Technologh Policy, OSTP）、国土与国家安全委员会（Committee on Homeland & National Security, CHNS）、国防高级研究计划署（DARPA）、情报高级研究计划署（IARPA）、能源高级研究计划署（ARPA-E）、国土安全高级研究计划署（HSARPA）、教育高级研究计划署（ARPA-Ed）等。参见张家年、马费成：《国家科技安全情报体系及建设》，《情报学报》2016年第5期，第483—491页。

联合行动，对中国的科技创新进行"全政府"模式的遏制和打压。

在中美科技竞争日趋激烈、特朗普政府制定的趋于极端化的竞争性对华政策效果不佳的背景下，2021年以来，拜登政府对特朗普政府对华科技竞争战略进行了不同程度的延续和调整，从而对中美科技关系的走势以及中国数字经济发展面临的冲击产生了重大影响。然而，无论拜登政府在多大程度上调整特朗普政府的对华科技竞争战略，中美两国在科学技术领域里激烈竞争的趋势都将不可避免，美国战略界始终坚定地认为其科学技术优势和国家经济安全面临来自中国的挑战。因此，美国对华科技竞争战略的总体方向不会发生改变，变化的将仅仅是对华竞争的节奏与力度。换言之，在科技创新和数字经济发展领域，中国将持续面临美国竞争战略的冲击。

四、对中国数字经济创新的冲击及应对策略

美国"全政府"对华科技竞争战略将对中国产生较为复杂的影响，如对中国经济增长方式的转型构成压力，阻碍人民币国际化进程并在人权、意识形态等领域加剧中美摩擦。目前，全球产业链分工的固化使中国在传统产业领域超越美国的难度较大。然而，在中国经济社会发展面临美国全方位打压的背景下，数字经济创新作为世界经济发展的重要驱动力，是中国应对美国遏制进而实现跨越式发展的重要领域。

在数字经济时代，数据资源和数字技术在经济发展中起着关键作用，创新驱动是数字经济发展的核心特征。实现中国数字经济相关产业的创新发展，既包含推动传统产业与数字技术的结合，即传统产业的数字化转型升级，也包含促进新兴数字技术的商业化运作，即"数字产业化"。因此，数字技术的创新和基于数字技术的商业模式创新是中国数字经济创新发展的两个重要方面。数字经济创新的维度具体可分为基础理论与技术创新、标准与行业规范制定、元件研发与装备制造以及商业模式创新与应用。中国在这四个维度受到美国"全政府"

科技竞争战略的冲击程度是不同的，具体表现如下。

第一，美国对华科技竞争战略对中国的基础研究和技术创新具有一定的冲击，并表现为减缓中国数字经济创新的速度。基础研究向社会发展提供新知识和新方法，推动科学理论的重大突破，为数字经济创新所必需的颠覆性技术奠定理论基础。一方面，中美科技合作受阻影响知识的跨国流动；另一方面，这也暴露出中国缺乏推动数字经济爆发式增长的颠覆性技术和创新。但是通过科学研究投入的增加以及中国科学研究主体的自主创新，中国的理论与技术创新将有望实现进一步的突破。

第二，在技术标准的制定和推广方面，美国的遏制对中国技术标准和行业规范的制定造成了一定的冲击，但总体风险可控。美国遏制举措将阻碍或延缓中国技术标准的形成和国际化推广，与盟友建立竞争性标准体系将对中国现有的数字技术标准构成冲击，且中国在技术标准发展方面仍与发达国家具有较大差距。但是，中国能够通过提高技术标准的国际推广度和产品竞争力、加快数字行业的规范治理缓解来自美国及其同盟国家的施压。

第三，美国的遏制政策对中国元件研发和装备制造领域的冲击较大，短期内核心元件和装备存在断供风险。这一"卡脖子"问题将在短期内对中国数字产业发展构成严峻挑战。中国信息通信产业对美国的技术和产品具有较高的依赖度，美国阻断上游产品与技术供应将在短期内使中国高技术产业面临供应链断裂的风险。而由于中国在短期内难以实现对美国产品的替代，中国芯片制造能力、对信息通信技术产业的自主控制权将受到打击，并将动摇"中国制造"的国际地位。而从长期来看，遏制措施将倒逼中国高端制造业在技术研发和装备制造方面实现独立自主。

第四，美国的遏制政策对中国数字经济的商业模式创新与应用的冲击较小。商业模式的创新是数字技术对生产关系、生产组织模式的重构，数字化的业务流程和供应链改变了生产者与最终用户的互动方式，在数据驱动下衍生出大量新型商业模式，并能够促进传统行业的转型升级。美国对华科技竞争战略并未撼动中国数字经济商业模式创新的根基——数据资源，因而中国利用数据资源等核心优势，将进一步推动商业模式的创新与应用，并将其作为中国数字经济创新发展的战略重点。

在世界百年未有之大变局的背景下，全球数字经济的快速发展和中国在数字经济领域表现出的强大爆发力与创新能力，为中国经济实现跨越式发展提供了历史性机遇。在数字经济时代，全球数字经济秩序将形成以中美并立的"双中心"竞争格局，而中国的数据优势可能最终使美国对华形成数据市场依赖。在中美数字经济创新的竞争态势可能发生转变的关键时期，中国数字经济的创新发展战略应当多元化，通过发挥数据资源的相对优势，在最大程度上减小美国科技竞争战略的冲击，进而引领全球数字经济的创新发展浪潮。具体而言，中国数字经济创新战略的顶层设计应以维护数据优势为核心，以开放的本土技术标准、完善的数据治理体系、一流的数据基础设施和柔性的风险监管体制为主要目标，打造中国数字经济的核心竞争力。在战略举措上应形成"一体两翼三驱动"的政策框架，以数字经济创新为主体，以技术和制度两个维度的创新为方向，提高自主创新能力、改善数据治理体系、大力推动商业模式创新。强化核心技术的研发，培育本土人才队伍；加强个人数据保护与跨境数据安全，规制数据寡头垄断，参与全球数字治理；激发数字市场主体创新活力，打造中国数字贸易规则，加强金融领域的数字技术创新。

第 三 章
科技在美国国家经济安全战略中的地位

美国努力维持全球经济体系和政治格局的稳定与维护其经济规模优势和科技领先优势的动机是一致的,都是基于维护其国家经济安全这一根本目的。美国对华实施"全政府"科技竞争战略的根本动因就在于:科技在美国国家安全观念和国家经济安全战略中的重要地位;对华科技竞争战略体现了美国为维护国家经济安全和保持全球领导地位的战略意图。中国崛起与美国基于单极思维的国家经济安全战略发生的内在冲突,是美国打压和遏制中国的根源。为此,从美国国家经济安全战略历史演进的高度去审视科学技术优势对美国的战略性意义,有助于更加深刻和清晰地辨识美国对华竞争性科技战略的走向。

第一节 冷战后美国国家安全战略重心的转移

《国家安全战略报告》是历届美国政府发布的重要报告之一。自1987年以来,历届政府将美国国家安全观和全球战略意图融汇在其国家安全战略中,并随着世界政治经济形势的变化而调整。其中,较为明显的变化是经济安全目标逐渐成为美国国家安全战略的重要内容。

一、美国国家安全观的意识形态起源

从思想观念起源上看,"美国例外论"和在此基础上形成的单极思维,不仅是美国国家安全观念和战略形成的意识形态基础,而且是美

国利用霸权地位打压竞争对手的观念根源。作为美国理想主义和现实主义外交政策的理论源头,"美国例外论"像一把意识形态的大伞,将"美国梦""新世界秩序""道德责任""保护和扩大民主"以及"遏制"等美国外交战略所涉及的诸多理念都涵盖其中。

(一)"美国例外论"

四百多年前,第一批欧洲移民移居北美洲大陆,之后美利坚合众国建立。如果对美国意识形态追根溯源,欧洲文明在数千年的发展中形成的思想和文化对美国产生了深远的影响。例如,希腊的哲学和理性主义、罗马法和基督教等。对美国直接产生重大影响的欧洲思想包括"中世纪和文艺复兴时期的梦想和浪漫眼光",以及它们催生而成的各种思想运动。① 在欧洲意识形态的影响下,欧洲移民在北美大陆上建立了一个新的国家,也形成了一种"美国例外论"这一思想观念。所谓"美国例外论",是指"上帝将美利坚民族安置在北美新大陆并赋予其特殊使命——为人类社会建立自由和民主国家的典范,美利坚民族是上帝造就来创造人类历史新开端的"②。美国来自不同国家的移民需要一种共同的事物将其维系在一起,于是就产生了一种统一的意识形态作为公民身份和民族认同的象征,即"美国例外论"。英国前首相丘吉尔曾经指出:在欧洲,国籍是同社会联系在一起的,然而成为一个美国人需要信奉一种意识形态。这与出身无关,那些否认美国价值的人便不是美国人。③

(二)"美国例外论"在美国对外政策中的体现

在19世纪,美国的主流政治意识形态由自由主义、保守主义和社

---

① 其中,德国宗教改革中出现的新教、英国的科学主义、自由主义和法国启蒙运动的影响最为深刻。参见卢瑟·利德基:《美国特性探索——社会和文化》,龙治芳等译,中国社会科学出版社,1991。转引自周琪:《意识形态与美国外交》,上海人民出版社,2006,第14—15页。

② Arthur M. Schlesinger, *The Cycles of American History* (HMH, 1999).

③ Seymour Martin Lipset, *American Exceptionalism: A Double-edged Sword* (WW Norton & Company, 1996).

会主义构成。当代自由主义认为，自由高于平等，对秩序、道德和宗教极为重视，在经济上主张政府尽可能减少对市场和社会的干预。受这种自由主义的影响，美国形成了一种理想主义外交政策，这也是美国民主党的基本立场。与之相对的保守主义则促成了美国现实主义外交政策，成为共和党的政策主张。

"美国例外论"的观念，深深地影响着美国的对外政策和理念，具体表现在美国建国以来外交政策的总体设计中。第一，汉密尔顿主义。汉密尔顿总统在对美国未来的设计中，把国家的强大放在更突出的位置，并且把促进美国经济的发展视为美国成为强盛国家的主要途径。因此，汉密尔顿主义一直把促进美国的商业利益、维持和推动对美国有利的贸易环境当作美国对外关系的重点。第二，威尔逊主义。与汉密尔顿主义者支持的经济议程相比，威尔逊主义者对世界秩序的法律和道德层面的问题更为关注。威尔逊主义是美国人宗教热情与民主信念的结合。他们认为，美国的利益需要其他国家接受美国的基本价值观，并以此为基础处理内外事务。威尔逊总统主张建立一种更符合美国道德标准的全球秩序。威尔逊还是通过外交方式提高美国软实力的坚定支持者。第三，杰斐逊主义。杰斐逊主义的核心思想在于，对美国民主的维护一直是美国人民最为紧迫和至关重要的根本利益。在外部世界美国应当采取格外小心谨慎的方法，应当用最低成本的手段来捍卫美国的利益与自由。第四，杰克逊主义。杰克逊主义代表了美国人深刻而广泛的平民主义大众文化，它起源于美国对西部的开拓，这种文化崇尚荣誉、独立、勇气和军事自豪。杰克逊主义为美国综合运用意志和手段，特别是庞大的军事力量，迫使敌人屈服于美国要求的行动提供了意识形态的支撑。

美国的主流外交思想对当前美国对外政策和全球战略具有很大的影响。国际关系学家约瑟夫·奈指出，威尔逊主义对国际秩序的重视体现在冷战后历届美国政府的外交战略中。从克林顿到奥巴马总统，都对全球自由主义框架下的国际秩序的发展具有推动作用。即便是特朗普这样一位"零和思维和执着于对国家利益狭隘定义"的现实主义者，在思想根源上与威尔逊总统也一样都是"美国例外论"的笃定信徒。[①] 特朗普的零和思维具体表现在片面地认为中国的经济发展和科技进步严重损害了美国的利益，影响了美国人的就业和收入，这是美国共和党在保守主义基础上形成的新现实主义相对收益论的典型体现。

（三）美国单极思维的形成

美国单极思维的内涵，一方面在于对全方位独家控制全球政治、经济、文化、军事等领域的追求；另一方面是其对全球事务的霸权诉求。[②] 单极思维是美国在全球化的过程中，在"美国例外论"这一意识形态基础上衍生而出的。"美国例外论"中的美国国民身份（American national identity）、美国信念（American creed）以及美国主义（Americanism）这三个方面的动因，形成了美国对谋求世界霸权的冲动。

在美国人看来，美国最原始、最显著的国家特征就是由来自不同地区、不同国家、不同民族的外国移民组建而成的美国社会的民族多样性，这使美国成为一个与众不同的新型国家。美国人眼中的美国是由不同肤色、不同信仰的众多民族组成的人类社会之缩影。自美国独立战争结束以来，美国信念一直是美国特征的重要组成部分。[③] 其核心是所谓的"平等、自由、民主"。这一统一的美国信念，支撑着民族多样化的美国社会的长期运转。因此，美国信念内在地促进了美国单极

[①] 美国著名国际政治学者、哈佛大学肯尼迪政府学院教授约瑟夫·奈认为，特朗普和威尔逊都是"美国例外论"的笃定信徒，但执行方式不同。"威尔逊作为自由主义理想主义者，倡导建立多边机构并为民主创造安全的世界；而特朗普则是一名现实主义者，他只关注狭义上的美国国家利益，而轻视民主是美国软实力的来源"。参见：Joseph S. Nye, Jr, "The Rise and Fall of American Hegemony from Wilson to Trump," *International Affairs* 95, no.1 (2019): 63-80。

[②] 程伟等：《美国单极思维与世界多极化诉求之博弈》，商务印书馆，2012，第9—10页。

[③] 萨缪尔·亨廷顿：《我们是谁？》，程克雄译，新华出版社，2005，第43页。

思维的形成。美国国民身份中民族多样性这一"物质特征",以及美国信念以"平等、自由、民主"为基本价值准绳的意识形态特征相结合,被视为美国社会的特殊产物。但是美国人认为,要扩大美国的国际影响力,就要使美国社会的独特产物具有普遍性,因此需要推动"美国主义"在全球范围内的流行。美国国民身份和美国信念共同推进形成了美国主义,从而形成了以单极思维为特征的美国全球战略思想体系。

在"美国例外论"的指导下,体现着美国意识形态的外交政策和基于单极思维的全球战略使美国形成了独特的国家安全观。美国必须在全世界推行美国的价值观念和民主制度,并在现存的国际秩序中维护美国的优越地位,只有这样才能保障美国的国家安全。具体而言,美国必须成为全球经济规则的"制定者""解释者"和"裁决者",主导全球化的运行规则。这种观念始终贯穿美国的对外政策和战略,历届美国政府的国家安全战略也能够从这一意识形态中寻根溯源,找到战略背后的价值逻辑。

二、冷战后美国国家安全观的变化

经济与国家安全与之间的联系由来已久。在建国之初,美国就利用这一联系来推进其国家安全目标。第二次世界大战结束以来,这两个领域越来越紧密地交织在一起。1947年美国《国家安全法》颁布后,美国国家安全观遵循传统国家安全的狭义概念,以关注军事安全威胁为主。[1]但是随着冷战的终结,美国对国家安全的外延认知进行扩展,将其作为一个宽泛并具有延伸性的概念;[2]但凡涉及国家利益和公共安全的问题,都属于美国国家安全问题。为此,有学者将"国家安全"

---

[1] Benton J. Heath, "National Security and Economic Globalization: Toward Collision or Reconciliation," *Fordham International Law Journal* 42 (2018): 1431.

[2] Oren Gross and Fionnuala Ní Aoláin, *Law in Times of Crisis: Emergency Powers in Theory and Practice* (Vol. 46. Cambridge University Press, 2006).

称为"模棱两可的政治符号"①。在广泛的国家安全领域中,经济安全的重要性在冷战后有显著的提高,首先表现在美国的国家安全观念的变化之中。

(一)冷战时期以军事目标为主的国家安全观

从美国国家安全战略的演变历程来看,冷战的结束是美国国家安全战略变迁的逻辑断点。在冷战时期,基于美苏对抗这一特定的历史背景,美国的国家安全战略围绕着军备和国防目标展开。第二次世界大战结束后,美苏两国在战争中建立的合作关系宣告破裂。由于美国把苏联视为对其国家安全最主要的威胁,杜鲁门政府在冷战初期制定了第一个以对抗性为特征的国家安全战略即遏制战略。该战略成为整个冷战时期美国对苏政策的基石,其标志性战略举动为"马歇尔计划"的实施和北大西洋公约组织的建立。冷战时期的遏制战略具有进攻性,且不以通过谈判解决问题为目的;而是要通过打压苏联将美国在军事上的相对优势转变为绝对优势,对苏联具有压倒性优势和控制能力。②到20世纪60年代末,由于美国面临国内经济下行、陷入越战泥潭、欧洲和日本竞争力增强等一系列内外交迫的局势,美苏冷战由"美攻苏守"转为"苏攻美守"的形势。尼克松总统的国家安全事务助理亨利·基辛格推崇的"缓和战略",主张借助美国对外关系的缓和以遏制苏联的扩张。此后形成的尼克松主义也将维护盟国伙伴关系、强化国家实力和进行军备控制谈判作为遏制苏联的战略支柱。20世纪80年代,卡特政府和里根政府在国家战略上回到进攻路线,提出"新灵活反应战略",标志着美国对苏战略进入了一个主动进攻、灵活反击的新阶段。从整体上看,美苏冷战时期,美国国家安全战略以国防军事目

---

① Michael Sheehan, "Political Science Quarterly: 'National Security' as an Ambiguous Symbol," *National and International Security*, Routledge (2018): 1-24.

② David Horowitz, *From Yalta to Vietnam: American Foreign Policy in the Cold War* (Vol. 251. Penguin, 1967).

标为主，以遏制打压苏联为重点。

冷战时期，美国将军事安全置于国家安全战略的首要位置，经济安全从属于军事安全，经济服从于军备竞赛的需要。美国前总统艾森豪威尔在朝鲜战争结束后谈及裁军问题时曾表示，美国真正的安全必须建立在一个"强大且不断扩张的、随时可以满足战争需要的经济基础之上"；"只要美国在生产能力方面的比较优势能够保持下去，我们就永远不会被打败"。军事历史学家爱德华·厄尔（Edward Earle）也表达了相同的观点："产能是当前武力斗争的决定性因素，也将是未来任何武装的决定性因素"[1]。1960年，小阿瑟·施莱辛格（Arthur Schlesinger, Jr）分析了冷战时期的美国战备经济潜力：由于现代经济对工业国家作战能力的限制是源于实际资源的匮乏，这种经济潜力的巨大优势在于它对实际资源（劳动力供应和实际产出）的重视，而非对金融资源的依赖；进行产业结构改革的动力也源于对增强美国战备经济潜力和可转化经济储备的需求。[2] 由于政府大力支持国防工业、保护国防产业的充足资源，对国内战备物资的重视使与"国家安全"相关的公共政策被美国业界广泛争取甚至滥用，一些行业以国防安全的名义成功游说政府实行产业保护。例如，金枪鱼产业因其为海军提供辅助船只，声称与国家安全密切相关；甚至铅笔制造商也以铅笔的"不可或缺性"宣称自己的国防工业地位，乳制品产业也游说政府对外国

---

[1] 转引自：James R. Schlesinger, *The Political Economy of National Security: A Study of the Economic Aspects of the Contemporary Power Struggle* (New York: Praeger, 1960): 49-59。

[2] 战备经济潜力（economic potential for war）是指一国经济在产能减去为该国公民生活所需保留的产出部分，参见：Klaus Eugen Knor, *The War Potential of Nations* (Princeton University Press, 1956), pp.9-13。可转化经济储备（economic mobilization base）是指在大规模战争时期可以迅速扩大产量以满足军备需求、战争需求、公民基本需求和出口需求的产能。两者的区别在于后者强调已经存在的工业生产设备的产能，而非依靠社会全部资源所提供的无法确定的产能，参见：Benjamin H. Williams, *Emergency Management of the National Economy-Vol. XXI.-Reconversion and Partial Mobilization* (Wildside Press, 1954)。时间要素是经济能力与国家实力的关系核心，经济资源向战争所需产能的转化速度是可转化经济储备的关键；因此，后者是对战备经济潜力内涵的再一次提炼，更具实际意义。

奶酪实行进口限制。① 由此可见，冷战时期的美国经济政策在很大程度上受国防军事目标的影响，产业发展政策服从于军备竞赛的需求。

（二）冷战后重视经济安全的国家安全观

在20世纪80年代末和90年代初，苏联解体、美苏冷战的终结使美国对世界和国家利益的观念发生了重大的变化。特别是美国改变了对国家安全的基本看法——国家安全是什么、如何实现以及威胁因素有哪些？这种认知变化导致美国对经济安全问题越发关注。

首先，安全威胁来源发生了变化。冷战结束前，美国一直将军事和政治目标置于国家安全的首要地位，威胁美国国家安全的主要因素包括军事力量、政治意识形态，以及竞争对手或潜在竞争对手的政策。而随着苏联解体，美国面临的主要政治和军事威胁大大减弱。俄罗斯虽然保持拥有核武器的权利，但不再威胁对美国使用这些武器；在二战后对于世界领导地位的争夺也宣告结束。虽然政治和军事的挑战仍然存在，但美国国家利益面临的军事和政治威胁显著降低。与此同时，在美苏冷战后期，经济因素的威胁也逐渐引起美国政府的关注。20世纪70年代，美国经济陷入"滞胀"，科技发展处于低潮期，出口贸易份额降低，实体经济增长乏力。1973年石油危机和1979年能源危机导致全球能源价格的大幅上涨，依赖原油的美国制造业因此受到重大影响。1974年，时任美国总统福特继基辛格之后再次指出，全球资源的稀缺性有史以来都是引起各国战争的重要原因。② 全球经济的密切联系使美国政界担忧美国对其他国家产品的依赖威胁国家安全，而美国的军事力量无助于解决当时经济结构和体制的缺陷，以及美国经济对中东国家石油的依赖。此外，20世纪80年代末至90年代初期，美国的经济形势与以德国和日本为代表的其他工业化经济体相比都处于劣势。

---

① Raymond Vernon, "Foreign Trade and National Defense," *Foreign Affairs* 34, no.1 (1955): 77-88.

② "Realism on Oil Prices," *Business Week*, September 28, (1974): 116.

经济利益的损失引起国内民众的高度重视。许多民意测验表明，当时的大量美国公民认为经济崛起的日本对美国国家安全构成的威胁大于苏联。[①] 资源的稀缺性、经济的相互依赖以及国际市场竞争力的降低，使美国政府逐渐调整了以应对军事安全威胁因素为主的国家安全观念，而更加关注来自经济、能源等其他非传统安全因素的威胁。

其次，国家经济安全的重要性得到重视。自建国起，美国对外政策就以寻求海外市场的扩张、可靠的关键产品供应、商品的自由流动、贸易关系中的优势地位、国际经济的稳定，以及其他经济利益为目标。一方面，美国一直都将经济环境与美国对国际事务的影响力联系在一起。20世纪80年代末，美国对其国际关系的经济因素和经济影响十分关注。随着苏联威胁的逐渐消失，美国将战略重点放在推广美国价值观和主导全球秩序方面。与里根政府时期国家安全战略的"遏制"政策不同，1989年1月老布什政府上台后，为维持冷战结束后美国在新时期的领导地位，确立了"超越遏制"战略，以推广美国的价值观，建立反映美国利益和价值观的全球新秩序，如支持俄罗斯经济转型等。[②] 美国政府认识到，一国经济形势对其实现传统国家安全政策目标的能力具有重要影响。这些目标包括保持和壮大军事力量、影响其他国家的行为、掌控自身的国运、总体上保持强大实力。[③] 追求并扩张国家利益、按美国的价值观塑造世界的能力，主要取决于美国自身意愿和对塑造成本的承受力；而这两者都主要受到美国经济条件的影响。经济低迷将使美国无力继续承担为维护世界秩序而保持军事武装的高昂成

---

① 1988年3月的一次民意测验对"苏联这样的军事竞争对手"和"日本这样的经济竞争对手"进行国家安全构成的威胁程度的民意测评。59%的受访者认为经济竞争对手构成更大的安全威胁，31%的受访者选择军事竞争对手。Donald L. Losman, "Economic Security: A National Security Folly?" *Policy Analysis*, August 1, (2001): 1-12.

② 潘忠岐：《利益与价值观的权衡——冷战后美国国家安全战略的延续与调整》，《社会科学》2005年第4期，第40—48页。

③ Carl Richard Neu and Charles Wolf, Jr., *The Dimensions of National Security* (Rand National Defense Research Institute, 1994).

本，国内物质资源匮乏也将造成美国无法在经济改革方面对东欧和苏联解体后的各国展开救济，而如果一部分美国公民未能享受到国家经济繁荣的福利，美国也将无法以团结统一的状态应对国际挑战。另一方面，20世纪80年代世界经济全球化和科学技术的发展为经济安全观念的凸显创造了前提条件，揭示了传统国家安全逻辑的局限性。从军事的角度来看，保护美国国家安全利益基本上是指对抗其他国家的行动以保护利益，实现美国国家利益传统上意味着站在外国对立面的角度行动。但是与军事活动不同的是，国际贸易的比较优势理论已证明在通常情况下经济活动之所以发生是因为双方均会受益。美国在经济全球化中参与的国际经济交易至少会使一部分美国人获益。虽然经济领域存在激烈的竞争，有时国家之间的经济利益相互冲突，但是大多数经济活动都是"正和"的：经济全球化产生更多产品和服务、增加收入，这些净收益使经济活动参与者的利益得到保障。相反，军事活动则通常是对资源不可避免的浪费和破坏。对经济安全重要性的重新定位，转变了美国对国家安全内涵的理解，为美国彻底改变冷战时期经济政策服务于国家军事安全目标的观念提供了契机。

最后，军事力量不再是实现国家安全的主要方式。冷战期间，美苏双方都坚守了避免军事热战的底线。虽然两国展开了核军备竞赛，但从20世纪60年代开始，双方就限制使用核武器问题进行多次谈判并达成共识，签署多项协议以减少大规模杀伤性武器。从20世纪80年代中期开始，以戴维·鲍德温（David Balduin）为代表的国际关系学者经过研究，逐渐形成了对使用经济手段实现国家安全目标可行性的认识，打破了此前学术界对经济制裁手段无效的消极看法。[①] 美国国防大学经济学教授唐纳德·罗斯曼（Donald Losman）指出，70年代资源供应短

[①] David A. Baldwin, *Economic Statecraft: New Edition* (Princeton: Princeton University Press, 2020); Gary Clyde Hufbauer, Jeffrey J. Schott, and Kimberly Ann Elliott, *Economic Sanctions Reconsidered: History and Current Policy* (Vol. 1. Peterson Institute, 1990).

缺和可靠性问题可以通过成熟有效的经济手段解决，使用或威胁使用军事力量的代价极高，带来复杂后果，已不适用于当时的美国。[①] 20世纪80年代末至90年代初，美国对南斯拉夫和海地展开的经济制裁，运用经济工具实现传统外交政策目标，完成了对军事行动的有效替代。美国兰德公司国防研究所认为，美国对巴拿马政策的最终胜利，取决于美国在短暂的军事干预后持续不断地对巴拿马经济的重建。[②] 这些经验增强了美国对采取非军事手段维护国家安全的信心，以贸易管制、禁运、金融资产冻结等经济政策作为其整体对外战略的首要方式和主要部分，而以军事行动作为补充。此外，军事力量在冷战结束后已不再适用于在全球范围内推广美式"民主"和"人权"。在卡特政府时期，美国国家安全委员会全球问题办公室主任杰西卡·马修斯（Jessica Mathews）表示，美国需要将美国价值观中的人道主义普及各国，进而实现美国利益。

冷战结束后，国家安全观从以军事安全为主，转化为以实现经济安全为目标。在国际环境的变化和"美国例外论"意识形态的影响下，美国形成了独特的经济安全观。从威胁和不确定性角度来看，经济安全是指面对威胁国家利益的事件或行为时，美国保护和实现其经济利益的能力。从主导全球秩序的角度而言，经济安全依赖美国依照自己的价值观念塑造国际经济环境的能力，通过在建立国际规则中发挥重要作用来治理国际经济关系，并利用经济手段影响其他国家的经济或其他政策。此外，美国必须拥有经济实力以支持充沛的军事力量、维护传统领域的国家安全，为非经济挑战提供物质资源。这种国家安全观的重大变化对冷战后美国政府对国家安全战略的定位产生了重要的

---

① Donald L. LOSMAN, "Economic Security: A National Security Folly?" *Policy Analysis*, August 1 (2001): 1-12.

② Carl Richard Neu and Charles Wolf, Jr., *The Dimensions of National Security* (Rand National Defense Research Institute, 1994).

指导作用。

三、经济安全在国家安全战略中的定位

国家安全战略是一国国家安全观和核心利益的重要体现。美国作为后冷战时代唯一的超级大国,其国家安全战略不仅关系到美国自身的切身利益,而且会对国际关系和世界格局产生深远影响,即从其国家战略的颁布到具体政策的实施都会在全球引起连锁反应。而美国的国际主导地位和强大的综合国力决定了其国家安全战略的特殊性,不仅仅是以防御外部威胁为目的,而是采取防御与进攻相结合的安全战略,具有十分明显的外向性和全球性特征。因此,冷战后美国历届政府的《国家安全战略》对全球经济体系框架和规则具有相当大的影响。

(一)冷战时期的美国国家安全战略

美国战略理论家托马斯·谢林(Thomas Schelling)在《冲突的战略》(*The Strategy of Conflict*)一书中指出:战略是对错综复杂的国家行动进行的分析和解释,是对国家行为在相互依赖的世界中进行冲突博弈的过程中使一国获益的安排。[①] 历史上中国、英国、美国等超级大国都曾制定通过对其他国家行为构成影响以达到自身目的的战略。对国家安全战略相关问题的讨论,最早始于二战爆发前。英国军事理论家里德尔·哈特(Liddell Hart)在《历史中的决定性战争》一书中首次提出"国家安全战略"这一概念,用"大战略"(Grand Strategy)来表明战争的政策目的。[②] 随着安全和战略观念的转变,国家安全战略的内涵逐渐广泛化。1997年,美国官方在《美国军语及相关术语辞典》中定义,所谓国家安全战略,即为实现国家安全目标而发展、运用和

---

① Thomas C. Schelling, *The Strategy of Conflict: With a New Preface by the Author* (Harvard University Press, 1980).

② 哈特强调,"正如战术是军事战略较低一级的运用一样,(军事)战略是'国家安全战略'在较低一级的运用"。因此,"大战略"的概念在军事战争层面可以等同于"国家安全战略"。转引自:吴春秋:《广义国家安全战略》,时事出版社,1995,第25页。

协调国家经济、军事、外交等各方面资源和能力的艺术和科学。①

自美苏冷战后期开始，美国政府定期发布《国家安全战略》报告。② 表3-1记录了1987年以来历届美国政府发布的《国家安全战略》报告的情况。在冷战后期，由于美国的国家安全观念发生转变，美国在其《国家安全战略》报告中开始关注经济的相互依赖为其国内经济带来的安全威胁。美国政府在1987年的《国家安全战略》报告中指出："经济的相互依赖虽为美国带来巨大利益，但出现新的政策问题亟待解决"。

苏联解体后世界格局发生了剧变：美国的遏制战略赖以存在的基础彻底消失，国际安全环境则充满了复杂性和不确定性。这一情况构成了冷战结束后美国国家安全战略调整的背景，也决定了其调整过程的复杂性。面对变化了的国家安全环境，美国的国家安全观出现了明显转变，经济安全的内涵及其在美国国家安全战略中的地位也随着冷战的结束而发生了重大变化。由此导致美国对国家安全战略进行了从目标到途径的整体性调整，国家对抗的战略方针发生了根本性的转变。目标明确的遏制战略被维护美国作为唯一的全球超级大国地位的新战略所取代，维护美国的全球领导地位成为美国国家安全战略调整过程中一以贯之的逻辑。

---

① 转引自：军事科学院世界军事研究部：《美国军事基本情况》，军事科学出版社，2004，第56—57页。

② 1986年美国国会通过的《戈德华特—尼克尔斯国防部改组法》(《国防部改组法》)规定，总统需要每年向国会提交一份国家安全战略报告。法案要求《国家安全战略》报告主要内容包括五项：美国的全球利益、目的及目标；为遏制侵略、执行安全战略所必需的对外政策；短期与长期使用美国各种实力资源的建议；对美国各种国家实力资源间力量平衡的评价；其他有助于国会理解美国国家安全战略事务所必需的信息。虽然法案要求总统每年向国会提交一份报告，但自该法案通过以来，没有一任总统达到这一要求。参见："Goldwater Nichols DOD Reorganization Act of 1986," United States Department of Defense, October 1, 1986, accessed January 15, 2020, https://history.defense.gov/Portals/70/Documents/dod_reforms/Goldwater-NicholsDoDReordAct1986.pdf。

表3-1　1987年以来历届美国政府发布的《国家安全战略》报告重点

年份/政府	主要目标	主要威胁
1989—1992年 老布什政府	提升安全、促进经济繁荣、推广民主	苏联的挑战；区域性不安全因素
1993—2000年 克林顿政府	独立的美国及其完整的价值观；持续健康增长的经济；与盟友及合作伙伴国家的关系；以及在稳定和安全的世界中推动自由、平等和民主制度	恐怖主义；大规模杀伤性武器扩散；区域性威胁；跨国犯罪；情报窃取等非传统安全
2001年 小布什政府	增强安全；促进繁荣；追求民主与人权	大规模杀伤性武器扩散；信息安全威胁；偷渡移民
2002年、2006年 小布什政府	推进自由、民主和人的尊严；改造失败国家；打击恐怖主义	恐怖主义、核武器扩散；贸易、投资、信息的新式流动
2010年、2015年 奥巴马政府	安全；促进经济繁荣；推行美国"普世"价值；国际体系与国际秩序	大规模杀伤性武器与恐怖主义；气候变化、地区武装冲突、流行疾病、跨国犯罪
2017年 特朗普政府	保护美国人民、本土和生活方式；促进美国经济繁荣；以实力求和平；推进美国影响力	中国和俄罗斯等"修正主义国家"；恐怖主义与跨国犯罪组织；网络安全威胁
2022年 拜登政府	保护美国和美国人民的安全利益；促进经济繁荣；维护民主价值观；自由、开放、安全、繁荣的国际秩序	与中国、俄罗斯进行的大国竞争、全球共同面对的挑战（环境问题、粮食安全问题、公共卫生问题等）

资料来源：美国《国家安全战略》报告（1987—2022年）。

（二）后冷战时期历届美国政府国家安全战略的特点

老布什政府在1991年的《国家安全战略》报告中对国家利益进行了界定，将促进经济繁荣作为与提升安全、推广民主并重的国家安全战略主要目标之一；在1993年的报告中进一步指明，开放的国际贸易和经济体系是美国国家利益所在。1994年的报告是克林顿政府在冷战结束后发布的第一份《国家安全战略》报告，报告延续了老布什政府对国家利益和安全目标的界定。但与前任总统不同的是，从克林顿总统开始，美国意识到面临的多样化威胁已从危及美国的生存转变为危及美国的国家利益。因此，克林顿政府推行"参与和扩展"战略，一方面促进世界经济发展和国际金融的稳定，维护经济安全，提高经济实力；另一方面向海外移植美国式民主价值观。克林顿政府设立"国家经济委员会"（National Economic Council，NEC），标志着国家安全体制从原来仅关注外交与安全议题转向重视包括国际经济政策在内的更广泛的议题领域；维护经济安全成为美国国家安全战略的主要目标之一，经济安全与军事国防安全并重，甚至在政策方面给予更多的重视。

"9·11"恐怖袭击事件的发生，改变了美国对威胁来源与性质的判断。美国国内普遍将恐怖主义视为美国最大的威胁。小布什总统时期，对恐怖主义的警戒使美国从民主扩展战略转向打击恐怖主义的"先发制人"战略。美国在对外政策中推行单边主义，认为国际制度与联盟关系会延误对威胁的反击，这种做法被解读为"霸权主义"。小布什政府力图通过自由市场推动全球经济增长，为美国创造就业机会。他在执政后期认为，贸易、投资、信息的流动等非传统安全因素也会对美国造成多元化的新威胁。

奥巴马政府的两份安全报告，印证了美国将全球战略优势和国际经济秩序受到挑战视为不安全因素。在经济方面，奥巴马在应对国际金融危机的背景下，提出了"制造业回归"与"出口倍增计划"。从客观的角度看，奥巴马政府的"经济国策"的成功之处，在于其将国家安全的重心转向了国内，为美国的经济复苏创造了较为稳定的环境。奥巴马政府的国家安全战略报告首次将国际秩序的重要性提升到国家战略的高度，表明美国政府重塑国际秩序和规则的战略意图，成为仅次于安全、繁荣和价值观的第四大美国国家核心利益。奥巴马政府致力于推进全球经济"再平衡"，强化美国对全球经济秩序的主导地位。这种对外经济战略使地缘政治竞争再次回归国际政治舞台的中心，使大国博弈重返国际关系之中。为此,学术界将奥巴马政府实行的对外经济战略称为"巧实力"①(Smart Power)战略。无论是《跨太平洋伙伴关系协定》(TPP)的规划、美欧自贸区的重构,还是国际金融监管体系改革以及二十国集团取代八国集团成为永久性国际组织等举措都表明,美国希望通过国际经济合作来解决危机,保证美国的经济安全。

2017年,特朗普政府发布的《国家安全战略》报告以鲜明的"美国优先"原则为基调,倡导"实力至上",以维护美国的单边利益。与小布什和奥巴马政府时期相比,特朗普政府的国家安全战略在整体理念、战略重点和战略举措等方面,都进行了重大调整,但并非是颠覆性的转变。在美国的根本战略目标和战略布局方面,其与前几届政府保持了相当的连续性。特朗普政府的"美国优先"政策理念体现了在"美国例外论"观念下美国政府以美国价值观和利益为中心的单极思维方式。特朗普政府着重强调经济与安全之间的关联性,对经济安全威胁因素更加重视,重启大国竞争思维,强调了主权国家复兴与国家之间的竞争。② 特朗普将振兴美国经济放在国家战略的首要位置,并在多个对外经济领域实行单边主义的经济政策。

2022年10月,拜登政府正式发布《国家安全战略》报告。该报告重申了美国的国家利益在于其人民安全、经济繁荣和民主价值观的普及,重点强调了当下主要大国间的国际竞争形势。拜登政府在意识形态、战略理念和战略重点方面,依然保持了其固有的"美国例外论"的单极思维模式,以期在大国博弈中瓦解竞争对手,保持其绝对领先地位。该报告将战略竞争矛头直指中国,并从意识形态、经济、军事等诸多方面对中国进行竞争、遏制和打压。然而,与特朗普政府的极

---

① "巧实力"的概念是在"软实力"概念基础上衍生出来的,是指国家综合运用硬实力和软实力达成对外经济政策目标。学者们对"软实力"和"巧实力"的相关研究参见:Joseph S. Nye, Jr., *The Future of Power* (Public Affairs, 2011), pp. xi-xv.

② 转引自:陈积敏:《新版〈美国国家安全战略报告〉评析》,《国际研究参考》2018年第4期,第1—8页。

端单边主义思维不同的是,拜登政府突出了在与其价值观相同的国家间建立广泛联盟的重要性。在拜登政府的国家安全观中,以结盟的方式维护现有国际秩序,是维护其国家安全利益的重要外部途径。对内而言,发展科技、推动创新、投资于战略性产业,则是拜登政府维护国家安全和经济繁荣、为战略竞争做好储备的重要举措。

(三)经济安全在美国国家安全战略中的地位变化

冷战结束后,美国政府改变了在冷战时期经济政策服务于国家军事安全目标的做法。克林顿在1993年就任美国总统之后明确提出,"把经济安全放在国家安全的第一位"。他在阐述美国外交政策时指出:"我们将把维护经济安全作为美国外交政策的主要目标"[①]。自老布什政府开始,历届政府对美国经济安全达成了基本共识:保持美国经济的强大、繁荣以及竞争力。在1994年至2022年,几乎每份《国家安全战略》报告都将经济繁荣与国家安全和美国价值观一同作为国家利益的战略支柱。克林顿政府认识到经济安全的重要意义,将经济安全上升到战略层面,将经济繁荣确立为与军事安全、民主扩展并重的对外战略三大支柱。小布什政府认为,开放的全球市场能够使世界更加繁荣和安全,将发展作为安全的基础,大大扩展了经济安全的内涵。总而言之,确保美国在经济领域的绝对优势是后冷战时代美国国家安全战略的核心原则。奥巴马总统上任后,将复兴美国经济与维护全球经济秩序的重要性作为国家安全战略的主要目标。尤为值得注意的是,2017年,特朗普政府在其任内的首份《国家安全战略报告》中明确提出:经济安全即国家安全。特朗普将经济繁荣定位为国家利益之核心,强调强大的经济才是美国的安全基石、力量来源。只有一个增长的、创新的美国经济才能使美国维持世界上最强大的军事实力,保护美国的本土安全。而拜登政府的国家安全观依旧突出了经济繁荣这一

---

① Bill Clinton, "A New Era of Peril and Promise," *US Department of State Dispatch* 4, no.5 (1993).

长期目标，这无疑进一步明确了经济安全在美国国家安全战略中的重要地位。

第二节 冷战后美国国家经济安全战略演变的逻辑与原则

美苏冷战结束后，世界经济呈现"一超多强"的多极化格局。美国的国际主导地位和强大的综合国力使其国家安全战略呈现出明显的全球性特征。为了维护美国的全球经济主导地位，其经济安全战略不断随着世界政治经济局势变化而调整。美国以维护经济规模的绝对优势、确保政府干预战略性产业发展为主要原则，确保美国经济利益的最大化。

一、美国国家经济安全战略的逻辑

美国的国际主导地位和强大的综合国力决定了其经济安全战略的特殊性，即它不仅仅是以防御外部威胁为目的，而是采取防御与进攻相结合的安全战略，具有十分明显的外向性和全球性特征。后冷战时期，美国国家经济安全战略的演进包含两个基本逻辑。一是"不变"的逻辑：始终维护美国在全球经济中的霸主地位，总体上表现为引领经济全球化进程并确保自身经济利益最大化。二是"变化"的逻辑：美国的经济安全战略随着全球政治经济格局的变化而调整。自20世纪90年代以来，历届美国政府的外交与经济战略都体现了这两个基本的逻辑。

美国政府寻求的经济安全利益，在于控制美国经济增长中的不确定性和不稳定因素。美国国家安全战略的核心目标是维护国家利益，重视参与海外市场，强调国内经济的繁荣取决于其在国际市场的成功。① 冷战结束后，前国家安全委员会全球问题办公室主任杰西卡·马修斯主张重新定义国家安全利益，将美国国家利益与全球经济联系起来。美国在国际市场的广泛参与，本质上就是为寻求消极外来事件的可能性最小化，避免外部变化对其国际安全地位带来的消极影响，降低美国受外部事件冲击所表现出的脆弱性。约瑟夫·奈曾指出：通过维系以美国利益为中心的全球秩序，能够避免全球突发事件可能对美国构成的伤害，也能够使美国在多方事务上远程控制其他国家和国际组织。② 美国政府把建立符合美国利益的国际体系至于首要战略位置。通过主导构建和强化自由的国际秩序，美国采取了一种介入全球事务的安全战略。③ 在这种战略中，美国的领导地位不可仅靠行使权力来实现，而是在解决全球问题和构建国际规则中逐渐凸显：既包括平衡区域内大国势力，建立开放的世界经济体系，保持开放性的国际共识；又包括发展国际法律和机构体系，促进世界经济特别是落后国家经济发展，以国际事务的组织者和协调者的角色解决国际分歧和争端。基于威尔逊理想主义的传统和现代商业理念，美国构建了多边规则体系进而实现对其他国家的影响与控制。④ 这种安全战略塑造了有利于美国国家安全的国际环境，建立了符合美国安全利益的国际秩序。换言之，从降低安全风险的角度出发，主导建立符合美国价值观和利益的全球秩序，是美国维护国家安全的基础。

在保持较低安全风险的基础上，稳定的全球秩序和在此基础上美国的全球领导地位能够使美国收获巨大的经济利益。1994年，布鲁金

---

① 顾海兵、刘陈杰、周智高：《美国的国家经济安全：经验与借鉴》，《上饶师范学院学报》2007年第2期，第1—6页，第12页。

② Joseph S. Nye Jr., "Limits of American Power," *Political Science Quarterly* 117, no.4 (2002): 545-559.

③ G. John Ikenberry, *Power, Order, and Change in World Politics* (Cambridge University Press, 2014).

④ 李晓、于潇、王达等：《新一届美国政府对外政策及影响前瞻笔谈》，《东北亚论坛》2021年第1期，第3—23页。

斯学会对外政策研究中心主任约翰·斯坦布伦纳表示，美国若想维持这种全球最强有力的地位，需要在全球经济一体化中维持一种协调机制，以促进国家利益的实现。① 在美国主导下成立并稳定运行的世界贸易组织和全球美元体系，就是美国通过引领经济全球化进程以实现美国的全球经济霸主地位的最佳例证。冷战结束后，美国凭借军事、科技和美元优势，在全球治理体系中成为唯一超级大国。美国利用贸易强国地位和美元的国际影响力，强化了国际货币体系的"中心—外围"结构，美元霸权使各国对美元形成依赖，且外围国家在短时间内难以打破这种依赖关系。国际关系学家苏珊·斯特兰奇（Susan Strange）指出，以美元为中心的国际货币体系有助于增强美国的结构性权力，② 从而使美国有能力影响其他国家的经济交往模式和对政治利益的权衡。美元成为美国实现金融霸权扩张的重要工具，进而使美国的国家利益得到扩张。③ 在经济全球化进程中，美国成为全球具有垄断地位的金融国家，引领全球经济向开放的国际贸易体系、以美元为中心的金融体系靠拢，并在此过程中获得了巨大利益。因此，保持美国在全球经济体系中的领导地位，维护其在经济全球化中的经济利益，是美国国家经济安全战略不变的逻辑。

在引领经济全球化的过程中，美国根据全球政治经济格局的变化进行利益权衡，不断调整其国家经济安全战略和全球秩序，这体现了美国国家经济安全战略的另一个逻辑，即"变化"的逻辑。20世纪90年代以来，美国引领经济全球化过程主要体现在，以在世界范围内推广贸易自由化这一核心利益为出发点，以有条件的自由贸易为基础，

---

① Kevin Finneran, "Environment, Economics, and National Security," *Issues in Science and Technology* 10, no.4 (1994): 41.

② 国际关系学家苏珊·斯特兰奇是结构性权力论的创始人。所谓结构性权力（structural power），是一种"能够决定如何处理国际事务的权力，也是建立国际关系框架的权力"。结构性权力并非一种对他国显性的"压迫"，却能够影响各国的经济交往模式以及对政治利益的权衡。

③ 张宇燕：《美元化：现实、理论及政策含义》，《世界经济》1999年第9期，第17—25页。

采取进攻性的贸易保护主义手段迫使对方做出有利于美国的让步。一方面，为开拓国际市场，美国将其主导建立的世界贸易组织（以下简称"世贸组织"）作为自身安全观和国家利益输出的平台，逐步将国际规则施加于其他国家，将自由贸易的理念推向世界。国际生产分工的碎片化增强了国家间相互依赖的程度，提高了贸易保护的成本；以美国跨国公司为主要引领者的全球价值链，使出口企业的贸易政策偏好更倾向于自由贸易。美国将其主导建立的多边贸易体系作为规制和监管全球贸易的工具，运用多边贸易体系规则制定的主导权，并辅以胁迫手段打开海外市场。例如，20世纪90年代美国受非制造业产业结构转型的国家利益驱动，在"乌拉圭回合"谈判中将贸易谈判扩展到知识产权和服务贸易等美国占据优势的新领域。另一方面，当国内产业由于国际竞争和国际经济体系的缺陷而利益受损、竞争力减弱时，美国政府转而通过对有关国家施加政治和经济压力，对国内相关产业采取贸易保护主义政策。以"国家安全例外"为借口，对其他国家采取歧视性贸易保护措施，是美国利用国际规则对其国内产业保护的惯用手段。① 在世贸组织框架内，美国竭力争取对"国家安全例外"条款拥有最大限度的自主裁量权，坚持由成员"自我裁定"何时采取措施维护"国家安全例外"。美国滥用"国家安全例外"条款有多种原因，除国际安全环境的变化外，美国国内经济结构转型亦是重要因素。20世纪90年代以来，在全球化发展的过程中，美国经济结构发生调整和变化，金融、高科技等产业过度膨胀，产业空心化使美国经济"脱实向

---

① 中国学者林桂军和巴西学者塔蒂亚娜·普拉泽雷斯（Tatiana Prazeres）指出，20世纪80年代，日益强大的日本企业在美国展开的一系列收购行为引起美国对国家安全的担忧，1987年，日本富士通公司对有军工背景的芯片制造商——美国仙童半导体公司的收购计划更是遭到了美国军方的强烈反对。1988年，美国国会通过了《综合贸易法》中的《埃克森-弗罗里奥条款》（Exxon-Florio Provision），授权美国总统以恰当措施中止或者禁止对美国国家安全构成威胁的任何收购交易。参见林桂军、塔蒂亚娜·普拉泽雷斯（Tatiana Prazeres）：《国家安全问题对国际贸易政策的影响及改革方向》，《国际贸易问题》2021年第1期，第1—15页。

虚",造成经济结构不合理;美元体系内在的"特里芬难题",使美国财政赤字不断扩大,成为导致2008年国际金融危机的诱因之一。[①] 次贷危机的爆发,加剧了美国民众对美国经济金融化的不满。在反全球化思潮的鼓动下,2011年美国爆发了"占领华尔街运动"。逆全球化思潮在特朗普政府的国家战略和安全观念中有所体现,"使美国重新强大"和"美国优先"的实用主义、保守自利的价值观,是美国国家安全战略在面对全球经济不确定性增加背景下做出的重要调整。然而,无论是追求全球开放市场的自由主义,还是坚持实行贸易保护、制造业回流的民粹主义,都体现着美国国家安全战略的"变"与"不变"的基本逻辑。

二、维护国家经济安全的基本原则

1994年,兰德公司国防研究所在美国国防部的资助下发布了题为《国家安全的经济维度》的报告,报告明确提出了维护美国国家经济安全的基本原则。该报告认为,维护美国国家经济安全最为重要的两项基本原则是:第一,确保美国经济规模相对于全球其他国家的绝对领先地位,因为经济规模是一国能否持续主导全球规则的实力保障;第二,确保政府对战略性和关键产业的扶持和干预,从而在为美国创造大量就业岗位和促进经济繁荣的同时,应对其他国家对美国可能构成的挑战。[②] 该报告直言不讳地指出,美国的经济安全以追求全球范围内的经济规模优势和科技领先优势为目标,通过保持经济规模优势以及对关键技术的控制能力来维护国家经济安全利益。

---

① 杨万东、张蓓、方行明:《逆全球化的历史演进与可能走向》,《上海经济研究》2019年第1期,第99—112页。

② Carl Richard Neu and Charles Wolf, Jr., *The Dimensions of National Security* (Rand National Defense Research Institute, 1994).

（一）保持美国经济规模的绝对优势以维护全球主导地位

稳定的全球秩序以及美国在全球体系中的主导地位，不仅为美国带来了安全利益，更加强了美国在全球市场源源不断地获取经济利益的能力。而维持美国的全球市场份额和经济总量的绝对优势，也使美国的全球主导地位更加稳固和强大。经济与安全领域的融合强化了美国对全球经济的影响力以及美国在全球创新中的主导地位。①

美国是全球自由贸易的受益者。一国的经济规模和相对发展水平决定了其在国际经济结构中的地位，占据绝对优势地位的国家对国际贸易有更高的依赖度，会倾向于采取自由贸易政策。②第二次世界大战后，全球贸易开始迅速增长。据统计，世界出口贸易总额占全球GDP的比重从20世纪70年代的13%增长至2019年的约30%。③全球分工体系的形成是基于各国的比较优势，美国凭借经济实力和科技优势占据了全球价值链分工的上游地位，进而在全球推行自由贸易规则，打开国际市场，使自身成为全球自由贸易的受益者，出口额占经济总量近一半的比重。

根据经济相互依赖理论，各国的商品、资金等跨国交易对国外经济变量的敏感性，决定了其对外国的经济依赖程度。相互依赖理论的代表人物罗伯特·基欧汉和约瑟夫·奈指出，当"经济相互依赖普遍存在时，世界政治的特征与面貌就发生了变化"④。由此，作为当今主

---

① David H. McCormick, Charles E. Luftig, and James M. Cunningham, "Economic Might, National Security, and the Future of American Statecraft (Summer 2020)" *Texas National Security Review* (2020).

② Stephen D. Krasner, "State Power and the Structure of International Trade," *World Politics* 28, no.3 (1976): 317-347.

③ Greg Jensen, Atul Narayan, Daniel Crowley, and Sam Green, "Peak Profit Margins? A Global Perspective," Bridgewater Associates, March 27, 2019, accessed October 16, 2020, https://www.bridgewater.com/research-and-insights/peak-profit-margins-a-global-perspective.

④ 罗伯特·基欧汉、约瑟夫·奈:《权力与相互依赖（第3版）》，门洪华译，北京大学出版社，2002。

要国家展开国际战略竞争的工具,不对称的相互依赖关系逐渐替代政治军事实力,成为越发有效的权力手段。二战后的美国是全球贸易量最大的国家,这使美国在国际市场定价、国际贸易协定规则制定方面享有大量特权。国家间的经济相互依赖关系存在不平衡的状态,使一些国家对其经济伙伴拥有不对称的影响力。全球化分工的不断深入导致了这种不对称网络的发展,使以美国为首的发达国家获得了更大的优势。[①] 有数据表明,尽管近年来全球经济的相互依赖度趋于平稳,但主要经济体间的相互依赖程度仍大大高于21世纪初期。[②] 在推动全球贸易自由化进程的过程中,美国主导了世界经济秩序和规则,并在自由贸易框架下建立国际机构解决各国经济纠纷。

(二)确保政府对战略性产业的扶持和干预

在美国国家经济安全战略中,历届美国政府都将经济繁荣作为国家安全的重要目标。但一个值得关注的问题是,美国经济安全目标中的经济繁荣不仅包含对经济规模的追求,还蕴含对安全的考量。虽然经济繁荣有利于经济安全,但经济繁荣不等于经济安全。市场逻辑[③]的经济繁荣通常指经济增长、充分就业、低通货膨胀、高水平的投资,以及生产率的提高,等等;而国家逻辑中的经济安全不仅要求实现现阶段最大化的经济繁荣,其目标还在于降低经济持续健康发展的不确定性。一个经常出现的矛盾是,为了实现经济安全,政府往往不

[①] Henry Farrell and Abraham L. Newman, "Weaponized Interdependence: How Global Economic Networks Shape State Coercion," *International Security* 44, no.1 (2019): 42-79.

[②] 研究表明,相互依存度降低的迹象包括出口和企业对外销售的增长趋于平稳。Greg Jensen, et al., "Peak Profit Margins? A Global Perspective," Bridgewater Associates, March 27, 2019, accessed October 16, 2020, https://www.bridgewater.com/research-and-insights/peak-profit-margins-a-global-perspective.

[③] 市场逻辑与国家逻辑相对,倾向于在国内和国际市场寻求利润最大化,关注绝对收益,相对国家逻辑而言并不关注国家权力与安全。而国家逻辑的核心是权力,偏好于等级化的世界秩序。由于对安全的考虑,国家追求比较优势和相对收益。任琳、黄宇韬:《技术与霸权兴衰的关系——国家与市场逻辑的博弈》,《世界经济与政治》2020年第5期,第131—153页,第159—160页。

得不牺牲现阶段的一部分经济繁荣，以保证未来的经济更加稳定、确定、更不易受损。例如，美国为促进国内生产而放弃从外国购买低价商品，如对关键性军用产品设置进口限制以保护国内国防工业的生产能力。又如，美国放弃销售某些产品，如武器和关键信息和通信技术（ICT）装备等，防止这些产品流入某些对美国构成威胁的国家。因此，美国政府高度重视在涉及美国经济命脉的战略性产业进行干预与扶持。

政府对重点产业的干预与扶持具有深厚的理论支撑和悠久的历史沿革。幼稚产业保护理论和战略性贸易政策理论都为一些特殊产业的保护政策提供了理论基础。所谓特殊产业，包括在达到一定生产数量后能够具有规模经济的企业或产业，使得生产的边际成本降低。这类特殊产业在大规模生产之前，需要在生产设施、研发和分销网络发展方面进行大量的前期投资。生产时间越长，这些前期投入成分将更多地被分摊，单位产品的平均成本就越少。规模经济使早期进入市场的企业具有先发优势，相较于其他低产量的竞争者具有明显的成本优势。成本优势带来更大的市场份额，从而进一步强化竞争优势。政府对这类产业的早期扶持体现为两点。一方面，政府的扶持帮助其跨越了达到规模经济的产量门槛，进而使该产业在国际市场上获得巨大利润。欧盟对空中客车集团的支持便是政府为追求国家经济利益而采取有效干预措施的案例。另一方面，政府在特殊产业面临外来竞争压力时采取干预手段，协助其在国际竞争中压制竞争对手。当外国产业政策使外国企业形成垄断并可能在美国获取垄断利润、使美国企业在竞争中处于不利地位时，美国即视其为"与美国利益相冲突"，此时便需要对相关产业进行干预。垄断既包括立即形成的，即外国企业主导一个新兴市场；也包括预期在未来形成的，如外国政府的补贴导致外国企业将竞争对手挤出市场而获得垄断地位。这些情形一旦影响美国利益，美国就会运用对外经济政策工具加以限制，以消除外国竞争者对美国经济安全的威胁。

第三节　科技在维护美国国家经济安全中的作用

2022年10月，拜登政府发布的《国家安全战略》报告明确提出，美国在开发和发展能够扭转其安全和经济局势的科学技术——特别是基础技术——方面的竞争已刻不容缓，是美国国家安全战略的长期任务之首。[①] 拜登政府对科技和创新的高度重视，对其国内工业，特别是战略性产业和关键新兴技术的保护，成为维护美国经济安全的重要举措。这体现了长期以来美国一以贯之的逻辑，即强调科技创新在维护国家经济安全中的重要作用。

一、维护经济规模优势和全球领导地位

维护美国国家经济安全的主要路径之一是通过建立以美国利益为核心的国际秩序，始终维护其在全球经济中的"绝对"领导地位和经济利益。"长周期"理论认为，美国能够成为全球领导者是由于其在新兴工业部门中发展创新，从而增强了统治国家的军事实力和经济活力。[②] 第二次世界大战结束以来，科技领域的全球领先地位一直都是美国国家安全的基础。[③] 随着冷战的结束，经济安全成为美国国家安全的主要目标。为实现经济安全和增强国家竞争力而保持科技领先地位，始终贯穿冷战后美国经济安全战略规划的各个阶段。2020年10月，特朗普政府发布《关键与新兴技术国家战略》，提出了为保持美国全球领

[①] "National Security Strategy," The White House, October 12, 2022.

[②] William R. Thompson, "Long Waves, Technological Innovation, and Relative Decline," *International Organization* 44, no.2 (1990): 201-233; George Modelski, et al, *Leading Sectors and World Powers: The Coevolution of Global Politics and Economics* (University of South Carolina Press, 1996).

[③] Exeutive Office of the President of the United States, "A 21st Center Science, Technology, and Innovation Strategy for America's National Security," Committee on Homeland and National Security of the National Science and Technology Council, May 2016.

导力的两大战略支柱,其一是推进美国国家安全创新基地(NSIB)建设,其二是保护其技术领先优势。

科技优势对美国维持经济规模的"绝对"领先具有关键性作用。发达国家通过创新保持技术领先地位,从而提高单位资本和劳动的生产效率。[1] 这种增长可以不必受边际收益递减规则的约束而长期维持,从而成为发达国家经济增长的主要动力。此外,生产的知识溢出促进了发达国家的技术进步;由创新带来的垄断租金激发了研发活动的活力。[2] 国际政治经济学者威廉·汤普森(William Thompson)提出了"技术梯度"理论,用关键技术的发展阶段解释了一国的产业政策。[3] 该理论认为,技术革命先后经历经济收益递增和经济收益递减两个阶段。在收益递增期,技术领先国为生产新产品开拓国际市场,积极推动自由贸易。这使从技术领先国到技术落后国的技术扩散和知识溢出成为一种历史的必然。[4] 而随着技术落后国的模仿学习,掌握先进技术并进行再创新后,技术的溢出效应推动了该国技术和经济实力增长。而技术领先国则将出现生产过剩,与技术落后国的技术差距缩小,技术红利进入衰退期,即技术收益递减期。出于国家安全利益考虑,领先国倾向于采取保护主义政策应对外部竞争。美国政府在面对国际竞争时往往干预和保护其战略性产业。如在20世纪80年代美日半导体竞争前夕,日本作为技术崛起国对美国半导体产业构成挑战。受到竞争压力

---

[1] Paul M. Romer, "The Origins of Endogenous Growth," *Journal of Economic Perspectives* 8, no.1 (1994): 3-22; David T. Coe, Elhanan Helpman, and Alexander W. Hoffmaister, "International R&D Spillovers and Institutions," *European Economic Review* 53, no.7 (2009): 723-741; Stephen L. Parente and Edward C. Prescott, "What a Country Must Do to Catch-Up to the Industrial Leaders," *Living Standards and the Wealth of Nations* (2006): 17-40.

[2] Gene M. Grossman and Elhanan Helpman, *Innovation and Growth in the Global Economy* (MIT press, 1993).

[3] William R. Thompson and Lawrence Vescera, "Growth Waves, Systemic Openness, and Protectionism," *International Organization* 46, no.2 (1992): 493-532.

[4] 任琳、黄宇韬:《技术与霸权兴衰的关系——国家与市场逻辑的博弈》,《世界经济与政治》2020年第5期,第131—153页。

的美国政府以经济制裁要挟日本加大市场开放力度，保护美国半导体产品在日本及全球的市场份额。在技术收益递减期，领先国干预、抵制先进技术在市场驱动下流向技术落后国的行为，将随着两国技术差距逐渐缩小而不断强化。直到新一轮的技术研发在技术领先国萌芽，新技术进入新一轮的技术收益递增期，领先国开始对新技术推行自由贸易政策。由此可见，技术从领先国家输出至技术落后国家，技术领先国的最优策略是保持输出的技术略高于技术引进国的技术，而当引进国掌握技术并成为输出国竞争对手时，输出国便采取新技术进行生产，继续保持两国的技术差距。

在全球价值链分工的形成过程中，具有科技创新优势的跨国公司在全球范围内的扩张起到了重要作用：跨国公司通过全球并购、投资建厂及其他经济活动获得了对子公司或非股权合约公司的某种控制权，将其纳入自己的生产系统。在此过程中，跨国公司不断地将生产环节转移到资源配置的最佳地区，从而完成了跨国公司作为缔造者和组织者的全球生产链分工，形成了跨国公司主导下不平等的全球价值链分工体系。[①] 一方面，在生产者驱动型全球产业链中[②]，发达国家作为主导国家，将用于发展中国家工业化所需的生产设备通过专利保护转化为资本，形成技术垄断。马克思在论述技术垄断对资本扩张的重要作用时指出："正像只要提高劳动力的紧张程度就能加强对自然财富的利用一样，科学和技术使执行职能的资本具有一种不以它的一定量为转移的扩张能力。"[③] 跨国公司利用其核心技术垄断优势，使发展中国家

[①] 陈子烨、李滨：《中国摆脱依附式发展与中美贸易冲突根源》，《世界经济与政治》2020年第3期，第21—43页。

[②] 加里·格里菲(Gary Gereffi)依据形成动力的不同，将全球产业链分为生产者驱动型(producer-driven)和购买者驱动型(buyer-driven)。生产者驱动型主要存在于电子、汽车、飞机等资本/技术密集型产业中，购买者驱动型主要存在于服装、玩具等劳动密集型产业中。Gary Gereffi, "The Organization of Buyer-Driven Global Commodity Chains: How US Retailers Shape Overseas Production Networks," *Commodity Chains and Global Capitalism* (1994): 95-122.

[③] 《马克思恩格斯文集》第5卷，人民出版社，2009，第699页。

企业受制于发达国家跨国公司在全球价值链中的技术主导统治,在产业链中处于从属和依附地位。除保护技术垄断优势的专利外,发达国家还通过技术标准的垄断优势"控制"发展中国家。随着产品和产业技术难度的提高,过去以广泛普及的技术作为标准的做法已不再适用,当前的技术标准多由专利技术组成,并以专利池作为技术标准的制定基础。跨国公司拥有专利技术优势,其对跨国生产的组织和支配权契合了不同生产环节和部件对统一技术标准的兼容性要求,并通过组成技术标准联盟进而成为技术标准的垄断者。另一方面,在购买者驱动型全球产业链中,跨国公司凭借市场营销能力对终端市场形成垄断优势和支配地位,发展中国家企业由于缺乏市场拓展渠道和营销能力而在生产中处于依附地位,仅能分得少部分产品增加值。在信息时代,终端市场的拓展和控制越发依赖技术和管理方面的创新,而技术研发对销售环节的资金快速回笼的要求也在提高,这进一步加大了发展中国家与发达国家之间的技术和市场差距,并强化了发展中国家对拥有技术优势的发达国家的"技术—市场"依附关系。技术与技术标准的垄断优势巩固了美国在全球经济秩序中的主导地位,开放的全球市场为美国企业输送了优质的资源、产品与服务,使美国保持了经济规模的"绝对"优势。

罗伯特·吉尔平(Robert Gilpin)在《跨国公司与美国霸权》一书中,对美国塑造国际秩序的目的在于获取经济利益这一问题进行了阐释:"在制造业领域,美国跨国公司对其经济活动的地域、工业生产活动以及技术创新施加影响力,它们创造了一种国际分工,留在母国的包括决策、财富和研发部门,而一些分支公司则安置在全球的边缘地带,当子公司之间的销售构成了世界贸易的绝大部分时,跨国公司就对制造业的区位、国际收支以及总体上的国际劳动力分工产生了重大影响，因此很大程度上它们决定了世界经济的收益分配。"①

凭借全球领先的科技创新优势，美国在经济全球化中占据了全球价值链的上游位置，控制着全球信息和通信技术产业链价值分配增加值最高的环节。一方面，在技术和产品研发方面，美国拥有显著的技术专利优势。美国集成电路（IC）设计领域的专利约为58万件，占全球集成电路设计专利的38.24%。② 在全球集成电路技术专利总数排名前20的企业中，美国企业有8家，其中国际商用机器公司（IBM）、英特尔公司（Intel Corporation）和镁光科技公司（Micron Technology）的排名均在前五位。在人工智能专利方面，美国企业表现强劲。在20个机器学习领域中，美国在12个领域中的专利申请都处于全球领先地位，包括农业、安全和设备、计算机、人机互动。③ 在2012—2016年，IBM在人工智能领域申请了3 677项专利，居全球首位。位居全球前五名的还有阿尔法特公司（Alphabet）（2 185项）和微软公司（1 952项）。美国还在人工智能的关键基础设施建设方面处于全球领先地位。美国拥有117台全球前500强超级计算机，全球最快的10台超级计算机中的5台属于美国，前两台安置在美国能源部。④ 在全球前500强超级计算机中94.8%的处理器由美国英特尔公司开发，97.2%的加速器和协处理器来自美国的英伟达公司（Nvidia）和英特尔公司。

另一方面，在信息和通信技术终端市场，美国也掌握着全球最多的市场份额。自20世纪90年代后期以来，美国半导体产业的年均销售额始终占全球总量的50%左右。据集成电路行业观察机构（IC

---

① 罗伯特·吉尔平：《跨国公司与美国霸权》，东方出版社，2011，第118页。

② SSIPE的数据显示，截至2018年，全球集成电路领域累计公开的全部207万个专利中，设计行业的专利数为152万个，占比73.91%；晶圆制造行业占比18.72%。

③ "Technology Trends 2019 Artificial Intelligence," World Intellectual Property Organization, 2019, accessed November 09, 2020, https://www.wipo.int/tech_trends/en/artificial_intelligence/.

④ 周琪、付随鑫：《美国人工智能的发展及政府发展战略》，《世界经济与政治》2020年第6期，第28—54页。

Insight)的报告统计,2019年美国集成电路产品的销售额占全球市场的55%。[①] 在诸多关键领域,美国公司占据了全球最大的收入份额。如图3-1所示,美国拥有无晶圆集成电路设计(Fabless)和垂直整合制造(IDM)的全球绝大部分市场份额。[②] 据数据分析公司(Statista)统计,2019年全球垂直整合制造企业销售额高达2 529亿美元,美国垂直整合制造企业的销售额占全球的51%;全球无晶圆厂的销售总额为1 033亿美元,[③] 美国企业占65%。在子产品市场中,美国的逻辑芯片和模拟芯片均占全球市场份额的60%以上。[④] 在垂直整合制造领域,美国英特尔、镁光、德州仪器(TI)均跻身全球前五大半导体供应商之列,是全球极少数能够将芯片设计、制造、封装和测试等多个环节集于一身的企业。

[①] "U.S. IC Companies Maintain Global Marketshare Lead," IC Insights, March 19, 2020, accessed December 28, 2020, https://www.icinsights.com/news/bulletins/US-IC-Companies-Maintain-Global-Marketshare-Lead/.

[②] 全球半导体产业体系中不同程度的专业化分工形成了产业内两种主流商业模式:垂直整合制造模式(integrated device manufacturer, IDM)和垂直分工模式(fabless-foundry)。IDM模式是指一家公司集产品的全部生产环节于一身,既包括产品的设计、加工,还包括组装、测试、封装。而在垂直分工模式下,生产环节被拆分:设计商(Fabless)专注于产品设计与加工合同的制定,没有生产线,又称"无晶圆厂";制造商(Foundry)负责按合约完成产品生产;最后由封装测试商(OSAT)完成测试和封装。前者于20世纪50年代半导体产业发展初期就已形成,得利于垂直一体化,这种商业模式一直延续至今;后者形成于20世纪80年代,受益于专业化分工。

[③] "Fabless/System Company and Integrated Device Manufacturer (IDM) IC Sales Worldwide From 1999 to 2020," Statista, accessed October 1, 2022, https://www.statista.com/statistics/553236/worldwide-fabless-system-company-idm-ic-sales-comparison/.

[④] "2020 State of the U.S. Semiconductor Industry," Semiconductor Industry Association, June, 2020, accessed November 12, 2020, https://www.semiconductors.org/wp-content/uploads/2020/06/2020-SIA-State-of-the-Industry-Report.pdf.

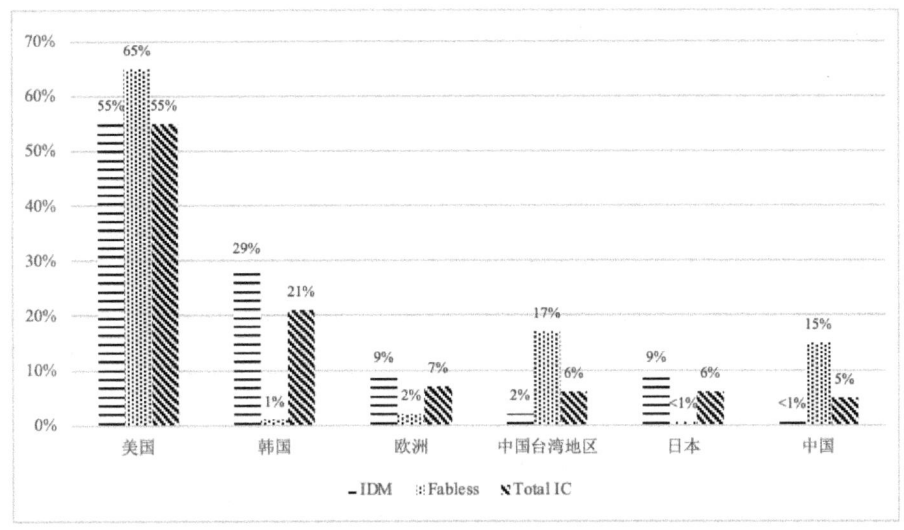

图3-1　2019年全球集成电路（IC）市场份额

资料来源："U.S. IC Companies Maintain Global Marketshare Lead," IC Insights, March 19, 2020, accessed December 28, 2020, https://www.icinsights.com/news/bulletins/US-IC-Companies-Maintain-Global-Marketshare-Lead/。

此外，在5G网络建设方面，美国在频段覆盖、系统设备建设和核心芯片等关键元件方面都已形成先发优势。根据白宫的统一部署，2018年9月，美国联邦通信委员会（FCC）发布了《5G加速计划》[①]，向市场拍卖更多频段的频谱用于5G网络建设，通过加速5G网络部署引导全球5G产品的技术路线。[②]

美国掌握着全球产业链价值分配"微笑曲线"两端增加值最高的生产环节，进而在国际贸易中获得巨额利润。如图3-2所示，2018年，美国出口产品中的外国增加值份额仅为13%，大大低于一些以加工贸易为主的发展中国家，如东南亚国家（34%）以及中美洲国家

[①] "America's 5G Future," Federal Communication Commission, accessed October 1, 2020, https://www.fcc.gov/5G.

[②] 段伟伦、韩晓露：《全球数字经济战略博弈下的5G供应链安全研究》，《信息安全研究》2020年第6卷第1期，第46—51页。

(29%)①。有数据显示,这种"微笑曲线"的失衡程度正在不断扩大,曲线两端的研发和销售环节的相对收益不断提高,而中间生产环节的利润分配份额进一步下降(如图3-3所示)②。美国跨国公司在全球范围的扩张,使美国对全球技术标准和市场拥有强大的领导力,加强了对价值链下游国家的技术锁定效应,收获了巨大的国际市场份额和经济利益。

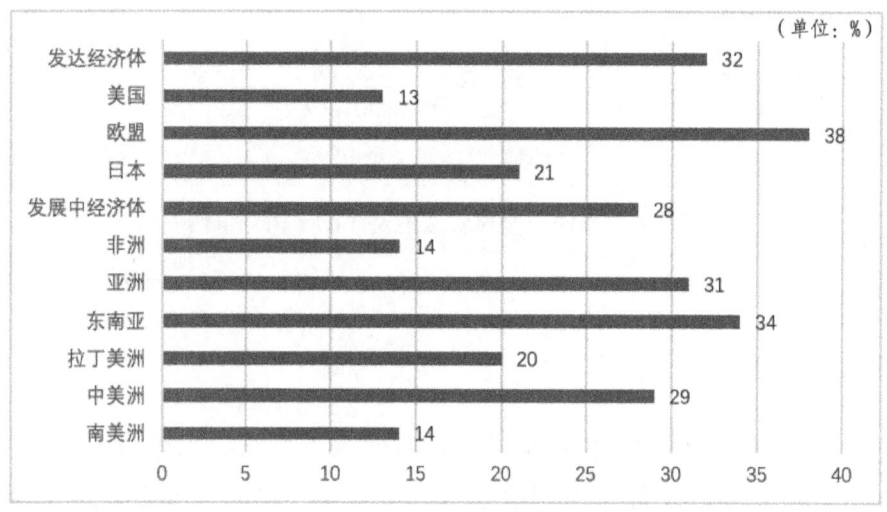

图3-2　2017年各国(地区)出口的外国增加值占比

资料来源:联合国贸易与发展会议全球价值链数据库(UNCTAD-Eora)。

---

① 数据来源:"World Investment Report 2018: Investment and New Industrial Policies," United Nations Conference on Trade and Development, 2018, accessed January 1, 2021, http://unctad.org/en/PublicationsLibrary/wir2018_en.pdf。

② "World Intellectual Property Report 2017: Intangible Capital in Global Value Chains," World Intellectual Property Organization, 2017, accessed January 1, 2021, https://www.wipo.int/edocs/pubdocs/en/wipo_pub_944_2017.pdf。

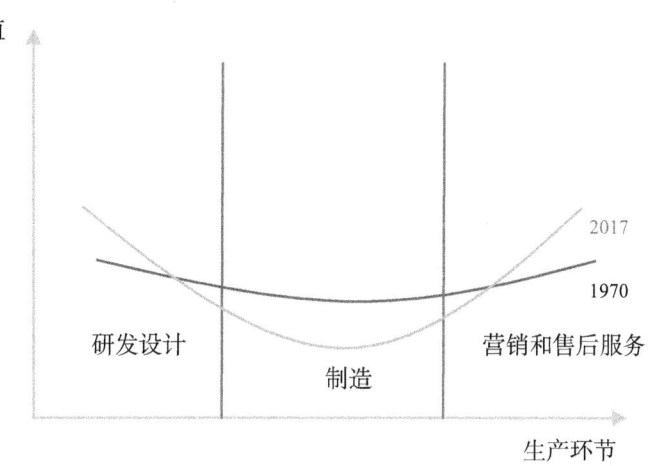

图3-3 微笑曲线变化趋势

资料来源："World Intellectual Property Report 2017: Intangible Capital in Global Value Chains," World Intellectual Property Organization, 2017, accessed January 1, 2021, https://www.wipo.int/edocs/pubdocs/en/wipo pub_944_2017.pdf。

技术创新在权力过渡和国际政治中起着广泛的作用。罗伯特·吉尔平强调，技术的重大进步能够使一国在国际政治上处于优势地位。[①] 美国在价值链的上游位置获得了高额利润，经济规模的绝对优势进一步强化了美国的全球领导地位。在引领经济全球化的过程中，美国通过技术和技术标准的垄断优势使处在价值链下游的发展中国家产生技术依赖，进而巩固美国在全球市场的技术领先地位。在资本和信息在全球各经济体间高速流动的背景下，美国拥有对金融和信息流"枢纽"的管辖权。例如全球银行间金融电信协会（SWIFT）、美元清算系统以及为执行管辖权而建立的机构和组织，强化了美国的领先地位。美国国家科学院院长、前总统卡特的科学技术政策顾问弗兰克·普雷斯（Frank Press）表示，经济全球化带来细化的国际分工和异常激烈的国际竞争，美国必须保持在科技领域的绝对优势，保持科学研究、技术

[①] Robert Gilpin, "The Political Economy of the Multinational Corporation: Three Contrasting Perspectives," *American Political Science Review* 70, no.1 (1976): 184-191.

研发的能力，才能在全球分工中取得成功。由此可见，维护科技优势对美国在经济全球化中实现经济利益，进而巩固全球领导地位具有极为重要的意义。

二、推动美国数字经济的创新发展

（一）数字经济成为美国经济新的增长点

在传统经济领域，美国由于产业空心化趋势较为明显，德国和日本等制造业强国在传统工业体系中对美国构成挑战。随着中国、东盟国家等一系列新兴国家的快速崛起，美国在传统经济领域的竞争优势逐渐减弱。在21世纪前20年中，国际形势出现了百年未有之大变局，亚洲国家的崛起、东盟等新兴经济体的日益发展都对美国在经济全球化中建立的全球秩序和经济体系产生冲击。甚至有美国学者认为，全球经济的平衡点正在向亚洲转移，中国综合国力的增强使其取得了对全球事务的话语权，"一带一路"倡议将对亚洲经济格局产生重大影响；人民币在亚洲市场的影响力在一定程度上动摇了美国主导的国际货币体系。[①] 因此，美国在不断变化的国际经济政治环境下，必须重新考虑和寻找促进经济增长、把控全球经济秩序的着力点。

1996年，经济合作与发展组织在《以知识为基础的经济》报告中首次正式提出"知识经济"这一概念，知识以人力资本和技术为载体已逐渐成为推动全球经济发展的核心要素。[②] 在知识经济中，知识与人才取代工业经济时代的资本和资源，成为核心生产要素。国家转变了在工业经济时代对资本投入、资源寻求和劳动力成本降低的追求，转

---

① Derek Scissors, "The Belt and Road Is Overhyped, Commercially," American Enterprise Institute, June 12, 2019, accessed January 1, 2021, https://www.finance.senate.gov/imo/media/doc/Derek%20Scissors%20-%20BRI%20Testimony.pdf.

② "The Knowledge-Based Economy," Organisation for Economic Co-operation and Development, 1996, accessed January 1, 2021, https://www.oecd.org/officialdocuments/publicdisplaydocumentpdf/?cote=OCDE/GD%2896%29102&docLanguage=En.

而寻求高技能劳动力和无形资产的投入，企业的核心竞争力也以技术研发能力和市场营销能力为中心。而美国科技企业在全球分工体系中的定位决定了其在技术研发和市场营销价值链两端的优势。在生产者驱动型的全球产业链分工中，美国跨国公司以技术依附关系占据了全球技术领先优势；在购买者驱动型的产业链中，美国跨国公司凭借对终端市场的垄断优势，挤压发展中国家的市场份额以形成市场优势。

随着世界经济形态从工业经济转向知识经济，数字经济已成为美国经济的重要增长点和引擎。数字经济对美国GDP贡献度的增速远高于数字经济占GDP比例的增速。据美国商务部经济分析局的统计，2018年美国数字经济规模约为3.03万亿美元，约占当年GDP的9.0%；在2006—2018年，美国数字经济占GDP比例年均增长4.6%。2018年美国数字经济对GDP增加值的贡献高达1.98万亿美元，占当年GDP增加值的10.6%；同期，美国数字经济对GDP增加值贡献度年均增长6.8%。由图3-4可见，美国数字经济的实际增速明显快于美国整体GDP增速。在数字经济的主要产品中，2018年软件产品对美国GDP增加值的贡献超过2500亿美元，同比增长9.4%（参见图3-5）。在数字贸易中，以数字形式交付的服务贸易比重逐年增长（参见图3-6）；2019年数字服务贸易占美国服务贸易总额的60.99%。此外，数字经济还为解决美国就业问题提供了新方向。2017年，这一新的经济业态为美国创造了510万个工作岗位，占总就业岗位的3.4%，从业人员年均收入13.22万美元，远高于美国劳动力的平均年收入。

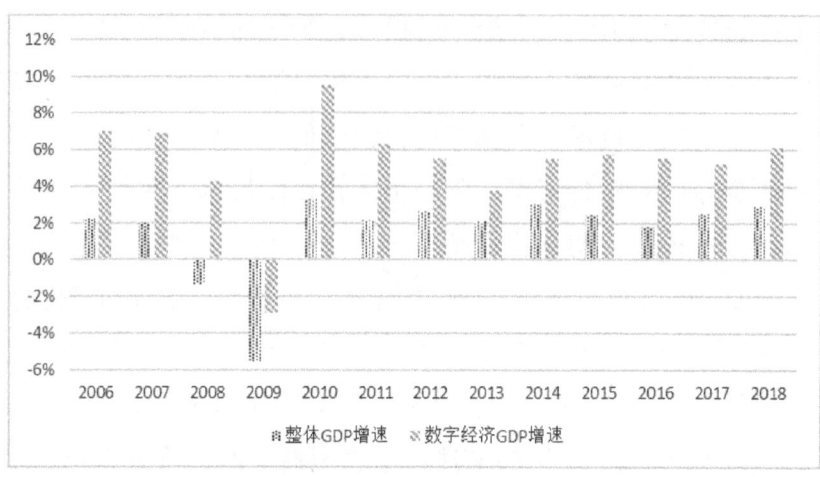

图 3-4　2006—2018 年美国经济整体增速与数字经济增速（实际 GDP）

资料来源：美国商务部经济分析局，2021 年 1 月 23 日，https://www.bea.gov/data/special-topics/digital-economy。

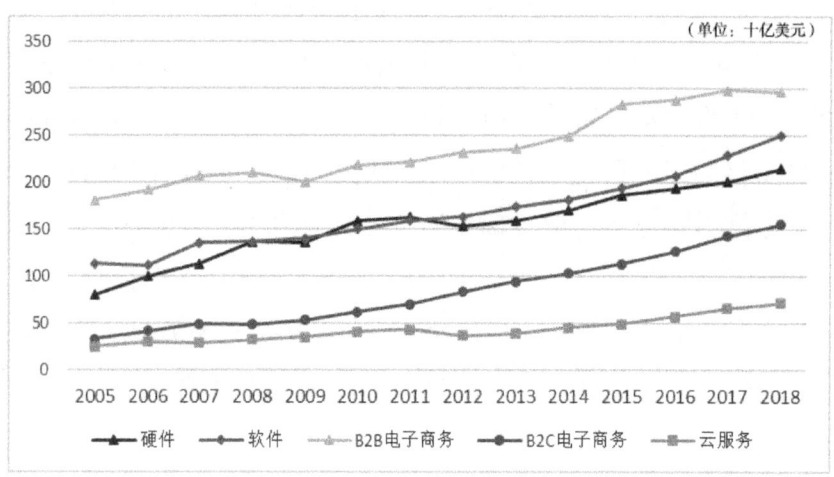

图 3-5　2005—2018 年美国主要数字经济产品实际 GDP 增加值

资料来源：美国商务部经济分析局，2021 年 1 月 25 日，https://www.bea.gov/data/special-topics/digital-economy。

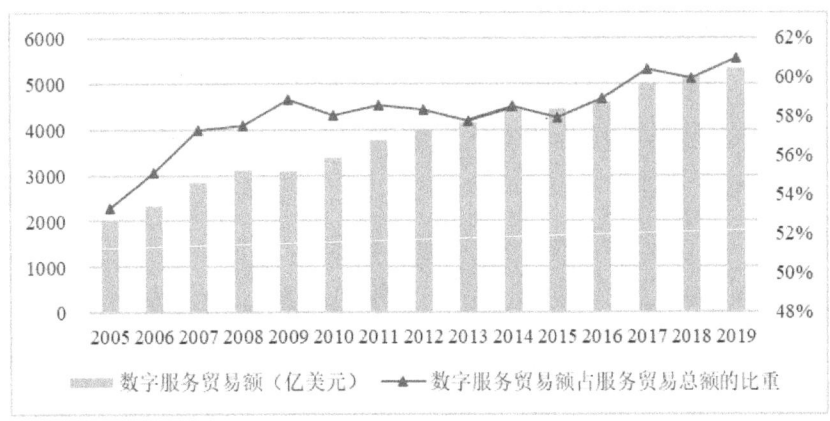

图3-6 美国数字服务贸易额与占服务贸易总额比重

资料来源：UNCTAD数据库。

（二）高新技术产业是支撑数字经济发展的战略性产业

马克思在《经济学手稿（1861—1863年）》一文中曾表示，"科学的力量也是……一种生产力"[①]。随着美国数字经济的蓬勃发展，知识密集型产业已成为美国经济的主要增长点；[②] 而技术创新是推动知识密集型产业发展和数字经济创新的重要动力。因此，继续保持科技创新优势对美国经济打开新的突破口具有极为重要的战略意义。

从传统安全的角度来看，关系到国防安全的尖端技术和国防工业是美国国家安全战略重点保护的对象。直至冷战结束前，美国国家安全战略都将军事目标置于国家安全战略的首要位置，经济、科技目标都服从于军事目标。美国的科技水平在美苏核武器领域的军备竞赛、航天领域的科技竞赛中得到了前所未有的发展。这种全球科技领导地位长期以来确保了美国的军事优势。在信息时代，正如1994年哈佛大学政治学教授约翰·斯坦布伦纳（John Steinbruner）在美国国家科学院

---

① 马克思恩格斯全集（第47卷），人民出版社，1979，第553页。

② Justin Antonipillai and Michelle K. Lee, "Intellectual Property and the US Economy: 2016 Update," Washington, DC, Economics & Statistics Administration and US Patent and Trademark Office (2016).

的座谈会上指出的，促进经济全球化的信息技术和其传播过程正以前所未有的方式改变国际安全局势。[①] 现代信息技术的广泛应用使高新技术和高技术产业本身成为国家安全的重要方面。

从广义的国家安全角度来看，高技术产业因具备与经济安全相关的战略性特质，成为冷战后美国政府着力干预的特殊产业。首先，高新技术产业的特征之一是其生产活动能够为其他产业或企业带来重要收益或技术溢出，这些溢出效应通常通过底层技术的转移或技术知识的流动得以实现，为美国保持全领域的技术优势提供了重要基础。其次，新一代通信技术的网络效应能够使企业在进入市场后具备先发优势，形成"赢者通吃"的局面。但数字经济支柱性产业往往需要在前期投入大量资金进行底层技术研发，而在达到一定规模后将具有规模经济优势，带来巨大的经济利益。因此，高新技术产业是冷战后美国重点培育、打造和扶持的战略性产业。

以半导体产业为例，在规模经济和对其他产业的溢出效应方面，半导体产业属于美国经济安全中的战略性产业。美国半导体协会（SIA）主席约翰·诺伊弗（John Neuffer）在一份声明中指出，半导体技术是美国全球技术领先优势的基本组成部分，它是推动经济增长和商业创新的重要基础，对确保美国国家安全具有战略意义。[②] 在信息技术成为推动经济社会发展主要驱动力的时代，美国政府对信息技术产业的重视表现为对此类高技术产业的干预。正如曾经担任总统经济顾问委员会主席的劳拉·泰森（Laura Tyson）所指出的，"半导体行业从

[①] Kevin Finneran, "Environment, Economics, and National Security," *Issues in Science and Technology* 10, no.4 (1994): 41.

[②] John Neuffer, "New White House Group to Tackle Semiconductor Industry Challenges: Commerce Secretary Pritzker to Discuss Future of Industry on Wednesday," Semiconductor Industry Association, October 31, 2016, accessed December 29, 2020, https://www.semiconductors.org/new-white-house-group-to-tackle-semiconductor-industry-challenges-commerce-secretary-pritzker-to-discuss-future-of-industry-on-wednesday/.

未摆脱政府干预这只看得见的手"①。美国政府利用产业政策、财政支持等手段，对市场环境、竞争态势等方面进行了战略性指导和强有力的干预和扶持。

第四节 美国保持科技领先优势的战略定位与举措

全球科技领先优势是美国维护其全球领导地位的保障，是美国国家安全的基石。2022年10月，拜登政府颁布的《国家安全战略》报告将发展基础技术视为维护美国国家安全的长期战略性任务之首。历届美国都高度重视技术创新发展，制定相关科技创新战略，对关键性战略性产业给予保护和引导，这是美国始终站在全球科技创新前列的重要原因。

一、美国保持科技领先优势的战略定位

技术领先优势是美国在国际竞争中最重要的国家优势。自冷战结束后，历届美国政府都将保持全球科技领先优势和领导地位置于优先事项，将其视为维护国家经济安全和军事安全的首要保证，以及提高和维护美国国家和企业国际竞争力的重要方式。

历届美国政府和商界、学界人士在"保持美国全球技术优势对国家安全具有重要意义"这一问题上的立场保持了高度统一，历届美国政府的《国家安全战略》报告几乎无一例外地对科技安全进行详细规划。自1994年克林顿政府的第一份《国家安全战略》报告起，美国就明确了科学研究与技术开发对维护美国经济安全目标的重要性，表示美国"要投资科学与技术，加强信息网络和其他关键基础设施建设，改善美国劳动者的教育和培训"，发挥军民两用技术研发的关键作用。

---

① Laura Tyson, "Managing Trade and Competition in the Semiconductor Industry," *Who's Bashing Whom?* (1992): 85-113.

1999年，美国《国家安全战略》报告首次将保持技术优势作为提高美国竞争力的主要途径，此后小布什政府多次在报告中提出，技术创新在国家安全和经济繁荣方面具有基础性作用。奥巴马政府把保持教育、人才以及科技创新领先地位作为实现经济繁荣的首要目标，强调了美国基于创新、科技方面的相对优势，在教育、科技、研发等方面的全球领导地位，重申了美国作为全球科学发现和技术创新引擎作用的重要性。2015年的美国《国家安全战略》报告，强调了美国国家利益在于在充满机会、促进繁荣的开放的国际经济体系中建立强大、创新、可持续增长的美国经济。2016年，美国政府在《21世纪美国国家安全的科技创新战略》报告中明确指出，美国在科技创新领域的持续领导地位对每一项国家利益都至关重要。奥巴马政府分别于2009年、2011年和2015年颁布了三版《美国创新战略》，提出创新是美国的"经济增长源泉"这一口号，认为美国凭借强大的创新能力，将在未来长期保持繁荣、掌握全球领导权并提高社会就业质量。特朗普上台后，美国政府对维护美国科技领先优势出台了更具针对性的策略。2017年的美国《国家安全战略》报告明确提出，美国将继续追求技术研发和科技创新的全球领导地位。时任美国国防部研究与工程（R&E）代理次长的迈克尔·科拉迪索斯（Michael Kratsios）公开表示，美国必须优先考虑技术创新，"在新兴技术中保持领导地位对美国国家安全、经济增长至关重要"[1]。2020年10月，白宫发布了《强化美国的全球科技领导地位》报告，将强化美国在以高新技术为支撑的未来工业领域的全球领导地位置于首位。2022年10月，拜登政府颁布的《国家安全战略》报告将发展基础技术视为维护美国国家安全的长期战略性任务之首，凸显了全球科技领导地位对于美国国家安全的重要性。

随着国家安全战略目标的系统性转变，美国政府对科学政策的方

---

[1] "U.S. Tech Leadership in an Era of Competition," CSET, August 13, 2020, accessed November 1, 2020, https://cset.georgetown.edu/article/u-s-tech-leadership-in-an-era-of-competition/.

向和目标提出了战略性规划。1994年8月,克林顿政府发表了题为《科学与国家利益》(Science in the National Interest)的报告,指出"美国必须保持在科学、数学和工程领域的全球领导地位,才能应对今天和明天的挑战",明确了科技领先优势的战略性地位。这份文件是1979年以来美国政府发布的第一份由总统署名的科学政策声明,其重要意义在于对美国科学技术政策方向进行调整,提出基础科学研究应由以理论探索为目标转向着眼于实现国家战略性目标,提高科学发展的社会贡献,强化基础研究与动态变化的国家战略目标之间的联系,并明确要求将美国国家科学基金会55%的预算用于战略领域的研究。克林顿总统还指出,"科学是一种无尽的资源",并对美国科学发展提出了五大目标:保持美国在科学知识前沿领域的领导地位、强化基础研究与国家战略目标的联系、加强在基础科学和工程领域以及物质和人力资源有效利用方面的投资和合作、为21世纪储备最优秀的科学家和工程师、提高所有美国人的科学技术素养。

在小布什政府时期,美国国家安全战略比较注重在维护美国国家安全与增强美国竞争力之间取得平衡。2000年,美国《国家安全战略报告》指出,计算机技术是出口管制的重要领域,而面临迅速变化的技术创新环境,需要对其进行定期审查和出口管制。在商用计算机技术上保持过时的控制将损害美国公司,而放开管制也无损于国家安全。因此,美国政府于2000年2月宣布对计算机出口管制进行改革,允许向对美国友好的国家销售高端计算机技术。出口管制机构还将不断审查计算机技术的进步,并向总统提供每六个月更新计算机出口管制的建议。奥巴马政府着眼于能够为国家创新提供活力的驱动要素,缓解次级抵押贷款危机后美国经济复苏乏力、失业率较高的问题。在奥巴马的三版《国家创新战略》中,优先发展的领域主要集中在清洁能源、"脑计划"、医疗健康、先进汽车、太空探索等领域(参见表3-2)。奥巴马政府在2011年就将先进制造业提上优先发展日程,体现了美国政府对未来经济驱动力的敏锐洞察和精准把握。随着全球数字经济和数字技术的发展,特朗普政府特别重视人工智能、5G网络技术、先进制造业等支撑数字经济的基础科技。在2017年美国《国家安全战略》报告中,特朗普政府明确了美国将优先发展对经济增长和安全至关重要的新兴技术;2020年的《强化美国的全球科技领导地位》报告,则进一步明确了美国应当保持全球领先优势的领域,包括人工智能、量子信息科学、5G通信网络、先进制造业、生物技术、先进运输业以及未来先进计算体系等。2022年10月,拜登政府发布了由白宫科技政策办公室(OSTP)和国家科学技术委员会(NSTC)制定的《国家先进制造业战略》,为紧跟自动化、数据科学、人工智能等领域的最新进展和应对国家安全方面的技术挑战,确定了保护制造技术全球领先地位的战略方向。

表3-2 奥巴马和特朗普政府的科技战略优先发展领域

科技创新战略	优先发展领域
2009年《美国创新战略》	清洁能源、节能技术、先进汽车、医疗健康
2011年《美国创新战略》	清洁能源、生物技术、纳米技术、先进制造、空间技术、卫生医疗、教育发展
2015年《美国创新战略》	精准医疗技术、"脑计划"、医疗领域创新、先进车辆、智慧城市、清洁能源技术、教育技术、太空探索、计算机领域新前沿
2016年美国政府研发预算	先进制造、清洁能源、全球气候变化、信息技术和高性能计算、纳米技术、生物和神经系统科学、以信息为基础的决策和管理的研发、国家安全、地球观测和基础设施等
2017年美国《国家安全战略》报告	数据科学、加密技术、自动化技术、基因编辑、新材料、纳米技术、先进的计算技术、人工智能、自动驾驶汽车和自动化武器等
2020年《强化美国的全球科技领导地位》	人工智能、量子信息科学、5G通信网络、先进制造业、生物技术、先进运输业和未来先进计算体系等
2022年《国家先进制造业战略》	清洁和可持续的制造业、微电子学和半导体制造业、生物技术、新材料及加工技术、智能制造

资料来源:作者根据美国政府网站发布的公开资料整理。

此外，特朗普政府对外国的"技术窃取"，以及由此带来的对美国技术领先优势的"侵害"和国家安全的"威胁"极为敏感。为了应对所谓的"价值数千亿美元的美国知识产权被窃取、网络经济战和其他恶意"活动增加的情况，特朗普政府提出了"国家安全创新基地"（NSIB）的构想，即在美国学术界、国家实验室和私营部门中形成汇集知识、能力和人员的网络。该网络能够将技术想法转化为创新，将科学发现转化为商业产品和企业。该计划致力于保护美国人的创造力和对自由制度的追求，以保护美国的安全与繁荣，并整合、监控和掌握行业不公平的行为和趋势，以对抗所谓的外国竞争者和"技术窃取"者。

二、美国促进科技创新发展的战略部署

根据美国科技政策和创新战略设计，美国政府的技术创新发展战略主要分为四个层次：对创新基础要素的投资、对私人部门创新的激励、对优先发展领域创新的推动以及对美国技术标准的国际推广。

（一）投资创新基础要素

第一，保持高水平的研发投入。经济合作与发展组织曾经估算，研发总量每增加1个百分点，就会拉动GDP增长0.05—0.15个百分点。历届美国政府也都认同，技术创新能力是推动美国经济发展的根本动力，因此政府的科研投入一直保持在较高水平。2015年的美国《国家安全战略》报告指出，科学发现和技术创新赋予美国领导权以竞争优势，推动美国经济并改善人民生活，保持这项优势需要政府对基础研究和应用研究进行大量投资。如表3-3所示，2017年，包括联邦政府、私人部门、科研院所和其他部门在内的研发总投入约为5479亿美元；其中对基础研究投入占研发总支出的16.7%，与应用研究（19.8%）比重相差无几，足见美国对基础研发的高度重视。如图3-7所示，私人部门的研发支出占比超过60%，联邦政府支出占22%，可见美国私人部

门在推动研发创新方面的重要作用。

表3-3 2000—2017年美国研发支出额

（单位：亿美元）

年份	研究与开发总支出	基础研究	应用研究	体系开发
2000	2679	420	565	1694
2010	4066	760	792	2514
2012	4336	734	870	2733
2013	4540	786	882	2871
2014	4754	821	918	3015
2015	4937	835	972	3129
2016	5156	886	1048	3222
2017	5479	915	1088	3476

资料来源："The State of U.S. Science and Engineering 2020," NSF, Science & Engineering Indicators, accessed December 26, 2020, https://ncses.nsf.gov/pubs/nsb20203/data#table-block。

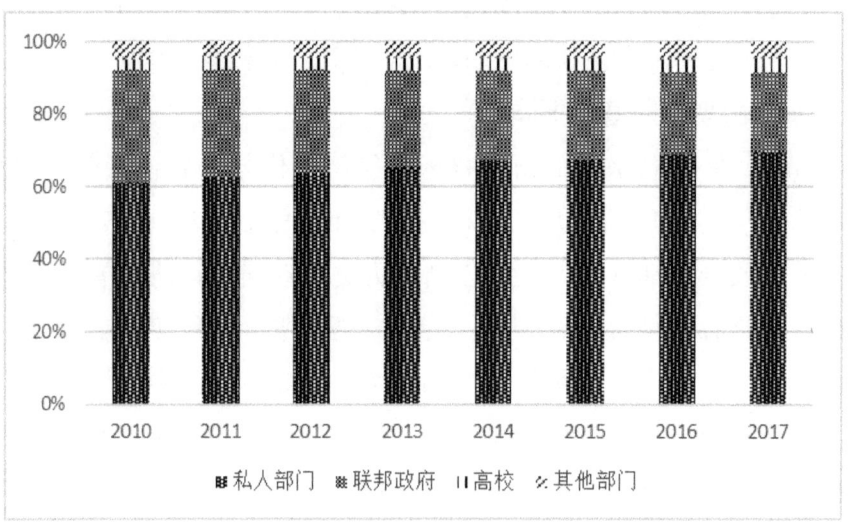

图3-7 2010—2017年美国研发投入各部门占比

资料来源："The State of U.S. Science and Engineering 2020," NSF, Science & Engineering Indicators, accessed December 26, 2020, [2021-12-26]. https://ncses.nsf.gov/pubs/nsb20203/data#table-block。

第二,保持对人才的培养和引进。2010年,奥巴马政府曾指出,美国自身的繁荣和领导地位越来越取决于美国向公民提供成功所需的教育,以及为美国经济发展吸引人力资本的能力。2013年,美国政府提出了"思特盟计划"(STEM),旨在全面培养科学、技术、工程和数学等学科领域的高端人才,为未来在这些领域储备高素质劳动力。2017年,特朗普政府推出"学徒计划",通过学徒培训促进经济发展所需的技术人才。在技术移民方面,20世纪90年代后,美国通过《新移民法》和《美国21世纪竞争力法》等法案实施H-1B(专业人士)签证计划,着重吸引特定领域高级人才,推动美国迎来高技术移民的热潮。特别是奥巴马的移民政策改革为美国吸引了大批世界各地的熟练工种和专业人员。前美国国防部研究与工程代理次长克拉佐斯指出,美国技术部门在支持创新和国家安全方面起着关键作用,国防部必须加紧建立与私营部门的联系,在吸引高技能人才方面加大投入力度。

第三,重视信息基础设施建设。1993年2月,克林顿政府颁布《技术为经济增长服务:增强经济实力的新方针》,进一步对加强信息通讯产业的发展做出了明确指示,将促进信息通讯基础设施建设置于经济建设的首要位置。1997年,克林顿政府进一步提出投资知识经济所需的国家信息基础设施。小布什执政后意识到,美国基础设施体系的脆弱性和依赖性使关键基础设施受到全球恐怖主义对美国不对称战争攻击的巨大威胁,开始重视对关键基础设施的保护。此外,美国政府多次声称网络犯罪分子使美国企业和消费者损失了价值数亿美元的知识产权。[①]2017年,美国政府将重点从保护网络扩展到保护那些网络上的数据,以确保数据的安全性(包括静态数据和传输中的数据)。2018年

---

① 2010年,美国《国家安全战略报告》首次将网络安全威胁列入国家安全威胁中,"网络安全威胁是我们作为一个国家面临的最严重的国家安全,公共安全和经济挑战之一"。

9月，特朗普政府发布了15年来美国首个网络安全战略，[①]旨在为美国数字经济的发展提供安全可靠的网络环境与数据基础设施，以保持美国在全球技术生态系统中的影响力，并追求将网络空间打造为促进经济增长、拉动创新及提高效率的开放式引擎。

（二）鼓励私人部门创新发展

1996年，白宫科学技术政策办公室（OSTP）发布《技术与国家利益》（*Technology in the National Interest*）报告，[②]对私人部门在新技术研发和科研成果转化方面的灵活性予以充分肯定，并表示应进一步发挥和保护私营部门的科技创新优势。报告提出的建议包括：政府为创新和竞争提供良好的商业环境；推动民用技术的研发与应用；对基础设施建设进行有效投资；推动发展军民两用技术；以及建设大批高素质的人才队伍。2010年的美国《国家安全战略》报告明确提出，支持并创造激励措施以鼓励私人研发计划。为了重振美国的制造业优势，2012年，奥巴马政府启动了"国家制造创新网络"计划（NNMI），搭建了联通各类制造业互助平台的美国国家制造创新（Manufacturing USA）网络，包括美国国防部支持的"集成光电制造创新中心"（AIM Photonics）和"下一代柔性"（NextFlex）以及能源部支持的"电力美国"（Power America）[③]，等等。这些制造行业互助平台为美国中小型企业的信息沟通、知识流动和互助经营创造了良好的商业环境，降低了行业信息的不对称性，增强了行业整体的向心力。私营企业拥有政府执行关键国家安全任务所依赖的许多技术。2017年，特朗普政府表示，

---

① Terri Moon Cronk, "White House Releases First National Cyber Strategy in 15 Years," U.S. Department of Defense, September 21, 2018, accessed November 1, 2020, https://www.defense.gov/Explore/News/Article/Article/1641969/white-house-releases-first-national-cyber-strategy-in-15-years/.

② Carol Ann Meares and John F. Sargent, Jr., "Technology in the National Interest," National Science and Technology Council, Executive Office of the President, Wanshington, DC., 1996, accessed November 5, 2020, https://files.eric.ed.gov/fulltext/ED449029.pdf.

③ Manufacturing USA 和 Power America 相关网站参见：https://poweramericainstitute.org/manufacturing-usa；https://www.manufacturingusa.com/pages/history。

美国政府将更有效地利用私营部门的技术专长和研发能力。美国国防部和其他机构将与美国公司建立战略合作伙伴关系，使私营部门的研发资源与优先的国家安全应用保持一致。2022年9月，美国总统科学技术顾问委员会提出创建一个约5亿美元的投资基金，为半导体领域的初创企业提供资金支持和相关实物原型与工具。此外，为支持初创企业发展，美国国家科学技术委员会还将在2025年之前创建一款具有完整软件组件的"小芯片"平台①。半导体初创企业和学术机构能够将其定制化的小芯片与"小芯片"平台相整合，在实现创新的同时显著节约了资金和时间。

（三）推动优先发展领域的技术创新

以信息技术为代表的特殊技术和战略性产业一向是美国各界的重点关注目标。自20世纪80年代末以来，美国政府制定了数十个"关键技术"清单。在奥巴马和特朗普执政时期，先进制造、先进汽车、人工智能、量子计算和5G通信技术等获得了迅速发展，这些技术将进一步推动个性化医疗、机器人技术和其他智能产品等领域的创新，这些领域是促进未来经济发展和维护国防安全的关键动力。特朗普上台以来，将这些关键技术作为政府科技战略规划的重点。2017年颁布的美国《国家安全战略》报告首次将人工智能技术列为优先事项，并成立人工智能委员会。2018年1月，美国国家安全委员会发布题为《保卫5G：信息时代的艾森豪威尔国家高速公路系统》的报告并指出，美国想要保持全球领导地位，必须在三年内建成一张安全可靠的5G网

---

① 小芯片（Chiplet，又名芯粒）技术，是一种模块化芯片技术，可将多个不同功能的小型芯片拼搭形成模组，以实现多种处理功能。"小芯片"平台中产品的通用、非创新部分经过专门设计，可以添加可定制组件（"小芯片"）来解决特定的应用、性能或功能。Executive Office of the President, "Revitalizing the U.S. Semiconductor Ecosystem," President's Council of Advisors on Science and Technology, September 2022.

络;① 并在 5G 部署的讲话中明确提出"5G 领域竞争是一场美国必须要赢得的比赛",也是美国"必胜的比赛"②。半导体技术和产业的发展是实现这些美国未来"必胜"技术的基础,正如美国半导体协会在报告中明确提出的,半导体是未来技术所依托的基础性产业,对于美国社会需求、经济增长和国家安全具有重大战略意义。③2017 年 1 月,美国政府在题为《确保美国在半导体行业长期领先地位》(Ensuring Long-Term US Leadership in Semiconductors)的报告中提出了美国政府干预半导体行业竞争与发展的三个主要方针:打击主要国际竞争对手;促进国内产业竞争;优化国内半导体企业经营环境和平台,强调政府应制定宏大、清晰的战略目标,推动美国半导体产业创新发展。2020 年 10 月,美国国务院发布《关键与新兴技术国家战略》,介绍了美国为保持全球领导力而强调发展"关键与新兴技术",并提出两大战略支柱——推进美国国家安全创新基地和保护技术优势,明确了 20 项关键与新兴技术的清单④。拜登政府则进一步对新兴技术领域加以扶持,2022 年 10 月,美国国家科学基金会启动"新兴技术领域劳动力发展计划",预计

---

① "Secure 5G: The Eisenhower Naional Highway System for the Information Age," U. S. House of Representatives, June 20, 2019, accessed November 7, 2020, https://docs.house.gov/meetings/IF/IF16/20180130/106810/HHRG-115-IF16-20180130-SD1011-U1011.pdf.

② "Remarks by President Trump on United States 5G Deployment," White House, April 12,2019, accessed November 7, 2020, https://trumpwhitehouse.archives.gov/briefings-statements/remarks-president-trump-united-states-5g-deployment/.

③ "Semiconductor Research Opportunities: An Industry Vision and Guide," Semiconductor Industry Association,March,2017, accessed November 7, 2020, https://eps.ieee.org/images/files/Roadmap/SIA-SRC-Vision-Report-3.30.17.pdf.

④ 美国政府关键与新兴技术清单包括:(1)高级计算;(2)先进常规武器技术;(3)高级工程材料;(4)先进制造;(5)高级传感;(6)航空发动机技术;(7)农业技术;(8)人工智能;(9)自主系统;(10)生物技术;(11)化学、生物、放射和核减缓技术;(12)通信和网络技术;(13)数据科学与存储;(14)分布式分类技术;(15)能源技术;(16)人机界面;(17)医疗和公共卫生技术;(18)量子信息科学;(19)半导体和微电子学;(20)空间技术。参见:"National Strategy for Critical and Emerging Technologies," The White House, October, 2020, accessed November 3, 2022, https://trumpwhitehouse.archives.gov/wp-content/uploads/2020/10/National-Strategy-for-CET.pdf.

投资3000万美元,为美国人提供如先进制造、人工智能、生物技术、量子信息科学以及半导体和微电子学等更多新兴和新技术领域的实践学习机会。

(四)推广美国的技术标准与规则

在推动公私部门对科技创新基础要素的投资、对优先发展领域进行筹划的基础上,美国进一步通过扩大美国技术标准与规则的适用范围,将其科技创新政策培养的技术优势在国际范围内进行巩固和强化。在1997年的《国家安全战略》报告中,美国政府称将更多地通过国际多边框架协议巩固其科技领先优势,例如在《信息技术协议》和《世贸组织金融服务和电信服务协议》中以美国的技术范式和价值观念在其具竞争力的领域实现更大范围的利益。2015年的《国家安全战略》报告则表示,美国将努力达成具有开创性的国际协议,发挥美国是全球创新领域领导者的优势,推动全球开放的服务贸易和信息技术贸易。英国国际关系学家苏珊·斯特兰奇(Susan Strange)指出,若非美国政府意识到其在知识结构相关的各部门都取得了支配地位,政府将不会热衷于制定服务领域自由贸易规则。[①]

三、美国政府对高技术产业的干预:以半导体产业为例

20世纪80年代以来,半导体技术的迅速更迭加快了电子信息、个人通信、汽车和国防军事等各行业生产力的发展和产品的普及。[②] 半导体产业作为美国信息技术领域的战略性产业,受到历届联邦政府的高度重视。

(一)政府采购创造初期市场需求

在20世纪60年代以前,美国半导体产业处于发展初期,大规模

---

① Susan Strange, *States and Markets* (London: Continuum, 1998), pp.137.
② David C. Mowery, *US Industry in 2000: Studies in Competitive Performance* (Washington, DC: National Academy Press, 1999).

政府采购作为政府直接干预手段而创造的"需求拉力"是美国半导体市场最大的需求来源。二战时期，美国军方就已着力培养和推动半导体产业的发展，美国陆军信号部队工程实验室（the U.S. Army's Signal Corps Engineering Laboratory）成为美国国防部将新技术军用化的先行者，[1] 贝尔实验室的生产制造机构西电公司（Western Electric）的早期生产产品全部流向美国军队。[2] 陆军信号部队还为半导体行业的新企业提供成长空间，1959年向军方销售的半导体产品中有69%来自行业新企业，占半导体产品销售总额的63%。[3] 继晶体管技术之后，1959年诞生的集成电路作为半导体产业的下一代技术，更加依赖军方采购。1960年至1967年，美国军方和宇航局的采购保持在集成电路产品销售的50%以上，推动了美国集成电路生产达到高峰。美国仙童公司（Fairchild Semiconduct）为美国国家宇航局（NASA）的"阿波罗"飞船生产导航计算机，这为该公司的集成电路业务带来了十分可观的利润。仅美国军方为首次使用集成电路技术的D37计算机的开发与生产与德州仪器公司（TI）签订的合同额，就占据1965年美国半导体行业销售额的五分之一，巨大的销售额使德州仪器公司迅速成为全球半导体行业领导者。

（二）政府部门筹集技术研发资金

半导体产业是十分典型的资金密集型、技术密集型产业，前期需

---

[1] 美国陆军信号部队还资助美国国家标准局进行光刻工艺的研发，后来被应用于集成电路生产中的基础光刻技术就是从这项研究中衍生出来的。集成电路创造者之一的杰克·基尔比（Jack S. Kilby）在加入德州仪器公司前，曾参与这项研究。

[2] 1947年，贝尔实验室的科学家发明了晶体管，成为半导体产业萌芽的标志。1949年，晶体管在实验室设备方面的首次应用就是贝尔实验室为美国海军准备；同年，晶体管在类似计算机的数字电路中的首次应用是在贝尔实验室建造的门控矩阵，它是"模拟战"计算机的一部分；美国第一台晶体管计算机和功率晶体管的早期开发都是在美国空军资助下，在贝尔实验室得以完成。Richard C. Levin, "The Semiconductor Industry," in *Government and Technical Progress: A Cross-Industry Analysis*, ed. Richard R. Nelson (Pergamon, 1982), p. 26.

[3] John E. Tilton, *International Diffusion of Technology: The Case of Semiconductors* (Vol. 4. Brookings Institution, 1971), p. 91.

要大量资本进行产品研发。美国政府在推动半导体技术的基础研究和技术研发方面发挥着不可替代的作用。正如美国"总统科学技术委员会"（PCAST）的报告中所指出的："全球半导体市场从来都不是一个完全自由的市场。它建立在科学的基础上，而科学在历史上很大程度上是由政府和学术界推动的"。[1] 从二战时期开始至今，美国政府不间断地直接提供和鼓励私人部门提供稳定的资金支持。[2]

在半导体产业发展初期，来自美国军方和宇航局的资金支持对半导体技术的研发形成了"技术推力"。1959—1964年，美国政府用于集成电路技术研发投入总额的70%来自美国空军。[3] 美国政府和军方早期巨额的军工订单使美国军方实质上成为推动半导体产品创新的首批用户，并引导着半导体产品的设计方向。[4] 为发展尖端武器系统，战后美国对军用和宇航设备所用电子元件提出微型化、轻型化和高性能的要求。集成电路的发明者杰克·基尔比（Jack Kilby）指出，满足军方市场的需求是德州仪器公司在研发集成电路技术初期的唯一目的。[5]

美国政府特别是军方的资金支持，巩固了美国集成电路的设计及其生产工艺进一步更新所依赖的工业基础，为美国半导体产业的持续发展奠定了基础。在美国国家科学基金会的资助下，纳米电子研究计

---

[1] Executive Office of the President, "Ensuring Long-term U.S. Leadership in Semiconductors," President's Council of Advisors on Science and Technology, January, 2017, accessed November 12, 2020, https://obamawhitehouse.archives.gov/sites/default/files/microsites/ostp/PCAST/pcast_ensuring_long-term_us_leadership_in_semiconductors.pdf.

[2] 据估计，20世纪50年代末至70年代初，联邦政府对半导体产业的直接或间接研发投入占产业研发资金的40%—45%。随着半导体技术的逐渐成熟、技术领先的企业向商用主流领域转型以及政府采购的比例逐渐降低，政府研发投入占比在70年代迅速下降。

[3] Richard R. Nelson, *Government and Technical Progress: A Cross-industry Analysis* (New York; Toronto: Pergamon, 1982), p. 73.

[4] 保罗·克鲁格曼：《战略性贸易政策与新国际经济学》，中国人民大学出版社、北京大学出版社，2000，第132页。

[5] Richard R. Nelson, *Government and Technical Progress: A Cross-industry Analysis* (New York; Toronto: Pergamon, 1982), p. 64.

划（NRI）支持半导体技术研究机构与顶级高校合作，①进行半导体领域高风险的前沿研究。政府持续的巨额研发投资消除了技术创新的后顾之忧，使美国半导体在多个领域一直保持全球技术领先地位。

美国政府的"需求拉力"和"技术推力"为半导体产业吸引了大量新厂商，降低了私人半导体企业的投资风险。美国空军"民兵"洲际弹道导弹的制导系统率先应用了较大风险的集成电路技术，向私人企业展示了这一先进技术的应用前景。先进技术得以迅速商业化，并加速了半导体产品向非军用品市场的渗透，进一步刺激了半导体产业及其下游行业的创新，巩固了美国高科技产业的技术领先优势。2019年，美国联邦政府对核心技术和相关领域的投资共50亿美元，而投入半导体领域的私人投资则高达近400亿美元，私营部门研发投入的增长速度也在近些年超过联邦政府，成为美国半导体领域研发资金的主要来源。美国政府与私人投资的双管齐下，形成了以投资带动创新、以创新开拓市场、以利润吸引投资的循环机制，实现了美国半导体产业的自我"造血"能力。

值得一提的是，由美国政府推动建立的半导体行业技术联盟，为20世纪末美国半导体产业的振兴奠定了坚实基础。1982年，美国政府为提高本土半导体产业的竞争力，在国防部的组织下成立了"半导体行业技术联盟"，专注先进半导体设备制造与材料研发，将开发出的设备和技术向成员企业推广。作为美国产业政策的新起点，半导体行业技术联盟得到了联邦政府和国会的共同支持。②1987年，总统预算拨款

---

① 四家研究所分别是：西部纳米电子学研究所（WIN），由加州大学洛杉矶分校领导，包括加州大学伯克利分校、加州大学圣塔芭芭拉分校和加州大学尔湾分校，专注于纳米磁性电路、自旋波设备和自旋扭矩逻辑等技术；位于纽约奥尔巴尼大学的纳米电子研究所（INDEX）与麻省理工学院（MIT）、普渡大学和哈佛大学等学校合作，研究主题广泛，例如新的纳米材料和原子级制造技术；中西部纳米电子研究所（MIND）专注于节能设备和系统；由得克萨斯大学奥斯汀分校领导的西南纳米电子学院（SWAN）专注于双层伪自旋场效应晶体管技术的开发。

② William R. Nester, *American Industrial Policy: Free or Managed Markets?* (Springer, 2016).

5亿美元资助半导体行业技术联盟；在国防部和行业代表的游说下，众议院能源与商业委员会随后修改了《综合贸易法》，授权联邦政府每年提供1亿美元的政府资金。半导体行业技术联盟的重要作用还在于对美国半导体产业的合作竞争机制作出适时调整。随着行业内横向技术竞争加剧，1990年，半导体行业技术联盟在成员内部实行"预竞性"（precompetitive）[①]知识合作机制，行业内恶性横向竞争减小，促进了半导体设备供应商和半导体厂商的纵向合作。半导体行业技术联盟通过公共政策部门与研发部门的合作，舒缓了美国半导体产业链上下游企业的合作困境，巩固了美国在半导体领域的全球领导地位。

1999—2019年，美国半导体行业研发投入基本保持每年6.6%的增速，2019年达到398亿美元，占行业销售额比重高达16.4%，居全球首位。[②] 美国半导体企业在研发、设计和生产工艺技术等方面处于全球领先地位。美国半导体产业在政府的扶持下长足发展，形成了以技术创新为中心的良性循环：巨大的全球销售额为半导体产品研发提供持续不断的资金支持，产品的革新换代又进一步提高了全球销量。只要美国半导体产业保持全球市场份额的领先地位，就可以从技术创新的良性循环中持续获利。

（三）政府出面抵御外部竞争

20世纪80年代，日本半导体产业在全球市场的成功对美国半导体产业产生了重大的冲击。在美国半导体产业面对来自日本的竞争压力时，美国联邦政府、国会和产业界一致对日本半导体产业进行全面遏制，相互配合打击竞争者，引发了美日半导体争端。

在争端中，美国政府与国会展开合作，共同压制日本半导体产业。

[①] 大型企业之间在早期以产产、产研、产学合作模式进行技术研发，而在研发的后期阶段各自进行专利保护，从而扩大产出规模并加速早期研发进度。

[②] "2020 State of the U.S. Semiconductor Industry," Semiconductor Industry Association, June, 2020, accessed November 12, 2020, https://www.semiconductors.org/wp-content/uploads/2020/06/2020-SIA-State-of-the-Industry-Report.pdf.

美国行政当局、国会和商界合力推动了美日争端的成功解决，这一过程显示出政府内跨部门合作机制的重要作用。① 在1985年美国当局着手"301调查"和反倾销调查之前，美国国会就已为支持美国半导体企业举行了听证会，参议院银行业国际金融和货币政策小组委员会在听证会上达成共识，即美国制造商面临着来自日本的不公平甚至非法的竞争，且美国必须在短时间内采取有效行动加以应对。② 鉴于半导体产品在国防领域中的重要地位，日本半导体的崛起也引起了美国国防部对美国诸多国防领域依赖日本供应商的担忧。为向日本施压，继"美国半导体协会"（SIA）提出"301调查"指控和镁光科技公司提出反倾销指控后，1985年10月，美国商务部史无前例地发起了又一项意味深长的反倾销调查。该调查名义上针对日本256K 动态随机存取存储器（DRAM）芯片，但这一调查可能导致对日本未来几代芯片征收关税。③ 为了更好地达到施压效果，商务部故意加快对该案中倾销行为初步裁定的进度，以便与其他调查统一步调。虽然由商务部长发起的这项调查实属越权，但商务部长强烈维护其将未来几代芯片纳入调查的合法权力，白宫表示理解并支持。

日本在1986年《美日半导体协议》中承诺向美国企业打开市场，使美国产品市场份额提到20%；并且双方同时采取措施，防止日本向美国或第三国市场倾销产品。此外，美国政府和参议院监督日本对此

---

① William J. Long, "The US Japan Semiconductor Dispute: Implications for US Trade Policy," *Maryland Journal of International Law* 13 (1988): 1.

② United States Congress Senate, "Semiconductor Trade and Japanese Targeting," Hearing before the Senate Subcommittee on International Finance and Monetary Policy of the Committee on Banking, Housing, and Urban Affairs 99th Congress, ist Sess. 99-309, July 30, 1985, accessed August 15, 2020, https://books.google.com.hk/books?id=rcszAAAAIAAJ&pg=PP3&hl=zh-CN&source=gbs_selected_pages&cad=2#v=onepage&q&f=false.

③ William J. Long, "The US Japan Semiconductor Dispute: Implications for US Trade Policy," *Maryland Journal of International Law* 13 (1988): 1.

协议的遵守情况，并保留对日本违约的惩罚权。① 协议签署后，美国贸易代表办公室（USTR）和美国半导体产业协会于10月指责日本继续在第三国倾销产品，并未履约；次年3月，里根总统决定对日本产品征收3亿美元的报复性关税。迫于压力，日本"自愿"提高美国产品的市场份额，并降低了在第三国市场销售的公允价值，11月制裁得以彻底解除。1991年，美日续签第二阶段《半导体贸易协定》，并结束了美国商务部针对动态随机存取存储器（DRAM）的反倾销案。根据协议，美日双方共同成立了快速追踪反倾销的机制，要求日本企业继续向美国商务部提交与反倾销调查相关的数据。

美国对日本的遏制政策体现了其以全球战略目标为导向的特征。美日半导体争端的起因在于日本半导体产业在20世纪80年代发展强劲，严重侵蚀了美国半导体产业的全球市场份额。因此，在美国政府主导的美日半导体协议中，美国不但提出大幅提高日本市场对美国产品开放程度的要求，还干预日本半导体产业在世界市场的经营，以此维护美国半导体产品的全球市场份额。此外，美国将保护范围从日本在美国的"倾销"产品拓展至尚未进入美国市场的未来几代产品，反映出美国政府的野心不仅在于促进国内产业结构调整，更是要彻底消除日本半导体产业对美国的威胁。

由此可见，在国家经济安全战略的逻辑指引下，美国政府在未来也必将竭力提高、捍卫半导体产业的全球市场竞争力，确保美国半导体产业的经济规模优势。1986年，美日《半导体贸易协定》反映出美国政府已超越单纯出于保护国内工业发展和自由市场的目的，而将目光聚焦在组织和调整全球经济和半导体产业的主导地位。美国自诩为自由贸易拥护者，通过双边贸易谈判、区域贸易机制和多边贸易体系等平台拓展海外市场，实现对美国安全观的输出和国家利益的全球扩

---

① "International Trade Reporter," Washington, D.C.: Bureau of National Affairs, 1986: 994.

张，维护美国企业在国际市场的份额和竞争力。一方面，美国利用不断拓展的海外市场为美国半导体产业获取巨额利润。如美国半导体协会主席约翰·诺弗（John Neuffer）所指出的，美国半导体产业受益于开放的全球市场。[①] 1987年，美国《国防科学报告》指出，美国在半导体市场份额的下降属于国家安全问题的范畴。[②] 另一方面，当美国半导体企业在国际市场的竞争力受到威胁时，美国政府便立即出面保护，并通过经济、外交等综合手段竭力削弱和打压国际竞争者的市场竞争力。从美国行政当局联合国会、业界打压日本半导体产业的历史经验中可以看到，美国对关键产业和技术的干预和控制具有极强的国家战略意图。

（四）政府调配全球半导体产业链

一般认为，半导体产业价值链的国际化分工始于1961年美国仙童半导体公司（Fairchild Semiconductor Corp.）为应对激烈的市场与技术竞争而将芯片装配业务转移到中国香港地区。这种转移通常通过低成本、低税收、优质技术人员、先进基础设施等优势提高美国半导体公司的国际竞争力。[③] 为保护半导体供应链安全和技术领先优势，美国政府将优质的国际半导体企业嵌入美国半导体产业链，力图使全球半导体前沿技术和工艺持续地为美国企业所用，关键技术和环节在美国境内生产，外国半导体企业的经营活动受美国政府掌控。

在美日半导体争端期间，美国除了采取直接打击日本的手段，还培育和拉拢受其信任的外国企业加入美日半导体争端，共同对抗日本。由于美国多数半导体企业退出了256K DRAM存储芯片市场转而投入下

[①] Dean Takahashi, "Chip Trade Group Pledges to Work with Donald Trump and Fight for Open Markets," Venture Beat, November 10, 2016, accessed December 7, 2020, https://venturebeat.com/2016/11/10/chip-trade-group-pledges-to-work-with-donald-trump-and-fight-for-open-markets/.

[②] "Report on Semiconductor Dependency," Department of Defense, 2020.

[③] Craig Addison, "SEMI Oral History Interview," accessed December 7, 2020, Semiconductor Equipment and Materials International, http://www.semi.org/en/ About/P036368.

一代技术的研发中,《美日半导体协议》签署后,日本虽然受到冲击,但仍然在全球存储芯片市场占据一定优势。为了彻底遏制日本半导体产业的竞争力,美国扶持韩国三星公司(Samsung Electronics Corp.)成为DRAM市场的领军企业。乘着微处理器的时代快车,三星的存储器方案在获得美国半导体标准化委员会的认可后,顺利在个人电脑开始普及的时代超越日本,替代其在全球产业链的位置,成为全球半导体市场的佼佼者。美国凭借重组、调配全球半导体产业链的强大能力,联手韩国,将日本半导体产业排除在全球供应链外,极大地抑制了日本半导体产业的国际竞争力。

在美日高新技术领域的焦灼竞争以美国完胜而告终后,美国政府对全球先进的半导体企业展开进一步的拉拢与合作。在全球半导体产业链条中,美国政府在半导体产业规划布局中与拥有先进的极紫外(EUV)光刻技术的荷兰光刻机制造商阿斯麦公司(ASM Lithography, ASML)保持着密切联系。2017年,阿斯麦公司占据全球光刻机市场份额的68%,也是唯一能够设计和制造极紫外光刻机设备的厂商,垄断了整个高端市场。早在1997年,美国能源部与极紫外光刻机的晶圆制造行业技术联盟[1]达成合作协议,共同开发极紫外光刻技术。1999年,美国能源部破例宣布接受阿斯麦公司加入该联盟并参与开发极紫外光刻技术计划。美国政府接纳这家荷兰企业的前提条件是,在极紫外光刻技术成功开发后,阿斯麦公司将在美国建立工厂和研发中心,且在美国销售的全部产品都由阿斯麦公司的美国工厂生产。[2]阿斯麦公司同时许诺,在美国销售的商用EUV系统所使用的器件55%将采购自美国供应商;并且接受美国供应商的定期审查。美国前能源部副部长欧内

---

[1] 该联盟的最初成员包括美国最主要的三家半导体公司——英特尔、摩托罗拉、超微半导体公司(AMD),以及三个国家实验室,并仅对支付500万美元以上的美国企业开放。

[2] David Lammers, "U.S. Gives OK to ASML on EUV Effort," February 24, 1999, accessed December 12, 2020, https://www.eetimes.com/u-s-gives-ok-to-asml-on-euv-effort/.

斯特·莫尼兹指出,"在先进的光刻工具供应商之间开展竞争前的合作开发"将有利于促进光刻技术的提高,并确保该技术得到广泛的国际认可。① 美国政府在推进光刻技术领域对阿斯麦公司的接纳,既为美国EUV器件供应商开拓了市场资源,也为极紫外光刻技术标准的广泛采用提前做好了准备。虽然美国半导体产业对阿斯麦公司依赖程度较高,但美国政府依然保有对阿斯麦公司业务一定程度的控制权。2020年1月,为实现对中国半导体产业的全面遏制,特朗普政府施压并阻挠阿斯麦公司向其中国客户中芯国际集成电路制造有限公司交付最先进的能够实现7nm以下半导体制程的极紫外光刻机。迫于美国政府的压力,荷兰政府没有续签阿斯麦公司对中国企业的出口许可证,阿斯麦公司也于2020年4月宣布延迟交货。

尽管美国部署的"可信赖代工网络"是美国半导体产业供应链的基础,但亚洲的芯片制造能力快速提升。半导体制造已成为美国半导体产业的薄弱环节,美国半导体协会认为,对东亚半导体制造国家的依赖严重威胁到美国国家安全。② 从奥巴马政府提出"制造业复兴"直至特朗普总统上台,美国政府始终试图对全球半导体供应链进行重新规划和整合,以实现美国本土半导体制造能力的振兴。2018年10月,美国国家科学技术委员会发布了《美国先进制造领导地位战略》(*Strategy for American Leadership in Advanced Manufacturing*),着重强调了包括新型制造方式和创新驱动下的新产品生产在内的先进制造对于美国国家安全、经济繁荣、技术创新的重要保障作用,并将扩大国

---

① Executive Office of the President, "Report to the President on Capturing Domestic Copetitive Advantage in Advanced Manufacturing," July, 2012, accessed February 1, 2023, https://obamawhitehouse.archives.gov/sites/default/files/microsites/ostp/pcast_amp_steering_committee_report_final_july_27_2012.pdf.

② Antonio Varas, Raj Varadarajan, Jimmy Goodrich, and Falan Yihug, "Government Incentives and US Competitiveness in Semiconductor Manufacturing," September 16, 2020, accessed December 12, 2020, https://www.semiconductors.org/wp-content/uploads/2020/09/Government-Incentives-and-US-Competitiveness-in-Semiconductor-Manufacturing-Sep-2020.pdf.

内制造业供应链作为这一战略的主要目标之一。2020年6月，美国民主党参议员马克·华纳（Mark R. Warner）和共和党参议员约翰·科尼恩（John Cornyn）提出《为芯片生产创造有益的激励措施法案》，通过联邦政府为美国芯片制造商提供超过228亿美元的援助，①刺激先进尖端芯片技术研发，使半导体制造重回美国，降低美国对外国芯片制造的依赖。2020年7月，两党议员共同提出《2020美国晶圆代工法案》，旨在加强美国国内芯片制造能力。两项法案被视为在与中国的战略竞争中能够促进美国半导体制造和就业、防止中国主导全球半导体市场的有益措施。②拜登政府还推出《促进美国制半导体法案》为半导体投资提供税收抵免，重塑本土芯片制造，强化最关键的产业。美国国会两院着力推动的"2022年美国竞争法"，就包括创立美国芯片基金、拨款520亿美元鼓励美国私营部门投资于半导体生产等多项内容。

受新冠肺炎疫情和各行业需求快速增长的影响，全球芯片供需失衡，美国为增强半导体产业链安全，与欧盟展开半导体供应链合作。2021年6月双方成立美国—欧盟贸易和技术委员会，进而于2022年5月宣布了一项"旨在确保供应安全和避免补贴竞赛的跨大西洋半导体投资方法"的计划，共同识别半导体供应链中的漏洞并建立监测和预警系统，预计将在很大程度上解决美国目前供应链中的脆弱性问题。2022年，美国芯片制造商英特尔的一项对欧盟半导体产业链投资的计划得到美国和欧盟的大力支持，该计划将在未来十年内在欧盟整个半导体价值链上投资约800亿欧元，涵盖从研究与开发到制造的各个环节，并全面引入最先进的封装技术。

---

① "U.S. Lawmakers Propose $22.8 Billion in Aid to Semiconductor Industry," CNBC, June 10, 2020, accessed December 13, 2020, https://www.cnbc.com/2020/06/11/us-lawmakers-propose-22point8-billion-in-aid-to-semiconductor-industry.html.
② Scott Lincicome, "Does the U.S. Semiconductor Industry Really Need Urgent Taxpayer Support to Stop China?" CATO Institute, July 23, 2020, accessed December 13, 2020, https://www.cato.org/blog/does-us-semiconductor-industry-need-urgent-federal-support-stop-china.

第五节　小　结

美国国家安全观反映了其意识形态中根深蒂固的单极思维模式。因此，美国所维护的国家安全事实上是一种单边性质的国家安全；美国国家经济安全战略服务于美国的全球霸权，以实现在全球范围内调配资源、获取超额利润这一目的。维护美国国家安全、保持美国科技的全球领先地位是美国对华实施科技竞争战略的主要原因。本章首先从意识形态的角度分析了美国国家安全观形成的背景，剖析了植根于"美国例外论"这一独特意识形态理念有关国家安全的思想渊源。冷战后美国国家安全战略发生根本性转变，经济安全成为美国国家安全的核心。美国国家安全战略的演变遵循两个基本逻辑：维护美国在经济全球化中的主导地位，以及经济安全战略根据国际安全环境变化而调整。美国维护自身经济安全有两个重要的原则：确保美国经济规模的绝对优势以及确保政府对战略性产业的干预。科技领先优势是美国在引领经济全球化的进程中，基于全球价值链分工体系而对其他国家施加影响的有力支撑，对维护美国经济安全至关重要。美国通过全球价值链分工体系，使发展中国家对其产生"技术—市场"依附，美国的专利垄断也使其从技术扩散中不断获利。另外，新兴技术也是推动数字经济发展的基础。因此，美国历届政府极为重视其科技领先优势，对其技术创新体系进行战略部署和详细规划，并对高技术产业进行干预和扶持，以确保美国不断巩固其在技术创新领域的领先优势。

第 四 章
美国对华"全政府"科技竞争战略的形成

中美经济关系的发展变化与冷战后美国经济安全战略的调整密切相关。美国始终坚持维护自身在全球经济中的主导地位,其对华政策的逻辑也深深根植于这种单极思维之中。在美国国家安全战略的指导下,美国为推行自由贸易拓展国际市场,支持中国等国家融入全球经济体系。然而,随着中国综合国力的迅速崛起,美国对其国际安全环境的判断发生了变化,逐渐将中国视为竞争对手,由此推动美国对华战略从"接触"最终转向"战略竞争"。美国政府对华政策的转变,使中美经济合作领域变得极为狭窄,合作的一面在下降,竞争的一面在急剧上升。无论20世纪90年代中国快速发展时期,还是当前中美经济关系的紧张状态,在某种程度上都是美国国家经济安全战略适时调整的结果。显然,在美国深化对华科技竞争、加速对华科技"脱钩"的背景下,深入考察美国对华科技竞争战略的形成过程与表现方式,是评估中国数字经济创新遭受冲击程度的重要前提。

第一节 冷战后中美经济关系的演变历程与发展趋势

随着中国综合国力的不断提升,中美经济关系已成为世界经济格局最重要的关系之一。冷战结束后,中美经济关系在合作与竞争、依赖与摩擦中不断深化发展。然而，在特朗普政府执政时期，中美关系发生质变，美国将中国视为战略竞争对手，中美经济关系呈现"脱钩"态势。

一、冷战后中美经济关系发展概况

（一）中美经济合作的一面

冷战结束后，中美经济关系总体表现为合作与冲突并存的状态。克林顿上台后，基于"参与和扩展"战略提出对华全面"接触"战略。一方面，通过提高美国经济实力维护自身经济安全；另一方面，通过向海外推广美国式民主价值观建立美国主导的国际秩序和经济体系。20世纪90年代的中国正处于推进市场经济改革和加速对外开放的阶段，与美国拓展海外市场的经济目标相契合。因此，克林顿政府在中国加入国际贸易体系、融入经济全球化进程方面表现出比较积极的态度。经过中美双方的多轮谈判和协商，在20世纪90年代末，美国就中国享受最惠国待遇问题与中国加入世贸组织的谈判达成协议，最终中国取得与美国的"正常贸易关系"并成功加入世贸组织，两国双边贸易规模开始迅速增长（如表4-1所示）。

表4-1 1992—2019年中美双边贸易额的增长

（单位：亿美元）

年份	贸易总额	同比增长	美国出口	美国进口
1992	349.20	—	74.70	274.50
1993	424.40	21.54%	87.67	336.73
1994	506.32	19.30%	92.87	413.46
1995	602.54	19.00%	117.48	485.06
1996	663.74	10.16%	119.78	543.96
1997	786.16	18.44%	128.05	658.12
1998	893.53	13.66%	142.58	750.95
1999	1008.93	12.91%	131.18	877.75

续表

年份	贸易总额	同比增长	美国出口	美国进口
2000	1161.98	15.17%	161.85	1000.13
2001	1214.49	4.52%	191.82	1022.67
2002	1556.38	28.15%	221.28	1335.10
2003	1916.82	23.16%	283.68	1633.14
2004	2449.28	27.78%	344.28	2105.00
2005	3010.27	22.90%	411.91	2598.36
2006	3610.03	19.92%	552.24	3057.79
2007	4053.45	12.28%	652.38	3401.07
2008	4277.61	5.53%	714.56	3563.05
2009	3791.06	−11.37%	695.76	3095.30
2010	4748.76	25.26%	919.11	3829.65
2011	5214.62	9.81%	1041.21	4173.40
2012	5549.03	6.41%	1105.17	4443.86
2013	5808.29	4.67%	1217.21	4591.08
2014	6099.72	5.02%	1236.76	4862.96
2015	6201.00	1.66%	1160.72	5040.28
2016	5969.05	−3.74%	1155.95	4813.10
2017	6555.62	9.83%	1297.98	5257.65
2018	6833.51	4.24%	1201.48	5632.03
2019	5790.92	−15.26%	1066.27	4724.65

资料来源：根据联合国统计司数据库（UNCOMTRADE）数据整理。

在中国加入世贸组织后，中美贸易关系的深度与广度都不断拓展。特别是2001年至2010年，双方贸易迅速发展，总额由2001年的1214.49亿美元增至2010年的4748.76亿美元，增加了约291%，年均增速为29%。中美经济关系在2006年之后进入战略对话时期。在经历频繁的贸易摩擦后，开启了将中美经济关系提升到战略层面的新阶段。2008年国际金融危机后，中美双边贸易从快速增长转为稳步发展阶段，双边贸易增长逐步放缓，2011年至2018年的年均增速约为4.44%。

2004年，美国超越日本成为中国最大的贸易伙伴国。此后美国一直是中国的第一大贸易伙伴国，中美贸易的相互依赖关系越发显著。[①] 如图4-1和图4-2所示，入世后中国对美国出口额占GDP的比重有显著提高，在2006年达到7.41%；中国对美出口额占总出口的比重较为稳定地保持在15%—20%这一区间。2018年，中国对美出口额占出口总额的19.23%，2018年中国从美国进口额占进口总额的5.96%，美国是中国第四大进口来源地。2001年后，美国从中国进口占总进口和GDP比重大幅度提高，在2018年分别达到21.57%和2.74%，中国长期保持美国第一大进口来源国的地位。2017年前，美国对中国出口占总出口和GDP的比重也逐渐提高。这些数据都表明，中美两国在贸易领域的相互依赖程度不断加深。

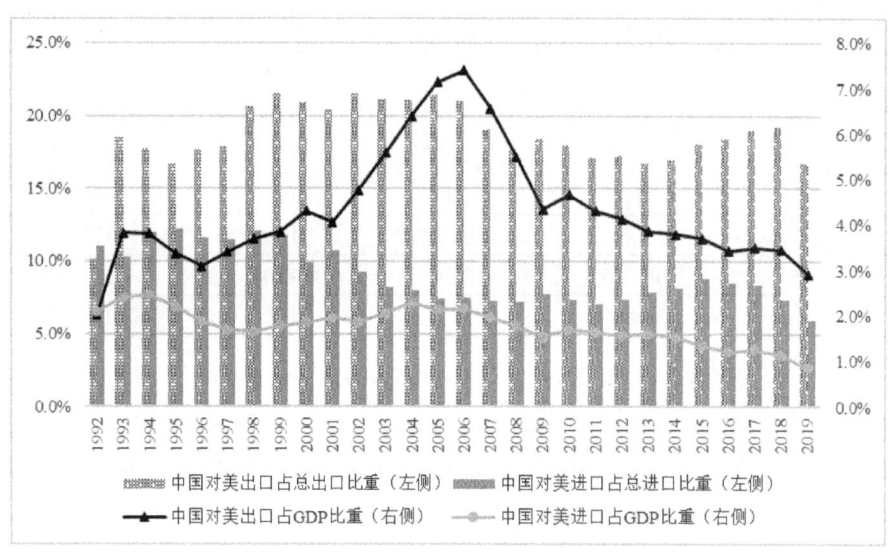

图4-1　1992—2019年中美贸易依存度的变化情况

资料来源：根据世界银行数据库（DATABANK）数据整理计算得出。

[①] 王冠楠：《中美经济相互依赖及其非对称性研究》，2016年吉林大学博士论文。

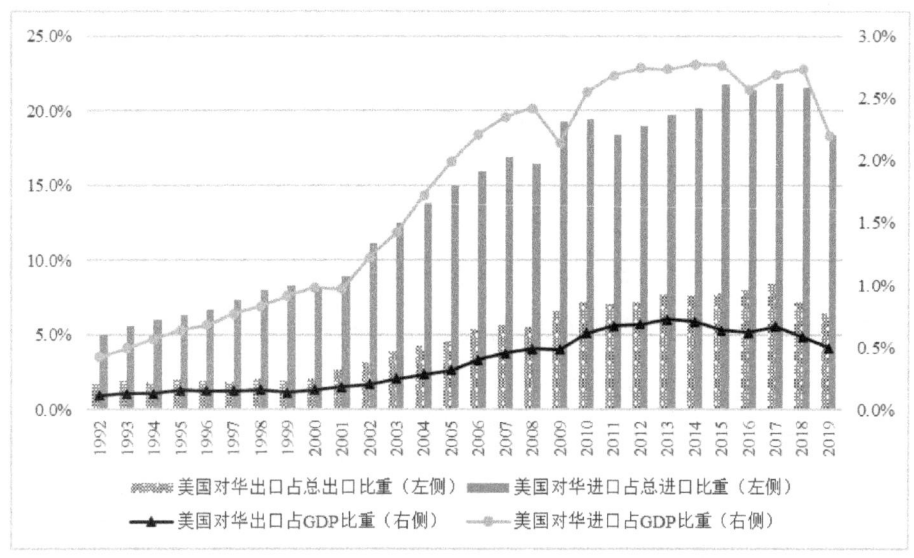

图4-2 1992—2019年中美贸易依存度的变化情况（续）

资料来源：根据世界银行数据库（DATABANK）数据整理计算得出。

由于中美两国在经济发展水平和阶段存在差异，中美贸易的相互依赖具有明显的非对称性。中国对美出口占总出口比重基本保持在16%以上，对GDP贡献率在3%以上，而美国对中国出口占总出口比重保持在8%以下，对GDP贡献率更是仅为0.8%以下。由此可见，中国对美国市场的出口依赖远大于美国对中国的出口依赖。由于美国经济规模的绝对优势，美国从中国进口额占GDP的比重在最高的2015年也仅为2.77%。美国对中国的贸易在其国民经济发展中的重要性相对较低，中美贸易关系是一种非对称的相互依赖关系。从产品结构上看，由于中美两国在全球产业链的分工不同，中国对美出口产品主要为劳动密集型产品，其"不可替代性"较低。而美国对华出口（除农产品之外）则主要集中于资本密集型和技术密集型产品，其需求价格弹性往往低于劳动密集型产品，使中国对美国商品的依赖高于美国对中国商品的依赖。

然而值得注意的是，这种不对称性在逐渐降低。2000年至2007年，中国对美国出口占总出口的比重大多在20%以上，远高于同期美国从中国进口占其总进口的比重，说明2007年前中国对美国的出口依赖大于美国对中国的进口依赖。在2008年后，中国对美国出口比重下降到17%左右，而美国从中国进口比重则超过18%。2015年后，中国从美国进口比重逐渐下降至2019年的5.96%，而美国对华出口比重则在2017年上升至8.4%，说明中国对美国的进口依赖虽然长期大于美国对华出口依赖，但依赖程度的非对称性正逐渐弱化。

美国为打开中国市场而实行对华"全面接触"战略，以期通过接触战略在中国实现"经济发展、经济改革必然导致民主自由"这一新自由主义的"华盛顿共识"。[①] 为了确保中国沿着美国预设的路径发展，美国历届政府从未放弃对中国的防范。从小布什政府到奥巴马政府，美国逐渐明确了"接触"与"防范"（亦称"两边下注"）的对华战略，而竞争始终是美国对华战略的重要组成部分。[②] 然而，从小布什政府的两届任期到奥巴马政府的首个任期，美国国家安全战略的重心放在了打击恐怖主义方面，因此对华战略总体上延续了"接触"为主、"防范"为辅的基调。[③] 美国对华贸易政策在这一时期的主旨是引导中国融入以规则为基础的世界贸易体系，确保中国履行入世承诺和义务。[④] 中国经济正是在这段时间内，在推进经济体制改革、提高对外开放水平等多管齐下的政策引导下实现了跨越式发展，2010年超越日本成为仅次于

[①] 楚树龙、陆军：《美国对华战略及中美关系进入新时期》，《现代国际关系》，2019年第3期，第20—28页。

[②] 吴心伯：《论中美战略竞争》，《世界经济与政治》2020年第5期，第96—130页。

[③] 达巍：《美国对华战略逻辑的演进与"特朗普冲击"》，《世界经济与政治》2017年第5期，第21—37页。

[④] 在小布什政府发布的《总统经济报告》和美国贸易代表评估报告中，在认定中国不断增长的巨大市场对美国商品和服务具有重要价值的同时，相继指出中国对知识产权保护存在的缺陷，并督促中国在经济制度、汇率制度方面进行市场化改革，承担加入世贸组织后的更大的责任。

美国的全球第二大经济体。

（二）中美经济关系冲突的一面

在中国加入世贸组织后，中美贸易摩擦和纠纷不断涌现。美国对华施加关税壁垒、进口限制、技术性贸易壁垒和绿色贸易壁垒，对中国产品展开反倾销、反补贴调查等贸易救济措施。表4-2是2006年至2015年美国对华发起的贸易壁垒事件统计。美国对华发起的贸易壁垒事件由2006年的61件增至2015年的388件，占中国出口贸易壁垒总数的23.6%，仅次于欧盟的对华贸易壁垒数量。机电、矿产化工和金属陶瓷玻璃制品是美国发起贸易壁垒最集中的产业。其中，2006年至2015年，机电产品的贸易壁垒为874件，占美国发起总数的30%，是中国遭遇美国最多贸易壁垒的出口产品。

表4-2　2006—2015年美国对华贸易壁垒事件数量

年份	美国对华贸易壁垒（件）		产品层面贸易壁垒（件）		
		占比（%）	机电产品	矿产化工	金属陶瓷玻璃制品
2006	61	16.7	18	14	12
2007	99	22.7	30	20	15
2008	256	34.0	75	21	45
2009	320	36.8	95	21	41
2010	370	39.1	88	26	42
2011	224	29.4	100	16	28
2012	391	28.5	161	36	68
2013	391	28.3	157	37	74
2014	405	29.1	79	115	89
2015	388	23.6	71	103	104

资料来源：王亚星：《中国出口贸易壁垒检测与分析报告（2007—2016）》，中国经济出版社，2016。

在中国成为全球第二大经济体的同时，美国战略界掀起了反思美国对华战略的思潮，对华强硬逐渐开始取代以"接触"为主的战略基调。随着亚洲的重要性不断增加，美国逐渐将更多注意力转向中国在亚洲的势力崛起。① 奥巴马政府制定"重返亚太"以及后来的"亚太再平衡"战略，目的就是防止中国将美国在亚太的势力取而代之。② 奥巴马政府在继续与中国进行经济对话的同时，利用国际贸易规则对中国进行压制。美国支持国际贸易机制改革的主要目的之一是将中国等新兴大国纳入美国主导的国际体系，进而通过国际机制来制约中国对美国地位的挑战。这种对华经济政策在维持对华竞争与合作、接触与威慑并存的状态，被学界描述为两面下注的"对冲战略"。③ 随着美国战略界对中国的消极认知逐渐加剧，美国将对华态度上升到"战略竞争"的高度。④ 直到2017年特朗普政府上台后坚定地奉行"美国优先"理念，美国完成了对华战略的转变。特朗普政府将中国和俄罗斯等定义为"修正主义国家"⑤和"战略竞争对手"，自克林顿政府时期逐步形成的对华"接触"与"防范"并行的战略被"全政府"竞争战略所取代。

在中美双边贸易规模迅速扩大和贸易依存度不断提高的同时，中美双边贸易关系失衡问题成为两国经济关系的重要特征（参见图4-3）。加入世贸组织后，中国对美出口规模急剧扩张，2001年至2010年出口规模增幅约为274.5%。在中美贸易相互依赖程度提高的同时，美国对

---

① Joseph S. Nye Jr, "Smart Power and the 'War on Terror'," *Asia Pacific Review* 15, no.1 (2008): 1-8.

② Michael D. Swaine, "The Real Challenge in the Pacific," *Foreign Affairs* 94 (2015): 145.

③ 美国兰德公司政治学家伊万·梅迪尔罗斯（Evan S. Medeiros）最早对"对冲战略"进行了定义和概括："美国选择的应对办法是在安全问题上采取两面下注的对冲战略，对中国在亚洲的崛起采取既合作又竞争的政策，从而导致一种所谓的地缘政治保险战略。"欧耶斯坦·图恩索（Oystein Tunsjo）教授在此基础上进一步指出，为了规避不确定性和风险，国家会通过多种途径在"长板"(longs)和"短板"(shorts)上两面下注，趋利避害，从而谨慎地向竞争对手发出多重信号，以达到混淆视听、降低风险和自我保护的目的。转引自：蒋芳菲：《从奥巴马到特朗普：美国对华"对冲战略"的演变》，《美国研究》2018年第4期，第75—96页。

④ Aaron L. Friedberg, "Competing with China," *Survival* 60, no.3 (2018): 7-64.

⑤ 美国将中国定义为"修正主义国家"，将中国提升经济实力和国际影响力的努力视为试图破坏既定秩序，以增强其在该系统中的权力和威望。Nicholas Taylor, "China as a Status quo or Revisionist Power? Implications for Australia," *Security Challenges* 3, no.1 (2007): 29-45.

华贸易逆差急剧扩大。特别是2001年至2008年，美国对华贸易逆差增长了243.2%，年均增长34.7%。此后逆差进一步扩大，在2018年达到4430.55亿美元。

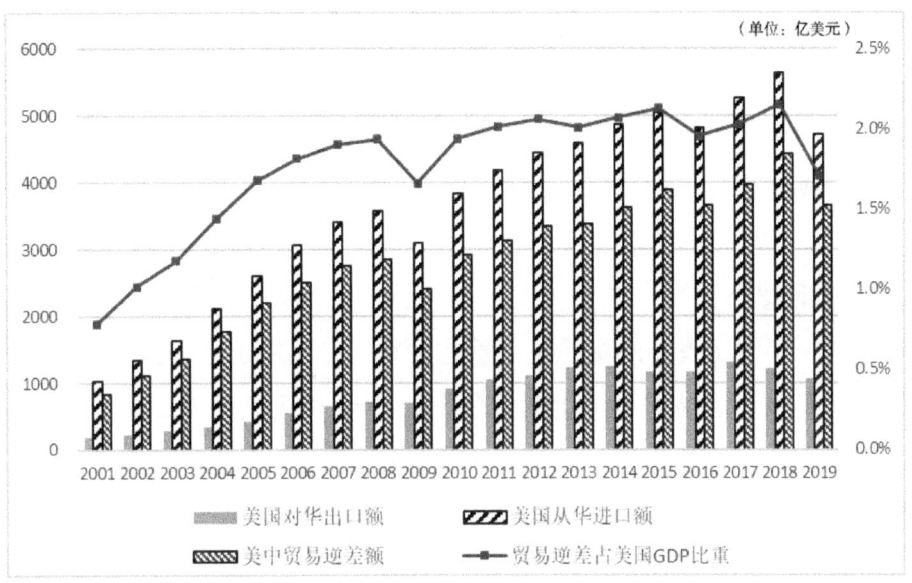

图4-3　2001—2019年美国对华贸易逆差

资料来源：作者根据联合国统计司数据库（UNCOMTRADE）数据整理，UNCOMTRADE, accessed November 30, 2020, https://comtrade.un.org/data/.

特朗普执政后，美国政府将贸易与国家安全更为紧密地联系在一起。前白宫国家贸易委员会主任彼得·纳瓦罗（Peter Navarro）于2017年3月上旬发表演讲，高调暗示美国贸易逆差对美国国家安全构成威胁。[①] 特朗普政府以扭转中美贸易失衡为由，自2017年上任以来，先后在贸易、科技、金融、教育以及人文交流等各个领域，采取了全面的对华竞争措施。尤其是美国主动发起对华"贸易战"，并不断进行极限施压、升级态势。2018年7月开始一系列加征关税行动，范围涵盖

---

① "National Association for Business Economics Conference, Peter Navarro Remarks," CSPAN, March 6, 2017, accessed December 1, 2020, https://www.c-span.org/video/?424924-3/peter-navarro-outlines-trump-administrations-trade-policy-economic-policy-conference&event=424924&playEvent.

3600亿美元的商品，占美国从中国进口商品的近三分之二。特朗普政府认为：对华加征关税将有效抑制中国对美出口，降低美国不断增长的对华贸易逆差和总体贸易逆差；对华加征关税的成本将由中国出口商而非美国进口商承担，因此不会损害美国消费者及相关产业利益。

在特朗普政府的主导下，战略竞争成为美国对华政策的主基调，[①]中美"脱钩""竞争性共存""新冷战"等称谓被广泛用于美国政府官员对华战略的表述中，[②]"脱钩"因此入选英国《金融时报》2019年年度词汇。[③]正如彼得森国际经济研究所的研究员查德·鲍文（Chad P. Bown）和道格拉斯·艾文（Douglas A. Irwin）所指出的，特朗普政府发动对华"贸易战"的本质是"蓄意脱钩"，美国对华施压的最终目的是实现美中经济某种程度上的"脱钩"。[④]卡托研究所的西蒙·莱斯特（Simon Lester）也认为，目前在众多界定美国对华战略的术语中，"蓄意脱钩"比较客观地反映了特朗普政府的战略意图以及美中经济关系的发展趋势。[⑤]

然而，特朗普政府对华"脱钩"战略的举措及其效果可以证明，以"贸易战"纠正中美贸易失衡的效果不佳。一方面，正如2001年诺贝尔经济学奖得主约瑟夫·斯蒂格利茨（Joseph Stiglitz）所指出的，特朗普政府发动的对华"贸易战"并未减少美国的贸易逆差[⑥]。2018年

[①] 王达：《全球公共卫生危机背景下美国对华战略走势》，《现代国际关系》2020年第7期，第8—16页。

[②] 包括总统特朗普、副总统彭斯、国家安全顾问奥布莱恩在内的多名政府高级官员的对华战略讲话，参见：https://www.whitehouse.gov/wp-content/uploads/2020/11/Trump-on-China-Putting-America-First.pdf。

[③] Rana Foroohar, "Year in a Word: decoupling," Financial Times, December 21, 2019, accessed January 30, 2020, https://www.ft.com/content/42aa2664-1c12-11ea-9186-7348c2f183af.

[④] Chad P. Bown and Douglas A. Irwin, "Trump's Assault on the Global Trading System: And Why Decoupling from China Will Change Everything," Foreign Affairs 98 (2019): 125.

[⑤] Lester Simon, "Talking Ourselves into a Cold War with China," The National Interest, January 6, 2019, accessed January 30, 2020, https://nationalinterest.org/feature/talking-ourselves-cold-war-china-40612.

[⑥] 约瑟夫·E.斯蒂格利茨：《全球化逆潮》，李杨等译，机械工业出版社，2019年。

美国对华贸易逆差和对外贸易逆差总额均比2016年高出四分之一，也创下了美国商品逆差的新纪录。受加征关税的影响，2019年中美贸易在中国和美国贸易总额的比重分别下降至12%和13%，中美进出口总额较2018年降低约15%，逆差收窄770亿美元；但是2019年美国对外贸易逆差总额仅比2018年收窄230亿美元。此外，特朗普声称要将制造业就业岗位带回美国，但制造业就业岗位的增幅不仅低于2008年国际金融危机后经济复苏开始时的水平，而且依然明显低于危机前的水平。①

美国对华贸易逆差降低幅度有限且未能有效降低其总逆差至少有两方面原因。一方面，首先，美国从中国进口的产品缺乏替代弹性，因此美国消费者只能承担由关税提高而带来的价格上涨；其次，由于自身产业结构的问题，美国仍需从其他国家进口不再从中国进口的产品；最后，以美国为主要出口目的地的跨国企业并未大规模转移其在中国的产业链。另一方面，对华加征关税伤害了美国消费者和进口商的利益。美国国民经济研究局（NBER）的研究表明，中国出口商并未因为美国提高关税税率而大幅降低输美商品的价格，美国加征关税带来的价格上涨效应几乎全部转嫁给了美国消费者和进口企业，并由此产生了大量的无谓损失（dead weight loss）。②纽约联邦储备银行的研究表明，2018年美国家庭部门的"无谓损失"合计约为528亿美元；2019年5月10日，美国决定将对总价值约为2000亿美元的中国输美商品的

---

① Joseph E. Stiglitz, "The Truth about the Trump Economy," Project Syndicate, January 17, 2020, accessed February 1, 2020, https://www.project-syndicate.org/commentary/grim-truth-about-trump-economy-by-joseph-e-stiglitz-2020-01.

② Mary Amiti, Stephen J. Redding, and David E. Weinstein, "The Impact of the 2018 Tariffs on Prices and Welfare," *Journal of Economic Perspectives* 33, no.4 (2019): 187-210; Matthew Higgins, Thomas Klitgaard, and Michael Nattinger, "Who Pays the Tax on Imports from China?" Federal Reserve Bank of New York Liberty Street Economics(blog), November 25, 2019, accessed February 1, 2020, https://libertystreeteconomics.newyorkfed.org/2019/11/who-pays-the-tax-on-imports-from-china.html.

税率由10%提高至25%，仅此举一项便使美国家庭部门每年遭受总额高达1060.74亿美元（户均831美元）的巨额损失。① 反观中国，2018年以来，由于中国成功地采取了结构性关税调整政策，即在将美国对华出口产品税率由8%提高至21.8%以反制美国的同时，将其他贸易伙伴国对华出口产品的平均税率由8%降至6.7%，并对只能从美国进口的产品（如半导体和药品）进一步降低关税。这一对冲措施极大地缓和了美国进口产品价格上涨对国内消费者和相关产业的冲击。②

二、全球疫情加速美国对华"脱钩"的原因与表现

中美双方于2020年1月15日达成第一阶段双边贸易协议之后，中美经济关系出现了阶段性缓和的迹象。一方面，美国以"贸易战"为主要方式的对华经济"脱钩"从总体上看效果并不显著，③ 以单边施压为主的对华竞争战略有待调整；另一方面，特朗普需要以第一阶段对华贸易协议"收割"对华施压的"战果"，以安抚在"贸易战"中利益受损的美国农业部门，进而稳定自身票仓、提高连任的概率。因此，美国对华"脱钩"的节奏出现了趋于缓和的态势。然而，令人始料未及的是，2020年初以来，迅速升级的全球新冠肺炎疫情打破了中美关系的暂时平衡。2020年3月，新冠肺炎疫情在美国的迅速扩散使得美国经济迅速跌落至2008年国际金融危机爆发以来最为糟糕的境地。美国劳工部的统计数据显示，仅在2020年3月21日至28日这短短的一周内，美国登记失业人数便从330万人倍增至680万人，无论是增速还是

---

① Mary Amiti, Stephen J. Redding, and David E. Weinstein, "New China Tariffs Increase Costs to U.S. Households," Federal Reserve Bank of New York Liberty Street Economics (blog), May 23, 2019, accessed February 1, 2020, https://libertystreeteconomics.newyorkfed.org/2019/05/new-china-tariffs-increase-costs-to-us-households.html.

② Shan Weijian, "The Unwinnable Trade War. Everyone Loses in the US–Chinese Clash–but Especially Americans," *Foreign Affairs* 98, no.6 (2019): 99-109.

③ 王达、李征：《全球疫情冲击背景下美国对华"脱钩"战略与应对》，《东北亚论坛》2020年第5期，第47—62页。

失业人数的绝对数量，均创历史新高。由失业问题所引发的连锁反应严重冲击了美国的实体经济、金融市场以及社会保障体系，美国社会可谓面临着空前严峻的挑战。在此背景下，特朗普政府面临着来自各方的问诘。为了摆脱国内对于其抗击疫情不利的指责，特朗普政府选择了将疫情所引发的巨大经济冲击和社会矛盾归咎于中国的策略，以转移和掩盖其在疫情发展初期的政策失误。一时间，指责中国成为美国各方政治势力应对质疑的"万能药"。① 这一"甩锅"策略破坏了艰难达成的中美关系的阶段性平衡，在美国政府和国会各派反华势力的大力推动下，美国对华"脱钩"呈现全方位加速的态势。

（一）针对疫情的"污名化"推动美国对华"信息战"升级

事实上，早在2020年1月30日，世界卫生组织便将此次新型疾病正式命名为COVID-19（新型冠状病毒感染），并反对使用特定国家（地区）和种族命名病毒的"污名化"行为。然而，自2020年3月以来，时任美国总统特朗普以及时任国务卿蓬佩奥多次公开使用带有强烈"污名化"色彩的表述，旨在将此次全球大流行的矛头指向中国，以分散国内民众对美国抗击疫情不利这一事实的关注。除了美国领导人公开对中国进行"污名化"，美国《华尔街日报》《外交事务》等主流媒体的报道也出现了歧视性表述加剧了这一趋势。美国政府和主流媒体大肆对中国进行"污名化"的行为引发了全球舆论的谴责。随着疫情的全球扩散，中国政府本着构建人类命运共同体的理念，开始为相关国家和地区提供力所能及的援助和物资支持。然而，这一大国担当却被以美国为代表的西方政客刻意曲解与污蔑。卡内基和平基金会的研究

---

① 美国政治新闻网站Politico于2020年4月24日披露，共和党参议院全国委员会（the National Republican Senatorial Committee）在一份备忘录中建议共和党候选人通过积极攻击中国来应对新冠疫情危机，即当被问及新冠病毒的传播是否是特朗普的错时，候选人被建议将话题转向中国以作为回应。因为，"民调显示，针对中国的攻击将是有效的"。详情参见：Alex Isenstadt, "GOP Memo Urges Anti-China Assault over Coronavirus," Politico, April 24, 2020, May 16, 2020, https://www.politico.com/news/2020/04/24/gop-memo-anti-china-coronavirus-207244。

员山姆·布莱斯尼克（Sam Bresnick）和保罗·哈尼尔（Paul Haenle）则认为，特朗普政府在应对新冠肺炎疫情方面存在的失误，在客观上使得中国的全球影响力变得更大。① 为此，众多美国学者认为，美国须对中国全球影响力的不断提高保持高度警惕。② 而特朗普政府前策略师班农则声称，美国应同中国进行"信息热战"。③ 部分美国政客不遗余力地将疫情政治化，并大肆对中国进行"污名化"的行为，断送了中美两国在这一特殊时期携手抗击疫情的可能性。美国政客这种透过别国进而转移矛盾的做法，进一步扩大了中美关系的裂痕。

（二）以维护国家安全名义加速对华投资"脱钩"

在此次全球公共卫生危机的冲击下，实体经济已经严重空心化的美国，一方面，凸显了在制造业等领域对中国的严重依赖；另一方面，美国以服务业为主体的经济结构使得其在疫情的冲击下，面临巨大的失业压力。在此背景下，众多美国政客急于推动对华投资"脱钩"，即推动在华美资企业将生产线迁回美国本土，其主要的理由便是所谓的"维护美国国家经济安全"。2020年2月23日，特朗普政府的贸易顾问彼得·纳瓦罗公开表示，过度外包的美国医药产业供应链使得美国的国家安全面临风险，须设法将其迁回美国本土。④ 3月13日，共和党参议员卢比奥联合另外两名共和党参议员向美国国会提交了旨在降低美

---

① Sam Bresnick and Paul Haenle, "Amid Coronavirus Pandemic, China Seeks Larger Role on World Stage," Carnegie, April 09, 2020, accessed April 22, 2020, https://carnegieendowment.org/2020/04/09/amid-coronavirus-pandemic-china-seeks-larger-role-on-world-stage-pub-81515.

② Michael Green and Evan S. Medeiros, "The Pandemic Won't Make China the World's Leader," Foreign Affairs, April 15, 2020, accessed June 6, 2020, https://www.foreignaffairs.com/articles/united-states/2020-04-15/pandemic-wont-make-china-worlds-leader.

③ Michael Crowley, Edward Wong, and Lara Jakes, "Coronavirus Drives the U.S. and China Deeper into Global Power Struggle," The New York Times, March 22, 2020, accessed June 6, 2020, https://www.nytimes.com/2020/03/22/us/politics/coronavirus-us-china.html?searchResultPosition=1.

④ Chaguan, "Globalisation under quarantine," *The Economist (London)* 434, (2020): 50.

国医药产业链对中国依赖的法案。①5月26日,美国国家经济委员会主任拉里·库德洛公开表示,美国政府应当通过支付全额搬迁费用的方式帮助美国企业将生产线迁出中国。②不仅白宫高官和国会议员密集发声,大力支持对华投资"脱钩";来自企业层面的数据也表明了这一趋势。据中国美国商会的调查,2019年10月至2020年3月,认为中美经济不会脱钩的在华美国大型企业占比从66%下降至44%,其中约有16%的美国企业表示其计划将部分或全部生产转移到中国以外。因为疫情切断了许多跨国公司所依赖的供应链,从而迫使跨国公司重新评估其管理供应链风险的方式。③此次全球公共卫生危机对全球供应链的调整将产生深远的影响,美国出于"国家安全"的考虑,正在加快推动医疗等特定产业供应链的"去中国化"。

(三)酝酿和实施旨在推动中美金融"脱钩"的制裁措施

在新冠肺炎疫情引发全球动荡的背景下,中美两国在疫情防控等领域的互动关系持续紧张。在此背景下,美国对华鹰派政治势力从各个方面极力推动对华施压,对华金融"脱钩"和制裁战略也逐渐浮出水面。2020年4月,美国参议院司法委员会主席林德赛·格雷汉姆在接受媒体采访时公开表示,美国应当取消中国持有的巨额美元国债、对中国征收"大流行税"并对中国相关官员实施金融制裁。④尽管白

---

① Michael Crowley, Edward Wong, and Lara Jakes, "Coronavirus Drives the U.S. and China Deeper into Global Power Struggle," The New York Times, March 22, 2020, accessed June 6, 2020, https://www.nytimes.com/2020/03/22/us/politics/coronavirus-us-china.html?searchResultPosition=1.

② Jonathan Garber, "US Will Pay for Companies to Bring Supply Chains Home from China: Kudlow," Fox Business, May 26,2020, accessed December 5, 2020, https://www.foxbusiness.com/markets/us-pay-bring-china-supply-chains-home-kudlow.

③ Trefor Moss, "Pandemic Makes U.S.-China Economic Breakup More Likely, U.S. Businesses in China Say," The Wall Street Journal, April 17, 2020, accessed June 6, 2020, https://www.wsj.com/articles/pandemic-makes-u-s-china-economic-breakup-more-likely-u-s-businesses-in-china-say-11587113926?mod=searchresults&page=1&pos=7.

④ David J. Lynch, "Leading Republicans Want to Send China the Bill for Coronavirus Pandemic's Costs," The Washington Post, April 24, 2020, accessed June 6, 2020, https://www.washingtonpost.com/business/2020/04/24/republican-coronavirus-china-xi/.

官方面很快表示，目前尚未明确制定对中国实施大规模金融制裁的计划，但这一"赖账论"仍然引发了全球金融市场的广泛关注。2020年5月21日，美国参议院以一致同意的方式通过了《外国公司问责法案》（Holding Foreign Companies Accountable Act）。根据该法案，如果一家公司无法证明其未受到外国政府拥有或控制，或上市公司会计监督委员会（PCAOB）连续三年未能对该公司进行审计核查以确定其不受外国政府控制，那么该公司的证券将被禁止在美国的交易所上市。此举旨在进一步收紧中资企业赴美上市融资的限制。与此同时，美国国会议员也纷纷提出加强对华金融制裁的法案。5月12日，参议院司法委员会主席林德赛与多位共和党人联名推出《2019年新冠病毒问责法》。该法案的内容包括，如果中国不配合美国对新冠病毒暴发过程的调查，该法案将授权总统制裁中国，制裁措施包括资产冻结、限制美国金融机构向中国企业提供贷款或承销证券，并禁止中国企业在美国资本市场上市。5月26日，共和党参议员帕特·图米与民主党参议员范·荷伦联名抛出所谓的"香港自治法案"，旨在扩大"香港人权与民主法案"中的对华制裁范围，并将制裁措施与金融系统捆绑。该"法案"提出了所谓的强制性"二级制裁"条款，该条款将大多数中国主要银行均纳入了制裁范围。6月1日，以麦克·加拉格尔、吉姆·班克斯以及道格·拉马尔法为首的共和党众议员提出立法议案，禁止美国企业投资于与中国军方有联系的外国国防企业。6月4日，白宫发布"保护美国投资者免受中国企业重大风险的备忘录"，要求由多个美国政府部门组成的金融市场工作组进一步研究中国上市公司可能给美国投资者带来的风险，并于60天之内向总统汇报。此举使得在美国资本市场上市的中资企业面临更大的市场压力和更复杂的监管环境。

综上所述，自全球新冠肺炎疫情暴发以来，特朗普政府出于转移国内民众对其应变迟缓、抗疫不力的指责的目的，将矛头对准中国，试图将美国遭受的重大经济和社会冲击全部归咎于中国。特朗普政府利用疫情借机加速对华"脱钩",即使在其任期最后阶段仍继续执行强硬的对华政策。2020年11月,特朗普命令其代理国防部长克里斯托弗·米勒在其任期最后两个月以中国为重点关注目标,专注于网络和非常规战争。[①] 而部分民主党政客在攻击特朗普政府的国内政策的同时,也对中国发起了猛烈的舆论攻击。民主共和两党政客以及府会各派政治势力大力推动这种强硬的对华政治表态转变为全面遏制中国的"立法"和举措,从而试图推动美国对华"脱钩"。

三、中美经济关系在美国国家经济安全战略中的定位

如前所述,后冷战时代,美国国家安全战略的演进依据两个逻辑:一是始终维护美国在全球经济中的霸主地位这一"不变"的逻辑;二是国家经济安全战略一定是随着全球政治经济格局的变化而调整这一"变化"的逻辑。20世纪90年代以来,美国外交政策与美国国家经济安全战略的顶层设计也具有高度的统一性,历届美国政府的外交和安全战略都体现了这两个基本逻辑,而美国对华战略及其调整则内生于美国国家安全战略的两条逻辑线索之中。自冷战结束直到2010年前后,美国大体上倾向于在两国之间建立和维持经济相互依赖关系。[②] 特朗普执政后,将美国对华战略从"接触"切换到"脱钩",战略竞争成为中美关系的主基调。2020年,在人类社会面临全球疫情冲击的至暗时刻,美国各方政治势力出于维护自身狭隘利益的需要而加强对华战略打压的举措,使全球前两大经济体始终难以进入合作抗击疫情的正确轨道。

一方面,美国对华"接触"战略的本质,是为了实现美国经济安

[①] Nicole Gaouette, Kylie Atwood and Alex Marquardt, "Trump Team Looks to Box in Biden on Foreign Policy by Lighting Too Many Fires to Put Out," CNN, November 17, 2020, accessed November 20, 2020, https://www.cnn.com/2020/11/17/politics/trump-biden-natsec-transition-fires/index.html.

[②] Rosemary Foot and Amy King, "Assessing the Deterioration in China–US relations: US Governmental Perspectives on the Economic-Security Nexus," *China International Strategy Review* 1, no.1 (2019): 39-50.

全的战略目标。自冷战结束后,表面上美国国家经济安全战略和对华政策在总体上都以开放寻求发展,以开放、发展求安全;将经济外交视为不同国家寻求共同利益、经济安全的最佳渠道。尽管美国频繁利用经济制裁手段达到其政治目的,但是在总体上仍秉持对华合作的精神,将中国引入自由、开放的国际贸易和经济体系。然而,无论是从经济学角度还是从国际战略层面来看,经济接触政策不但推动了中国的进一步开放,而且为美国经济带来了发展机遇。[①] 美国将中国纳入其主导的全球体系的核心目标只有一个,即在充分利用中国广阔的市场和廉价资源的同时,持续保持对中国的绝对经济和技术优势。通过构建一个以美国为主导的,以"华盛顿共识"为基础的,囊括全球主要国家和地区的"盎格鲁-萨克逊"式自由市场经济体系,使得中国同所有"外围国家"一样,成为美国主导下的全球价值分工链条中的一个环节。美国试图以世界贸易组织等多边制度框架规范中国的行为方式,以高度固化的利益分配格局锁定中国的发展路径,从而维护美国的国家经济安全。尤其是在最大程度上扩展美元体系的边界,能够使美国在充分利用全球市场和资源的基础上,不断巩固和强化其经济优势。特别是1992年前后加速市场化改革的中国,正是在美国国家经济安全战略转型的这一关键阶段,逐渐被美国纳入这一被经济学界称为"中心—外围"结构的美元体系中。"外围国家"(即除美国之外的其他国家)对"中心国家"(美国)的贸易和金融依赖,使得其难以在地缘政治层面对"中心国家"构成挑战。美国外交学界和战略界,将这一时期美国确立的对华战略称为"接触"战略,即旨在通过经济接触逐渐将中国改造为现行国际体系的"负责任的利益攸关方",并最终实现对中国的改造。20世纪90年代以来,美国主导下的全球化进程最终以全球价值链和产业分工体系的形式,将全球主要国家紧密连接在一起,

---

[①] Charles W. Boustany and Aaron L. Friedberg, *Answering China's Economic Challenge: Preserving Power, Enhancing Prosperity* (National Bureau of Asian Research, 2019).

这种以美国为主导的利益共同体式的国际体系，使得处于中心地位的美国牢牢掌控了对于全球经济体系的控制权，这构成了后冷战时代美国维护自身国家经济安全的逻辑。当然，在这一过程中，美国期待在价值观和政治方面对中国进行所谓的"民主化"改造，这是在意识形态层面践行"民主和平论"①的逻辑使然。为了确保中国沿着美国预设的路径发展，美国历届政府从未放弃对中国的防范。

另一方面，美国对华战略的根本性转变导致中美经济关系发生变化，这种变化是美国经济安全战略进行调整的结果。美国各界对于美国对华战略发生根本性转变的解释，大体上可以分为"公平论""失望论"以及"威胁论"三类。"公平论"是指，以特朗普为代表的美国政客固执地认为，中国是通过"剥削"美国而迅速发展起来的，因此必须通过强硬的对华政策纠正这种不公平的双边经贸关系，反华鹰派势力则在此基础上大力推动对华"脱钩"；"失望论"认为，中国经济强大后，中国改革却并未向着美国预设的方向发展，这使得美国对中国的"民主化改造"陷入了幻灭，进而导致对"接触"战略的全盘否定；"威胁论"则认为，中国利用其在经济规模和技术创新方面的优势，试图取代美国在现行全球体系中的主导地位，并污蔑中国利用所谓的"锐实力"进行全球扩张，从而对西方"民主体制和自由价值观"构成所谓的"威胁"，因此得出美国必须率领其盟友与中国开展战略竞争这一结论。②

---

① "民主和平论"认为，民主国家间很少或者不会开战。该理论是美国在全球范围内兜售和推行所谓的民主体制的重要理论基础。详情参见 Michael W. Doyle, "Kant, Liberal Legacies, and Foreign Affairs," *Immanuel Kant*. Routledge, (2017): 503-533。

② 陶文钊:《美国对华政策大辩论》,《现代国际关系》2016年第1期, 第19—28页; Aaron L. Friedberg, "The Debate Over US China Strategy," *Survival* 57, no.3 (2015): 89-110; Robert D. Blackwill and Ashley J. Tellis, *Revising US Grand Strategy toward China* (Council on Foreign Relations, 2015); Harry Harding, "Has US China Policy Failed?" *The Washington Quarterly* 38, no.3 (2015): 95-122; Wang Jisi, et al., "Did America Get China Wrong? The Engagement Debate," *Foreign Affairs* 97, no.4 (2018): 183-195.

然而，上述观点并未触及美国对华战略转变的主要原因。美国对华政策之所以会在2010年前后开始发生转向，主要原因在于中美综合国力的相对变化打破了美国维护国家经济安全的两个重要前提，从而使得美国认为其自身的国家安全受到了"威胁"。如前文所述，冷战结束后，维护国家经济安全成为美国国家安全战略的核心。而美国的国家经济安全观是建立在两个前提基础上的：一是美国全球唯一的超级大国地位；二是美国在高端技术创新方面的绝对领先优势。显然，在经济规模上，中国于2010年一跃成为仅次于美国的全球第二大经济体，并在美国陷入金融危机难以自拔的同时继续保持高速增长态势，使得美国全球唯一的超级大国地位出现了动摇。美国兰德公司国防研究院在一份名为《解读对华战略竞争的影响力》的报告中指出，中国蓬勃发展的经济实力是中国在国际社会发挥大国影响力的基础。[①] 2018年，中国国内生产总值（按市场汇率计算）超过了美国GDP的三分之二。值得注意的是，美国在二战后的竞争对手——苏联和日本对美国的赶超，都止于经济规模超过美国三分之二时，[②] 说明美国对其在经济规模上受到的"威胁"极为敏感。而以华为公司等为代表的中国企业在5G等新技术领域逐渐超过美国时，美国在半导体和数字技术等战略性产业的绝对技术优势正在加速消失。这就使得美国战略界出现了自冷战结束以来前所未有的担忧，这正是"全政府"对华竞争战略最终取代对华"接触"战略的根本原因，而"脱钩"则是对华竞争的策略之一。这也解释了为何美国即使需要为对华"脱钩"支付巨额的经济成本，

---

① Michael J. Mazarr, Bryan Frederick, John J. Drennan, Emily Ellinger, Kelly Eusebi, Bryan Rooney, Andrew Stravers, and Emily Yoder, "Understanding Influence in the Strategic Competition with China," RAND Corporation, June 30, 2021.

② 苏联在1978年前后国民收入达到美国的67%并短暂维持了几年后，先是缓慢衰退，最终由于苏联解体而中断了对美国的赶超；日本GDP在1995年达到美国71%的巅峰，此后逐渐下滑至现阶段美国的25%。苏联和日本对美国经济规模绝对优势的挑战都以失败告终，其中，美国对两国的打压和遏制在一定程度上导致了两国国力的衰落。参见张宇燕：《跨越"大国赶超陷阱"》，《世界经济与政治》2018年第1期，第1页。

也要不遗余力地推动"脱钩"进程。

正如罗斯玛丽·富特（Rosemary Foot）和艾米·金（Amy King）所指出的，经济相互依赖曾经被认为是中美关系的主要特征，并能够缓和中美其他政策领域的紧张态势，现在却被视为对美国国家安全造成重大影响的根源所在；美方对中美"经济—安全"关联看法的转变是导致当前中美关系恶化的一个主要原因。[①] 美国战略界认为，对于美国来说，虽然与中国展开竞争存在风险，但不竞争的风险更大。[②] 在美国战略界看来，对华"脱钩"是维护美国国家经济安全的必要手段。换言之，中美综合国力的相对变化才是美国急于转向竞争性对华战略的根本原因，只要中国高速发展的态势不变，只要中国在5G等战略性产业保持技术领先的优势不变，美国对华战略竞争的定位便不会发生改变。2020年美国兰德公司国防研究院的一份研究报告在预测了中美战略竞争的四种结局与中美关系的走向后认为，中国的领导者善于克服危机，并因势利导进行灵活调整，已向世界证明了其强大的组织和规划能力，因此中国将有很大可能在中美战略竞争中崛起，实现其长期战略目标。[③] 现阶段，美国推动对华"脱钩"的战略指向是实现对中国的"规锁"，即"规范中国的行为、锁定中国经济增长的空间和水平，从而把中国的发展方向和增长极限控制在无力威胁或挑战美国世界主导权的范围以内"。[④]

[①] 罗斯玛丽·富特、艾米·金：《评估中美关系的恶化：美国政府对经济—安全关联的看法》，《中国国际战略评论》2019年（下），第34—44页。

[②] Christopher Paul, James Dobbins, Scott W. Harold, et al., "A Guide to Extreme Competition with China," RAND Corporation, 2021.

[③] Andrew Scobell, Edmund J. Burke, Cortez A. Cooper III, Sale Lilly, Chad J. R. Ohlandt, Eric Warner, and J.D. Williams, "China's Grand Strategy: Trends, Trajectories, and Long-Term Competition," RAND Corporation, 2020.

[④] 张宇燕、冯维江：《从"接触"到"规锁"：美国对华战略意图及中美博弈的四种前景》，《清华金融评论》2018年第7期，第24—25页。

第二节 美国对华科技合作政策向科技竞争战略的转变

随着中美经济关系的质变,中美科技关系也随之发生改变,科技领域的分歧逐渐增多。美国在冷战后以合作为主的对华科技政策逐渐弱化,最终在特朗普政府时期转变为对中国实行"全政府"科技竞争战略。

一、冷战后中美科技领域的交流与合作

以两国政府间协议为基础框架的科技交流合作是冷战后中美关系发展的一个新特点。冷战结束后至20世纪90年代末,中美科技合作与交流总体上符合中美两国的根本利益,产生了数千个具有重大科技和经济意义的合作项目。特别是进入21世纪以来,中国的对外科技合作进入"以我为主、平等互利"的阶段。中美两国之间的科技合作在合作领域和合作方式等方面都得到了进一步的拓展和深化,达成了众多合作协议。在《中美科学技术合作协定》[①]的基础上,两国政府签署了涉及多个领域的政府间合作协定,成为两国推进科技交流合作的政策保障。政府间科技合作协定推动了两国共同支持基础科学研究的合作。中国国家自然科学基金委员会(NSFC)与美国国家科学基金会(NSF)分别对两国共同关注的前沿科技领域组织研讨会,并支持两国科学家的相关合作研究。[②]在2010年第二轮中美战略与经济对话中,双

---

① 1979年1月31日邓小平副总理访问美国时,在白宫与美国总统卡特签署了《中美科学技术合作协定》,这是中美建交后两国签署的首批政府间协定之一。中美两国政府有关部门在《中美科学技术合作协定》框架下共签署了数十个议定书,包括基础科学、科技信息、医药卫生、能源环境等众多领域。

② 2012—2013年,根据中美《基础科学协定书》,美国国家科学基金会在基础科学、工程和社会科学领域为300余个提供项目资金总额约3 200万美元;国家科学基金会还资助了两国共同关注的前沿科技领域高级别研讨会和专题讨论会,例如纳米级标准研讨会和计算机科学研讨会。

方展开了"中美创新对话",成立创新联合研究专家组,为双方科技创新、知识与技术交流营造了更为开放、包容的良好环境。

经过30年的发展,中美科技合作形成了较为稳定的对话机制和较为丰富的交流合作成果,总体上推动了中美双边关系的发展。2009年1月,在《中美科学技术合作协定》签订30周年之际,美国科学促进会的科学家诺曼·纽赖特(Norman Neureiter)和汤姆·王(Tom Wang)在《自然》(Nature)杂志上发表联合署名文章《中美科技合作30年》,对中美科技领域的交流与合作给予了高度肯定,认为中美科技合作伙伴关系具有双重战略意义:不但为全球人类与科技发展作出了贡献,并且在调剂中美关系方面发挥了重要作用。[①]

美国政府对华科技交流合作政策延续了其国家安全战略的基本逻辑和目标,即维护美国在经济全球化中的绝对领导地位。这种战略思想在与中国科技合作中发挥了指导作用,正如中美科技关系史专家理查德·苏迈德(Richard Suttmeier)所指出的:美国政府希望使中国贴近美国利益,"并在中国创造一个更加欢迎和认同美国价值观的良好氛围"。[②] 美国政府通过与中国的科技合作,将中国纳入以美国利益为中心的全球经济体系中,一方面使中国的科技发展和行动逻辑更符合美国的国家利益;另一方面能够对中国的科技发展方向与动态进行监控和预测,对中国的合作与防范同步进行。中美两国政府间的科技合作机制与支持政策带动了两国民间广泛的科技合作与交流活动。特别是在冷战后,中美两国民间的研发合作和人才交流更为频繁。

首先,在基础科学研究领域,中国研究人员在中美基础研究的合作方面作出了重要贡献。2000年以来,中美合著论文数量逐渐增多(参

[①] Norman P. Neureiter and Tom C. Wang, "US-China S&T at 30," *Science* 323.5914 (2009): 561-561.

[②] Richard P. Suttmeier, "Scientific Cooperation and Conflict Management in US–China Relations from 1978 to the Present," *Annals of the New York Academy of Sciences* 886, no.1 (1998):137-164.

见图4-4),从2000年的2 233篇增至2020年的55 000篇,增加约22倍;合作领域广泛,最突出的学科包括:生物化学和遗传学、化学、农业与生物科学、计算机科学。2016年至2019年,中国研究人员参与完成了12%的美国科学与工程(S&E)领域的论文,在美国发表的国际合著论文中,有27%是与中国研究者合作完成的。2015年至2018年,中国研究人员发表在国际期刊《自然》的论文中,有72%是与美国合作者共同完成的;发表在《细胞》(Cell)和《科学》(Science)的论文中,这一比例分别为69%和68%。

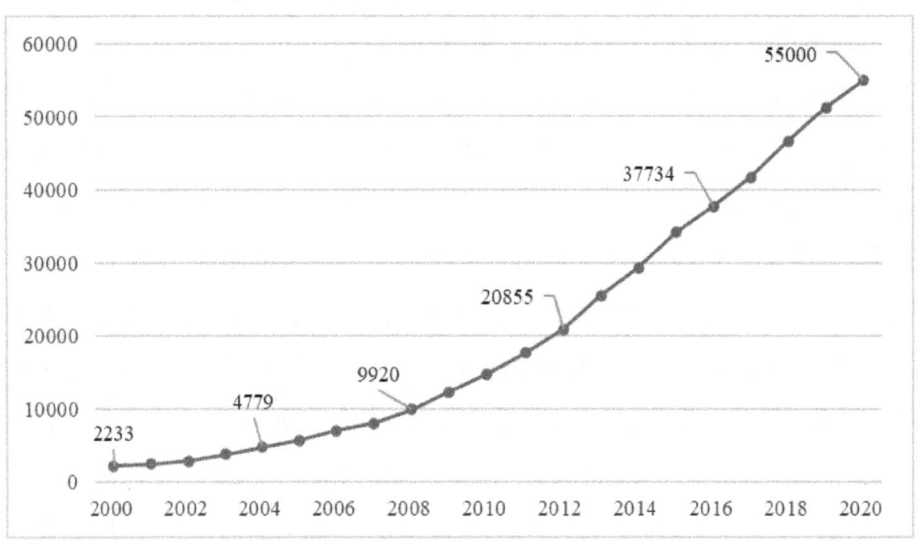

图4-4 2000—2020年中美合著论文数量

资料来源:Elsevier Scopus数据库。

美国政府研发支出的缩减,是使美国企业将部分研发环节转向海外的重要原因。[①] 在1980年以前,美国政府的研发投入是美国大部分研发活动的主要资金来源。如图4-5所示,自20世纪80年代开始,私人

---

① Shahid Yusuf and Simon J. Evenett, *Can East Asia Compete?: Innovation for Global Markets*(Washington, DC: The World Bank and Oxford University Press, 2002), pp. 56–58.

部门的研发支出首次超过美国政府。到21世纪初,美国私人部门的研发投入占美国全部研发投入的三分之二以上,而美国政府的研发投入占GDP的比重持续下降。① 如今,私人部门的研发投入远远超过了政府的研发投入。随着私人部门成为研发资金的主要来源,美国科学家、技术工程人员和研究人员越发倾向于同外国研究者合作完成一系列有难度的基础研究和应用研究课题,从而更快地达到共同科学目标。同时,美国跨国公司更多的投资和研发活动开始转向海外,利用发展中国家的高技能劳动力进行研发,降低劳动力成本。

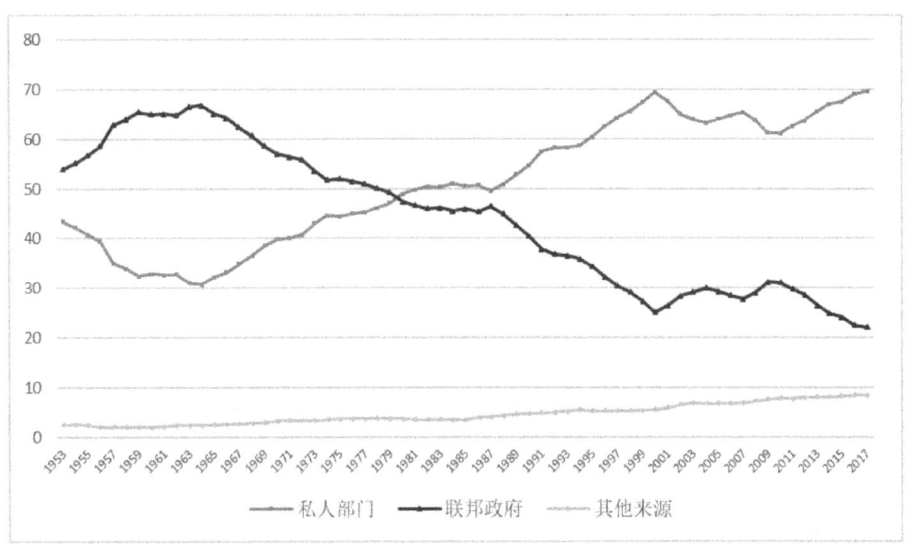

图4-5　1953—2017年美国研发投入各部门占比(%)

资料来源:National Center for Science and Engineering Statistics, National Science Foundation, National Patterns of R&D Resources (annual series).

其次,两国企业之间的创新合作在跨国研发网络的拓展方面有了

---

① 2000年,政府资助的科学与工程项目在美国国内生产总值中所占的比例下降到仅25%,是自1953年国家科学基金会对研发支出有记录以来的最低水平。自2000年以来,联邦用于科学与工程项目的支出水平上升了2%到3%。Shackelford B, "Slowing R&D Growth Expected in 2002," *National Science Foundation Issue Brief*, NSF 03-037, 2002.

长足的发展。中美企业之间科技交流的重要渠道是双方互相设立研发中心。中国企业对美技术投资,产生的逆向技术溢出效应能够提升企业的技术水平和生产效率。表4-3是截至2019年中国部分高科技企业在美国开展研发活动的情况。例如,华为公司、百度公司位于硅谷的研发中心,以及"滴滴出行"在加州成立的人工智能实验室,都是中国企业与美国信息与通信技术产业开展技术交流与合作的例证。美国快速变化和充满活力的信息与通信技术产业对中国企业的吸引力,体现了中国企业对获得美国人才和创造力并在竞争激烈的美国市场上销售产品的渴望。华为公司在海外成立了81个研发中心,其中有9个设在美国;中兴、腾讯、阿里巴巴、华大基因等公司也在美国设立研发机构。美国商务部的数据显示,2017年中国企业在美国的研发支出为10亿美元,与2010年的1.65亿美元相比有了大幅增长。[①]

表4-3 中国科技企业在美研发活动

中国企业	主营业务	研发中心/实验室	研发合作伙伴[②]
华为	通信技术与设备、人工智能	9	48
中兴通讯	通信设备与设备	4	-
华大基因	制药、生物技术	3	1
药明康德	制药、生物技术以及医疗器械研发	3	1
腾讯	人工智能、大数据	2	-
阿里巴巴	人工智能、大数据、云计算	2	-
百度	人工智能、自动驾驶、大数据云计算	2	1
科大讯飞	人工智能	1	2
中国联通	5G关系	-	3
京东	大数据、机器学习、图像识别	1	-
滴滴出行	自动驾驶、人工智能	1	-

① "Foreign Direct Investment in the U.S., Majority-Owned Bank and Nonbank U.S. Affiliates, Research and Development Expenditures," U.S. Bureau of Economic Analysis, International Data: Direct Investment and Multinational Enterprises, 2020.

② 研发合作伙伴关系包括企业与海外高校、研究机构进行合作研究或设立基金项目。

资料来源：澳大利亚战略政策研究院（Australian Strategic Policy Institute），"Mapping China's Tech Giants," Australian Strategic Policy Institute, November, 2019, accessed January 28, 2021, https://chinatechmap.aspi.org.au/。

  美国在华设立的研发中心超过800家，集中在技术密集型产业，包括电子信息、软件，以及食品、金融服务业等。[①] 多年来，美国企业是在华外商研发投资的主要来源。[②] 2017年，纯外资企业（不包括中外合资企业）在华的研发投入为570亿元人民币（约合81亿美元）。根据美国商务部的统计，2018年美国企业在中国的研发支出为38亿美元，远高于2010年的15亿美元。[③] 美国企业对华的研发投资推动了中国企业的技术进步和创新，也为中国经济和技术发展带来正向溢出效应。[④] 在华进行研发活动也是美国企业出于开拓全球市场和实现技术进步的需要。信息与通信技术产业实现技术进步的方式既依赖于制造业，也依赖于技术服务。这些行业的持续增长不仅需要设备支持和硬件改进，还需要周期性的持续创新以及广泛的知识支持服务。计算机和相关服务行业的发展引致基于服务的研发水平相应提高，目前占美国研发的20%；而服务性研发（即合同、零售、运输和其他与支持相关的服务）比制造性研发更具可移植性。因为制造性研发在地理和劳动力素质上有特定的要求，因此跨国企业更可能将服务性研发活动转业到国外。美国企业对华研发投资的目的之一就是服务中国市场、开发适合中国市场的产品。国际商用机器公司（IBM）法规事务部副主任克里斯多

[①] 石磊、罗晖、鞠思婷：《中美科技创新合作历程与展望》，《中国软科学》2015年第8期，第116—134页。

[②] Andrew B. Kennedy, "Unequal Partners: US Collaboration with China and India in Research and Development," *Political Science Quarterly* 132, no.1 (2017): 63-86.

[③] "U.S. Direct Investment Abroad, All Majority-Owned Foreign Affiliates, Research and Development Expenditures," U.S. Bureau of Economic Analysis, International Data: Direct Investment and Multinational Enterprises, 2020.

[④] Lee Kai-Fu, *AI Superpowers: China, Silicon Valley, and the New World Order* (Houghton Mifflin, 2018).

夫·帕迪拉（Christopher Padilla）声称，国际商用机器公司在中国的实验室一直专注于为中国市场开发产品，① 以提高国际商用机器公司在中国市场的竞争力。此外，高技术产业极具竞争属性，跨国企业研发的国际化，能够使企业利用中美时差不间断地进行研发创新。

最后，在人才交流活动方面两国保持十分密切的关系。留学美国的中国学生数量迅速增长，已从2000年的6万人增长至2019年的37万人，占全美近110万国际学生的34%；其中，研究生数量占美国37.8万国际研究生总数的35%。② 此外，中国研究生的学习专业主要集中在科学与工程领域，如物理、数学、计算机等学科。2000—2017年，在美国获得博士学位的科学与工程领域外国留学生中，中国学生占据32%。③ 美国也是中国访问学者的重要汇集地，2018年中国学者占美国国际访问学者的34%，④ 在美国著名高校、实验室及研究机构进行学术交流和访问。⑤ 中美两国在人才交流方面构筑的"脑循环"（brain circulation）使两国均获益：美国强大的吸引和留住中国科技人才的能力，为其带来丰富的优质人力资本；中国也有越来越多学成归国的留学生，提高了中国人力资本的素质。

在发达国家研发活动全球化的过程中，一个支持技术创新并不断

---

① Hugo Meijer, "Supercomputers, Telecommunications Equipment, and China's Military Modernization", in *Trading with the Enemy: The Making of US Export Control Policy toward the People's Republic of China*, ed. Hugo Meijer (New York, 2016).

② "Institute for International Education, Open Doors 2019," IIE Open Doors, accessed December 1, 2020, https://www.iie.org/Research-and-Insights/Publications/Open-Doors-2019.

③ "Higher Education in Science and Engineering," National Science Foundation, accessed October 22, 2020, https://ncses.nsf.gov/pubs/nsb20197/international-s-e-higher-education#international-students-in-u-s-higher-educationenrollment.

④ Remco Zwetsloot, "US-China STEM Talent "Decoupling": Background, Policy, and Impact," The Johns Hopkins University Applied Physics Laboratory, 2020.

⑤ Richard B. Freeman, "Globalization of Scientific and Engineering Talent: International Mobility of Students, Workers, and Ideas and the World Economy," *Economics of Innovation and New Technology* 19, no.5 (2010): 393-406.

调整的研发环境更能吸引这些资金。① 中国改革开放以来经济实力的迅速增强,特别是中国政府在科研、教育领域持续增加的经费投入也是吸引美国企业研发投资的重要因素。美国作为移民国家,一直将吸引全球优秀人才为其所用作为立国之本。② 中国的高端科技人才、科学和工程技术人员科研实力雄厚,强化了美国政府和企业与中国加强科技合作的动机。中美科技合作与交流为美国利用中国丰富的人力、设施、数据和案例资源提供了便利和机会。另外,与中国进行的人才交流与合作使美国获得了大量的中国优秀科技人才。直至特朗普上台前,中国赴美留学人数逐年攀升。特别是在科学与工程领域,中国留学生是在美国该领域取得博士学位人数最多的国际学生群体,占美国科学与工程外国博士生总数的24%,其次为印度,占15%。③ 这些年轻的中国科学家和工程师有的在毕业后选择留在美国工作,成为美国科技发展与创新的重要推动者。

总体而言,中美两国科技领域的合作已经成为中美两国技术创新发展的重要动力。中美两国在科技合作机制和合作内容方面,具有坚实、广泛的基础。两国在基础科学研究、跨国企业研发创新方面有着紧密的合作,而中美人才交流使知识与技术要素充分流动,对两国的科技创新与经济发展发挥了重要作用。近年来,中美关系的紧张氛围不断加剧,美国对新兴技术的严格控制措施使中美企业的跨国研发合

---

① 美国国家科学基金会(NSF)的数据显示,美国一半以上的研发活动只集中在以著名的高科技走廊为中心的六个州。Richard J. Bennof, "Half the Nation's R&D Concentrated in Six States," *National Science Foundation Info Brief* (2002).

② 陈强、陈凤娟:《中美科技合作中美方战略分析及思考》,《中国科技论坛》2016年第3期,第150—155页。

③ Amy Burke, "Science and Engineering Labor Force, Science and Engineering Indicators 2020, NSB-2019," National Science Foundation, 2019.

作变得复杂。① 特别是随着2020年新冠肺炎疫情的全球蔓延，特朗普对中国学生和学者的限制政策，严重影响了中美两国之间的人才交流。

二、中美科技领域的竞争与分歧

科技创新已成为信息时代大国博弈的主要领域，而新兴国家的创新活动可能直接影响主导国家的战略利益。② 进入21世纪后，研发活动全球化的趋势日益显著，在2008年国际金融危机重创美国和欧洲经济的背景下，美国和欧洲国家的技术领先优势有所减弱。相比之下，中国的经济和科技实力一直在稳步增长，特别是以信息通信技术为代表的知识与技术密集型产业快速发展，中美两国之间在科技领域的竞争日趋激烈。

首先，在研发投入方面，中国已成为21世纪全球研发支出最多的国家之一。如表4-4所示，到2018年，中国的研发投入额达到全球研发投入总额的21.8%，仅次于美国的24.7%，预计2025年将位居全球榜首。③ 2016—2019年，中国国家自然科学基金资助了20余万篇中外合作研究的论文，成为全球资助数量最多的机构，远超美国国立卫生研究院（NIH，8.6万篇）和国家科学基金会（NSF，7.8万篇）的资助数量，占中国国际学术合作论文总数的22%。④ 国际上通常用一国研发经费占国内生产总值的比重来衡量一国的研发强度，即一国在促进技术

---

① Peter Lichtenbaum, Victor Ban, and Lisa Ann Johnson, "Defining 'Emerging Technologies': Industry Weighs In on Potential New Export Controls," China Business Review, April 17, 2019, accessed December 8, 2020, https://www.chinabusinessreview.com/defining-emerging-technologies-industry-weighs-in-on-potential-new-export-controls/.

② Andrew B. Kennedy and Darren J. Lim, "The Innovation Imperative: Technology and US–China Rivalry in the Twenty-First Century," International Affairs 94, no.3 (2018): 553-572.

③ Paul Heney, "Global R&D Investments Unabated in Spending Growth," Research & Development World, March 19, 2020, accessed December 8, 2020, https://www.rdworldonline.com/global-rd-investments-unabated-in-spending-growth/.

④ Andrew B. Kennedy and David L. Dwyer, "The Stakes in Decoupling Discovery: China's Role in Transnational Innovation," The Pacific Review 35, no.1 (2022): 147-171.

创新方面的努力程度。中国在2012年超越欧盟，位居全球研发强度第三（参见图4-6），且近年来与美国的差距也逐渐缩小，中国研发创新的基础不断得以巩固。

表4-4 主要国家研发投入及占全球研发总投入比重

（单位：亿美元，%）

	2015年	比重	2016年	比重	2017年	比重	2018年	比重
美国	4951	25.4%	5166	25.3%	5490	25.0%	5658	24.7%
中国	4075	20.9%	4514	22.1%	4960	22.6%	4996	21.8%
欧盟	3860	19.8%	3991	19.5%	4301	19.6%	4863	21.3%
日本	1685	8.7%	1648	8.1%	1709	7.8%	1895	8.3%

资料来源：联合国教科文组织统计研究所数据库（UNESCO Institute for Statistics）；"The State of U.S. Science and Engineering 2020," National Science Foundation, accessed February 28, 2021, https://ncses.nsf.gov/pubs/nsb20201。

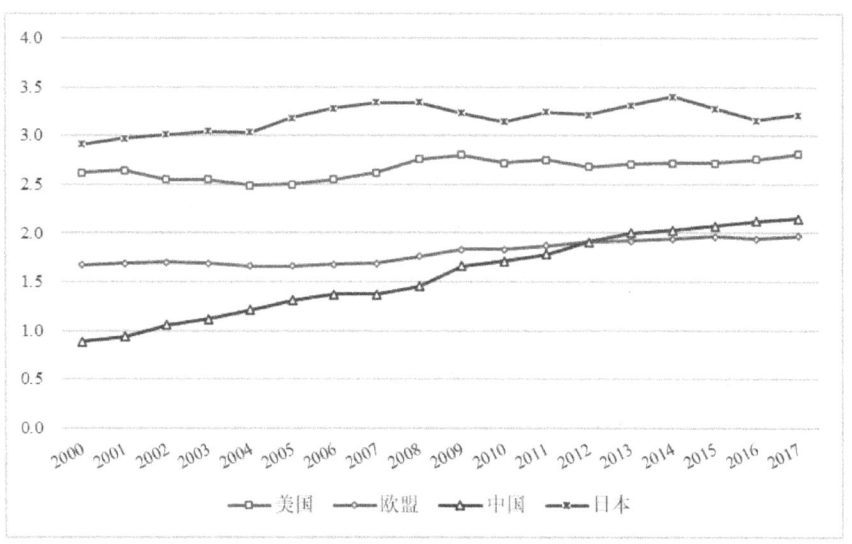

图4-6 2000—2017年主要国家研发支出占GDP比重

资料来源："The State of U.S. Science and Engineering 2020," National Science Foundation, accessed February 28, 2021, https://ncses.nsf.gov/pubs/nsb20201。

其次，在基础研究领域，中国取得了丰硕的研究成果。根据美国国家科学基金会统计，[①]2018年中国在科学与工程领域发表的论文数量占全球科学与工程领域文章总数的21%，仅次于欧盟（24%），位列第二，高于美国（17%）。其中，中国的论文在工程制品领域超过欧盟，且是美国的两倍以上。在2000—2016年发表的全球引用率前1%的论文中，中国的引用指数持续升高，在2016年达到1.12，超过韩国和日本，位居美国和欧盟之后。中国已成为世界其他国家和地区的重要科研合作伙伴（参见图4-7）。2016—2019年，全球在基础科学领域发表的154万篇跨国合著的论文中，有中国学者参与完成的论文比例为23%，仅次于美国（42%）之后位居全球第二，高于英国（19%）和德国（16%）。[②] 多方数据表明，中国的基础科研实力正稳步提高，与美国的差距在逐渐缩小，甚至在某些前沿领域的科研成果已展现出超越美国的态势。

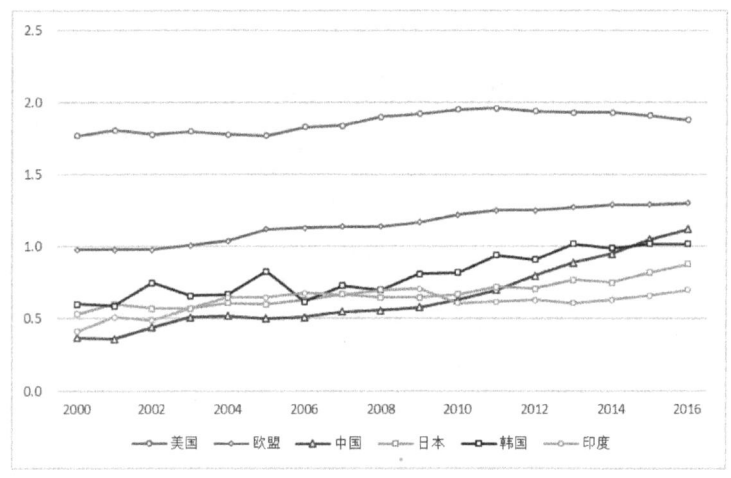

图4-7 主要国家科学与工程论文引用率指数

[①] "The State of U.S. Science and Engineering 2020," National Science Foundation, accessed February 28, 2021, https://ncses.nsf.gov/pubs/nsb20201.

[②] 数据来自汤森路透引文数据库。22个学科排除了"社会科学"和"商业与经济学"。数据不包括中国香港、澳门特别行政区和中国台湾地区的数据。

资料来源:"The State of U.S. Science and Engineering 2020," National Science Foundation, accessed February 28, 2021, https://ncses.nsf.gov/pubs/nsb20201。

最后,中国加大技术研发投入带来专利数量的急剧增长。2008年,中国的专利申请量超越美国。2019年中国《专利合作条约》(PCT)国际专利申请量首次跃居全球第一,达到5.899万件(美国为5.784万件)。中国在《专利合作条约》提交的国际专利申请量达到26.58万件,比1999年的276件增长了200倍。在2020年德国专利数据公司(IPlytics)公布的全球5G通信系统领域的专利中,中国企业以占比32.97%的绝对优势居于首位(参见表4-5)。全球专利族数量排名前五的企业中包括华为技术有限公司(排名第一)、中兴通讯股份有限公司(排名第三);广东欧珀移动通信有限公司(OPPO)、电信科学技术研究院有限公司(CATT)、维沃移动通信有限公司(VIVO)也跻身前二十之列。中国企业的5G技术专利数量约占全球的三分之一,而美国仅占14.13%。超级计算机技术是开发人工智能技术的基础,是一国科技能力的重要体现。2010—2019年,在全球100台最强大的计算机中,中国的超级计算机数量从5%上升至9%。虽然美国从43%下降至2019年的37%,但美国仍是拥有超级计算机数量最多的国家。①

表4-5 全球5G专利族数量企业排名和国家专利数量占比

企业	5G专利族数量	国家	5G专利族数量占比(%)
华为	3147	中国	32.97
三星电子	2795	韩国	27.07
中兴通讯	2561	欧盟	16.98
乐金	2300	美国	14.13
诺基亚	2149	日本	8.84

数据来源:德国联邦经济事务与能源部。

① "The State of U.S. Science and Engineering 2020," National Science Foundation, accessed February 28, 2021, https://ncses.nsf.gov/pubs/nsb20201.

中美两国技术比较优势的变化，使美国具有高附加值的知识与技术密集型产业面临着来自中国企业的日益严峻的挑战。以美国为首的西方国家的"中国威胁论"和其他许多观点认为，中国以"牺牲"美国的利益为代价取得发展，除将美国部分工人的低工资和高失业率归罪于中国的进口竞争外，① 还指责中国技术创新速度为全球秩序带来了广泛的挑战。② 目前，美国与中国在科技领域的分歧主要集中在以下三个方面。

第一，关于知识产权问题的纷争。美国频繁指责中国企业对美国存在知识产权"窃取"行为。③ 作为国际创新领域的领导者，美国将知识产权作为实现其全球领导地位的工具。专利、商标和版权是保护产权和创新并实现企业经济利润最重要的途径。④ 美国政府认为，中国在知识产权保护方面从法律体系到执法力度都未能达到美国的标准。从1990年代起，中国也多次成为美国"特别301条款"榜单上的"重点国家"。在中国加入世界贸易组织后，美国不断强化对中国知识产权的审查，进一步实施了"337调查"等新手段。中国是美国开启"337调查"数量最多的国家，其中专利侵权案件为全部涉华调查的绝大多数。2010—2019年，美国"国际贸易委员会"（ITC）对中国企业共发起了169起"337调查"，占总数的34.4%；2019年中国企业涉案量占当年案件量的57.45%，其中87.2%案件的理由是专利侵权。⑤ 2017年，美国政

---

① David H. Autor, David Dorn, and Gordon H. Hanson, "The China Shock: Learning from Labor-Market Adjustment to Large Changes in Trade," *Annual Review Of Economics* 8 (2016): 205-240.

② Andrew B. Kennedy and Darren J. Lim, "The Innovation Imperative: Technology and US–China Rivalry in the Twenty-First Century," *International Affairs* 94, no.3 (2018): 553-572.

③ William C. Hannas, James Mulvenon, and Anna B. Puglisi, *Chinese Industrial Espionage: Technology Acquisition and Military Modernisation* (Routledge, 2013).

④ Rebecca M. Blank, et al., "Intellectual Property and the US Economy: Industries in Focus," Economics and Statistics Administration: Washington, DC, USA (2012).

⑤ "2019年美国'337调查'研究报告，"中国贸易救济信息网，https://cacs.mofcom.gov.cn/cacscms/article/threezn?articleId=165801&type=，访问日期：2020年12月15日。

府再次根据《1974年贸易法》"第301条",宣布对中国政府在技术转移、知识产权及创新相关的不合理行为和政策展开调查。美国将中美两国在技术水平上的差距逐渐缩小,归因为中国对美国技术和知识的窃取,[①]并以此为由对中国滥用"337""301"等知识产权调查,其主要目的之一就是遏制中国的产业升级、减缓中国的经济增长。[②]

随着中国技术进步和高技术产业的快速升级,美国政府加强了针对中国知识产权问题的调查。美国政府认为,中国推行的是中国版的"经济安全即国家安全"方针,[③]指责中国对美国掠夺性的投资和购买美国先进技术。2018年3月,"美国贸易代表办公室"(USTR)公布调查结果,指认中国高技术行业存在不公平的技术转让制度。2019年5月,"美中经济与安全审查委员会"发布《中国企业如何从美国进行技术转移》的调查报告,重申了中国企业通过在战略性产业部门的并购交易(如人工智能、生物技术等军民两用技术领域),获取美国有价值的专有技术和知识产权。特朗普政府批评中国实行强制性技术转移政策或利用合作关系获取对美国可信赖代工厂的访问权,弥补技术能力差距并侵蚀美国的长期竞争优势。[④]

第二,关于所谓的对中国从事商业"间谍"活动的指责。特朗普政府的指控还包括中国的情报政策,包括由中国政府资助的网络黑客,以及盗取工业机密、为商业目的(而非情报收集)进行所谓的"间谍"活动。时任美国联邦调查局局长克里斯托弗·雷(Christopher Wray)在有关"打击中国经济不法行为"的会议上提出,中国的"间谍"对

---

① 杨飞、孙文远、程瑶:《技术赶超是否引发中美贸易摩擦》,《中国工业经济》2018年第10期,第99—117页。

② 任靓:《特朗普贸易政策与美对华"301调查"》,《国际贸易问题》2017年第12期,第153—165页。

③ Chad P. Bown, "Export Controls: America's Other National Security Threat." *Duke Journal of Comparative & International Law* 30 (2019): 283.

④ The White House, "National Security Strategy of the United States of America," Executive Office of the President Washington DC Washington United States, 2017.

象既包括美国国防机构等政府部门，还包括美国大型企业、硅谷初创企业、科研机构，中国的"间谍"活动"无处不在"。① 时任美国国家安全顾问奥布赖恩（Robert O'Brien）曾多次指责污蔑，中国企业在政府的支持下以强制或秘密的手段，进行"间谍"和"窃取"活动对美国知识产权和经济安全构成威胁。② 美国政府指责污蔑中国利用非法手段窃取美国知识产权，削弱了美国的经济和工业。

第三，关于对中国技术领域产业政策与规划的质疑。中国制定的一系列发展高端技术的战略、发起的"一带一路"倡议以及中国国有企业的战略性地位受到美国政府的攻讦。2015年中国发布了《中国制造2025》计划，确定了10个优先发展领域；宣布到2025年，中国消费的计算机芯片中有75%将在国内生产和设计，消除目前对进口芯片的依赖。美国学者弗莱德伯格（A. L. Friedberg）指出，《中国制造2025》等一系列战略规划，将使中国从"追随者"的角色提升到一系列尖端技术（如半导体、人工智能等）的领导者地位，③ 加剧了美国作为先进工业国家对国家安全及经济繁荣的担忧。中国的产业政策和政府投资也深受美国的诟病。如美国指责中国的产业政策具有贸易保护主义倾向，对国有企业和私营企业进行直接补贴、提供低利率贷款以扩张产能，通过非市场手段使中国企业在国际技术竞争中享有优势。④ 2017年4月，"美中经济安全审查委员会"根据1930年《关税法》中反倾销条

---

① Christopher Wray, "The Threat Posed by the Chinese Government and the Chinese Communist Party to the Economic and National Security of the United States," FBI, July 7, 2020, accessed December 15, 2020, https://www.fbi.gov/news/speeches/the-threat-posed-by-the-chinese-government-and-the-chinese-communist-party-to-the-economic-and-national-security-of-the-united-states.

② Robert C. O'Brien, "The Chinese Communist Party's Ideology and Global Ambitions," National Security Council, June 26, 2020, accessed December 1, 2020, https://www.whitehouse.gov/briefings-statements/chinese-communist-partys-ideology-global-ambitions/.

③ Aaron L. Friedberg, "Competing with China," *Survival* 60, no.3 (2018): 7-64.

④ Evan S. Medeiros, "The Changing Fundamentals of US-China Relations," *The Washington Quarterly* 42, no.3 (2019): 93-119.

款，将中国认定为"非市场经济国家"。①2017年，美国贸易代表办公室在其关于中国加入世贸组织后情况的报告中指出，中国政府对外国投资施行宽泛的控制，与产业政策一并限制了外国投资者参与中国重要行业的能力。②美国政府还将中国的引才政策作为攻击对象，指责中国的高等学校学科创新引智计划（简称"111计划"）提供研究启动资金，从外国引进专家、学者等高尖端人才，③称这是利用非正式技术转让与美国知识产权窃取的模糊界限来获取美国的技术和情报。④

三、对华"全政府"科技竞争战略的形成

在国际政治经济学的权力转移理论中，有学者将工业化作为新兴国家崛起的手段，认为技术是国际关系研究中的外生变量。⑤国际政治经济学者罗伯特·吉尔平进一步指出了技术与战略竞争之间的关系：技术的重大进步能够增强新兴国家在国际政治格局中的优势。⑥由于专利垄断的局限性导致垄断企业倾向于以资本形式而非以出售商品的形式转让机器设备，因此作为全球技术的领先者，优势国家的专利垄断使其从技术扩散中不断获利。美国作为先进技术的起始端，通过产品出口、技术转让和对外直接投资而进行的技术扩散，意味着美国的市场开放程度大于其他国家，从而造成不对称的市场开放。这使得其他

---

① 此前，欧盟委员会通过对中国经济状况的审查，否认了中国的市场经济地位。详见："State-Owned Enterprises, Overcapacity, and China's Market Economy Status," U.S.-China Economic and Security Review Commission, November, 2016, accessed January 2, 2021, https://www.uscc.gov/Annual_Reports/2016-annual-report-congress.

② "2016 Report to Congress on China's WTO Compliance," Office of the U.S. Trade Representative, 2017, pp. 100-106.

③ Sean O'Connor, "How Chinese Companies Facilitate Technology Transfer from the United States," US-China Economic and Security Review Commission, May 6, 2019.

④ Johnathan Ray, et al., *China's Industrial and Military Robotics Development* (Defense Group, Incorporated, Center for Intelligence Research and Analysis, 2016).

⑤ Abramo FK Organski and Jacek Kugler, *The War Ledger* (University of Chicago Press, 1980).

⑥ Robert Gilpin, "The Political Economy of the Multinational Corporation: Three Contrasting Perspectives," *American Political Science Review* 70, no.1 (1976): 184-191.

大国利用市场开放的不对称性推动经济和技术发展，进而挑战技术领先国的主导地位。

美国著名国际关系学者亚瑟·斯坦（Arthur Stein）认为，这种市场开放的不对称性是优势国家根据其偏好塑造国际经济秩序谋取安全利益所必须承担的代价。[①] 西方学术界和战略界的研究一般认为，新兴国家的创新活动有可能挑战技术领先国的战略利益，对领先国产生安全负外部性和秩序负外部性。一方面，潜在竞争者对领先国两用技术的采购会引起与国家安全相关的负外部性。[②] 学术界对贸易产生的安全负外部性、贸易与和平的研究已较为深入。贸易带来战略性商品的跨国流动能够直接或间接地增加贸易伙伴国的军事力量和储备；[③] 产生非对称性相互依赖，增加本国经济的脆弱性。[④] 另外，政策制定者对双方未来的贸易预期是重要影响因素，[⑤] 因此一国的国际政治定位也成为引

[①] Arthur A. Stein, "The Hegemon's Dilemma: Great Britain, the United States, and the International Economic Order," *International Organization* 38, no.2 (1984): 355-386.

[②] Matthew Fuhrmann, "Exporting Mass Destruction? The Determinants of Dual-Use Trade," *Journal of Peace Research* 45, no.5 (2008): 633-652; Michael Mastanduno, "Strategies of Economic Containment: US Trade Relations with the Soviet Union," *World Politics* 37, no.4 (1985): 503-531; Gary K. Bertsch and Gary K. Bertsch, eds., *Controlling East-West Trade and Technology Transfer: Power, Politics, and Policies* (Duke University Press, 1988).

[③] 政治经济学领域早期的古典自由主义者以及重商主义者就已经指出贸易如何促进了国家经济的发展，以及国家经济的发展又如何促进了现代国家军事实力的提高。詹姆斯·施莱辛格：《国家安全的政治经济学：当代大国竞争的经济学研究》，韩亚军、李韬、陈洪桥译，北京理工大学出版社，2007，第83页。

[④] 关于非对称相互依赖如何成为权力来源的分析，参见罗伯特·基欧汉、约瑟夫·奈：《权力与相互依赖（第3版）》，门洪华译，北京大学出版社，2002，第11—20页。

[⑤] 美国学者戴尔·科普兰指出，当各国都盼望进行互利贸易时，经济交往将促进和平；而一旦有一国预期到贸易最终将使该国变得极其脆弱时，就会萌生战争的想法。参见：Dale C. Copeland, "Economic Interdependence and War: A Theory of Trade Expectations," *International Security* 20, no.4 (1996): 5-41。

起安全负外部性的因素。"现状国家"（status quo state）①间紧密的经济联系将促成一种平衡战略进而促进和平；而"现状国家"与"修正主义国家"（revisionist state）间的经济联系将更可能造成冲突。②另一方面，技术崛起国在提高技术获取能力过程中对现有秩序完整性的无视、破坏，以及与技术领先国利益潜在的相敌对的秩序诉求，都将引起秩序的负外部性。在基于规则的国际秩序中，领先国对知识产权强有力的保护便于其收取租金以及从国际贸易中实现商业利益最大化。技术崛起国的技术获取和创新活动在某种程度上与现行秩序发生抵触，可能表现为突破国际规则、惯例和规范，无视现有制度安排，或创建替代当前规则的制度以挑战其权威性和合法性。

特朗普上任后坚定奉行"美国优先"理念，推动中美关系发生"质变"。在特朗普政府时期，美国两党和社会各界已对中国国力增强的潜在"威胁"保持高度警惕。2020年初以来，特朗普政府以疫情期间维护美国供应链安全为由加速了美国在经济、技术等领域对华"脱钩"。美国日益政治极化的民主党和共和党在对华强硬政策上不仅达成一致，甚至在对华政策上形成了"好勇斗狠"的竞争态势。

2020年5月7日，美国众议院共和党领袖凯文·麦卡锡宣布在共和党内成立"中国特别小组"。该小组由司法管辖委员会的15名共和党议员组成，专门对涉及中国议题的立法策略进行协调，以应对"中国对美国各个层面的挑战"。③2020年5月15日，特朗普在接受媒体采访

---

① "现状国家"源于国际关系学的权力转移理论，与"修正主义国家"对立。现状国家将国际关系体系、国际法律与规则，以及自由市场经济视为应当维护和保持的全球秩序整体的组成部分，寻求维持国际秩序现状。修正主义国家则对现有国际秩序或国际关系状态不满，寻求对既有国际政治体系的改变。

② Michael Mastanduno, "Economic Statecraft, Interdependence, and National Security: Agendas for Research," Security Studies 9, no.1-2 (1999): 288-316.

③ Kevin McCarthy, "Leader McCarthy Announces China Task Force," Republican Leader, May 7, 2020, accessed October 6, 2020, https://www.republicanleader.gov/leader-mccarthy-announces-china-task-force/.

时公开表示，考虑要"全面切断对华关系"。① 2020年2月6日，美国司法部在美国战略与国际研究中心（CSIS）举行"中国行动计划"会议，前美国司法部长威廉·巴尔（William Barr）公开表示，中国的技术攻势对美国构成了前所未有的挑战，并直接"威胁"了美国的技术垄断地位和国家安全；现阶段，正在快速发展并日趋成熟的5G技术将成为未来工业世界的中心，基于5G的通信网络将演变成下一代工业互联网，以及依赖于这一基础设施的下一代工业系统的中枢神经系统，而中国已经在5G领域处于领先地位，美国及其盟国必须与华为公司等中国企业展开竞争，以保持占有足够的市场份额。由于留给美国的时间窗口很短，因此美国必须迅速采取行动。② 在会上，克里斯托弗·雷指出，美国需要一种"全社会"的行动来反抗中国的"技术窃取"以保护美国的经济和国家安全。③

2020年5月20日，白宫发布了由美国国防部提交的《美国对中华人民共和国的战略方针报告》（以下简称《美国对华战略报告》）④，正式推出了美国"全政府"对华战略。该报告全面阐述了美国"全政府"对华战略的基本方针与策略，且措辞强硬、立场坚定。报告明确了美国对华战略的定位，即同中国在经济、技术、安全、制度等各个领域开展长期竞争。在对华"全政府"战略中，科技与经济领域的安全与

---

① Sevastopulo D. "Trump Threatens to Cut Off Relations with China," Financial Times, May 15, 2020, accessed June 6, 2020, https://www.ft.com/content/cfbba6bf-3de5-458d-92d1-a62fb958a354.

② "Attorney General William Barr's Keynote Address: China Initiative Conference," CSIS, February 6, 2020, accessed October 6, 2020, https://www.csis.org/analysis/attorney-general-william-barrs-keynote-address-china-initiative-conference.

③ Christopher Wray, "Confronting the China Threat," FBI News, February 6, 2020, accessed December 15, 2020, https://www.fbi.gov/news/stories/wray-addresses-china-threat-at-doj-conference-020620.

④ "U.S. Strategic Approach to The People's Republic of China Report," National Security Council, May 26, 2020, accessed December 15, 2020, https://trumpwhitehouse.archives.gov/articles/united-states-strategic-approach-to-the-peoples-republic-of-china/.

竞争是重要主题之一，[①] 遏制中国迅速发展的高科技产业是该战略十分重要的组成部分。《美国对华战略报告》再次表明，中美关系已经进入一个以"战略竞争"为主基调的新时期，也意味着美国在明确的对华"全政府"战略背景下，其对华"全政府"科技竞争战略的正式形成。将对华科技竞争置于对华战略的首要地位，成为美国"维护"其国家安全的重要手段。

美国"全政府"对华战略中，以2017年《美国国家安全战略》报告中维护美国国家利益的四项根本目标为支柱，对与中国的"战略竞争"提出了两个具体目标：一是提高美国在与中国竞争中的适应能力；二是停止中国对美国国家利益造成"侵害"的行动。美国不仅综合运用行政、司法、外交等国家机器打压中兴和华为等中国通信设备制造的领军企业，而且还在中美双边贸易谈判中设置知识产权保护和所谓的"强制性技术转让"等议题，向中国全面施压并要求中国作出结构性改变。2019年5月以来，美国动用国家力量打压华为等中国民营高技术企业，旨在将中国排挤出全球高技术产业链进而遏制中国的技术创新。目前，美国对华科技竞争的主要标的是一些关键、敏感产业和技术领域，包括传统国防军事领域的工业部门，也包括新兴技术相关部门；主要集中在高端技术领域，且日益向全产业链的控制延伸，[②] 以达到限制中国高科技产业发展的目的，消除中国对美国全球领导地位的挑战。2018年，美国商务部"工业与安全局"（BIS）列举了14类代

[①] 值得注意的是，在短短16页的报告中，科技、经济、安全、竞争等词汇频繁出现，其中"科技"出现30次，"经济"出现31次，"安全"出现26次，"竞争"出现18次，足见遏制中国高科技产业发展在对华竞争战略中的重要地位。

[②] 伍穗龙：《技术性贸易壁垒最新态势与我国的应对策略》，《中国流通经济》2016年第3期，第122—128页。

表性新兴技术,① 人工智能、先进计算、机器人等技术再次作为美国政府的重点关注对象位于清单中。

第三节 美国对华实施"全政府"科技竞争的原因

虽然美国在有关中国知识产权等问题上持有偏见,但这并非导致美国对华科技战略逆转的根本原因。中国科研实力的迅速提高、中国高技术产业沿全球价值链的显著攀升,以及中国在数字经济领域重要技术和标准的领先地位,对美国全球科技领导地位构成了巨大的挑战。中国科技实力的快速提高冲击了美国对华科技合作与交流的前提和基础,美国政府对华科技竞争与防范目的超越了合作与交流的动力。近年来,美国在对华科技竞争战略意图上的转变,体现了其维护全球科技领先地位从而遏制、操控新兴竞争对手国家的深层逻辑。

一、中国科技创新能力削弱美国科技优势

美国政府发布的一系列报告明确指出,中国科技实力的崛起,对美国已经构成了"威胁"。2018年6月,白宫"贸易与制造业政策办公室"(OTMP)发布了一份题为"中国的经济侵略如何威胁美国和世界技术和知识产权"的报告,指控中国主要通过两个方面实施所谓的"经济侵略":一是通过从美国获取关键技术和知识产权,二是大力发展推动未来经济增长的新兴高技术产业和国防工业。中国不断增强的科技实力使美国对其全球领先的科技优势产生了危机感。

---

① 这14类技术分别是:(1)生物技术;(2)人工智能(AI)和机器学习技术;(3)定位、导航和定时(PNT)技术;(4)微处理器技术;(5)先进计算技术;(6)数据分析技术;(7)量子信息和传感技术;(8)物流技术;(9)增材制造(例如3D打印)技术;(10)机器人技术;(11)智能计算机(脑机)接口技术;(12)高超音速空气动力学技术;(13)先进材料技术;(14)先进监控技术(如面印和声纹技术)。"Review of Controls for Certain Emerging Technologies: A Proposed Rule," Federal Register, The Industry and Security Bureau, 2018.

第一，中国科技实力的提升削弱了美国的科技竞争优势，直接影响了美国的全球科技领先地位。世界知识产权组织（WIPO）发布的《2021年全球创新指数报告》显示，中国排名第12位，较2020年上升2位。根据美国国家科学基金会提交的报告数据，2010年至2020年，中国在全球专利数量中的占比从16%增加至49%，而美国则从15%下降至10%。① 2011年，中国超过美国成为全球最大的知识—技术密集型产业产出国，在此后的10年中这一产出速度进一步增长。② 美国政府感受到美国的科技霸权面临挑战，成为其重新考量中美"经济—安全"关联的关键因素。③ 根据美国国家安全战略的逻辑，中国经济实力的崛起"触及"了美国的根本利益，即保持经济规模的全球绝对优势以及科技的领先地位。美国政府认为，中国正通过四种方式对美国实施了所谓的"经济侵略"：保护中国国内市场不受进口与国际竞争的影响、扩大中国的国际市场份额、保护和控制全球范围内的核心自然资源以及主导传统制造产业。④ 2020年，美国兰德公司在公开发布的一份报告中表示，虽然美国目前在人工智能技术开发领域处于领先地位，但中国

---

① "The State of U.S. Science & Engineering 2022," National Science Board Science & Engineering Indicators, January, 2021.

② 根据美国国家科学基金会的统计数据，中国的知识—技术密集型产业产出在全球占比从2011年的18%增长至2019年的31%。"The State of U.S. Science & Engineering 2022," National Science Board Science & Engineering Indicators, January, 2021.

③ Michael Brown and Pavneet Singh, "China's Technology Transfer Strategy: How Chinese Investments in Emerging Technology Enable a Strategic Competitor to Access the Crown Jewels of U.S. Innovation," Defense Innovation Unit Experimental, January, 2018, accessed December 20, 2019, https://new.reorgresearch.com/data/documents/20170928/59ccf7de70c2f.pdf; Lorand Laskai, and Samm Sacks, "The Right Way to Protect America's Innovation Advantage," *Foreign Affairs* 23 (2018).

④ "How China's Economic Aggression Threatens the Technologies and Intellectual Property of the United States and the World," White House Office of Trade and Manufacturing Policy, June, 2018, accessed October 6, 2020, https://trumpwhitehouse.archives.gov/wp-content/uploads/2018/06/FINAL-China-Technology-Report-6.18.18-PDF.pdf.

正试图通过大规模的政府投资来"侵蚀"这一优势。①"美中经济安全审查委员会"明确指出,自2000年以来,美国跨国公司在中国的投资和生产削弱了美国在制造业以及高技术产业上的竞争优势,②由此对美国国家安全构成"威胁"。该委员会在向国会提交的2018年年度报告中称,中国公司在5G标准制定与全球布局方面的地位不断提升,中国对物联网和5G技术的支持在经济、安全、供应链和数据隐私方面,给美国带来了巨大风险。③中国在推动技术和经济发展的过程中追求技术独立的目标,被视为"新技术民族主义"。④而美国跨国企业对《中国制造2025》等产业政策的态度则较为矛盾:一方面,跨国企业能够在中国基于信息技术的制造业中享受便利的商业环境和现代化基础设施;另一方面,也意识到在中国的长期生存将面临激烈竞争。⑤美国政治和商业界的普遍共识在于,如果中国不断加快技术创新,美国将无法在与中国的双边贸易中获得任何优势,⑥这违背了美国维护全球经济领先地位的国家安全逻辑。中美两国在基础研究和经贸领域开展科技合作交流的前提是维护和巩固美国对中国的绝对技术领先优势;而中国逐

---

① Rand Waltzman, et al., "Maintaining the Competitive Advantage in Artificial Intelligence and Machine Learning," Santa Monica, CA: RAND Corporation, 2020, accessed December 2, 2020, https://www.rand.org/pubs/research_reports/RRA200-1.html.

② Kaj Malden and Ann Listerud, "Trends in U.S. Multinational Enterprise Activity in China, 2000–2017," U.S.-China Economic and Security Review Commission, July 1, 2020, accessed December 2, 2020, https://www.uscc.gov/sites/default/files/2020-06/US_Multinational_Enterprise_Activity_in_China.pdf.

③ "2018 Report to Congress of the U.S.-China Economic and Security Review Commission," USCC, November 11, 2018, accessed June 6, 2020, https://www.uscc.gov/sites/default/files/2019-09/Chapter%204%20Section%201-%20Next%20Generation%20Connectivity_0.pdf.

④ Yongwoon Shim and Dong-Hee Shin, "Neo-techno Nationalism: The Case of China's Handset Industry," *Telecommunications Policy* 40, no.2-3 (2016): 197-209.

⑤ Alexander B. Hammer, "'Made in China 2025' Attempts to Re-Stimulate Domestic Innovation," *Executive Briefings on Trade (USITC)* (2017).

⑥ James Pethokoukis and Derek Scissors, "How to Think About the US-China Trade War: A Long-Read Q&A with Derek Scissors," American Enterprise Institute, June 22, 2018, accessed November 30, 2020, http://www.aei.org/publication/how-to-think-about-the-us-china-trade-war/.

渐提高的科技实力，对美国以保持经济绝对优势和技术领先地位的国家经济安全目标构成了巨大的挑战。

第二，中国高技术产业链的完善，特别是先进制造业的成熟强化了美国对中国半导体等产品供应的依赖，美国国家经济安全由此面临挑战。2020年，全球新冠肺炎疫情的暴发使得基于价值链分工合作的全球生产网络的脆弱性暴露无遗：一旦价值链中的某一个环节在外部冲击下无法进行生产，将波及整个全球产业链条。更为重要的是，此次危机凸显了中国作为"世界工厂"在全球价值链和分工体系中的重要地位。长期以来，尽管以来料加工和出口组装为主的贸易模式使得中国大体上处于全球价值链的中低端；而美国则凭借其在服务业和知识产权方面的优势牢牢占据着全球价值链的高端。但是中国凭借完整的产业体系、规模庞大的高素质劳动力、日益发达和完善的基础设施以及高度稳定的投资和营商环境，在全球价值链分工格局中牢牢占据了生产和加工这一重要环节，并体现出了强大的技术创新和价值链升级能力。2017年，美国"总统科学技术顾问委员会"（PCAST）声称，中国的科技战略旨在追求高科技领域的全球领先地位、改善中国高技术产业对进口半导体的过分依赖的状况，为美国高技术产业带来了挑战。[①] 2022年，美国兰德公司国防研究院的研究报告认为，在移动设备、操作系统和芯片设计等领域，美国相对于中国具有相对优势或与中国实力相当；而在网络基础设施和芯片代工厂这两个5G技术领域的关键环节，美国则处于弱势地位。[②] 有学者指出，中国在半导体及其相关领域技术研发和产品制造方面的进展，使美国军方失去保持全球优势的能力。美国国防优势的许多技术都依赖于不受国家控制的全球

[①] Craig Mundie and Paul Otellini, "Ensuring U.S. Leadership and Innovation in Semiconductors," the White House of President Barack Obama, January 9, 2017, accessed December 6, 2020, https://obamawhitehouse.archives.gov/blog/2017/01/09/ensuring-us-leadership-and-innovation-semiconductors.

[②] Daniel Gonzales, Julia Brackup, Spencer Pfeifer, and Timothy M. Bonds, "How to Secure the 5G Future: A Way Forward in the U.S. and China Security Competition," RAND Corporation, 2020.

商业市场，而中美两国在技术生产供应链的深度融合，将成为美国国防工业基础脆弱性的根源。[1] 美国"总统科学技术顾问委员会"的报告指出，"由非美国本土企业控制的半导体产业将对美国国家安全产生威胁，损害美国国家利益。"此外，美国认为，某些企业、特别是信息通信技术产业的企业的供应链过于依赖中国制造商，将使中国情报部门利用稳定的供应链来获取美国民用或军事装备的访问权，且中国政府有可能在中美关系恶化期间切断半导体供应链。[2] 正是这种担忧促使特朗普政府竭力使用关税、补贴等方式鼓励美国企业将其供应链移出中国以减少此类风险。中国较为完整的半导体产业链和强大的半导体制造能力为全球输出大量、稳定的产品，也使美国担心中国利用地缘经济，将一些国家对中国经济和产业链的高度依赖作为可利用的战略资产，操纵其他国家以中国的利益为中心。[3] 这与以美国利益和价值观为核心的国际经济体系存在原则性的冲突，"威胁"美国在国际体系中的核心地位。

第三，以华为公司为首的中国企业对5G技术和标准制定上的先发制人将对美国信息产业和数字经济的话语权和制裁权产生强烈冲击。二战结束以来，处于全球经济核心地位的美国具有为众多现有技术制定标准的能力。20世纪90年代，美国产业界在美国政府的扶持下确立

---

[1] Michael Brown and Pavneet Singh, "China's Technology Transfer Strategy: How Chinese Investments in Emerging Technology Enable a Strategic Competitor to Access the Crown Jewels of U.S. Innovation," Defense Innovation Unit Experimental, January, 2018, accessed December 20, 2019, https://new.reorgresearch.com/data/documents/20170928/59ccf7de70c2f.pdf.

[2] Evan S. Medeiros, "The Changing Fundamentals of US-China Relations," *The Washington Quarterly* 42, no.3 (2019): 93-119.

[3] Liu Feng and Liu Ruonan, "China, the United States, and Order Transition in East Asia: An economy-security Nexus Approach," *The Pacific Review* 32, no.6 (2019): 972-995.

了"温特尔主义"工业范式，①在美国催生出一大批既拥有新技术新产品又掌握行业标准制定权的全球领先企业，被认为是美国竞争力的重要来源。此后，受"温特尔主义"的影响，美国将掌握全球新技术标准制定权视为其保持全球技术领先优势的关键。而华为公司率先研发5G技术，并在全球范围内搭建华为5G基站，抢先于美国制定了多个5G技术标准，成为全球5G领域的领导者之一。2020年2月，前美国司法部长威廉·巴尔（William Barr）在参加华盛顿智库"战略与国际研究中心"（CSIS）举行的"中国行动计划"会议（China Initiative Conference）时表示，从国家安全的角度来看，如果全球工业互联网依赖于中国的技术，中国将有能力切断各国与其消费者和工业所依赖的技术和设备之间的联系，届时美国将受制于"中国主导权前所未有的杠杆影响，美国目前使用的经济制裁力量将显得苍白无力"。美国对中国正在扩张的杠杆影响和管辖权、推动亚洲秩序的重新整合表示担忧，②认为一个多极世界的兴起，将严重削弱美国通过经济或政治手段影响未来"以中国为中心的亚洲"的能力。③2020年6月，美国商务部宣布允许美国企业与华为公司共同制定5G技术标准。该政策虽然打开了美国企业与华为公司进行技术交流的大门，但美国商务部明确强调，技术分享仅限用于制定行业技术标准的技术，不可以用于"商业目的"。此举的最终目的是确保美国企业更全面和深入地参与全球通信

---

① 温特尔（Wintel）的命名各取自微软操作系统windows和英特尔（Intel）芯片处理器的一部分，"温特尔主义"（Wintelism）的来由是由于20世纪90年代微软和英特尔通过制定结构性的行业标准和模块化生产的模式，对计算机组装企业（如IBM和Dell）形成在产业链上的控制，即通过制定行业标准和模块化生产的策略来控制和主导其他平行企业。详情参见：Jeffrey A. Hart and Sangbae Kim, "Explaining the Resurgence of US Competitiveness: The rise of Wintelism," *The Information Society* 18, no.1 (2002): 1-12.

② Derek Scissors, "The Belt and Road is Overhyped, Commercially," *American Enterprise Institute* 12 (2019).

③ "Globalisation Is Dead and We Need to Invent a New World Order," The Economist, June 28, 2019, accessed November 30, 2020, https://www.economist.com/open-future/2019/06/28/globalisation-is-dead-and-we-need-to-invent-a-new-world-order.

行业的标准制定活动，保持美国对全球技术标准，特别是信息和通信技术领域技术标准的话语权。前美国商务部部长韦伯·罗斯（Wilbur Ross）表示，美国的这一举措将鼓励美国业界全面采取行动使美国技术成为国际标准，以确保对未来5G、自动驾驶和人工智能等尖端技术和标准的领导权。[①]

二、中国高技术产业具有价值链攀升能力

在全球分工体系中，美国长期依赖垄断技术并攫取超额利润，从而处于全球产业链上游位置；而中国则凭借劳动要素禀赋优势以加工贸易的方式嵌入全球分工体系，处于全球产业链的中下游位置。中美两国在全球产业链中的不同地位决定了两国在全球价值链中的位置差距，这种"位势差"被美国视为维护其经济安全的关键：美国既能够从与中国的"位势差"中获取经济利益，也能够进一步强化其科技优势和对全产业链条的控制力。而中国虽然在全球价值链中占有一席之地，但也由此对美国形成"技术—市场"依附关系。

一方面，美国利用其技术优势在全球产业链分工中使中国等发展中国家对其形成"技术—市场"依附关系，从而强化其全球价值链的中心地位。根据比较优势理论，在自由贸易的条件下，一国应出口具有比较优势的产品。从双边货物贸易结构来看，中美双边贸易存在一定程度的互补关系。[②] 然而，有学者指出，中美货物贸易的实际情况与传统的比较优势理论相矛盾，[③] 美国具有比较优势的产品对华出口过少

---

① 《华为5G：美国允许企业合作制定技术标准有何考量》，BBC中文新闻网，https://www.bbc.com/zhongwen/simp/world-53067777，访问日期：2020年12月4日。

② 杜莉、谢皓：《中美货物贸易互补性强弱与性质的动态研究》，《中国软科学》2010第1期，第25—33页。

③ 对于中美贸易结构上存在"反比较优势之谜"的现象，鞠建东解释道，在技术密集性最高的15个行业，美国对印度的出口都显著高于对中国的出口，美国在其具有比较优势的行业对中国过少的出口可能部分地造成了两国巨大的贸易逆差。鞠建东、余心玎：《全球价值链研究及国际贸易格局分析》，《经济学报》2014年第2期，第126—149页。

是导致中美贸易失衡的部分原因。究其原因，正是中美两国在全球产业链中的分工不同，进而使中国对美国产生依附关系而导致的结果。有学者在研究中发现，在发展中国家参与全球价值链分工时会出现广泛的"被俘"现象，[①]发展中国家企业与跨国公司之间的权力关系属于俘获型。[②]无论是"依附"还是"被俘"，都从与发达国家权力关系的角度描述了发展中国家在全球价值链分工中的地位。

以高技术产业为例，由于在全球生产网络中，美国掌握研发技术，而高技术产品的零部件供给大多来自德国、日本、韩国等国家，中国则主要从事加工组装工作。在这些产品完成组装后，由中国出口回美国市场。[③]中国位于全球产业链的加工组装中间环节，中国代工企业在跨国企业主导的俘获型治理机制下，容易受到跨国企业的技术控制和市场需求制约，[④]必然依附于美国的起始端技术和终端市场。从表4-6中可见，2013年中国对美国货物贸易出口最多的产品集中在消费品和资本品上；而美国对中国服务贸易出口额最高的产品主要来自旅游和

[①] Schmitz H. Local upgrading in global chains: recent findings//Paper for DRUID Summer Conference. 2004: 1-7. Hubert Schmitz, "Local Upgrading in Global Chains: Recent Findings," *Institute of Development Studies. Sussex* 6 (2004): 2-7.

[②] 美国杜克大学教授嘉力·杰里菲将全球价值链中的权力关系类型总结为市场型(market)、模块型(modular)、关系型(relational)、俘获型(captive)和层级型(hierarchy)。Gary Gereffi, John Humphrey, and Timothy Sturgeon, "The Governance of Global Value Chains," *Review of International Political Economy* 12, no.1 (2005): 78-104.

[③] 以苹果公司的iPod产品的增加值结构为例，阐释了全球价值链上的利润分配情况。2005年iPod零售价为299美元，出厂成本144美元，分销费用75美元，苹果公司获得80美元利润。中国的装配服务在出厂成本中仅占3.86美元，是总价值的1.2%。iPhone产品亦是如此，该产品的最终组装由中国深圳富士康公司完成。2009年由iPhone造成的美国对中国的贸易赤字为19亿美元，但中国厂商的组装服务对产品价值贡献仅为3.6%。由此可见，全球产业链位置的不同造成了发明iPhone的美国需要从国外进口，而中国却能够在高科技产品上实现贸易顺差这一现象。Jason Dedrick, Kenneth L. Kraemer, and Greg Linden, "Who Profits from Innovation in Global Value Chains? A Study of the Ipod and Notebook PCs," *Industrial and Corporate Change* 19, no.1 (2010): 81-116; 邢方青、Neal Detert：《国际分工与美中贸易逆差：以iPhone为例》，《金融研究》2011年第3期，第198—206页。

[④] 谭云清、李元旭、翟森竞：《锁定效应、跨界搜索对国际代工企业创新的影响》，《研究与发展管理》2017年第2期，第52—60页。

知识产权费用。中美贸易结构差异长期存在,且在2018年的双边贸易结构中更为明显。贸易结构的长期差异是中国对美国"技术—市场"依附的必然结果。

表4-6 2013年和2018年中美两国贸易结构

(单位:百万美元)

	2013年		2018年	
	中国进口	中国出口	中国进口	中国出口
货物	122852	441616	122136	540123
一般商品	122132	441557	121098	540099
食品、粮食和饮料	20849	6173	8160	6648
工业用品和材料	42498	40544	41144	55724
资本品(除车辆外)	41299	159312	53075	199939
车辆及其零部件	10896	16266	10421	23078
消费品(除食品和车辆外)	5783	214731	7538	248081
其他一般商品	808	4530	760	6629
非货币黄金	720	60	1037	25
服务	35215	14578	57060	19112
保养与维修服务	712	123	1667	280
运输	4932	4932	5701	6028
旅游	16133	3257	29524	3709
保险服务	127	43	334	654
金融服务	2923	409	4676	934
使用知识产权的费用	5475	155	8071	250
通信、计算机和信息服务	570	1797	1471	780
其他商业服务	3460	3611	3912	5691
政府物品及服务	339	72	510	80

资料来源:美国商务部经济分析局。

另一方面，经济全球化虽有利于技术落后国通过学习和模仿实现技术进步，但也会陷入来自发达国家在价值链上的技术锁定效应。[①] 在以价值链为核心的全球贸易网络中，生产者驱动型价值链的价值增值偏向于生产环节，消费者驱动型价值链的价值增值份额则偏向流通环节。前者主要集中在资本和技术密集型行业；而后者主要集中于劳动密集型行业。[②] 对发展中国家而言，参与全球价值链对国家创新体系具有更深层次的负面影响。国际商务领域著名学者、英国利兹大学教授彼得·巴克利指出，发展中国家的企业被局限在国际生产网络中具有比较优势的劳动密集型行业，此类行业中的技术模仿型企业更容易得以生存，但并不适合技术创新型企业的生存。[③] 经济全球化进程使美国和其他西方国家企业利用中国丰富廉价的劳动力资源和相对宽松的政策环境，将附加值较低的产业链中低端环节转移到中国。美国掌握研发、设计和营销等环节，占据全球价值链收入分配"微笑曲线"的两端，中国企业为了快速切入全球价值链和国际分工体系，则依靠劳动密集型产业的比较优势长期从事大规模的加工贸易。

在经历功能升级（OEM–DM–OBM）代工方式的演变后，中国通

[①] 美国著名经济学家布莱恩·阿瑟提出"锁定（lock-in）效应"，由于报酬递增和自我增强等机制的存在，一国现有的技术水平对技术创新选择往往具有锁定效应，导致技术水平停滞不前，不利于后进国家的工业化进程和产业结构升级。克鲁格曼指出，劳动生产率增速快于成本增速时，后进国家长期的国际分工和贸易模式会被强化锁定，从而形成不利于经济长期发展的资源配置格局和技术创新轨道。王敏、冯宗宪指出，北方国家（技术领先的发达国家）通过全球价值链的生产模式对南方国家（技术落后的发展中国家）产生技术锁定效应。Brian W. Arthur, "Competing Technologies, Increasing Returns, And Lock-In by Historical Events," *The Economic Journal* 99, no.394 (1989): 116-131; Paul Krugman, "The Narrow Moving Band, the Dutch Disease, and the Competitive Consequences of Mrs. Thatcher: Notes on Trade in the Presence of Dynamic Scale Economies," *Journal of Development Economics* 27, no.1-2 (1987): 41-55; 王敏、冯宗宪《全球价值链、微笑曲线与技术锁定效应——理论解释与跨国经验》，《经济与管理研究》2013第9期，第45—54页。

[②] Gary Gereffi, "International Trade and Industrial Upgrading in the Apparel Commodity Chain," *Journal of International Economics* 48, no.1 (1999): 37-70.

[③] Peter J. Buckley, "The Impact of the Global Factory on Economic Development," *Journal of World Business* 44, no.2 (2009): 131-143.

过引进成熟工艺和装备，建立生产能力和技术基础。企业在开展贸易和投资活动的过程中能够对先进技术进行学习和模仿，实现企业工艺升级和产品升级。但在以代工方式参与国际分工的过程中，中国代工企业对美国等发达国家的"技术—市场"依附，形成创新路径依赖并受到买方市场标准限制。这对企业产生技术创新锁定效应，[①]可能使其功能升级和产业链升级陷入被跨国公司压制的困境。美国跨国企业通过将中国锁定在价值链的中低端地位，强化其对中国企业的影响，进而获取更多的经济利益。中国庞大的市场规模激发了美国企业利用中国丰富的市场资源开展技术研发的动机，在中国加入世贸组织后完成了一系列高经济价值的发明专利，形成规模迅速扩张的知识资产，通过对中国技术创新形成技术壁垒。[②]美国对中国不断强调知识产权保护，以削弱中国企业模仿性技术学习能力并维护美国在华创新垄断势力，也是美国企业对华技术锁定的体现。

在美国进行全球化扩张时期，中国科技实力落后的局面使美国对华科技合作为美国企业带来的利益大于美国企业受到的威胁和挑战。从美国的视角来看，中美两国在全球产业链上的不同地位是美国与中国开展科技合作的基础；两国科技实力的差距是美国保持与中国科技合作的前提。

然而，创新对于持续的经济增长至关重要。技术依附关系和技术锁定效应都不利于中国经济的长期发展。美国因技术优势而形成并巩固的全球领先地位使中国等发展中国家面临更大的挑战。发展中国家仅仅依靠发达国家的收益递减无法有效缩小差距，必须通过技术创新

[①] Gary Gereffi, John Humphrey, and Timothy Sturgeon, "The Governance of Global Value Chains," *Review of International Political Economy* 12, no.1 (2005): 78-104.

[②] 俞文华：《美国在华技术比较优势演变及其政策含义——基于1985—2003年美国在华职务发明专利申请统计分析》，《科学学研究》2008年第1期，第98—104页。

提高经济效率。①特别是随着部分发展中国家的工业化初步完成，资本投入面临边际收益递减效应，劳动力成本优势逐渐被工资水平的上涨抵消，影响了出口行业的发展。②面对可能跌入"中等收入陷阱"的巨大挑战，只有提高技术创新能力，才能使经济保持长期稳定增长，③以克服中等收入国家所面临的结构性挑战。这种对创新的迫切需要被国际关系学者称为"创新势在必行"。④在中等收入国家中，各国对"创新势在必行"的态度各有不同，如印度和巴西更加依赖外部技术来源，而对本土技术创新的研发投入较少。中国在支持技术研发、促进技术交易和推动技术扩散等方面都表现出积极的态度；而这些追求创新的方式又决定了中国与美国在科技、经济和全球领导力等方面的广泛互动。

中国最早以加工贸易的方式迅速嵌入全球价值链，对中间品进口依赖严重。表4-7展示了2017年各主要国家和地区的全球价值链参与度以及增长幅度。目前，中国在全球价值链前向与后向参与度上，基本保持较为平均的水平，凸显了中国"两头在外"的加工贸易模式。美国为中国出口产品提供重要零部件，位于产业链上游，中国则主要

---

① Andrew B. Kennedy and Darren J. Lim, "The Innovation Imperative: Technology and US–China Rivalry in the Twenty-First Century," *International Affairs* 94, no.3 (2018): 553-572.

② Homi Kharas and Harinder Kohli, "What Is the Middle Income Trap, Why Do Countries Fall into It, and How Can It Be Avoided?" *Global Journal of Emerging Market Economies* 3, no.3 (2011): 281-289.

③ 有关"中等收入陷阱"的相关研究，参见："Middle-income claptrap," The Economist, February, 2013, accessed December 21, 2020, http://www.economist.com/news/finance-andeconomics/21571863-do-countries-get-trapped-between-poverty-and-prosperity-middle-income-claptrap; Gill, Indermit S., and Homi Kharas, "The middle-income trap turns ten," World Bank Policy Research Working Paper 7403 (2015); Foxley, Alejandro, and Fernando Sossdorf, "Making the transition: from middle-income to advanced economies," (2011).

④ Andrew B. Kennedy and Darren J. Lim, "The Innovation Imperative: Technology and US–China Rivalry in the Twenty-First Century," *International Affairs* 94, no.3 (2018): 553-572.

从事下游的加工组装生产环节。① 然而,研究表明,中国企业在出口过程中能够通过学习从而获得自主创新的能力,即"出口引致创新"效应,② 这种促进效应对技术含量较高的高技术行业更加明显;中国高技术产业参与全球价值链的程度不断提高,中国高技术产业沿着价值链逐渐攀升。③ 2008年国际金融危机后,特别是2012年以来在加工贸易转型的政策引导下,中国的产业结构已从劳动密集型转向资本密集型,中国高技术产业在全球价值链的前向参与度有所提高,而后向参与度有所下降;④ 更多的出口附加值通过中间品进口再次流回国内,用于高技术产品出口生产。⑤ 在科技服务部门与生产制造部门融合的过程中,制造业出口产品的研发要素投入和技术含量明显提高,使中国先进制造业产业沿着价值链向中上游不断攀升,⑥ 特别是计算机、电子、光学设备制造业的产业升级成效明显,在全球价值链的位置不断向上游移动。⑦ 虽然美国在该产业仍处于上游,但两国在全球价值链中的位置差距逐渐缩小。

---

① Robert Koopman, Zhi Wang, and Shang-Jin Wei, "Tracing Value-Added and Double Counting in Gross Exports," *American Economic Review* 104, no.2 (2014): 459-94.

② 李兵、岳云嵩、陈婷:《出口与企业自主技术创新:来自企业专利数据的经验研究》,《世界经济》2016年第12期,第72—94页。

③ 尹伟华:《中国高技术产业参与全球价值链程度和地位研究》,《世界经济研究》第2016年第7期,第64—72页。

④ 经济合作与发展组织的数据显示,2005—2015年,在显示全球价值链上游位置的前向参与度上,中国提升了1.9个百分点,在显示全球价值链下游位置的后向参与度上,中国下降了9个百分点。转引自黄宁、盖新哲:《全球价值链视角下的中美"技术脱钩":成因、趋势及对策》,《科技中国》2020年第9期,第14—18页。

⑤ 尹伟华:《中国高技术产业参与全球价值链程度和地位研究》,《世界经济研究》2016年第7期,第64—72页。

⑥ 张会清、翟孝强:《中国参与全球价值链的特征与启示——基于生产分解模型的研究》,《数量经济技术经济研究》,2018年第1期,第3—22页。

⑦ 马晶梅、丁一兵:《全球价值链背景下中美高技术产业分工地位研究》,《当代经济研究》2019年第4期,第79—87页。

表4-7　主要国家和地区的全球价值链（GVC）参与度情况

	全球价值链参与度	全球价值链参与度的增长率	
		2010—2017	2000—2010
发达国家和地区	60%	1%	11%
美国	46%	1%	7%
欧盟	65%	1%	12%
日本	51%	0%	9%
发展中国家和地区	56%	3%	13%
东亚与东南亚	61%	4%	13%
中国	62%	5%	34%
南亚	42%	4%	18%
西亚	50%	4%	13%
非洲	55%	1%	14%
拉丁美洲与加勒比海地区	41%	1%	11%

资料来源：联合国贸易与发展会议全球价值链数据库（UNCTAD-Eora）。

从中国知识与技术密集型产业占全球产品附加值的比重增长中可见，中国高技术产业升级成效显著。一方面，中国在全球高研发密集型行业[①]产品附加值中的比重逐步提高。2018年，全球高研发密集型行业的产品附加值超过3.2万亿美元。2003—2018年，美国的行业产值从约5700亿美元增长至1.04万亿美元，而在全球附加值中的份额却从38%下降到32%。与此同时，欧盟和日本的全球份额均有所下滑；而中国的份额却在迅速上升——从2003年的6%提高至2018年的21%（如图4-8）。另一方面，在中高研发密集型行业中，中国产品附加值的全

---

① 根据美国国家基金会2020年发布的《科学与工程指标》报告，行业内的知识和技术强度可以用多种方法来衡量，包括该行业对高技能工人的雇用水平及其研发强度。本书以研发强度作为衡量标准区分高研发密集型行业和中高研发密集型行业。高研发密集型行业包括飞机制造业、药品、电脑和其他光学产品、计算机软件业和基础科学研究，中高研发密集型行业包括研发强度较低但仍然属于研发密集型的行业，包括化学药品（不含药品）、运输设备（不含飞机）、电气及其他机械设备、信息技术服务以及科学仪器，等等。

球占比从2003年的7%增长至2018年的26%，是全球增长速度最快的国家，也是该行业中附加值占比最大的国家（如图4-9）。

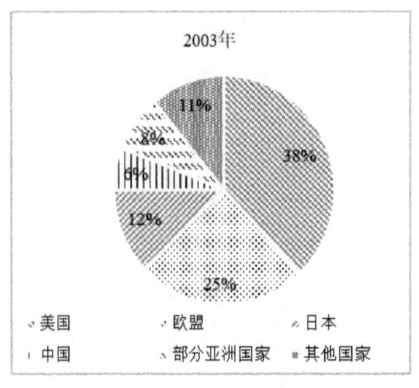 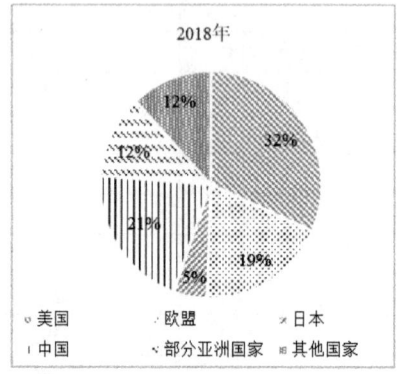

图4-8　全球高研发密集型产业附加值国别分布变化

资料来源："The State of U.S. Science and Engineering 2020," NSF, Science & Engineering Indicators, accessed December 29, 2020, [2021-12-26]. https://ncses.nsf.gov/pubs/nsb20203/data#table-block。

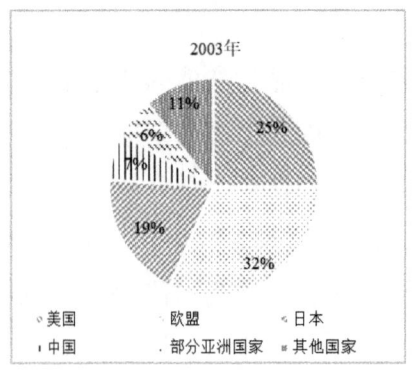 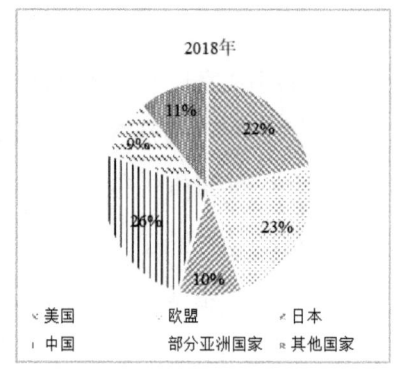

图4-9　全球中高研发密集型产业附加值国别分布变化

资料来源："The State of U.S. Science and Engineering 2020," NSF, Science & Engineering Indicators, accessed December 29, 2020, [2021-12-26]. https://ncses.nsf.gov/pubs/nsb20203/data#table-block。

事实上，中国高技术产业自20世纪90年代开始迅速发展，[1] 直至加入世贸组织后，中国逐渐成为美国跨国企业附加值增长的重要来源。表4-8展示了2000年、2008年、2017年美国跨国公司在不同国家分公司的附加值情况。2017年，中国已成为美国跨国公司附加值增加的第五大来源国，占全球产品总附加值的5%。而这个比例在2000年时仅为0.9%，居第20位。[2] 其中，制造业的附加值主要来源于计算机和电子产品以及化学品。从图4-10中可以看到，来自中国的附加值在美国海外总附加值的比重逐年提高；对于计算机和电子产品，来自中国的附加值在美国该产品海外总附加值的比重逐渐上升，由2000年的4.69%上升到2018年的13.03%，说明中国高技术产业正沿着价值链向上迅速攀升。[3]

表4-8　美国跨国公司的海外增加值分布

（单位：亿美元）

国家	2000年		2008年		2017年	
	增加值	占比（%）	增加值	占比（%）	增加值	占比（%）
中国	55	0.91	260	2.19	715	5.04
英国	1109	18.28	1599	13.46	1797	12.67
德国	603	9.94	946	7.96	855	6.03
加拿大	735	12.12	1236	10.40	1313	9.26
日本	364	6.00	397	3.34	466	3.29
爱尔兰	164	2.70	491	4.13	975	6.87
其他国家和地区	3037	50.07	6954	58.52	8063	56.85
合计	6066	100	11883	100	14184	100

---

[1]　赵玉林：《高技术产业经济学（第二版）》，科学出版社，2012。

[2]　"Activities of U.S. Multinational Enterprises," U.S. Department of Commerce, Bureau of Economic Analysis, accessed January 20, 2020, https://www.bea.gov/data/intl-trade-investment/activities-us-multinational-enterprises-mnes.

[3]　根据美国经济分析局（BEA）的分类，计算机和电子产品包括通信设备；导航、测量和其他工具；计算机和其外围设备；半导体和其他电子元件等产品。

资料来源:"Activities of U.S. Multinational Enterprises," U.S. Department of Commerce, Bureau of Economic Analysis, accessed January 20, 2020, https://www.bea.gov/data/intl-trade-investment/activities-us-multinational-enterprises-mnes。

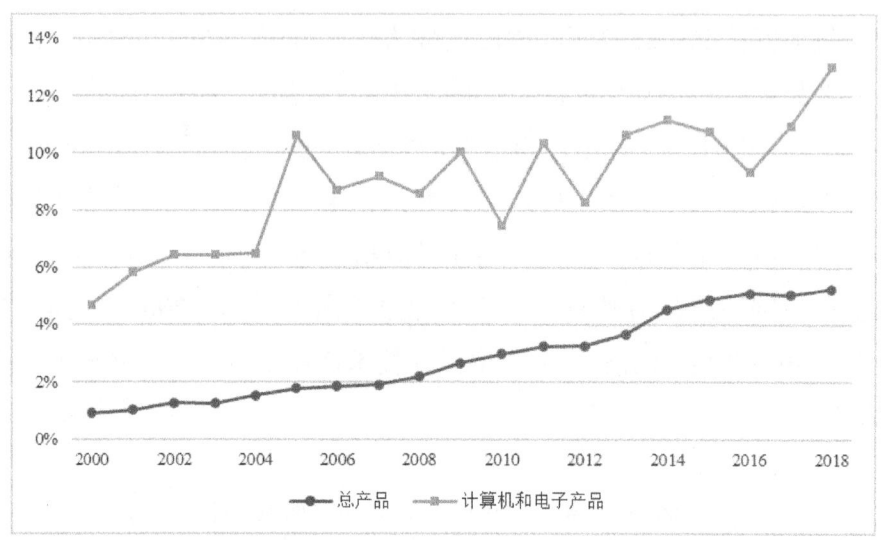

图4-10　中国占美国跨国公司总产品与计算机和电子产品海外附加值比重

资料来源:"Activities of U.S. Multinational Enterprises," U.S. Department of Commerce, Bureau of Economic Analysis, accessed January 20, 2020, https://www.bea.gov/data/intl-trade-investment/activities-us-multinational-enterprises-mnes。

三、中国在数字经济领域显现出独特优势

在数字经济时代,信息技术、平台企业和数据作为关键生产要素改变了传统的经济发展模式。技术革命突破了现有的主导技术结构,从而对生产组织和竞争形式、商业模式和制度框架都产生了重大影响。在第一次工业革命中,蒸汽动力使铁路运输系统突破了水力发电在生产规模和应用范围等方面的局限性,将全国市场联系起来,促进了工业城市的形成进而产生经济的集聚效应。企业的组织形式也出现重大变化,小企业的竞争达到高潮,涌现了千人以上的大型企业,产生了

股份公司、有限责任公司的所有权模式创新。在第二次工业革命中，电气技术的发展使重型工程的材料和设备得到了巨大改良，钢材和合金替代了铁材料，电机和高架起重机改良了蒸汽机皮带和轮滑的灵活度。由此，大型工厂的规模经济促进了企业纵向一体化的整合，企业兼并形成垄断和寡头垄断；全球性的商业网络造就了跨国企业，在全球形成通用技术和产品的标准化。现阶段，新一代信息技术形成的灵活的制造系统，网络经济和范围经济打破了规模不经济和流水线生产的不灵活性，大型企业和中小型企业广泛地参与依靠现代信息网络而运行的平台经济范式之中，在技术研发、生产规划等诸多方面密切合作，产生"大平台+小企业"这一新的经济组织形式。[①]

中国在数字经济领域的优势集中体现在数字经济相关技术取得大幅进展和拥有相对丰富的数据资源等方面。首先，中国5G通信技术优势明显。自20世纪90年代以来，中国通信产业发生了颠覆性的变化，从90年代前完全依赖外国电信设备，发展到现阶段在移动通信基础设施和终端产品市场占据主导地位，诞生了华为、中兴等一批通信产业的领军企业。2005—2015年，以华为、中兴为主导的中国电信供应商第三代（3G）、第四代（4G）移动网络技术的研发中加快步伐，积极参与在4G全球技术标准的制定，并在国际电信联盟（ITU）和"第三代合作伙伴计划"（3GPP）建立的过程中确定了5G技术标准。[②]2010年，随着中国电信企业不断扩张，美国的朗讯、摩托罗拉以及欧洲的西门子、阿尔卡特等国际竞争者逐渐衰落并退出该市场。在不到10年的时间里，华为和中兴逐渐占领了全球移动基础设施市场的40%至45%。目前，在无线网络接入解决方案中，中国拥有约30%的全球5G

[①] 卡萝塔·佩蕾丝：《技术革命与金融资本：泡沫与黄金时代的动力学》，中国人民大学出版社，2007。

[②] Paul Triolo, "The Telecommunications Industry in US–China Context: Evolving Toward Near-Complete Bifurcation," the Johns Hopkins University Applied Physics Laboratory, 2020.

标准必要专利（SEP）；在标准制定方面，中国在全球标准组织（国际电联，3G合作伙伴项目）中的影响力也在提高。①

其次，在人工智能技术方面中国也具有一定优势。中国人工智能领域专家李开复表示，中国在人工智能领域的表现充满潜力，丰富的数据资源和积极的商业活动将使中国超越美国在基础研究和创新方面的优势。②谷歌前执行总裁、美国国家安全人工智能委员会联合主席艾瑞克·斯密特（Eric Schmidt）将"整合创新"（即跨界创新，将某一领域的产品在另一个领域进行应用或商业化）视为中国的一项主要优势。③作为工业互联网和下一代工业体系的中枢系统，中国的半导体产业取得了重要发展。在政府的支持政策引导下，中国的制造能力从2000年占全球产能不到1%，上升至2018年的12.5%，居全球第5位，成为全球集成电路制造大国。2019年，中国半导体资本设备投资达到180亿美元，占全球资本设备支出的20%。④在芯片设计环节，以华为海思、中芯国际等企业为首的集成电路设计企业在近年来整体呈现大幅追赶全球领先水平的趋势。2018年，华为海思跻身全球前十大集成电路设计公司榜单，位列第五，营业收入的增长率居全球十强之首。2017年，美国半导体市场研究公司（IC Insights）公布的全球集成电路设计前50强企业中，有10家中国芯片企业；而2009年仅有华为海思一

---

① Parv Sharma, "5G Ecosystem: Huawei's Growing Role in 5G Technology Standardization," Counterpoint Research, August 20, 2018, accessed April 22, 2020, https://www.counterpointresearch.com/huaweis-role-5g-standardization/.

② Emily Parker, "How Two AI Superpowers – The U.S. and China – Battle for Supremacy in the Field," Washington Post, November 2, 2018, accessed November 29, 2020, https://www.washingtonpost.com/outlook/in-the-race-for-supremacy-in-artificial-intelligence-its-us-innovation-vs-chinese-ambition/2018/11/02/013e0030-b08c-11e8-aed9-001309990777_story.html.

③ Craig S. Smith, "AI for National Security and the Challenge of China," Forbes, April 30, 2020, accessed September 22, 2020, https://www.forbes.com/sites/craigsmith/2020/04/30/ai-for-national-security-and-the-challenge-of-china/#12e2bf3d498a.

④ Teng D, Aaron J, Bruno C, Tetsuya W, "China SPE Sector," Anchor Report, January 13, 2020.

家。① 中国半导体产业在设计能力、制造能力、封装测试以及装备保障方面，都有着强劲的发展势头，产业链逐渐完整成熟。

中国高新技术产品的加工贸易出口成为支撑出口增长的中坚力量，② 信息通信技术产业已成为中国高技术产品出口的主力军（参见表4-9）。2018年，计算机与通信技术、计算机集成制造技术和电子技术占中国高技术出口产品总额的89.2%；占出口总额的81.2%。中国不断增长的信息通信技术产品的生产和消费，为美国带来了新的机遇和挑战。以半导体产业为例，中国是世界上最大的半导体消费国，也是美国最大的半导体出口国，中国大规模的市场需求和潜在利益对美国企业具有较强的吸引力。而中国计划建设世界一流的存储芯片制造厂和代工厂，对全球半导体制造业的分工格局具有巨大影响。美国约翰斯·霍普金斯大学应用物理实验室在其发布的国家安全系列报告中指出，"虽然中国半导体产业在短时间内不会赶超美国，但是中国正在向这个方向努力"。③

---

① 上榜的十强企业包括：华为海思（HiSilicon）、Uigroup、中兴科技（ZTE Micro）、CIDC Group、Nari Smart Chip、ISSI、大唐（Datang）、GitaDevice、澜起科技（Montage）、Rockchip。由于统计口径问题，该榜单遗漏了大量中国芯片企业，如韦尔股份、汇顶科技、比特大陆、敦泰科技、紫光国微等。"U.S. IC Companies Maintain Global Marketshare Lead," IC Insights, March 19, 2020, accessed December 28, 2020, https://www.icinsights.com/news/bulletins/US-IC-Companies-Maintain-Global-Marketshare-Lead/.

② 潘悦：《在全球化产业链条中加速升级换代——我国加工贸易的产业升级状况分析》，《中国工业经济》2002年第6期，第27—36页。

③ Douglas B. Fuller, "Cutting Off Our Nose to Spite Our Face: US Policy Toward Huawei and China in Key Semiconductor Industry Inputs, Capital Equipment, and Electronic Design Automation Tools," The Johns Hopkins University Applied Physics Laboratory, 2020.

表4-9 2018年中国高技术产品进出口额按技术领域分布

技术领域	出口额			进口额		
	（亿美元）	占总额（%）	增长率（%）	（亿美元）	占总额（%）	增长率（%）
合　计	7430.44	100.0	10.8	6655.21	100.0	13.4
计算机与通信技术	5050.28	68.0	9.6	1243.85	18.7	9.1
生命科学技术	325.98	4.4	16.3	363.89	5.5	10.0
电子技术	1415.25	19.0	17.9	3574.24	53.7	15.5
计算机集成制造技术	163.89	2.2	12.6	582.79	8.8	27.3
航空航天技术	91.46	1.2	26.0	404.53	6.1	15.1
光电技术	289.81	3.9	−7.9	403.23	6.1	−4.6
生物技术	9.28	0.1	31.3	24.60	0.4	39.1
材料技术	74.60	1.0	2.2	48.17	0.7	13.9
其他技术	9.89	0.1	27.1	9.89	0.1	−8.9

资料来源：中华人民共和国科学技术部《2018年我国高技术产品贸易状况统计分析》。

数字技术和产品的网络效应使中国具有一定程度的"先入者优势"。哈佛大学法学院教授苏珊·克劳福德（Susan Crawford）指出，中国通过共建"一带一路"倡议和产业政策将中国5G设备接入全球光缆和无线网络，利用大数据分析提供高性能信息服务，使美国企业"看不到希望"。[①] 美国国防部创新委员会也提出，若中国在5G基础设施等关键领域掌握领导权，中国产品嵌入5G生态系统将对美国国防部的网络和行动构成潜在威胁。[②]

更为重要的是，数据是数字经济创新发展的关键生产要素和驱动

[①] "The Race Is On for Control of 5G Wireless Communications — And China Is in the Lead," NPR, March 11, 2019, accessed December 1, 2020, https://www.npr.org/2019/03/11/702355542/the-race-is-on-for-control-of-5g-wireless-communications-and-china-is-in-the-lea.

[②] "The 5G Ecosystem: Risks & Opportunities for DoD," Defense Innovation Board, April, 2019, accessed December 5, 2020, https://media.defense.gov/2019/Apr/03/2002109302/-1/-1/0/DIB_5G_STUDY_04.03.19.PDF.

力,这已成为人类社会的共识。①2017年,英国《经济学人》杂志将数据比作"21世纪的石油资源"。美国政府也指出,数据是数字经济中的"货币",是在陆权、海权和空权外的又一项国家核心资产。②数据对数字经济发展至关重要,而中国凭借人口规模和互联网普及度的优势,拥有海量数据资源和广阔的数据市场。根据互联网数据中心(IDC)的统计,2020年中国数据市场的规模约为104.2亿美元,较2019年增长了16%;该机构预测,2020—2024年,中国大数据市场将实现19%的年均复合增长率。③并且,中国的平台企业实力明显增强。华尔街证券分析师和投资银行家玛丽·米克尔(Mary Meeker)指出,中国正在成为全球互联网巨头的中心,将进一步缩小与美国的差距。2019年,全球前十大互联网公司中,阿里巴巴、腾讯分别位居第6名、第7名(参见表4-10)。进入全球前20的中国互联网企业还有美团、京东和百度。虽然与前四大企业的市值仍有较大差距,但依托国内丰富的数据资源和广阔市场的中国互联网企业已进入全球科技企业的第一梯队。

表4-10 全球市值前十大互联网公司

企业排名	企业名称	国家	市值(十亿美元)
1	微软(Microsoft)	美国	1007
2	亚马逊(Amazon)	美国	888
3	苹果(Apple)	美国	875
4	谷歌/字母(Google/Alphabet)	美国	741
5	脸书(Facebook)	美国	495

---

① Rumana Bukht and Richard Heeks, "Defining, Conceptualising and Measuring the Digital Economy," *Development Informatics* Working Paper 68 (2017); Vladimir S. Litvinenko, "Digital Economy As a Factor in the Technological Development of The Mineral Sector," *Natural Resources Research* 29, no.3 (2020): 1521-1541.

② 易宪容、陈颖颖、位玉双:《数字经济中的几个重大理论问题研究——基于现代经济学的一般性分析》,《经济学家》2019年第7期,第23—31页。

③ "中国大数据市场规模将在2020年达到104.2亿美元,"IDC, https://www.idc.com/getdoc.jsp?containerId=prCHC46784020, 访问日期:2020年12月5日。

续表

企业排名	企业名称	国家	市值（十亿美元）
6	阿里巴巴	中国	402
7	腾讯	中国	398
8	网飞（Netflix）	美国	158
9	奥多比（Adobe）	美国	136
10	贝宝（PayPal）	美国	134

资料来源：Statista数据库。

数字技术革新了已有的"技术—经济"范式，颠覆式技术变革、平台企业的网络效应为经济带来了新的增长点，为发展中国家扭转在全球价值链利润分配结构、提高全球产业链分工地位提供了巨大机遇。中国凭借丰富的数据资源、巨大的数字经济市场和竞争力日益提高的科技企业，将有巨大的潜力成为全球生产的主要驱动者和价值获得者。而这种在经济规模、科技实力和发展潜力上的提升潜质，使中国在数字经济时代超越美国成为可能。因此，中国日渐强大的科技创新能力和以此为基础的数字经济创新体系，是美国推出"全政府"对华科技竞争战略的重要原因。

第四节 小 结

美国主导下的经济全球化使各国融入全球市场，为美国带来了专业化分工的巨大利益。20世纪90年代以来，在对华接触政策的大背景下，美国在促进对华科技交流与合作上与美国国家战略目标和国家利益基本保持了一致。中美两国在全球价值链上的"位势差"，为美国带来了巨大的经济利益和对全球产业链的控制力，构成了美国对华实行科技合作政策的基础。然而，随着中国科技实力的快速提升，中国高技术产业沿着全球价值链攀升能力明显增强，且中国在数字经济领域的已有优势，缩小了中美两国之间的"位势差"，使美国的科技优势面临挑战。美国认为，中美科技领域的竞争不单纯是技术领域的竞争和摩擦，事关未来全球经济的主导权和国际秩序的话语权。在特朗普政府对华战略发生根本性转变、中美经济关系"脱钩"趋势日益增强的背景下，美国对华实施科技竞争战略的原因和目标逐渐清晰。

第 五 章
美国对华"全政府"科技竞争的战略举措

崛起国的技术进步对技术领先国即国际秩序主导国的安全产生负外部性,进而刺激后者作出战略回应。通常情况下,主导国倾向于采取直接手段应对安全负外部性,尽其所能切断相关技术供应,例如对崛起国减少或禁止相关技术交易。[①] 主导国往往会加强维护现行的国际规则和惯例,规制特定领域内的制度安排,包括威胁和惩罚崛起国改变规则的行为,迫使其在原有国际秩序框架内行动。一方面,主导国在秩序良好的领域加强双边和多边执法和管制力度;另一方面,在规则不完善的某些领域里,主导国则通过组建国际联盟等方式向崛起国施压,按主导国的偏好完善和拓展规则。美国与中国在高科技领域的争端,主要表现为美国对中国知识产权保护的不满与对中国获取技术手段的指责。在此背景下,特朗普政府对中国实行了"全政府"科技竞争战略。特朗普政府的对华科技"脱钩"政策既是零和博弈思维的体现,也是"美国例外论"影响下的美国国家安全观对现实国际形势的反映。深入研究美国对华"全政府"科技竞争手段并对拜登执政以后中美科技竞争的态势展开分析,对于全面评估美国科技竞争战略对中国的影响具有重要意义。

---

① Kim Dong Jung, "Trading with the Enemy? The Futility of US Commercial Countermeasures Against the Chinese Challenge," *The Pacific Review* 30, no.3 (2017): 289-308.

第一节 以行政管制方式遏制涉华技术出口与投资

随着中国在全球范围内的对外投资规模日益增大，并且对美高科技产业投资不断增加，使美国认为其技术优势逐渐流失。为了遏制中国在5G通信等高科技领域对美国的赶超态势，在中美贸易摩擦不断升级的背景下，美国政府不断完善出口管制制度，并以国家安全为由收紧了对关键技术的审查，保护其高端技术在全球的主导地位。同时，滥用知识产权保护的调查，实施战略性贸易政策，限制从中国进口产品和服务，限制对华投资。

一、对华高技术出口管制

美国将出口管制政策作为维护国家安全和科技领先地位的战略性武器加以运用，在敏感的设备、软件及技术等产品，特别是尖端的军民两用技术领域一直对中国保持严格的出口管制，限制中国军事和科技力量的发展。[1] 为了遏制中国在5G通信等高科技领域对美国的赶超态势，在中美贸易摩擦不断升级的背景下，美国政府不断完善出口管制制度。2018年以来，美国先后修订了《外国投资风险评估现代化法案》《出口管制改革法案》以及《国防授权法案》，以维护国家安全和外交利益为由，对中国高科技企业实施出口管制和技术封锁，美国遏制中国迅速发展的科技创新能力的这一战略意图显露无遗。

在产品和技术层面，美国对华出口管制措施主要分两个层次实施：首先，基于商业控制清单（CCL）的出口管制覆盖多种特定产品和技术，如航空航天设备、半导体制造设备（SME）、芯片、材料、软件

---

[1] Hugo Meijer, *Trading with the Enemy: The Making of US Export Control Policy toward the People's Republic of China* (Oxford University Press, 2016); 靳风:《美国出口管制体系概览》,《当代美国评论》2018年第2期，第117—120页。

以及技术数据等,这部分产品和技术禁止对所有中国企业出口;但出口许可证则执行一事一议的原则,多数情况下予以批准。对于尚未列入商业控制清单的新兴技术,美国商务部还加强了以对半导体产品及其制造设备为重点的"新兴""基础性"技术和产品的出口许可流程审查。[①] 其次,对军用终端产品和国防领域终端用户进行了涉及范围更广、力度更为严格的控制,扩大了技术覆盖范围,通常禁止颁发出口许可证。终端用户包括中国企业和消费者,如中国高科技企业、军方和其他为军方提供支持的实体。

在企业实体和个人层面,美国采用实体清单对来自中国的企业和个人进行有针对性的出口限制。2018年以来,美国先后三次修改实体清单。被列入实体清单的中国企业和个人,涉及机械、超级计算机、半导体、航空航天、光学仪器等多个领域的龙头企业、核心研究机构和个人,涉及领域也大多为高端技术产业领域。美国要求,对于清单中的企业和个人,任何美国政府部门不得向其采购服务、产品、技术或订立采购合同,不得向其提供任何技术协助,并暂停向其授予现有的所有许可。清单中的企业大多从事民用技术产品开发与贸易,美国限制其购买和使用美国技术,成为美国对华"科技霸凌"的关键例证。

以华为技术有限公司(以下简称"华为公司")和中兴通讯股份有限公司(以下简称"中兴通讯")为代表的通信技术企业是受美国制裁最严厉的中国科技企业。这两家同为电信领域掌握高端通信技术的中国企业,在2018年和2019年先后遭到美国政府的一系列打压和制裁。美国对这两家公司实施以出口管制为主的遏制政策,使它们面临无法获得美国制造的产品、软件和其他技术的威胁,从而严重影响了它们在中国和全球市场的产品生产和销售。

[①] Federal Register, "Review of Controls for Certain Emerging Technologies," November 19, 2018, accessed October 16, 2020, https://www.federalregister.gov/documents/2018/11/19/2018-25221/review-of-controls-for-certain-emerging-technologies.

第一，美国对中兴通讯的禁售令。早在2017年3月，就中兴通讯未能遵守美国禁止向一些国家出售某些技术的制裁问题，中兴通讯便与美国政府达成和解协议。在进行了一项为期多年的调查之后，中兴通讯同意和解并支付罚金，改变部分内部行为。虽然很严肃，但解决方案却是相对常规和非政治性的。① 2018年4月16日，美国商务部对中兴通讯发布为期7年的出口禁售令，即在期限内禁止中兴通讯同美国企业进行商务往来和购买敏感产品。② 而后中兴通讯先后发布公告称，美国商务部工业与安全局（BIS）在相关调查尚未结束前对其采取最为严厉的制裁行为，使中兴通讯的主营业务已无法进行。随后，特朗普将与中兴通讯有关的出口管制问题直接带入了中美贸易谈判中。2018年5月13日，特朗普要求美国商务部与中兴通讯达成和解协议，以解除出口管制并恢复中兴通讯获得美国制造商品和服务的渠道。③ 5月22日，美国取消了对中兴通讯的销售禁令，根据讨论的协议维持其业务。2018年6月7日，时任美国商务部长罗斯表示，美国政府同意解除对中兴通讯相关禁令，前提是中兴通讯再缴纳10亿美元罚款并改组董事会。2018年7月2日，美国商务部宣布暂时和部分解除对中兴通讯的出口禁售令，并表示依据协议，中兴通讯将向美国支付4亿美元的保证金。在长达三个月的禁令后，虽然美国商务部和国会最终同意解除出口禁

---

① Aruna Viswanatha, Eva Dou and Kate O'Keeffe, "ZTE to Pay $892 Million to U.S., Plead Guilty in Iran Sanctions Probe," Wall Street Journal, March 7, 2017, accessed November 17, 2020, https://www.wsj.com/articles/zte-to-pay-892-million-to-u-s-plead-guilty-in-iran-sanctions-probe-1488902019; Stephan Haggard, "The ZTE Case," PIIE, March 15, 2017, accessed Dember 24, 2020, https://www.piie.com/blogs/north-korea-witness-transformation/zte-case.

② Paul Mozur, and Ana Swanson, "Chinese tech company blocked from buying American components," New York Times, April 16, 2018, accessed November 17, 2020, https://www.nytimes.com/2018/04/16/technology/chinese-tech-company-blocked-from-buying-american-components.html.

③ Donald J. Trump, "President Xi of China, and I, are working together to give massive Chinese phone company, ZTE, a way to get back into business, fast. Too many jobs in China lost. Commerce Department has been instructed to get it done!" Tweet of Donald J. Trump, May 13, 2018, accessed November 26, 2020.

令，但中兴通讯不仅为此支付了巨额罚款并重组董事会，业务规模和企业商誉也严重受损。美国此举普遍被视为对中国高科技企业的试探性打压。

第二，美国对华为公司的封锁令。电信基础设施设备是华为公司的一项主要业务，为许多国家的5G网络提供硬件设备。继中兴通讯遭受美国制裁后，美国出口管制措施主要打击目标转向中国通信业的领军企业华为公司。2018年2月华为公司首次完成5G通话测试，2019年华为公司占全球5G基站市场份额的27.5%。[①] 哈德逊研究所高级研究员迈克尔·皮尔斯伯里（Michael Pillsbury）指出，华为公司因对美国构成严重的"国家安全风险"，已成为中美"贸易战"的关键战场。[②]

在中美"贸易战"期间，美国的一系列制裁行动直指华为公司。2019年5月和8月，美国政府声称华为及其多家关联公司"涉嫌违反《国际紧急经济权力法》（IEEPA），共谋向某些国家提供违禁金融服务，并阻碍相关调查"。为了彻底遏制中国在5G领域的创新发展势头，2019年5月，美国商务部工业与安全局（BIS）针对华为公司发布了新的出口禁令，将华为公司列入了"实体清单"，即所有向华为公司提供包含美国技术产品的公司，都必须获得美国商务部的出口许可认证。除非供应商首先取得许可证，否则禁止向华为公司及深圳市海思半导体有限公司等114家子公司出口美国产品和服务，从而迈出了彻底"封杀"华为公司的关键一步。此后，谷歌、微软等企业暂停了与华为公司的业务合作；英特尔、高通等芯片设计和供应商也开始停止向华为

---

① Jennifer Read, "Competition in Mobile Base Station Market to Intensify as Global 5G Development Enters Upswing," EMS NOW, August 4, 2020, accessed November 26, 2020, https://emsnow.com/competition-in-mobile-base-station-market-to-intensify-as-global-5g-development-enters-upswing-says-trendforce/.

② Pillsbury M. "Huawei poses serious national security risk to U.S.," Hudson Institute, February, 2020, accessed November 26, 2020, https://www.hudson.org/research/15714-huawei-poses-serious-national-security-risk-to-u-s.

公司供货；日本电信运营商软银集团和KDDI电信公司，以及英国电信运营商EE，也都纷纷与华为公司进行业务切割。2020年5月，美国商务部以华为公司破坏"实体清单"条款为由，进一步宣布禁止华为公司及其供应商使用美国的技术和软件，阻止全球范围内的公司使用美国制造的设备和软件为华为公司或其实体设计或生产芯片。① 美国安全与新兴技术研究中心（CSET）的报告指出，美国将对华为公司等中国企业实行更严格的出口管制政策，并加强对中国军事用途终端和最终用户更为广泛的监管。②

虽然对中兴通讯的制裁暂时告一段落，对华为公司的制裁没有进一步强化，但美国政府仍对中兴通讯和华为公司充满敌意。2020年6月，美国联邦通信委员会（FCC）将中兴通讯和华为公司认定为美国国家安全威胁，并禁止美国企业使用联邦通信委员会的通用服务基金购买这两家中国企业的设备和服务。中兴提出撤销其国家安全威胁标识的请求，遭到联邦通信委员会的拒绝。联邦通信委员会主席阿吉特·派（Ajit Pai）表示，更换华为和中兴在美国农村的全部电信基础设施将耗费18.4亿美元，但为了响应特朗普发布的《确保信息通信技术与服务供应链安全行政命令》，以减少美国政府在外国通信产品的投资，联邦通信委员会将考虑对美国运营商更换设备进行补贴。③

以中兴通讯和华为公司为代表的中国高科技企业的遭遇证明，技术争端是中美贸易争端的主要内容，甚至正在成为中美贸易争端的核

---

① "Commerce Addresses Huawei's Efforts to Undermine Entity List, Restricts Products Designed and Produced with U.S. Technologies," Department of Commerce, May 2020, November 26, 2020, https://www.commerce.gov/news/press-releases/2020/05/commerce-addresses-huaweis-efforts-undermine-entity-list-restricts.

② Saif M. Khan, "US Semiconductor Exports to China: Current Policies and Trends," Washington, DC: Center for Security and Emerging Technology, October (2020).

③ Johnson D B. "FCC estimates $1.8 billion to replace Huawei, ZTE telecom parts," FCW, September 4, 2020, accessed November 26, 2020, https://fcw.com/articles/2020/09/04/johnson-fcc-telecom-supply-chain.aspx.

心内容。技术封锁是美国制约中国技术进步和经济发展的重要手段。美国力图将华为排除在全球电信设备市场之外，欧洲许多国家也正在采取措施减少对华为和中兴产品设备的依赖。英特尔作为华为最主要的替代供应商，可能成为最大的受益者，华为损失的市场份额将可能被英特尔收获。从某种程度上说，美国对中国电信巨头华为施加的巨大压力，可以看作是成熟的超级大国与外国民营企业之间的"不对称战争"。

二、限制中国高技术投资

在全球经济一体化突飞猛进的当下，全球经济的本质特征更趋近于投资自由化而非贸易自由化。随着中国在全球范围内的对外投资规模日益增大，并且对美投资集中在高科技产业，使美国认为其技术优势逐渐流失。近年来，美国以国家安全为由收紧了对关键技术的审查，保护其高端技术在全球的主导地位。由于美国"外国投资委员会"（CFIUS）注重以明确的案例来具体界定经济安全，美国外资安全审查制度涉及的"关键基础设施"和"关键技术"具有不确定性，审查目标视美国的国家利益而变，具有歧视性和针对性。2018年美国最新修订的《外国投资风险评估现代化法案》（FIRRMA）密切关注对关键领域、关键技术的外国投资审查，将半导体、人工智能等新兴技术纳入美国外国投资委员会对于"关键技术"审查范围。

基于清单的出口管制措施也对中国投资并购美国半导体企业和相关技术做出规范。[①] 近年来，美国投资安全审查措施趋向于集中在高端

[①] 2018年美国国会通过《出口管制改革法案》（ECRA），以实现将关键技术交付给可靠的最终用途、最终用户和主要关注目的地。根据该法律，国会要求商务部工业与安全局更新"对美国国家安全至关重要"的"新兴和基础技术"清单。新的限制考虑用于商品和服务，例如人工智能、机器学习、量子计算和3D打印领域。该法案订立的技术清单是美国对华投资限制的重要参考。

技术领域且所涉领域日益向全产业链控制延伸。①2015年以来，美国外国投资委员会和美国总统阻止了多起半导体领域的中资收购案。如2015—2016年，中国紫光股份有限公司收购美国芯片公司"镁光科技"（Micron Technology）和美国"西部数据"的交易都因美国外国投资委员会的审查而被迫终止。2016年12月，奥巴马以国家安全风险为由，阻止了中国半导体供应商中国宏芯投资基金收购德国半导体公司"爱思强"（Aixtron）美国子公司的申请。"爱思强"在美国加州有一家子公司，奥巴马发布行政命令禁止宏芯基金对爱思强加州子公司的收购。原本已经批准该并购案的德国联邦经济部，迫于美国的施压，被迫放弃了这项并购计划。②此案成为美国《外国投资风险评估现代化法案》的立法依据，为美国政府干预中国企业的投资提供了法律效力。

自特朗普上台后，外国投资委员会在监管和限制与半导体相关交易的法律权限不断扩大。参议院少数党领袖查克·舒默（Chuck Schumer）要求外国投资委员会考虑其着重审查交易背后的经济因素；多数党议员约翰·科宁（John Cornyn）则建议增强该委员会对中国的技术收购进行更严格的审查。③2018年《外国投资风险评估现代化法案》颁布后，美国政府多次对外国投资委员会的权限进行扩充，加大了对关键技术的审查力度。国际战略专家帕斯卡尔·迪佩拉（Dupeyrat

---

① 伍穗龙：《技术性贸易壁垒最新态势与我国的应对策略》，《中国流通经济》2016年第3期，第122—128页；自特朗普上任以来，外国投资委员会阻挠了多个中国企业对美国公司的并购，Wu K, Wang E, "Factbox: U.S. Government Panel Cracks Down on Chinese Deals," Reuters, accessed November 29, 2020, https://www.reuters.com/article/us-usa-election-china-investments-factbo/factbox-u-s-government-panel-cracks-down-on-chinese-deals-idUSKBN27J0RX.

② Le Figaro, "Obama bloque le rachat d'Aixtron par le Chinois Grand Chip," December 4, 2016, accessed November 29, 2020, https://www.lefigaro.fr/societes/2016/12/04/20005-20161204ARTFIG00105-obama-bloque-le-rachat-d-aixtron-par-le-chinois-grand-chip.php.

③ O'Keeffe K, "Lawmakers push for tighter scrutiny of Chinese investment in U.S.," The Wall Street Journal, February, 2017, accessed November 29, 2020, https://www.wsj.com/articles/lawmakers-push-for-tighter-scrutiny-of-chinese-investment-in-u-s-1487678403?emailToken%3DJRrzf/pzZH6fg90zbsw43UItZ6oFEfTMXk7MLDXEPVKJqH3aof6s3eAujMGqvWKpVAN96ZUP7285SCbcxWtsQsKKh7tyl0vhen8Ys9TflFTXahuFwx7WJbE%26mg%3Did-wsj.

Pascal)指出,《外国投资风险评估现代化法案》具有强大的"域外管辖"效力,使外国投资项目处于美国政府的监管之下,甚至包括在美国境外实施的投资项目。① 而此法案来源于中国企业对德国企业并购案,说明美国政府的本意也是为了阻止更多中国企业的技术投资。如时任美国商务部长罗斯指出,该法案是"为应对中国前所未有的投资增速而作出的恰当反应"。2018年3月,美国总统备忘录明确指出,美国将实施除进口关税之外的政策。② 例如,在关于对中国投资限制的表述中,特朗普指示其政府考虑利用"任何可用的法定机构,以解决有关中国在美国认为重要的工业或技术上指导或促进的在美国投资的担忧。"因此,美国政府的制裁手段由关税手段向非关税等其他法规和制度转换的趋势日益明显。2017年9月,特朗普上任之初就以威胁美国国家安全为由阻止了有中国参与资助的美国风险投资公司"峡谷桥资本合伙人公司"(Canyon Bridge Capital Partners)对美国"莱迪斯半导体公司"(Lattice Semiconduct)的收购。2018年3月,特朗普再次阻止了半导体设备供应商博通公司高价收购美国高通的交易,原因是美国博通公司总部位于新加坡,"距离中国太近,这会对美国国家安全构成极大的威胁",③ 军方担心高通被收购将有利于其竞争对手华为公司的崛起从而最终控制5G无线技术的主导权。④ 2018年,美国在这些新增的投资审查被视为是针对中国快速增长的半导体市场而进行的对中国企业在美

---

① Dupeyrat P, "Adoption du FIRRMA, les Américains en Pointe Sur le Contrôle des Investissements Étrangers," *Les Échos* 14 (2018).

② "President Trump Announces Strong Actions to Address China's Unfair Trade," Office of the United States Trade Representative, March 22, 2018, accessed November 12, 2020, https://ustr.gov/about-us/policy-offices/press-office/press-releases/2018/march/president-trump-announces-strong.

③ "Presidential Order Regarding the Proposed Takeover of Qualcomm Incorporated by Broadcom Limited," White House, March 12, 2018, accessed November 12, 2020, https://www.Trumpwhitehouse.gov/presidential-actions/presidential-order-regarding-proposed-takeover-qualcomm-incorporated-broadcom-limited/.

④ 《特朗普下令禁止博通收购高通,称出于国家安全考虑》,环球网,https://m.huanqiu.com/article/9CaKrnK6VsA,访问日期:2020年11月12日。

投资的限制。① 2020年9月,外国投资委员会发布了《关键技术企业强制性归档要求的最终规则》,对交易中涉及的关键技术作出强制性申报的要求。②

《外国投资风险评估现代化法案》与《国防授权法案》(NDAA)和《出口管制改革法案》(ECRA)并立,构成了美国在出口管控制度、外商投资审查等方面"三位一体"式的法律体系,是美国在"全政府"模式下,通过部门协调限制对华技术转移的重要机制,是对中国科技发展打出的一套"组合拳"。在外国投资委员会的严格审查下,中国对美高技术领域的投资面临很大阻力。

三、其他辅助性行政手段

(一)基于知识产权保护的调查

基于知识产权保护的"301调查"和"337调查",对进口产品适用不合理的技术法规和标准等一系列技术性贸易壁垒,针对中国出口产品滥用所谓"非市场经济方法"的贸易救济措施,都是美国实施战略性贸易政策的突出表现。美国对华所谓"强制技术转移"展开不合理的"301调查"和"337调查",实质是维护其在与中国战略性新兴产业竞争上的优势地位。③ 自美国《1974年贸易法》"第301条"颁布以来,美国共发起超过125项"301调查",欧盟、日本、中国多次成为调查对象。2017年8月,时任美国贸易代表罗伯特·莱特希泽(Robert Lighthizer)宣布对中国发起"301调查",理由是中国的不公平贸易惯

---

① John VerWey, "The Health and Competitiveness of the US Semiconductor Manufacturing Equipment Industry," Available at SSRN 3413951 (2019).

② Covington Alert, "CFIUS Publishes Final Rule Governing Mandatory Filing Requirements for Critical Technology Businesses," September 22, 2020, accessed November 12, 2020, https://www.cov.com/en/news-and-insights/insights/2020/09/cfius-publishes-final-rule-governing-mandatory-filing-requirements-for-critical-technology-businesses.

③ 张幼文:《中美贸易战:不是市场竞争而是战略竞争》,《南开学报(哲学社会科学版)》2018年第3期,第8—10页。

例"损害美国制造、服务和创新"。① 2018年3月22日,美国贸易代表办公室(USTR)发布"301调查"报告,指出由于中国的产业政策、对美国知识产权的"窃取"和"强制"技术转让"侵害"了美国的技术优势,"威胁"美国经济的未来。当天,特朗普签署备忘录,宣布美国政府将保护美国国内的技术和知识产权免受中国歧视性贸易规则和惯例的"侵害"。同年4月,美国发布《根据〈1974年贸易法〉第301条对与技术转让、知识产权和创新有关的中国行为、政策和实践的调查结果》详细报告,单方面指责中国"侵犯"美国知识产权,继续将中国列入"重点观察名单"。根据此次调查结果,特朗普政府发起单边制裁,对来自中国的高科技产品征收25%的报复性关税。

"337调查"源自美国《1930年关税法》"第337条"针对进口贸易中的知识产权问题的规定。"337调查"同样是美国政府干预中国科技产品出口的重要手段。特别是在中美贸易摩擦不断升级的过程中,技术密集型产业成为美国对华发起"337调查"的重点。在2019—2020年发起的42起调查中,其中涉及光电信息等高科技产业的调查有18项,调查产品包括半导体产品、计算机等电子设备、数字视频播放设备、数字智能电视,等等。② 除关税外,美国还利用国际多边框架对中国提出"侵犯"知识产权的质疑。2018年,美国政府就中国的法律法规对世贸组织提出争议,以防止外国专利持有人在技术转让合同终止后对中国合资企业行使其权利。③

---

① "Presidential Memorandum for the United States Trade Representative," Office of the U.S. Trade Representative, August 14, 2017, accessed November 30, 2020, https://ustr.gov/about-us/policy-offices/press-office/press-releases/2017/august/ustr-robert-lighthizer-statement.

② 中国商务部:《贸易救济调查局美国337调查》,http://gpj.mofcom.gov.cn/article/cx/cp/bz/,访问日期:2020年11月30日。

③ "China-Certain Measures Concerning the Protection of Intellectual Property Rights-Request for consultations by the United States," WTO legal document WT/DS542/1, March 26, 2018.

（二）限制从中国进口产品和服务

在对中国发起一系列不公平贸易调查后，美国政府对中国的不满情绪达到了新的高潮，① 特朗普政府随后将对华施压的重点转移至与进口相关的政策。在中美经贸摩擦升级的过程中，中国高科技产业和高技术产品是美国限制进口的重要领域。2018年4月3日，白宫公布了一份针对中国高技术产品的关税清单，涉及1333项产品，其中涵盖航空航天、机器人、互联网技术和机械制造等高技术领域价值约500亿美元的商品；6月15日，特朗普政府对总额约500亿美元的1102种商品征收25%的关税；5月29日，白宫发布声明称，这些从中国进口的商品含有"重要工业技术"，是"中国制造2025"计划中重点发展的领域；7月，时任美国贸易代表的罗伯特·莱特希泽表示，此番加征的关税针对受益于中国产业政策和强制性技术转让的商品。② 在这场举世瞩目的中美"贸易战"中，美国以关税手段，将中国高技术产品作为主要打压对象，以达到遏制中国高技术产业、维护美国经济和科技领导地位的目的。

此外，在网络空间领域，美国政府出台"清洁5G网络计划"，加紧在美国数字网络中对中国"不可信任"的数字产品和服务进行封锁。2020年8月，时任美国国务卿蓬佩奥点名指出阿里巴巴、百度、腾讯、华为等企业"威胁"美国个人数据和商业信息安全，要求在美国下架相关应用程序。8月6日，白宫以"非法获取个人信息、从事企业间谍和虚假宣传活动"为由，对微信（WeChat）和抖音短视频国际版（TikTok）同时发布禁用令。特朗普要求WeChat退出美国应用程序

---

① "Findings of the Investigation Into China's Acts, Policies, and Practices Related to Technology Transfer, Intellectual Property, and Innovation under Section 301 of the Trade Act of 1974," USTR, March 22, 2018; "Update Concerning China's Acts, Policies and Practices Related to Technology Transfer, Intellectual Property, and Innovation," USTR November 20, 2018.

② "Statement By U.S. Trade Representative Robert Lighthizer on Section 301 Action," Office of the U.S. Trade Representative, July 10, 2018, accessed November 30, 2020, https://ustr.gov/about-us/policy-offices/press-office/press-releases/2018/july/statement-us-trade-representative.

市场，并禁止美国个人和企业使用WeChat进行商业交易；同时禁止美国企业和组织在其设备上使用TikTok。特朗普政府要求TikTok母公司"字节跳动"剥离TikTok业务，强行由美国企业收购。在"字节跳动"与美国软件巨头甲骨文公司达成协议剥离其美国业务后，特朗普立即批准了收购，使甲骨文公司成为TikTok"可信任技术提供商"，美国联邦法院也决定暂缓实施TikTok的下架令。对TikTok和WeChat等产品发布的禁用令，旨在打击中国数字产品在美市场份额和影响力，减少其对美国科技企业的挑战。而强硬的对华态度，也为特朗普带来政治利益。在宣布将对TikTok颁布禁用令后，特朗普的民意调查支持率有所提高。①

（三）限制对华投资

2020年11月12日，美国时任总统特朗普正式签署行政命令，禁止美国企业和个人投资由中国政府和军方拥有或控制的中国公司。该命令涉及31家中国公司，包括此前美国国防部在6月所列清单中的公司，如华为公司、杭州海康威视数字技术股份有限公司（全球最大的视频监控设备制造商和供应商之一），以及包括中国电信和中国移动等上市公司。美国政府称这些企业"促进了中国军事力量的现代化发展"，并"直接威胁"美国关键的基础设施和经济安全。② 美国政府声称，此举意在保护美国人无意中为它们提供资金，增强中国情报部门的实力。在特朗普任期的最后阶段，2020年12月4日，美国国防部将中芯国际集成电路制造有限公司、中国海洋石油集团有限公司、中国建筑

---

① Mollie Mansfield, "Trump Approval Rating Hits 51 Percent—Seven Points HIGHER than Obama at Same Point in 2012," August, 2020, accessed November 24, 2020, https://www.thesun.co.uk/news/12303431/donald-trump-approval-rating-51-percent-higher-obama/.

② "Issuance of Executive Order on Addressing the Threat from Securities Investments That Finance Communist Chinese Military Companies," White House, November 12, 2020, accessed November 24, 2020, https://www.trumpwhitehouse.gov/presidential-actions/executive-order-addressing-threat-securities-investments-finance-communist-chinese-military-companies/.

技术有限公司和中国国际工程咨询公司加入国防部的"由中国军方拥有或控制的公司"名单，①限制美国投资者对这些企业投资。到2020年底，约有一百家中国企业被列入"投资黑名单"。布鲁金斯学会研究员大卫·道勒（David Dollar）指出，这些清单预示着特朗普将有可能进一步采取"任何负责任的政策制定者都不会考虑的高风险"措施；②这些对华强硬措施将给新一届民主党政府留下很大隐患。③而拜登政府则计划制定更为严格的审查机制，2022年6月，美国国会提议一项对华投资审查新法案，在该机制下美国政府有权审查或停止美国企业对华投资；同时规定对华投资的美国企业必须披露其投资计划，以此认定该投资是否有损美国国家安全，防止美国技术泄露。④综上所述，美国政府对华遏制采取的行政手段具有相辅相成的特征。詹姆斯顿基金会的研究人员指出，特朗普政府采取了"三管齐下"的行政手段对中国科技领域施压：首先通过加征关税阻碍双边贸易；其次通过出口管制和投资约束限制对华技术转移；最后利用《国际紧急状态经济权力法》（IEEPA）等行政命令要求美国企业迁出中国。⑤这套系统性的行政组合手段，无疑将对中国科技产业发展产生深远影响。

---

① Sherisse Pham, "Trump is Targeting China's National Champions On His Way Out the Door," December 4, 2020, accessed December 24, 2020, https://www.cnn.com/2020/12/04/tech/smic-cnooc-trump-china-intl-hnk/index.html.

② Davidson H, "Trump's US Investment Ban Aims to Cement Tough-On-China Legacy," the Guardian, November, 2020, accessed November 24, 2020, https://www.theguardian.com/us-news/2020/nov/23/trumps-us-investment-ban-aims-to-cement-tough-on-china-legacy.

③ Kassam N, "A dysfunctional America helps China – but hurts Australia and our region," November 2020, accessed November 24, 2020, https://www.lowyinstitute.org/publications/dysfunctional-america-helps-china-hurts-australia-and-our-region.

④ Anders Hagstrom, "US Lawmakers Reach Agreement to Cut Off American Investment in China," Fox Business, June 14, 2022, accessed November 6, 2022, https://www.foxbusiness.com/economy/us-senate-cut-off-american-investment-china.

⑤ S. Saha and A. Feng, *Global Supply Chains, Economic Decoupling, and US-China Relations* (Geraadpleegd op April, 2020).

第二节 以司法诉讼方式精准打击中国高科技企业

与命令形式的行政管制手段相比，司法诉讼手段披着"公正"的法律外衣，从而更具隐蔽性。在对华科技竞争相关行政命令的庇护下，美国加强了以司法手段对中国高技术企业的"定向打击"，这一过程具有极强的霸权主义色彩。

一、针对中国所谓"窃取"技术行为的司法诉讼

（一）制订并开展"中国行动计划"

在美国对华战略定位由"接触"转向"战略竞争"的背景下，中美"经济—安全"关系日趋紧张。基于2017年美国《国家安全战略报告》，美国政府认为，中国科技实力的崛起对美国国家安全造成了重大威胁。在此背景下，美国司法部启动了"中国行动计划"（China Initiative）项目，专门针对中国所谓的商业秘密"窃取"和技术"窃取"行为展开调查和诉讼。该计划是在2018年中美"贸易战"的背景下提出的。2018年3月，美国贸易代表办公室公布了根据《1974年贸易法》"第301条"对中国贸易惯例展开调查的结果，得出的结论是中国存在大量不合理的贸易行为，包括商业秘密"窃取"和"强制"技术转移等。美国政府认定，这些商业"间谍"活动有损美国的知识产权，破坏了美国长久以来形成的技术优势。2018年6月，白宫贸易与制造政策办公室发布了一份题为《中国的经济侵略如何威胁美国和世界技术和知识产权》的报告，指责中国通过各种网络"间谍"活动、"强制性"技术转让、安插科研人员等手段，"窃取"、胁迫购买、收集美国大学、国家实验室和研究中心的技术和知识产权。美国司法部"中国计划"的目标除了加强对中国商业秘密"窃取"、黑客和网络"间谍"活动的识别和诉讼外，还旨在保护美国关键基础设施免受来自外国直接投资

和依赖外部供应链的威胁,并与对美国公众和政策制定者施加影响和干扰的行为抗争。

"中国行动计划"由美国国防部国家安全局(NSD)领导,该部门主要负责应对其他主权国家对美国的威胁。作为美国"全政府"对华战略的具体安排之一,该计划的领导与执行实现了美国政府内跨部门的协作。其委员会成员包括前司法部负责国家安全事务的助理部长、司法部刑事司代理司长、联邦调查局国家安全部副主任,以及加利福尼亚州北区、得克萨斯州北区、纽约东区、马萨诸塞州、亚拉巴马州北区的检察长。

(二)有关中国"窃取"技术与商业秘密的司法指控

事实上,利用法律手段打压竞争对手是美国政府的惯用手段。在20世纪80年代,美日两国在计算机领域的摩擦日趋激烈,美国政府不惜使用"钓鱼执法"的不齿手段打击日本计算机企业,以使美国计算机企业在国际竞争中获得优势与利益。[①]

在"中国行动计划"的推动下,自2018年4月以来,美国司法部门共发起了至少68项针对相关科研人员的司法诉讼,其中大部分是在美高校或研究所从事科研活动的中国籍专家、学者、学生,也有部分美国研究人员和官员遭到起诉。仅2020年的司法诉讼就高达38项。[②] 美国司法部称由其提起的所有经济间谍诉讼中,约有80%被指控为有益于中国的行为;而在所有商业秘密盗窃案件中,约有60%与

---

① 美国将IBM等计算机行业领导企业的经营状态视为美国半导体产业健康发展的关键所在。由于集成电路与计算机电路和存储器有密切联系,美日半导体争端几乎与计算机争端同时发生。其中,最具代表性的是20世纪80年代早期的IBM商业间谍案,该事件成为"20世纪最大的商业间谍案",是日美"新珍珠港事件"。参见:Ka Zeng, *Trade Threats, Trade Wars: Bargaining, Retaliation, and American Coercive Diplomacy* (University of Michigan Press, 2004), p.138。

② 关于"中国行动计划"以及对华司法起诉的详情,参见美国司法部官方网站,https://www.justice.gov/opa/information-about-department-justice-s-china-initiative-and-compilation-china-related,访问日期:2020年12月4日。

中国相关。2020年6月，时任美国联邦调查局局长的克里斯托弗·雷（Christopher Wray）指出，目前该局正集中资源和力量，对2000多起与中国有关的案件展开调查，其中经济间谍调查比10年前增加了13倍，平均每10个小时便启动一项反间谍调查。[①]

美国司法部对被起诉的相关人员的惩罚力度包括刑事处罚与罚款，指控的罪名包括欺诈、电汇欺诈、合谋窃取商业机密等。其中有14项案件针对中国赴美研究参与者及其他科研人员提起"欺诈"罪的指控。如2018年4月，堪萨斯州生物制药研究所科学家张伟强（Zhang Weiqiang，音译）被指控"盗窃"美国公司研制的水稻种子样本而被判处121个月的监禁。2019年12月，美国范安德尔研究所（VARI）同意向美国国立卫生研究院（NIH）缴纳550万美元赔偿金，作为对其接受中国政府的资助未向美国国立卫生研究院汇报而遭指控的处罚。2020年3月，西弗吉尼亚大学物理系教授詹姆斯·刘易斯（James Lewis）因参加中国科研工作而被指控"联邦程序欺诈"罪。2020年7月，前哈佛大学化学系主任查尔斯·里伯（Charles Lieber）同样因参与中国科研工作未向美国国税局汇报从中国获得的收入，而被指控并遭到起诉。2019年4月，前通用电气工程师郑小清（Zheng Xiaoqing，音译）因涉嫌将通用电气涡轮技术的相关商业机密传送给中国企业，面临最高20年的监禁和500余万美元的罚款。2019年9月，俄亥俄州一对中国籍夫妇因涉嫌"窃取"医学病状有关商业秘密、实施电汇欺诈而被捕，将面临最高30年的监禁。由此可见，美国政府利用司法诉讼手段对中国籍学者、与中国合作的外国学者进行密集的诉讼与惩罚，以达到遏制中国科技发展的战略目的。

[①] "Christopher Wray on Espionage Threat from China, Investigation of Violent Extremists, Internal Problems at FBI," Foxnews, June, 2020, accessed November 27, 2020, https://video.foxnews.com/v/6167018646001#sp=show-clips.

二、运用"长臂管辖"原则对中国企业的打压

美国的司法"长臂管辖"原则（the Principle of Long Arm Jurisdiction）是落实单边域外制裁（Unilateral Extraterritorial Sanction）[①]的保障。该原则超越了大多数国家法律遵循的属地原则和属人原则，授权美国司法部门对与美国存在最低限度联系的任何个人或实体进行管辖。美国在国际经济体系中的主导地位，使美国能够对世界各地的企业或个人采取司法行动，这种"特权"的行使主要是通过"长臂司法管辖权"来实现。

（一）美国"长臂管辖"的相关法律

首先，美国以国际政治制裁为目的的"禁运令"，是其"长臂管辖"的集中体现。美国对伊朗、古巴等国家实施经济制裁，借用其司法领域的"长臂管辖"原则，将其制裁法律强加于所有与受制裁国家有往来的其他国家。美国对外国企业违反其"禁运令"而进行起诉和施以严惩的案例比比皆是。即便是作为美国盟友的欧盟企业，也不例外。2014年7月，美国司法部对法国巴黎银行（BNPP）提起司法诉讼，指控该银行违反美国《国际紧急经济权力法》（IEEPA）和《与敌人交易法》（TWEA），破坏美国对苏丹、古巴、伊朗实施的经济制裁"禁运令"，在2002—2009年这一期间通过美国金融系统秘密转移超过数十亿美元的资金。[②] 2015年5月，美国司法部对法国巴黎银行相关负责人判处5年徒刑。该银行同意认罪，并支付89亿美元的罚款，13位高管被迫辞职，从而成为有史以来受美国"禁运令"处罚数额最大的一家

[①] 单边域外制裁指的是一国针对领土疆域以外的行为体（国家、组织或个人）采用断绝外交关系以外的单边非武力强制性措施。

[②] "BNP Paribas Sentenced for Conspiring to Violate the International Emergency Economic Powers Act and the Trading with the Enemy Act," Department of Justice, May 1, 2015, accessed November 27, 2020, https://www.justice.gov/opa/pr/bnp-paribas-sentenced-conspiring-violate-international-emergency-economic-powers-act-and.

银行。时任美国司法部部长的埃里克·霍尔德（Eric Holder）表示，法国巴黎银行竭力隐瞒被美国禁止的交易，欺骗美国当局，严重违反了美国法律。①

其次，美国实施"长臂管辖"的另一项重要法律工具是《反海外腐败法》。该法案是美国出于制裁经济犯罪目的而设立的具有域外效力的法律。《反海外腐败法》诞生于1972年"水门事件"之后，在生效后受到美国大型公司的质疑，因而并未对美国企业大力实施。②1988年，美国国会修改该法律使其具有域外效力，同样适用于外国企业。此后，美国认为，其有权力对任意一家用美元计价签订合同或仅通过美国服务器传输信息的公司行使追诉权，从而将该法律作为干涉他国企业、实施经济制裁的工具，不断试探和扩张美国域外法权的边界和底线。特别是"9·11"事件后颁布的《美国爱国者法案》，为美国政府追查、监视外国腐败的行为提供了反恐的"合理"理由和法律依据。

美国利用其法律的域外管辖效力对外国企业和个人开出天价罚单，为美国获取了巨额收益。据统计，2004—2016年，美国根据《反海外腐败法》收到的罚款总额从1000万美元增至27亿美元，其中一半以上是由外国公司支付的罚款。因违反美国《反海外腐败法》向美国政府支付罚款超过1亿美元的26家企业中，有21家是非美国企业。由此可见，美国利用法律的域外效力对海外竞争者展开攻击已非个案。2006年，美国司法部指控德国西门子公司在阿根廷、委内瑞拉、越南以及伊拉克存在贿赂行为，为尽快了结此案，西门子公司向美国司法部和

---

① 从根本上看，法国巴黎银行等企业违反"禁运令"的行为与阿尔斯通等被冠以腐败罪名的企业一样，触犯的都是《美国爱国者法案》。这部法律是美国为防止恐怖主义、加强对特定国家金融流通活动管制而颁布的法律。参见：https://www.complianceweek.com/bnp-paribas-fined-record-89-billion-for-sanctions-violations/13523.article。

② 美国大型企业认为这项法律将使它们在出口市场处于不利地位，而美国并无意打压本土企业和出口产业，因此在1977—2001年，美国司法部仅根据该法律惩罚了21家公司，且多数都是美国二线企业。弗雷德里克·皮耶鲁齐、马修·阿伦：《美国陷阱》，法意译，中信出版社，2019，第132页。

证券交易委员会认罪,并支付了8亿美元的创纪录罚款,时任总裁冯必乐也引咎辞职。2011年,美国又起诉了西门子的8位前高管,并发布了国际逮捕令。

最后,《澄清域外合法使用数据法》(即CLOUD法案)是在数字经济时代下,美国在全球数据市场行使"长臂管辖"的重要依据。随着互联网技术的普及和发展,数据作为新型生产要素,成为推动数字经济发展创新的重要动力。美国为巩固其在全球数据市场的领导地位,将"长臂管辖"原则拓展至对全球数据资源的管辖,不断挑战包括中国在内的世界各国的数据主权。为加强对境外数据管辖权的合理性,美国于2018年通过了《澄清域外合法使用数据法》。该法案对域外数据的司法管辖权采用"数据控制者标准",规定"无论通信、记录或其他信息是否存储在美国境内,只要上述通信内容、记录或其他信息为该服务提供者所拥有、监护或控制,服务提供者均应当按照本法所规定的义务要求,保存、备份、披露通信内容、记录或其他信息"[①]。该法案充分体现了美国对数据主权的强势态度,强化了对本国域外数据的管辖能力,通过"长臂管辖"扩张数据主权的效力范围,对抗数据本地化措施,争夺数据资源。通过这一法案,使美国法律的管辖权覆盖到在全球运营的美国企业,"长臂管辖"至各主权国家境内,旨在通过扩张数据主权效力监督各国情报、争夺全球数据资源。

(二)美国实施"长臂管辖"的基础

美国以实施"长臂管辖"为名,打击竞争对手的行为,已成为国际社会普遍认同的事实。[②]"法律战"已经成为美国为实现国家战略目标而使用的新型武器。这种法律"武器化"的背后依靠的主要是美元

---

① Swaminathan A, Loeb R, Goldman B P, et al., "The CLOUD Act explained," April, 2018, accessed May 23, 2019, https://www.or-rick.com/Insights/2018/04/The-CLOUD-Act-Explained.

② 弗雷德里克·皮耶鲁齐、马修·阿伦:《美国陷阱》,法意译,中信出版社,2019,第5页。

在国际金融体系中的核心地位和美国在全球信息技术领域的主导地位。

一方面，美国的金融霸权为美国实施"长臂管辖"创造了前提条件。美元的全球使用具有网络外部性，美元体系本质上是一个全球性的资源控制系统，①系统内的国家被绑定在以美元为中心、具有严重不对称依赖的体系内，外围国家在短期内很难单独改变规则。美元本位制为美元成为全球最重要的结算货币和外汇交易货币提供了赖以生存的制度保障。美元的国际支付体系较为完备，全球银行间金融电信协会国际资金清算系统和纽约清算所银行间支付系统，是美元跨境资金清算体系中最核心的基础设施，美国对其拥有绝对的主导权。②全球绝大多数银行、金融机构和企业都采用全球银行间金融电信协会国际资金清算系统进行跨境业务金融报文信息传输；纽约清算所银行间支付系统长期以来承担了全球95%的美元跨境支付清算业务。这两个系统为美国实施以"最低限度联系"为标准的"长臂管辖"奠定了基础。这些优势使美国能够轻易从经济和金融的角度，对被制裁对象施加"长臂管辖"。

另一方面，美国先进的科技和信息收集能力，为美国实施精准的"长臂管辖"创造了条件。美国高技术企业遍布全球各地，国际商务所用的信息传输、存储工具和技术，如电子邮件、即时通信平台、云存储、云计算、大数据分析等，大部分都基于美国科技公司的产品与服务。微软、谷歌、苹果等高科技公司掌握全球大量个人、商业、金融数据，并具有领先的数据分析能力。此外，美国拥有强大的军事和情报实力，其监视网络遍布全球。2001年颁布的《美国爱国者法案》，使美国执法机构能够合法地在全球收集情报信息；此后通过的《美国自

---

① 李晓：《美元体系的金融逻辑与权力——中美贸易争端的货币金融背景及其思考》，《国际经济评论》2018年第6期，第52—71页。

② 王朝阳、宋爽：《一叶知秋：美元体系的挑战从跨境支付开始》，《国际经济评论》2020年第2期，第36—55页。

由法案》虽限制了情报部门对各类信息不加区分的批量收集,但并未对国外情报的收集加以实质性约束。① 这些都为美国进行"长臂管辖"提供了充足的信息和证据。

(三)科技领域美国对华实施"长臂管辖"的表现

美国司法部对日本、欧盟等传统盟友国家的企业违反《国际紧急经济权力法案》的行为施以严厉惩罚。如20世纪80年代美日半导体争端期间,日本东芝公司就曾被美国以违反对苏联禁运令为由而受到美国的严厉制裁,导致日本诸多关键技术被迫向美国开放和转让。

近年来,中国高科技企业成为美国的重点制裁对象。美国对中国高科技企业实行"禁运令"分为两个方面:其一是对违反美国对伊朗、朝鲜等国家经济制裁法令的中国企业进行处罚;其二是对中国企业实施出口管制、投资限制等措施,并要求其他国家企业遵循对华管制命令,否则将予以起诉。2017年3月,中兴通讯因违反美国对伊朗的制裁规定,向伊朗出售原产于美国的产品而被美国司法部调查并起诉,此案最终以中兴通讯认罪并缴纳8.9亿美元罚款而了结。② 2020年1月28日,美国司法部正式提起对华为公司的司法诉讼,起诉罪名包括"涉嫌洗钱、欺诈美国政府、妨碍司法公正以及违反美国国际制裁"。同年2月,美国司法部再次对华为公司及两家子公司起诉,起诉罪名是"长期以'欺诈'和不正当技术手段从美国交易对手方'窃取'交易机密"等。同年11月,美国财政部宣布对中国电子进出口公司实行制裁,将其纳入实体清单,理由是"自2017年以来,中国电子进出口公司向委内瑞拉电信供应商'委内瑞拉国家电话公司'(Venezuela National

---

① 王震:《对新形势下美国对华"长臂管辖"政策的再认识》,《上海对外经贸大学学报》2020年第6期,第91—104页。

② "ZTE Corporation Agrees to Plead Guilty and Pay Over $430.4 Million for Violating U.S. Sanctions by Sending U.S.-Origin Items to Iran," Department of Justice, March 7, 2017, accessed November 28, 2020, https://www.justice.gov/opa/pr/zte-corporation-agrees-plead-guilty-and-pay-over-4304-million-violating-us-sanctions-sending.

Telephone）销售软件和技术服务"。根据美国财政部的要求，美国公司需在45天内结束与中国电子进出口公司的业务往来。这是特朗普在任期结束前，利用"长臂管辖"原则对中国科技企业施加制裁的又一例证。

另外，美国的"长臂管辖"还体现在要求管辖位于中国的域外数据。2015年8月，美国耐克和匡威公司对数百家中国网上零售企业的商标侵权行为提起诉讼，胜诉后将判决的18亿美元的债权转让给"下一代投资"（Next Investment）公司。2018年2月，该投资公司通过法院传票向六家中资银行①提出获取债务人相关资产信息的要求，六家中资银行向美国地方法院提出撤回调查令的要求却被驳回。随后中资银行于同年10月向美国纽约南区法院提出异议，对美国法院的属人管辖权提出质疑。2019年6月，美国纽约南区法院以"最低联系"为标准，裁决该法院对"此案使用的纽约代理账户"具有属人管辖权，驳回了六家中资银行的请求，对其发起执行财产调查的命令，要求这六家银行在28天内提供包括中国境内分行的交易记录明细，否则将对其施行巨额罚款或禁止业务的惩罚。② 这是美国法院利用纽约作为国际金融中心对中国企业和公民金融数据行使"长臂管辖权"的重要例证。

三、"华为司法引渡案"与阿尔斯通反腐败案对比

美国对外国企业违反其制裁法令的行为密切关注并施以重罚，包括欧盟、巴西、中国等国家的企业都曾因违反"禁运令"遭到起诉。2018年12月，加拿大司法部应美国司法部的要求，扣押了中国高科技企业——华为公司的高管人员。美国司法部以行使"长臂管辖"为名，

---

① 六家银行包括：中国农业银行、中国工商银行、中国建设银行、中国银行、中国交通银行和招商银行。

② Mcmahon, C. J., "Order Denying Nonparty Banks' Objections and Affirming Order of the Magistrate Judge Denying Motion to Quash And Granting Cross-Motion to Compel," Leagle, November 19, 2018, accessed December 22, 2020, https://www.leagle.com/decision/349193936fsupp3d34623.

滥用与加拿大之间的引渡协议打压中国民营科技企业之举,令全球震惊。美国对中国华为公司首席财务官孟晚舟的"引渡案",无论是被起诉人的逮捕时长还是国际关注度,都在美国行使"长臂管辖权"的历史上达到了前所未有的程度。在该案中,美国政府将其司法领域的"长臂管辖"制度发挥到极致,对中国高科技企业步步紧逼、全面压制。无独有偶,美国也曾使用过相似的方式,对法国电器制造业的标志性企业——阿尔斯通公司发起"长臂司法调查",最终成功迫使阿尔斯通公司放弃了其最具竞争力的核心业务,并不得不向美国通用电气公司出售其核心技术。对这两个美国使用"长臂管辖"的案例进行比较研究,具有十分重要的现实意义。

(一)制裁中国华为公司的"司法引渡案"

2018年8月22日,美国纽约东区法院起诉华为公司和孟晚舟涉嫌"财务欺诈",并违反《国际紧急经济权力法》(IEEPA),对孟晚舟发布逮捕令。

2018年12月1日,应美国要求,加拿大警方在温哥华机场对孟晚舟实施临时逮捕,将其佩戴电子脚铐并软禁在温哥华。而后,美国政府以经济犯罪为由,要求根据《美加引渡条约》将孟晚舟引渡到美国。但美加引渡制度规定,被引渡人所犯罪行应满足"双重犯罪"原则。[①]虽然在美国司法部的诉讼中指控孟晚舟违反美国对伊朗的制裁条例,但由于加拿大已取消对伊朗的制裁,因此美国的这一项指控罪名并未满足"双重犯罪"条件。在对孟晚舟实施软禁2年后,2020年12月4日,站在加拿大法院身后操纵此案的美国司法部出面与孟晚舟进行会

---

① 这一原则规定,在签订引渡协议的国家中,一国所指控的罪名必须在被引渡人所处国家也构成犯罪行为的情况下,引渡才可生效。冀莹:《美加引渡制度探析:以孟晚舟案为例》,《经贸法律评论》2019年第2期,第145—158页。

谈，美国允许孟晚舟返回中国的前提是孟晚舟向美国司法部认罪。①而在与加拿大和美国长达两年的斗争中，孟晚舟一直坚定立场，不承认美国司法部的指控。②最终，在各方斡旋和努力下，孟晚舟女士于2021年9月24日回国，为这桩举世瞩目的跨国司法案件画上了休止符。

目前，面对中国科技实力崛起的挑战，美国的全球技术优势地位受到威胁。因此，美国采取法律手段以重拾竞争优势，对"欺诈"和"违反制裁"的指控是美国为使用法律武器而普遍寻找的借口。自2018年特朗普政府对华战略出现重大转变以来，华为公司作为中国通信产业的领军企业，成为美国政府集中力量打击的重要目标。美国政府通过出口管制、司法管辖和外交结盟，将华为公司作为遏制中国科技发展的重要抓手。为达到打压华为公司的目的，美国政府使用"长臂管辖"手段，对华为公司高管采取法律措施，进而要挟中国在关键领域作出让步，尽显美国对中国进行全面遏制以保证其在经济和科技领域绝对优势的真实意图。此案中，美国对加拿大法院案件审理的政治干预充分表明，美国滥用域外司法管辖权、滥用引渡条约，对中国科技实体企业和个人实施制裁和打击，用尽一切手段压制中国科技的发展。

（二）法国阿尔斯通反腐败案

2018年，美国同样根据其域外法逮捕了法国电力巨头阿尔斯通公司的数名高管；并且在美国司法部的干预下，成功肢解、击垮了整个阿尔斯通公司。这起案例与"华为司法引渡案"有诸多相似之处。从阿尔斯通高管与该公司的遭遇中，可见华为公司此后的处境以及美国

---

① Jacquie McNish, Aruna Viswanatha, Jonathan Cheng, and Dan Strumpf, "U.S. in Talks with Huawei Finance Chief Meng Wanzhou About Resolving Criminal Charges," The Wall Street Journal, December 4, 2020, accessed November 17, 2020, https://www.wsj.com/articles/u-s-in-talks-with-huawei-finance-chief-meng-wanzhou-about-resolving-criminal-charges-11607038179.

② Baptista E, "US Deal Would Let Huawei's Meng Return to China But Only If She Admits Wrongdoing," December 2020, accessed November 16, 2020, https://www.scmp.com/news/china/diplomacy/article/3112497/us-talks-huaweis-meng-wanzhou-resolving-charges-source-says.

司法部利用"长臂管辖"击垮竞争对手的实力。

阿尔斯通公司是法国制造业巨头,在电力、运输领域的多项产品与技术名列全球之首,例如水电设备、核电站常规岛、环境控制系统、超高速列车和高速列车等,涉及法国多个战略性产业。而这样一个工业巨擘被其竞争对手——美国通用电气公司(GE)以123.5亿欧元的价格收购了主体能源部门,自戴高乐时期起就被法国视为"工业明珠"的阿尔斯通被拆分肢解,走向衰落。在这一过程中,美国利用《反海外腐败法》,配合通用电气公司对阿尔斯通展开强力攻击。阿尔斯通的一位高管表示,美国针对该公司的司法追究对能源业务的转让起着决定性作用。①

2010年美国司法部根据《反海外腐败法》,对阿尔斯通的海外腐败行为提起诉讼。随后,世界银行、经济合作与发展组织以及巴西、英国等国的司法部门也对阿尔斯通的腐败行为进行批判、监视和调查。此后,受欧洲能源结构调整的影响,身陷腐败调查危机的阿尔斯通电力业务大幅下滑,2013年亏损高达5.11亿欧元,11月在电力设备领域裁员1300人。在阿尔斯通内外交困的形势下,美国加紧了司法攻势。2013年初,美国司法部指控阿尔斯通一名高管向印度尼西亚政客行贿,在调查中发现数位公司领导人参与了这次腐败事件。同年4月,其中的一位高管阿尔斯通锅炉部全球负责人弗雷德里克·皮耶鲁齐(Frédéric Pierucci)在美国纽约肯尼迪机场被美国警方逮捕,后被关押在罗德岛州高度警戒的看守所内,直至2018年才被正式释放。② 此后,美国政府又陆续逮捕了4名阿尔斯通高管,并要求阿尔斯通公司缴纳10亿美元罚款。

2014年,阿尔斯通总裁柏珂龙(Patrick Kron)秘密将阿尔斯通能

---

① 弗雷德里克·皮耶鲁齐、马修·阿伦:《美国陷阱》,法意译,中信出版社,2019,第236页。

② 2017年,皮耶鲁齐在纽黑文联邦法院因腐败罪被判处30个月的监禁和2万美元的罚款。他于2013年4月3日至2014年6月被审前羁押14个月,并于2017年10月开始重新执行剩余刑期。

源部（阿尔斯通电力）出售给美国通用电气公司，迫于美国司法部的施压和通用电气的利诱，①柏珂龙满足了美国司法部和通用电气的全部要求。当时，通用电气为全球规模第六大企业，业务涉及电力、天然气、石油、航空和运输等多个战略领域，是与福特、沃尔玛并重的美国商业巨头。为此，美国政府多次与通用电气配合打击竞争对手以提高其竞争力。②而阿尔斯通是通用电气在欧洲除西门子公司以外的最大竞争对手，通用电气对其早有收购意向。令人惊奇的是，时任法国经济部长阿尔诺·蒙特伯格（Arnaud Montebourg）对阿尔斯通的并购案毫不知情，直至媒体披露双方高管的谈判，蒙特伯格才意识到问题的严重性。2014年5月，蒙特伯格专门针对此项交易颁布"蒙特伯格法令"，加强法国政府对外国投资的审查。但此法令为时已晚，难挡美国的强势行动。

2015年，通用电气在美国司法部的掩护下，以123.5亿欧元顺利收购了阿尔斯通的电力、水电和核能业务部门，对新成立的三家合资企业拥有控制权，而阿尔斯通仅负责提供技术。③这是通用电气有史以来最大的一次收购。阿尔斯通只保留了铁路部门，从此退出了能源产业，而铁路部门于2017年9月被德国西门子公司收购。阿尔斯通还额外支付了美国司法部有史以来最高的7.72亿欧元的罚款。美国司法部滥用"长臂管辖"的域外管辖权，成功肢解了阿尔斯通。此后，法国的能源产业被美国通用电气垄断，通用电气成为电气产业的全球领导者，全

---

① 美国司法部称掌握柏珂龙大量的行贿证据，但并未起诉，原因是期望柏珂龙促进这笔并购交易顺利进行。另外，如果柏珂龙促成交易，董事会将额外奖励其400万欧元。

② 2004年，美国司法部配合通用电气，对美国鹰视技术公司进行反腐败诉讼，使通用电气得以收购该公司，三方达成终止起诉协议。在电力生产方面，几乎所有通用电气的国际竞争对手都曾被美国司法部起诉并惩以罚款，包括欧洲ABB公司、德国西门子公司、日本日立公司以及法国阿尔斯通公司。

③ Evan Jones, "Behind GE's Takeover of Alstom Energy," December 2, 2016, accessed November 15, 2020, https://www.counterpunch.org/2016/12/02/behind-ges-takeover-of-alstom-energy/.

球能源产业格局也由此发生巨变。①

值得注意的是,在通用电气与阿尔斯通达成协议时,美国司法部尚未对阿尔斯通的反腐败案作出判决,这意味着将被收购的阿尔斯通可能面临巨额赔偿要求,而收购方将有可能承担这笔费用,②这使同样有意收购阿尔斯通的德国西门子公司打消念头。而事实上,在2014年6月两家公司公布的协议中确实明确规定,完成收购后收购方将接管阿尔斯通的司法负债;③对此美国司法部并未提出异议。但在同年12月,在阿尔斯通与美国司法部最后签署的《延缓起诉协议》中,美国司法部拒绝由通用电气支付7亿美元罚款,而由阿尔斯通瑞士公共关系部负责支付。④这一变化在很大程度上是美国司法部为配合通用电气,迫使西门子公司退出此项并购案。⑤

美国司法部参与肢解法国重要企业的行为,引起法国社会的强烈不满。法国民主与共和左派议员党团主席安德烈·沙塞涅指出,"这项交易是美国对法国实行经济统治战略的表现之一,性质极其严重,危及国家主权"。前阿尔斯通被捕高管皮耶鲁齐在其回忆录《美国陷阱》中称,美国司法部对其逮捕、关押、判决的整个过程是"无法容忍的

---

① 张家铭:《"霸权长臂":美国单边域外制裁的目的与实施》,《太平洋学报》2020年第2期,第53—65页。

② Huet N, Mallet B. "Update 2-Alstom to Absorb U.S. Bribery Fine Despite GE Sale," Reuters, December, 2014, accessed November 15, 2020, https://www.reuters.com/article/alstom-ma-us-bribery-idUSL6N0U32CY20141219.

③ "Alstom Board of Directors Recommends General Electric's Offer," June 23, 2014, accessed November 15, 2020, https://www.alstom.com/sites/alstom.com/files/2018/07/23/20140623_%20ALSTOM%20ANALYST%20PRESENTATION-update%2020140731fr.pdf.

④ "United States vs. ALSTOM S.A, Case 3:14-cr-00246-JBA Document 5," United States District Court District of Connecticut, accessed Noverber 15, 2020, https://www.justice.gov/sites/default/files/criminal-fraud-legacy/2015/01/09/DE-5-Plea-Agreement-for-SA.pdf.

⑤ "How the American Takeover of a French National Champion Became Intertwined in a Corruption Investigation," the Economist, January 17, 2019, accessed November 15, 2020, https://www.economist.com/business/2019/01/17/how-the-american-takeover-of-a-french-national-champion-became-intertwined-in-a-corruption-investigation.

敲诈"；美国利用司法武器对外国企业施以制裁的法律战争是"一场比军事战争更加复杂、比工业战争更为阴险的战争"。

（三）对两个美国行使"长臂管辖"案件的比较

在"华为司法引渡案"发生后反观阿尔斯通案，两者有诸多相似之处。具体而言：

第一，两起案件都是美国利用其法律的域外管辖原则，对外国企业和高管进行起诉、逮捕和审判，说明了美国司法武器在全球范围内具有通行效力。美国在全球法律界分布着盎格鲁-撒克逊式的体系，全球大部分顶尖的会计师事务所、律师事务所、商业银行以及经济情报组织都是美资企业。凭借强势美元和科技力量，美国"长臂管辖"规则中的"最低联系"原则适用于全球大部分的商业往来。美国拥有强有力的法律制度，自诩为"世界警察"，把持着国际司法、执法的话语权。这使美国成为全球唯一在域外法的颁布和执行方面极具效力的国家，欧盟、加拿大在内的世界多数国家都逐渐默认服从美国法律的管辖。

第二，两起案件都起源于美国对竞争对手的打压。美国在全球法律体系内的优势地位使美国能够利用其法律制度，将美国企业的竞争对手塑造成违法分子，进而实施最大限度的打击，并通过胁迫手段使其屈服。正如法国对外安全总局前情报总监阿兰·朱耶所指出的，美国的域外管辖权是不对等的，属于滥用司法权，强制执行。在全球司法体系逐渐成熟透明、国际组织和媒体持续关注和监督下，美国司法部倾向于在既有的法律体系中与华为公司进行交锋。

第三，虽然阿尔斯通高管和孟晚舟被指控所犯法律不同，但《反海外腐败法》和《国际紧急经济权力法》都以在"9·11"事件后颁布的《美国爱国者法案》为基础，为打击国际恐怖主义势力而对金融领域的资金流通、对特定国家进行制裁而在全球范围内展开监控和调查。由于美国政府在单极思维下对国家安全的狭隘解读，美国对维护其全球领导地位的根本目标一直未曾改变。因此，美国的"长臂管辖"制度作为其操控全球市场、压制竞争对手的有力武器，显得尤为重要。实际上，无论是"华为司法引渡案"和阿尔斯通案，还是20世纪80年代的国际商用机器公司（IBM）商业间谍案和"东芝事件"都充分说明：美国以打击间谍行为或恐怖势力等理由而实施制裁，实际上是利用司法武器对被美国锁定的外国竞争对手展开制裁与遏制，即冠以违反制裁之名、行遏制对手之实。

第四，在司法诉讼手段实施的过程中，都以美国国家战略目的作为指导。阿尔斯通案中，肢解法国核心电力企业进而帮助通用电气公司获得法国市场和资源，是美国司法部的隐性目标。美国针对华为公司的司法诉讼，也旨在以其司法系统为杠杆撬动华为公司的技术和市场地位。[①]"华为司法引渡案"更是美国政府对华为公司实施全方位遏制手段中的一环，击垮华为公司、压制中国高技术产业发展是美国对华实施科技竞争战略的真正目的。

第三节　以外交施压方式构建围堵中国的多边联盟

特朗普政府时期，美国打破其对华科技外交的传统，阻挠对华科技合作。同时，在国际上大肆"污名化"中国的科技成果，引导舆论对中国施压。更为值得关注的是，美国意图组建多边联盟抵制中国的5G技术和设备。特朗普政府对其他国家采用外交施压的方式，威逼利诱各国从美国的利益出发，共同限制和对抗中国科技创新发展。

一、打破对华科技外交传统

在与中国开展科技交流方面，特朗普政府执意打破与中国"以科技促外交"的传统。美国联邦调查局、美国司法部、美国移民局以国

[①] "What Does the Fate of Alstom Tell Us about the Huawei Case?" CGTN, May, 2019, accessed November 21, 2020, https://news.cgtn.com/news/3d3d514f3445544f34457a6333566d54/index.html.

家安全的名义,在防止中国技术获取、情报收集等方面逐渐强化对中国研究人员赴美进行科技交流的限制,如限制中国科学家参加美国涉及敏感技术的学术会议,限制科学、技术、工程和数学(STEM)专业的中国留学生赴美学习交流,严格审查访美的中国科研人员,实行严苛的签证程序和移民政策,等等。早在2013年,美国国家宇航局(NASA)以国家安全为由,拒绝邀请中国科学家参加在加州埃姆斯研究中心举行的会议,并通过一项法律禁止所有中国研究人员进入国家宇航局的任何办公楼。[①] 2020年7月14日,特朗普发布行政命令,暂停中国内地以及香港地区的所有富布莱特交流项目,[②] 此举为美国历史上首次总统对跨国教育文化交流项目采取干预措施,这意味着中美最高级别文化交流的大门被关闭。2020年12月5日,美国国务院宣布终止5个由中方全额资助的对美文化交流项目,[③] 称这些交流项目是中国政府"进行软实力宣传的工具"。特朗普称其目的是减少非传统情报收集者的经济"窃取",确保不将知识产权转移给竞争对手,但这有悖于美国一直以来以技术为标准、重视科技交流的人才吸引和移民政策的公平开放精神。

特朗普政府还对人才吸引和移民政策进行了歧视性改革,一方面宣称为美国招募最先进的技术劳动力;另一方面对签证程序展开审查,对来自指定国家和地区的外国涉及科学、技术、工程和数学专业的学生进行限制。2020年7月6日,美国移民与海关执法局(ICE)宣布修改国际学生和访问学者政策,从2020年秋季学期开始,取消因新冠肺

---

① "US Scientists Boycott Nasa Conference Over China Ban," The Guardian, October 5, 2013, accessed November 27, 2020, https://www.theguardian.com/science/2013/oct/05/us-scientists-boycott-nasa-china-ban.

② 该项目历史悠久,1949年有27位美国学者和学生与24位中国学者和学生参加了这一交流项目。

③ 包括"政策制定者教育中国行项目""中美友好项目""美中领导者交流项目""美中跨太平洋交流项目"以及"香港教育文化项目"。这5个项目均是依据美国《教育和文化交流法案》成立,旨在促进中外学术和文化交流。

炎疫情大流行而在线上课的非移民学生的临时豁免,违反规定的外国学生将被驱逐出境。但在哈佛等美国高校的强力反对下,该命令于7月14日被取消。据估算,如果这一政策得以实施,在短期内将使美国经济损失多达75.2万个工作岗位,并造成680亿美元的GDP损失[①](表5-1为美国彼得森国际经济研究所估算的损失情况)。对留学生的驱逐和限制将对美国的消费、GDP和就业造成较大影响。从长期看,此举将降低美国大学的研究效率,并对美国的私人和公共研究、创新和创业精神产生负面影响。

表5-1 驱逐留学生政策对美国经济的短期影响估算

美国留学生基本情况	
国际学生数量(万人)	109.5
国际学生费用(十亿美元)	41.0
直接工作岗位(万个)	45.8
政策导致的收入变化(十亿美元)	
外国学生消费	−41.0
GDP	−67.8
税收收入	−18.3
非学生家庭收入	−46.0
政策导致的就业变化(万个)	
直接影响	−45.8
总体影响(直接+间接)	−75.2
政策的影响系数	
消　费	1.73
GDP	1.65
税收收入	0.14
非学生家庭收入	1.12
就　业	1.64

资料来源:彼得森国际经济研究所(PIIE)。

---

① Sherman Robinson, et al., "The Short-and Long-Term Costs to the United States of the Trump Administration's Attempt to Deport Foreign Students," Peterson Institute for International Economics Working Paper 20-11 (2020).

二、引导国际舆论对中国施压

美国使用外交手段,在国际社会对中国经济发展、科技进步取得的丰硕成果进行"污名化",在"中国威胁论"的基础上,引导国际舆论对所谓的"中国科技威胁"形成意识形态和战略层面的共识,进而为美国对中国的科技、经济进行全方位施压奠定思想基础。

(一)大肆宣扬"中国科技威胁论"

美国政府在多个国际场合公开指责中国5G技术与网络的"威胁"。2017年以来,美国通过美日欧高层对话平台,联合这些发达国家抨击中国的高技术产业政策。[①] 2019年4月3日,美国国防部"国防创新委员会"发布的《5G生态系统:对美国国防部的风险与机遇》报告强调,其盟友国家应继续保护自身供应链的安全,并避免与销售5G产品的中国国有企业进行交易。北约合作网络防御卓越中心(CCDCOE)发表了《作为安全威胁的华为、5G和中国》报告,对华为5G技术的可用性、完整性和保密性表示担忧;并警告北约成员5G网络基础架构不易逆转,国家一旦选择华为作为5G供应商,改变该决策将十分昂贵且耗时,"从安全的角度讲,为时已晚"。[②] 美国政府试图向其全球盟友表明,与中国的对抗不仅是"贸易战",而且还是"民主国家"和北约主要成员为保护国家安全而进行的斗争。美国前助理国防部长凯莉·玛格萨门(Kelly Magsamen)指出,美国与其盟友国家在数字领域的合作,对于同中国进行不同政治体制的竞争至关重要。[③] 时任美国司法部长威

---

① 孙海泳:《试析美及其盟国对华科技施压状况》,《信息安全与通信保密》2020年第10期,第69—81页。

② Kadri Kaska, Henrik Beckvard, and Tomáš Minárik, "Huawei, 5G and China as a Security Threat," NATO Cooperative Cyber Defence Center for Excellence (CCDCOE) 28 (2019).

③ Magsamen K, "Whether Trump Wins or Loses the Election, the Asia-Pacific Needs a Democratic Defence against China," South China Morning Post, February, 2020, accessed November 18, 2020, https://www.scmp.com/comment/opinion/article/3050705/whether-trump-wins-or-loses-election-asia-pacific-needs-democratic.

廉·巴尔（William Barr）公开表示，华为在下一代电信网络中进行战略布局，对美国及其盟友国家的经济和国家安全构成威胁。①在2020年2月的慕尼黑安全会议上，美国众议院议长南希·佩洛西（Nancy Pelosi）公开对中国电信企业表达不满，称华为的"数字霸权主义"威胁各国经济利益，西方国家在面对这种挑战时应当加强伙伴关系，联合抵制将电信基础设施让渡给中国。②特朗普政府还竭力在西方国家大肆诬陷华为可能在其设备中安装技术"后门"；诬告中国的《国家安全法》和《国家情报法》能够迫使华为向中国政府移交有关外国公民、企业、政府和军事信息，称中国政府有权监控跨国企业并进行间谍活动，严重"威胁"各国国家安全。③然而，美国始终无法对华为设备的安全威胁给出有力证据。美国智库欧亚中心执行副主席、信息技术专家厄尔·拉斯姆森和澳大利亚皇家墨尔本理工大学副教授马克·格雷戈里均表示，欧洲已建立独立实验室对华为设备的安全性进行测试和评估，并未发现存在安全方面的问题，也没有证据表明美国所称"华为设备留有'后门'"。④

此外，美国政府还以网络安全威胁为着力点，渲染中国对网络安全造成的冲击。2020年8月5日，时任美国国务卿迈克尔·蓬佩奥宣布扩大"清洁网络计划"，强调在网络空间使用"可信任供应商"来保护

---

① Benner K, "China's Dominance of 5G Networks Puts U.S. Economic Future at Stake, Barr Warns," February 6, 2020, accessed November 18, 2020, https://www.nytimes.com/2020/02/06/us/politics/barr-5g.html.

② "Speaker of The House: Speaker Pelosi Remarks at Munich Security Conference," Nancy Pelosi, Speaker of the House, February 14, 2020, accessed November 18, 2020, https://www.speaker.gov/newsroom/21420-1.

③ Blogger G. "The Overlooked Military Implications of the 5G Debate," Council on Foreign Relations, April, 2019, accessed November 18, 2020, https://www.cfr.org/blog/overlooked-military-implications-5g-debate; Maizland L, Chatzky A, "Huawei: China's Controversial Tech Giant," Council on Foreign Relations, August, 2020, accessed November 20, 2020, https://www.cfr.org/backgrounder/huawei-chinas-controversial-tech-giant.

④ 《特稿：美国打压华为另有所图，损人终究不会利己》，新华网，https://www.xinhuanet.com/world/2019-05/26/c_1124543545.htm，访问日期：2022年1月18日。

美国在数字信息领域隐私和信息的安全。该计划从五个方面加强美国关键电信和技术基础设施安全，其中几乎每一项都直指中国。选择"清洁的运营商"，不与不受信任的中国运营商联通网络；保证"清洁的移动应用商店，删除中国"侵犯隐私、传播病毒、宣传虚假信息"的应用；使用"清洁的应用程序"，删除不受信任的中国智能手机制造商预先安装的应用程序；维护"清洁的云端"，防止美国个人信息和企业知识产权被百度、阿里巴巴和腾讯等中国竞争对手获取；确保"清洁的电缆"，保证全球海底电缆不被中国大规模的情报收集利用和损害。这一计划充分体现了美国使用数字霸权对中国科技企业、产品服务、技术标准冠之以"不受信任""不可信赖"之名进行遏制和打压，对中国科技领域的成果进行"污名化"定性。在美国的鼓动和劝说下，一些国家相继对该计划表示响应。如巴西政府在2020年11月，宣布支持"清洁网络计划"中5G技术清洁的提议，并将积极参与建立全球数字联盟。印度也加强了对中国应用程序的限制，相继封禁了超200款中国APP应用程序，2020年11月，印度以"威胁"信息安全为名对包括淘宝直播在内的几十款中国APP应用程序颁布禁令。但是据西班牙《枢密报》科技版编辑曼努埃尔·门德斯（Manuel Mendes）表示，目前尚未有任何一项测试结果能够证明华为在数据管理方面出现不良行为。

（二）对中国的经济地位"贴标签"

2019年8月，在中美经贸磋商僵持不下的背景下，为加大对华极限施压力度，美国财政部将中国列为"汇率操纵国"。这一单边主义和保护主义行为，不仅不符合美国对"汇率操纵国"的量化衡量标准，而且严重破坏了国际金融规则。美国旨在从金融层面对华施压，从而为中美经贸谈判争取筹码的意图一目了然。[①] 2019年12月，时任美国财

---

① 2020年1月13日，在中美签署第一阶段经贸协议的前2天，美国财政部在其公布的半年度汇率政策报告中取消了对中国"汇率操纵国"的认定。这一时间节点的选择更加印证了其此前的举动是为其在对华贸易谈判中增加筹码的事实。

政部长史蒂芬·姆努钦（Steven Mnuchin）不得不在媒体的追问下公开表示，特朗普政府没有寻求将美元"武器化"（Weaponized）。① 此地无银之举成为美国滥用美元霸权的最好诠释。特朗普多次表示对中国发展中国家地位的不满，并要求世贸组织对此进行改革。美国希望重组世贸组织框架，向着更加有利于美国利益的方向发展，削弱对中国有利的制度安排。2020年2月，美国贸易代表办公室（USTR）将中国移出发展中国家名录，单方面宣布取消中国（包括中国香港）在世贸组织享受的发展中国家优惠待遇。② 此举亦是美国政府为今后更轻易地对中国企业的所谓不公平贸易行为进行司法起诉和惩罚而筹划，增加中国企业贸易成本，对中美双边贸易施压。

特朗普政府为了在与中国的"战略竞争"中占据道德制高点，对中国的产业政策、技术成果等诸多方面进行歪曲，视中国企业为在"政府主导"下进行"不公平"竞争，甚至提出中国属于"数字权威主义"③和"技术民族主义"。以美国为首的西方国家对中国展开"数字压制"，"污名化"中国的抗疫成果，试图在全球范围内形成对华舆论攻势。然而，并没有客观事实和证据表明中国政府实施了"强制技术转移"的政策，西方舆论对中国实行"数字权威主义"的诬陷和抨击只是西方国家将经济和科技问题政治化的惯用伎俩。特朗普政府夸大中国企业

---

① 2019年12月14日，姆努钦在参加多哈论坛期间接受美国消费者新闻与商业频道（CNBC）采访时作出这一表态。参见CNBC网站，http://www.cnbc.com/2019/12/14/mnuchin-us-isnt-weaponizing-dollar-sanctions-are-alternative-to-war.html，访问日期：2020年1月25日。

② "USTR Updates List of Developing and Least-Developed Countries Under U.S. CVD Law," USTR, February, 2020, accessed November 25, 2020, https://ustr.gov/about-us/policy-offices/press-office/press-releases/2020/february/ustr-updates-list-developing-and-least-developed-countries-under-us-cvd-law.

③ Steven Feldstein, "When It Comes to Digital Authoritarianism, China Is a Challenge—But Not the Only Challenge," Carnegie, February 12, 2020, accessed March 25, 2020, https://carnegieendowment.org/2020/02/12/when-it-comes-to-digital-authoritarianism-china-is-challenge-but-not-only-challenge-pub-81075.

的技术为各国国家安全、全球秩序带来的风险,① 虚假宣传华为等私营企业的"政府背景",以达到抹杀中国科技成果对全球技术进步带来的积极意义、侵蚀中国企业在国际市场的合法权益这一目的;最终,在西方国家不断增强的"去中国化"的意识形态和基于共同利益建立的全球数字市场中,以期达到遏制中国企业的影响力,维护美国对全球科技的领导地位的目的。

三、组建同盟抵制中国5G技术

中美两国都将5G网络视为未来竞争的关键领域,美国政府大范围地联合其他西方国家盟友共同抵制中国的5G设备、技术标准和服务。②

美国政府通过《瓦森纳协定》、"敏感技术多边行动"(MAST)、"五眼联盟"等多边机制对中国实施出口管制、投资并购限制。2018年7月,美国、英国和"五眼"情报共享联盟的其他成员在加拿大举行的年度会议上,以抵制华为5G网络为重点,决定采取联合行动,以阻止华为在西方国家铺设新的网络。2019年初,美国国务院官员表示,在说服盟国抵制采用华为5G设备的行动中,欧盟是美国的重要目标。③ 2019年5月,美国召集欧盟、日本、韩国及部分北约成员共32个国家,商讨5G安全准则,达成《布拉格提案》,确定不与"不受信任"

---

① Erol Yayboke, "Promote and Build: A Strategic Approach to Digital Authoritarianism," Center for Strategic & International Studies, October, 2020, accessed January 25, 2021, https://www.csis.org/analysis/promote-and-build-strategic-approach-digital-authoritarianism.

② Executive Office of the President, "Ensuring long-term U.S. leadership in semiconductors," President's Council of Advisors on Science and Technology, January, 2017, accessed November 12, 2020, https://obamawhitehouse.archives.gov/sites/default/files/microsites/ostp/PCAST/pcast_ensuring_long-term_us_leadership_in_semiconductors.pdf.

③ Robin Emmott, "U.S. Warns European Allies Not to Use Chinese Gear For 5G Networks," Reuters, February, 2019, accessed October 6, 2020, https://www.reuters.com/article/us-usa-china-huawei-tech-eu-idUSKCN1PU1TG.

的供应商签订5G通信系统建设协议。这份指向性极强的提案，实质上暗示了32个国家已达成对华为5G技术和设备进行封杀的统一共识。蓬佩奥在"清洁网络计划"中对全球进行划分，承认30多个国家和地区为"清洁国家"，多个全球大型电信公司为"清洁电信公司"。美国以此呼吁其盟友国家和合作伙伴加入该计划，共同抵制中国的"监视和破坏"。由此可见，美国的"清洁网络计划"将"中国制造"的威胁置于更大范围内，以此加强美国及其同盟国家对"中国威胁论"的共识。为此，以华为为代表的中国半导体企业拓展国际市场的阻力将在未来进一步增大。

美国还通过联盟体系，推动建立排除中国企业的多边体系，重建数字基础设施和技术标准。在美国国会通过《美墨加贸易协定》（USMCA）后，时任美国贸易代表莱特希泽表示，《美墨加贸易协定》是第一个涵盖数字经济发展并增强美国在技术创新优势的贸易协定。[①] 2020年5月，美国宣布将加入七国集团"人工智能全球合作伙伴组织"，力图以霸权力量主导构成不利于中国的全球人工智能管理规则，限制中国人工智能技术发展。2020年9月，美、印、日、澳四方会谈就共同开发5G技术达成协议，这成为美国遏制中国的"印太战略"的重要成果。同年10月，美国国家人工智能安全委员会（National Security Commission on Artificial Intelligence）提出通过多边合作、数字联盟等形式，与北约、印度等建立国际联盟，推广美国技术标准和规则，形成对中国人工智能的封锁围堵之势。2020年11月，电信行业解决方案联盟（ATIS）表示苹果、英特尔、谷歌等11家科技企业已加入美国组建的"6G联盟"（Next G Alliance），共同推动美国移动技术在6G及其后的领先地位。美国大西洋理事会发布关于美韩合作前景的

---

① "Ambassador Lighthizer Comments on Senate Passage of USMCA," Office of the U.S. Trade Representative, January 16, 2020, accessed October 6, 2020, https://ustr.gov/about-us/policy-offices/press-office/press-releases/2020/january/ambassador-lighthizer-comments-senate-passage-usmca.

报告，指出在中美"脱钩"的背景下，美国将与韩国在半导体、人工智能、5G等领域加强战略协调与合作，加快开发盟友间的全球价值链网络。

在对同盟国家实施说服、劝诱等手段的同时，美国政府还用谴责、胁迫等手段，对正在考虑使用华为设备构建5G无线网络的国家施加压力。2019年2月，时任美国国务卿蓬佩奥表示，将拒绝为继续使用中国电信设备的国家提供情报。① 美国驻德国大使理查德·格伦内尔（Richard Grenell）警告德国，如果德国坚持使用华为技术和设备，美国将对其削减共享的情报资源。② 美国以美军的海外派驻部队部署相威胁，迫使波兰和匈牙利政府禁止华为为其建设5G网络。③

在美国以联盟为基础、以安全合作和情报共享为筹码的外交手段的施压下，全球许多国家不得不放弃与中国的数字基础设施合作项目。澳大利亚政府已决定将华为排除在该国5G无线网络建设的规划外。2020年1月，英国宣布禁止在核心安全网络中使用华为的设备与服务，将允许在部分5G网络中使用华为设备；④ 而在美国的不断施压下，英国以"安全隐患"为由，拟在其5G网络中逐步淘汰华为设备，

---

① Julia Limitone, "Pompeo Slams Huawei: US Won't Partner with Countries That Use Its Technology," Fox News, February 21, 2019, accessed December 1, 2020, https://www.foxbusiness.com/technology/pompeo-slams-huawei-us-wont-partner-with-countries-that-use-its-technology.

② Pancevski B and Germano S, "Drop Huawei or See Intelligence Sharing Pared Back, U.S. Tells Germany," The Wall Street Journal, March, 2019, accessed December 1, 2020, https://www.wsj.com/articles/drop-huawei-or-see-intelligence-sharing-pared-back-u-s-tells-germany-11552314827.

③ Sanger D E, et al., "In 5G Race With China, U.S. Pushes Allies to Fight Huawei," The New York Times, January 26, 2019, accessed November 24, 2020, https://www.nytimes.com/2019/01/26/us/politics/huawei-china-us-5g-technology.html.

④ Carisa Nietsche and Martijn Rasser, "Washington's Anti-Huawei Tactics Need a Reboot In Europe," Foreign Policy, April, 2020, accessed November 29, 2020, https://foreignpolicy.com/2020/04/30/huawei-5g-europe-united-states-china/.

并在2020年年底停止安装新的华为5G网络设备。① 2020年7月，法国当局也宣布了类似的华为禁令，预计将于2028年正式生效。② 新加坡政府在拒绝使用华为后，转为将5G建设授权给爱立信和诺基亚两家通信企业。③ 2022年5月，加拿大以所谓"国家安全"为由，宣布禁止电信系统使用华为、中兴公司的产品和服务。至此，"五眼联盟"的全部成员——美国、澳大利亚、新西兰、英国和加拿大均已禁止或限制华为进入其5G网络。

然而，美国的胁迫和威胁对一些国家并未产生预期的效果，甚至出现了负面效应。对美国以情报共享为要挟，要求德国封杀华为，时任德国总理安格拉·默克尔回击称，德国"正在为自己定义标准"。与美国不同，欧洲国家的无线通信网络更依赖于华为的技术和设备，因此禁用华为设备将造成更大损失。欧洲领先的运营商，如沃达丰和德国电信，都在使用华为公司的设备，而大范围禁令将使企业付出高昂的代价。英国伦敦皇家联合服务研究院国防与安全研究所网络研究负责人詹姆斯·沙利文（James Sullivan）指出，美国遏制华为所表现出的零和思维太过绝对和极端，使其对其他国家的威胁效果适得其反。④ 英国通信总部前主管罗伯特·汉尼根（Robert Hannigan）在《全面禁止华为等中国技术企业毫无意义》的评论文章中表示，英国及欧洲其

---

① Edward Malnick, "Exclusive: Huawei Faces 5g Ban In Britain Within Months," The Telegraph, July 4, 2020, accessed November, 2020, https://www.telegraph.co.uk/politics/2020/07/04/huawei-faces-5g-ban-within-months/.

② Mathieu Rosemain and Gwénaëlle Barzic, "Exclusive: French Limits on Huawei 5g Equipment Amount to De Facto Ban by 2028," Reuters, July, 2020, accessed November 29 2020, https://www.reuters.com/article/us-france-huawei-5g-security-exclusive/exclusive-french-limits-on-huawei-5g-equipment-amount-to-de-facto-ban-by-2028-sources-idUSKCN24N26R.

③ Tani M. "Singapore Picks Ericsson and Nokia Over Huawei For 5G Networks," Asia, June, 2020, accessed November 28, 2020, https://asia.nikkei.com/Spotlight/5G-networks/Singapore-picks-Ericsson-and-Nokia-over-Huawei-for-5G-networks.

④ Drew Hinshaw, "Allies Wary of U.S. Stance on Huawei and 5G," The Wall Street Journal, April 2020, accessed November 28, 2020, https://www.wsj.com/articles/allies-wary-of-u-s-stance-on-huawei-and-5g-11586460582.

他国家应对事态保持冷静,应遵循技术专家建议和合理的风险评估结果来判断和决定中国企业能否参与各国通信网络建设,而非遵循政治风向。①

第四节 拜登政府对华科技竞争战略的调整

特朗普政府实施的对华经济和科技"脱钩"政策,使美国经济面临损失,且并未得到国际社会的认同,反而损害其自身的国际声誉。拜登政府在延续特朗普政府对华战略的总体战略基础上,一方面着重关注对国际秩序和制度规则的塑造;另一方面加强与盟友国家的联盟关系,以结盟方式限制中国发展。同时,拜登政府加紧在人权、意识形态等问题上对中国持续施压。在科技领域,拜登政府实施精准的科技遏制措施,多边围堵中国,并加大对其国内科技创新资源的投资。中美双方在高科技领域的竞争在未来一个时期内将趋于长期化和白热化。

一、对华"科技"脱钩政策的阶段性评估

(一)出口管制与技术封锁使美国付出巨大经济代价

中国日渐强大的科技创新能力以及以此为基础的数字经济创新体系,是美国对华"全政府"战略的重点。尤其是中国的5G通信技术,更是成为美国打击的首要目标。为了遏制中国在5G通信等高科技领域对美国的赶超态势,2018年以来,美国先后修订了《外国投资风险评估现代化法案》以及《出口管制改革法案》,并以维护国家安全和

---

① Robert Hannigan, "Blanket Bans on Chinese Tech Companies like Huawei Make No Sense," Financial Times, accessed November 28, 2020, https://www.ft.com/content/76e846a4-2b9f-11e9-9222-7024d72222bc.

外交利益为由，对中国高科技企业实施出口管制和技术封锁，[1] 美国遏制中国迅速发展的科技创新能力这一本质显露无遗。然而，科技霸凌所产生的"双刃剑"效应同样使美国高科技企业面临损失。2018年，当中兴被迫停止购买美国制造的技术时，高通、阿卡夏通讯（Acacia Communications）和其他美国公司的股价接连遭受了打击。[2] 如果华为为其智能手机选择其他操作系统，谷歌的安卓（Android）系统也将面临直接损失。[3] 2021年2月，美国商会在一份报告中指出，美国对华"脱钩"削弱了其半导体产业在全球技术网络中的核心作用，并带来巨大的经济成本和行业成本。美国对华为的制裁成效还取决于美国的出口管制能否实现多边化，只有多边协作才能使美国出口管制发挥维护国家安全的作用。因此，美国需要说服日、韩等其他国家的政府同意对中国限制类似技术和产品的供应。否则，只有美国对中国实施单边制裁可能会对美国半导体产业造成打击。美国半导体行业协会（SIA）的一项研究指出了这种担忧。[4] 据美国半导体行业协会估计，美国的单方面出口管制将导致许多外国公司选择与中国合作来采购设备和投入品，美国半导体产业每年的收入损失达数百亿美元，而这是美国公司研发下一代芯片所需的主要资金来源。由于研发工作的减少将使美国下一代半导体在全球范围内的竞争力下降，因此未来客户投资

---

[1] 2018年以来，美国商务部工业与安全局（BIS）利用出口管制实体清单制度，加大了对中国企业的遏制力度。例如，2018年8月，其一次性将44家中国企业列入出口管制实体清单；2019年5月，美国又将华为公司及其在全球26个国家（地区）的68家子公司纳入实体清单。这是美国首次针对某个外国公司所采取的如此大规模的管制行动。

[2] Jay Greene, "In ZTE Battle, U.S. Suppliers Are Collateral Damage," Wall Street Journal, April 24, 2019, accessed January 2, 2021, https://www.wsj.com/articles/in-zte-battle-u-s-suppliers-are-collateral-damage-1524562201.

[3] Jie Y, Strumpf D, "Who Needs Google's Android? Huawei Trademarks Its Own Smartphone OS," Wall Street Journal, May 25, 2019, accessed December 26, 2020, https://www.wsj.com/articles/who-needs-googles-android-huawei-trademarks-its-own-smartphone-os-11558693195.

[4] "Report Shows Risks of Excessive Restrictions on Trade with China," Semiconductor Industry Association, March 9, 2020; "How Restricting Trade with China Could End US Semiconductor Leadership," Boston Consulting Group, 2020.

和采购美国设备的可能性将更低,这种恶性循环将导致美国芯片产业的衰落。

美国对华出口管制将对美国企业和工业造成负面冲击。究其原因,主要在于当前全球高技术产业早已去中心化和扁平化,不同国家之间通过产业链与价值链分工,密切配合、相互合作,共同完成从产品设计到组装完成的复杂工序。美国虽然牢牢占据着全球价值链的最高端,但是其科技霸凌行为在打压中国高技术产业的同时,也破坏了全球产业链分工的格局,损害了包括美国高科技企业在内的全球产业链参与方的共同利益,使得美国高科技企业面临着被迫放弃中国庞大的并仍在不断增长的消费市场的风险。潜在的利润损失在一定程度上限制了其研发投入的连续性,进而削弱了其技术创新能力,这正是2020年以前美国商务部一再延长对华为"禁售令"的主要原因。事实证明,强行推动全球前两大经济体之间的"脱钩"对美国而言,其经济代价是十分巨大的。①

(二)司法胁迫与外交施压产生"双刃剑"效应

美国司法部出台所谓的"中国计划"(China Initiative),旨在强化对中国高科技企业的压制;②滥用与加拿大的"引渡条约"打压中国民营高技术企业,令全球震惊。美国在全球范围内结成抵制中国5G技术和装备的国际同盟,大肆宣传中国通信产品的"安全威胁",也是美国利用各国对信息安全的敏感而借机排挤中国通信企业的新手段。然而,无论是滥用"长臂管辖"还是渲染"技术威胁论""污名化"中国的科

---

① Ely Ratner, Elizabeth Rosenberg and Paul Scharre, "Beyond the Trade War: A Competitive Approach to Countering China," Foreign Affairs, December 12, 2019, accessed February 1, 2020, http://www.foreignaffairs.com/articles/united-states/2019-12-12/beyond-trade-war.

② Ellen Nakashima, "With New Indictment, U.S. Launches Aggressive Campaign to Thwart China's Economic Attacks," The Washington Post, November 1, 2018, accessed June 6, 2020, https://www.washingtonpost.com/world/national-security/with-new-indictments-us-launches-aggressive-campaign-to-thwart-chinas-economic-attacks/2018/11/01/70dc5572-dd78-11e8-b732-3c72cbf131f2_story.html.

技成果，对美国而言都具有典型的"双刃剑"效应。

首先，美国披着法律的面纱实施"卡脖子"的举动，极大地刺激了中国加快自主创新的决心，从而摆脱在核心技术和关键元器件领域受制于人的被动局面。其次，美国在损害中国科技和经济成果国际声誉的同时，也将伤及美国自身的国际声誉。美国以实施"长臂管辖"为名胁迫打击竞争对手的行为在国际社会已是不争的事实[1]，这种行径对美国国家信誉是一种无形的损害。时任德国外交部长海科·马斯（Heiko Maas）发声，敦促欧洲各国采取美元以外的支付系统，避免遭到美国联邦调查局的追查；法国前总理贝尔纳·卡泽纳福（Bernard Cazeneuve）建议成立欧洲反腐败办公室，使欧盟具备能够与美国司法部在同等层级上展开对抗的法律追究手段。美国对全球各国行使"长臂管辖"原则对其他国家的主权构成挑战，早已引起许多国家的不满。美国出口管制措施的"长臂管辖"原则不仅对中国实行直接出口管制，而且还对使用美国半导体产品和技术进行生产的第三国企业和政府出口行为产生约束。2020年9月，彼得森国际经济研究所表示，特朗普政府限制第三国企业出口行为，这种危险的单边主义政策威胁了同盟国的国家主权，进而可能引起美国与同盟国产生新的冲突。[2] 这不仅对其他国家的产业政策自主性构成威胁，而且还将对美国国家安全产生消极影响。类似地，美国凭借自身在国际金融体系中的核心地位，为别国"贴标签"甚至滥用金融制裁的做法，也是一种透支美元体系公信力的行为。2022年5月，美国战略与国际问题研究中心（CSIS）在分析中美半导体脱钩代价和成本后认为，中美科技竞争领域逐渐扩大，

---

[1] 弗雷德里克·皮耶鲁齐、马修·阿伦：《美国陷阱》，法意译，中信出版社，2019年，第5页。

[2] Chad P. Bown, "How Trump's Export Curbs on Semiconductors and Equipment Hurt the US Technology Sector," Peterson Institute for International Economy, September 28, 2020, accessed January 2, 2021, https://www.piie.com/blogs/trade-and-investment-policy-watch/how-trumps-export-curbs-semiconductors-and-equipment-hurt-us.

美国对华封锁举措力度逐步加强，一旦半导体产业领域完全脱钩将会对全球半导体产业链产生冲击，并带来沉重代价。美国政治学家麦克·马扎指出，直接遏制中国发展的政策在经济和政治上从来都不是一个理性可行的选择。①

第一阶段中美"贸易战"的事实证明，中国经济和政治体制的韧性强于美国，因此美国以极限施压为主要手段发动的"贸易战"和"科技战"，不仅难以形成胁迫效应，而且会伤及美国消费者和企业的利益。② 因此，在特朗普执政后期，美国在对华施压的节奏方面作出了调整，重大的施压举措都会经过比较充分的内部酝酿和评估后，才会逐步落实；而且先从对美国经济和社会直接冲击比较小的教育、文化以及意识形态领域入手。此前特朗普政府大范围"一刀切"的技术封锁和出口管制不仅使美国企业蒙受损失，而且对中国的施压效果也受到同盟国家配合程度的影响。

二、拜登政府对华战略的基本立场

在美国对华战略发生根本性转变的背景下，中美经济关系原有的逻辑和范式也随之变化，具体体现为三个"难以为继"：中美两国各自的经济增长模式难以为继、全球经济失衡的总体格局难以为继以及20世纪70年代以来的经济全球化模式难以为继。中国综合国力的提高将不可避免地改变着20世纪90年代以来形成的国际秩序。贯穿美国国

---

① 前美国国家战争学院副院长麦克·马扎表示，中国在解决贫困问题上的努力全世界有目共睹，而美国扼杀中国的脱贫成果将成为有史以来最持久的贫困化运动。同样，无情的经济战在政治上也是不可行的，是一种压制有色人种的种族主义行为，其他国家将不会加入这样的行动。许多亚洲国家与中国的经济交往具有巨大潜力，美国的欧洲盟友也在与中国的经济交流中看到了经济、贸易和金融机会。Michael J. Mazarr, "Shaping China's Ambitions," RAND Corporation, January 24, 2022, accessed November 1, 2022, https://www.rand.org/blog/2022/01/shaping-chinas-ambitions.html.

② Elbridge A. Colby and A. Wess Mitchell, "The Age of Great-Power Competition: How the Trump Administration Refashioned American Strategy," *Foreign Affairs* 99 (2020): 118.

家经济安全战略的核心逻辑是维护美国在全球经济中的领导地位,美国旨在维持其经济规模的绝对优势和科技领先优势以保障国家经济安全。而中国迅速提升的科技创新能力,高技术产业沿价值链攀升的能力,以及中国在数字经济领域已取得的部分优势,对美国的科技领先优势构成了挑战。前美国太平洋司令部中国战略小组高级分析师海思曾指出,中国的崛起使美国为其国家利益而苦心经营的国际秩序发生了改变。① 因此,这不仅意味着中美大国竞争的矛盾在短时间内难以消弭,而且也决定了美国政府在今后一个时期内对华强硬战略不会有本质改变。

在美国战略界看来,中美"战略竞争"的规模和复杂性都在增加,且没有减弱的迹象,美国不能指望像冷战期间那样简单地超过中国。为了保护美国利益及全球影响力,美国需要有效的战略、强大的联盟、创新的作战理念和先进的军事能力应对竞争。② 从拜登政府的对华战略总体上来看,其对特朗普政府对华政策具有较大的延续性。具体表现在以下三个方面。

第一,拜登政府的对华战略定位更为负面。此前特朗普政府对中国最负面的定位是"首要战略竞争对手",而2021年3月拜登政府出台的《临时国家安全战略指南》延续了"中国是美国的头号竞争对手"这一判断。安东尼·布林肯(Antony Blinken)在2021年2月就任美国国务卿之初便表示,"中国已对美国构成了最大挑战";"美国与中国的关系在应该发展的地方将是竞争的,在可以发展的地方将是合作的,在必须发展的地方将是对抗的"。③ 此后,拜登政府的用词则改为"最

---

① Timothy R. Heath, "US-China Strategic Rivalry: Great Power Competition in the Post-industrial Age," in *New Asian Disorder: Rivalries Embroiling the Pacific Century* (Hong Kong University Press, 2022); ed. Lowell Dittmer, p. 141.

② "Select RAND Research on China, 1999–2019," RAND Corporation, 2021.

③ David I, "China is Convinced America is In Decline. Biden Has a Chance to Change That," *The Washington Post*, March 23, 2021.

严峻战略竞争对手""甚至是终身对手",并在2022年颁布的《美国国家安全战略》中将中国定位为"唯一一个既有重塑国际秩序意图,又有强大实力实现这一目标的战略竞争对手"。

第二,拜登政府继续强调地缘政治竞争。拜登和国务卿布林肯在就职后立即重申了特朗普政府对华重要主张,包括继续在所谓的涉疆问题上指责中国以及全面否定中国在南海的合理诉求。此外,拜登政府还在国家安全委员会下设"印太地区协调员",并直接向国家安全顾问沙利文汇报工作,反映出美中关系对该地区其他国家的重要影响。在2022年2月发布的"美国印太战略"报告中,拜登政府再次表明其实施的是对华遏制政策。报告声明,"我们的目标不是改变中国,而是塑造其行动的战略环境",要防止中国在周边建立"势力范围"。美国兰德公司国防研究院资深分析师德里克·格罗斯曼(Derek Grossman)指出,拜登政府总体上认同特朗普"印太战略"的总体目标,并在就任后继续对中国采取强硬态度,仅会在最低限度内恢复与中国的关系,防止中美关系的彻底崩塌。[①]

第三,拜登政府的政策布局依旧针对中国。美国商务部长吉娜·雷蒙多(Gina Raimondo)批评中国"违反竞争,对美国工人和企业具有强制性"的行为,2021年12月新美国安全中心发布的报告《遏制危机:应对胁迫性经济治国的战略方针》将中国的经济政策称为"胁迫性经济政策"。此外,拜登于2021年2月在美国国防部下设"中国工作组"以审查美国对华战略,坚持采取"全政府"方式,通过府会合作和两党合作以及国际联盟和伙伴关系,开展对华战略的实施。2021年10月7日,美国中央情报局创建"中国任务中心"以应对大国竞争,这一举措向情报界发出了一个明确的信号——在追踪恐怖主义威胁20

[①] Derek Grossman, "U.S. Election Won't Dramatically Change the Indo-Pacific Strategy," RAND, November 2, 2020, accessed January 3, 2021, https://www.rand.org/blog/2020/11/us-election-wont-dramatically-change-the-indo-pacific.html.

年后，美国开始将重点转移到中国这一首要"战略竞争"对手身上。因此，尽管与特朗普政府存在较大分歧，拜登政府仍增强了美国对华政策的连贯性，并以新的方式延续了特朗普政府的对华强硬政策，从而持续影响中美关系的发展。

特朗普政府"压制性回缩"大战略狭隘地界定了国家利益，"零和博弈"思维使其利用美国强大的经济和技术实力实行讹诈性、霸凌性对外政策。[①]因此，与特朗普不惜使美国付出巨大代价的"硬脱钩"政策不同，作为民主党传统政客的拜登更加侧重对国家安全与国家发展利益的平衡，从现实需求的角度考虑对华战略的具体措施。从目前的情况来看，这种调整主要体现在以下三个方面。

第一，拜登政府在一定程度上回归民主党的建制派传统，特别是针对特朗普政府反全球化和反建制的政策主张展开修正，对制度和规则的重建更为关注。在拜登任命的内阁人选中，有多名核心成员曾在奥巴马政府各部门从事相关工作。[②]因此，拜登政府在外交政策方面在一定程度上向奥巴马政府的政策回归。在对华政策上，为遏制中国的发展，拜登政府注重通过重塑更加有利于美国的多边制度体系，约束和规范中国的行为。"美国优先"的原则和"贸易战"等极限施压手段，体现了特朗普政府典型的"利益导向型"外交方针。而为获取所谓的战略利益，特朗普政府采取的诸多逆全球化举措打破了自二战结束以来历届美国政府苦心构建和经营的全球多边体系规则。这种反建制行为一向是民主党极力反对的。拜登政府就职后立即使美国重新加

---

① 赵明昊：《特朗普执政与中美关系的战略转型》，《美国研究》2018年第5期，第26—48页。Patrick S, "Trump and World Order: The Return of Self-help," Foreign Affairs, January 17, 2017, accessed November 29, 2020, https://www.foreignaffairs.com/articles/world/2017-02-13/trump-and-world-order.

② 例如，国务卿安东尼·布林肯曾任奥巴马政府副国务卿，国家安全顾问杰克·沙利文曾任奥巴马第二任期国家安全顾问，国土安全部部长亚历杭德罗·马约卡斯曾任奥巴马时期该部门副部长，美国常驻联合国代表琳达·托马斯·格林菲尔德曾担任奥巴马政府的非洲事务助理国务卿。

入多个国际组织，恢复依靠多边体系对全球事务进行干预的惯例。奥巴马政府时期，就曾以建立"跨太平洋伙伴关系协定"（TPP）来重构全球经济贸易规则，提出更高水平、更高层次的全球贸易开放标准，以弱化中国的全球竞争力。例如，在先后通过了《2021年美国创新与竞争法》以及《2022年美国竞争法》两个重磅法案之后，拜登政府又于2022年3月提出了一项代号为"芯片4"的新计划——提议成立一个由美国、韩国、日本及中国台湾地区组成的"芯片四方联盟"，并于10月举行"美—东亚半导体供应链弹性工作小组"首次预备会议。意在利用这个组织将中国大陆排除在全球半导体供应链之外。

第二，拜登政府持续修复和巩固同传统盟友之间的关系，以结盟而非单独对抗的方式遏制中国。20世纪90年代以来的历届美国政府都十分重视利用多边框架掌控国际秩序。民主党和共和党政府都始终保持以盟友体系为依托，与中国展开竞争的策略。特别是在奥巴马政府"重返亚太"的战略下，美国已形成了以"跨太平洋伙伴关系协定"全球经贸规则为代表的清晰的政策框架，几乎实现了对中国经贸层面的全面遏制。然而，奥巴马离任后，特朗普政府不但放弃了上任政府的基本方针，还通过关税和撤军威胁等方式向其盟友施压，破坏了美国制约中国的联盟基础。因此，在拜登执政时期，美国政府持续加大力度修复与传统盟友的关系，恢复美国在国际社会和全球治理体系中的威信和领导力。拜登总统的国家安全顾问杰克·沙利文呼吁美国与盟国共同发声对峙中国，与欧洲和亚洲伙伴建立更牢固的联系。

欧盟的支持将是拜登政府对华施压的重要基础。在与欧盟的关系方面，美国在经贸摩擦领域采取软化立场，并在欧洲驻军和北约改革方面，表现出更加尊重欧洲盟友的姿态，以修复跨大西洋伙伴关系。新美国安全中心发布《照亮道路：制定跨大西洋技术战略》报告指出，世界科技领先国家之间的合作对于实现利益最大化至关重要，其中最重要的因素可能是构建长期的跨大西洋伙伴关系以应对挑战，美国和欧洲必须参与竞争以求得共赢，以确保美国和欧盟的经济安全和长期技术竞争力。[①] 2021年11月，美国、欧盟、日本发布贸易部长联合声明，宣布将延续其三方伙伴关系盟约，共同应对"第三国的非市场贸易行为"。2022年7月，美、英、法、德、日等18个经济体在"2022年供应链部长级论坛"上发表《关于全球供应链合作的联合声明》，承诺将共同解决近期的运输、物流和供应链中的中断和瓶颈问题。为巩固美国在亚太地区的盟友关系，拜登政府延续了"印太战略"的基本框架，于2022年2月发布了执政以来的首份"美国印太战略"，新版"印太战略"强调了与盟国合作的重要性，通过加强与盟国的关系而产生的"综合遏制力"将成为美国"印太安全战略"的基础。在该战略中，拜登政府在"印太地区"拉拢同盟，在中国周边构筑美国主导的盟友关系网络。美国把巩固"澳英美联盟"视为其威慑中国的关键环节，深化"澳英美联盟"、日韩、菲律宾、泰国等地区安全合作机制等。同时，支持建设强大而统一的东盟，即增加投资以巩固美国—东盟合作机制；支持印度持续崛起与地区主导地位，持续巩固美印战略伙伴关系；履行"美日印澳四方合作机制"职能，在新冠肺炎疫情防控、气候变化、网络安全等领域深化四国间的合作；拓展美日韩合作。除继续强化与"印太地区"传统盟友的双边关系外，还将鼓励盟友间的相互合作，拓展"美日印澳四国合作机制"等多边盟友关系，并鼓励欧盟、北约等域外盟友介入"印太事务"。此外，2022年5月，美日印澳在日本举行"四方安全对话"峰会，将在网络安全、关键和新兴技术、人才交流等方面加强合作；2022年6月，七国集团宣布启动全球基础设施和投资伙伴关系；2022年9月，美、英、澳三国领导人发布"三边安全伙伴关系"（AUKUS）联合声明表示三国将继续促进信息和技

[①] Carisa Nietsche, Emily Jin, Hannah Kelley, Emily Kilcrease, et al., "Lighting the Path: Framing a Transatlantic Technology Strategy," Center for a New American Security, August 30, 2022, accessed November 5, https://www.cnas.org/publications/reports/lighting-the-path.

术共享，加强工业基础和供应链整合。

第三，拜登政府在人权问题、意识形态问题，以及涉港、涉台、涉疆问题上继续保持对华施压态势，但在手段和力度方面与特朗普政府有所不同。自2020年初新冠肺炎疫情在全球暴发以来，美国不断升级对华意识形态的打压，屡次触碰中美关系的底线，为中美关系的健康发展造成巨大障碍。而特朗普此举并非是维护美国传统价值观，而是借意识形态施压之机，为中国的国际声誉制造不良影响，同时转移国内矛盾。拜登政府继续在所谓的价值观领域保持对华施压态势，但与特朗普政府有所不同的是更多地出于维护民主党传统价值观的目的。由此，拜登并未放弃在意识形态领域对华施压，且不局限于公开抨击和指责中国的行为，而是进一步要求中国作出明确回应。然而，拜登政府当前面临的最重要挑战是如何弥合美国国内主要政治势力之间的分歧，特别是在面临解决新冠肺炎疫情等重大国内事务之时，继续以特朗普政府时期的强势手段打"中国牌"，无益于从根本上解决以上问题。

三、拜登政府对华科技竞争战略的变化

从拜登政府的政策倾向来看，美国国家安全战略和对华战略的基本逻辑在拜登政府执政以来并未发生根本性转变。2021年2月，拜登政府发布《临时国家安全战略指南》；2022年10月，出台正式的《国家安全战略》。在两份报告中，拜登政府延续特朗普政府的国家安全目标，以保护美国人民安全、经济繁荣和捍卫美国价值观作为主要目标。《临时国家安全战略指南》强调"经济安全就是国家安全"，美国的经济、国防、民主是捍卫和培育美国国力的根源；领导并维持由"民主国家"伙伴关系、多边机构和国际规则支撑的稳定和开放的国际体系，是拜登政府国家安全战略的关键主张，为拜登政府的国家安全战略奠定了以加强外交为核心的战略基调。报告着重强调了美国维系其联盟国家

和伙伴关系的重要性。拜登政府为改善特朗普政府造成美国国际影响力下降的不利局面，着力加强美国对国际事务的全面参与，如气候变化、全球健康、和平与安全、人道主义、振兴民主与人权、数字联通和技术治理、可持续和包容性发展以及难民和移民等一系列关键问题，提出"有效全球合作和体制改革要求美国在多边组织中恢复领导作用。"名为促进国际合作，实则为美国重获并巩固全球领导地位创建一个更为有利的国际环境。在正式的《国家安全战略》中，拜登政府提出实现国家利益的三大支柱：投资于美国实力和影响力的根本来源和工具；建立最强大的国家联盟以增强集体影响力、塑造全球战略环境；进行现代化建设并强化军队，为"战略竞争"做好准备。该报告同样强调，全球范围的联盟和伙伴关系是美国最重要的战略资源。尤为关键的是，拜登政府的《国家安全战略》将"战略竞争"作为美国面临的最首要的挑战，而中国则是其"最重要的政治地缘挑战"，中国具有举足轻重的国际影响。拜登政府宣称美国及其盟友应激发更多应对挑战的集体行动，制定技术、网络安全、经贸规则，利用各同盟国家与中国的共同利益来塑造与中国"竞争"的有利外部环境，以影响中国的行动。

拜登政府延续了特朗普政府对于中国的战略定位，仍将中国视为"战略竞争对手"，并将确保以美国价值观和利益为中心而制定国际议程作为与中国"竞争"的关键所在。拜登政府在临时安全指南中列出了抗击疫情、重建经济、修订民主制度、调整移民政策等八大优先事项，并将"应对中国挑战"列为第八位。而随着疫情防控逐渐趋稳、美国经济重启，该指南重新调整优先次序，对中国的"竞争"与"遏制"正是拜登政府《国家安全战略》的重要事项。该报告指出美国当前最紧迫的战略挑战来自运用"修正主义"外交政策的国家，并称中国是"唯一一个既有重塑国际秩序意图，又有日益强大的经济、外交、军事和科技实力来完成这一目标的竞争对手"。在科技领域亦是如此。国内学者赵明昊认为，拜登政府将科技竞争视为中美"战略竞争"的核心，美国对华科技竞争的长期性、系统性、跨域性、阵营性特征越发突出。美国兰德公司国防研究院的研究人员提出，中国国力的增长并不是美国能够制约的，美国更应寻求加强现有国际制度和秩序规范，以此来"规制"中国。① 美国力图从加大科技研发投入、改革国内科研体制、实施"小院高墙"策略、构建"民主科技联盟"、争夺全球科研人才，以及主导国际技术标准等多条"战线"，对中国进行统合性压制，通过巩固其"技术领导地位"打造针对中国的"实力地位"。从美方政策构想、机制调整、具体举措和推进策略看，美国对华科技竞争呈现"攻防并举、综合施策、精准打压、多边制衡"的新态势，中美围绕"科技创新生态"的比拼更趋激烈。美国在科技领域全面加大对华施压，深刻影响数字时代的中美关系演进，对我国维护科技安全以及总体国家安全带来严峻挑战。② 可以大体上从以下三个方面归纳拜登政府对华科技竞争战略的变化。

第一，在中美科技"脱钩"问题上，拜登政府采取了不同于特朗普政府的手段，对华实施有选择性的、精准的科技遏制措施。正如国防部长劳埃德·奥斯丁（Lloyd Austin）所提出的，美国将在与中国的"竞争"中对中国实行一种"激光式"（laser-like focus）极具针对性的政策，③ 遏制中国成为全球主导国家。国务卿布林肯主张美国应在"强势的领域"与中国展开合作；国家安全顾问沙利文曾表示，"在技术限

---

① Michael J. Mazarr, Timothy R. Heath, and Astrid Stuth Cevallos, "China and the International Order", RAND Corporation, 2018.

② 赵明昊：《统合性压制：美国对华科技竞争新态势论析》，《太平洋学报》2021年第9期，第1—16页。

③ Zheng S. "US-China Tensions: Joe Biden Signals Tougher Line On Beijing with Key Appointments," South China Morning Post, February 21, 2021, accessed February 22, 2021, https://www.scmp.com/news/china/diplomacy/article/3122370/us-china-tensions-joe-biden-signals-tougher-line-beijing-key.

制上的极端做法可能会将其他国家推向中国",① 表明拜登政府有选择地对中国采取出口管制和投资限制措施。例如对美国国家安全利益无大损害、但对国家经济发展有重大影响的次高精尖科技技术和产品的出口管制措施将有望被"降级"。而对美国国家安全利益影响较大的领域,如5G、人工智能、量子计算等高技术领域持续执行严格的管制,对中国保持警惕和高压态势。因此,美国对中国企业的实体清单可能在很长一段时间内不会放松,对一些重要企业的限制将长期存在,美国可能仍将禁止华为在美国出售电信基础设备。② 2021年2月,美国参议院团体就对美国商务部提出继续对华为施压的要求;而商务部长在参议院听证会上表示,将使用其掌握的全部工具保护美国人民和网络不受任何形式的后门影响和干扰。2022年10月7日,美国商务部工业和安全局对向中国出售半导体和芯片制造设备进一步限制,禁止企业向中国供应先进的计算芯片制造设备和其他产品,为向中国出口半导体制造"设施"增加了新的许可证要求;21日,美国对华技术禁令范围将扩大到量子计算和人工智能软件领域。同月,美国联邦通信委员会(FCC)以"国家安全"为由,计划禁止华为和中兴在美国销售新的电信设备。而在对待特朗普政府的对华贸易政策方面,拜登政府并没有立即取消特朗普时期对华"贸易战"政策,加税政策至今还未退出。但从长期看,在对华科技竞争战略实施的手段和侧重点上,拜登将对特朗普政府的政策"遗产"进行调整。

事实上,在经济和科技领域,拜登政府早已显露出对中国的戒备。国土安全部(DHS)已在《应对中国威胁的战略行动计划》中指出,中国在意识形态、经济利益、技术转移、供应链及数据采集等方

---

① Jake Sullivan and Kurt M. Campbell, "Competition Without Catastrophe: How American Can Both Challenge and Coexist with China," *Foreign Affairs* 98 (2019): 96.

② "China Tech Companies See No Let-Up in Trump Pressure," Bloomberg, November 29, 2020, accessed January 22, 2021, https://www.bloomberg.com/opinion/articles/2020-11-18/china-tech-companies-see-no-let-up-in-trump-pressure.

面对美国存在重大"威胁"。新冠肺炎疫情加快了全球供应链重组的趋势，也为拜登政府推进其国家安全政策提供了机会。在新冠肺炎疫情期间，拜登政府启动"薪资保护计划"，为美国国防工业基地（Defense Industrial Base）中的小企业提供财政援助，以减少小企业的生产在疫情期间受到的损失。其中，国防制造业小企业获得的财政援助金额最多，预估高达50亿美元。[①]"薪资保护计划"在一定程度上增强了美国国防工业基地的债务偿付能力和制造业供应链的稳定。

新冠肺炎疫情在全球的蔓延凸显出美国在许多领域对国外供应链的依赖，其中包括半导体制造。芯片短缺已经对许多美国公司造成影响。据估测，由于芯片供应断裂，美国福特公司的损失预计将高达2021年第一季度产量的20%；通用汽车公司则表示，芯片短缺将延长数家工厂的停工时间。[②]2021年2月底，拜登签署了加强审查半导体供应链的行政命令，目的是解决美国医疗、电动汽车等行业的芯片短缺问题。此命令即源于两党国会议员和业界人士对芯片短缺潜在后果的警告。参议院多数党领袖查克·舒默（Chuck Schumer）表示："半导体制造业是我们经济和国家安全的薄弱环节。"拜登政府主张实现的半导体供应链安全，主要依靠"供应链回流"和"供应链替代"这两个途径。"供应链回流"是通过提高国内半导体制造能力，加快在依赖程度较高的环节实现转型，从根本上降低对中国的依赖；"供应链替代"则是在部分依赖中国的关键环节，采取供应链多元化的方式部分替代中国产能，发展更多"盟友"并进一步挤压中国在价值链上的份额。拜登政府为加强美国半导体生态系统，出台了一系列政策举措。2022年8月，

[①] Anna Jean Wirth, Sydney Litterer, et al., "Keeping the Defense Industrial Base Afloat during COVID-19," RAND Corporation, 2021.

[②] Lauren Feiner, "Biden Signs Executive Order to Address Chip Shortage through a Review to Strengthen Supply Chains," CNBC, February 24, 2021, accessed March 10, 2021, https://www.cnbc.com/2021/02/24/biden-signs-executive-order-to-address-chip-shortage-through-a-supply-chain-review.html.

拜登签署了《芯片与科学法案》(CHIPS and Science Act),将有约542亿美元用于芯片和公共无线供应链创新(ORAN),并阻止芯片资助接受方在中国和其他相关国家扩大某些芯片生产,确保美国芯片技术领导和供应链安全。虽然《为芯片生产创造有益的激励措施法案》预计将使美国国内芯片制造能力每月增加超过100万片;但另有研究人员表示,半导体供应链的复杂性和全球化性质表明国内供应商替代所有外国节点是不可能的,因此加强国内生产在短时间内仍无法解决美国半导体供应链风险问题。[①] 为全面评估各行业面临的风险程度,拜登政府要求对包括电动汽车中使用的半导体和先进电池在内的关键产品进行为期100天的短期审查,并对六个经济领域展开更广泛的长期审查,从而将处于风险较高地区的供应商转移或排除在供应链外。拜登表示,长期审查将有利于形成关于加强供应链安全的政策建议,并保证政策的快速执行。拜登政府优先考虑供应链审查的实质是为确保其供应链的安全,以减少对中国的依赖,并提高与中国在半导体等产品制造领域的竞争力。

除对中国供应商进行全面审查外,2021年3月,"美中经济安全委员会"对中国产能过剩问题进行了全面调查,涵盖煤炭、水泥、钢铁等多个关键行业,以及中国相关的产业政策,全面评估中国结构性产能过剩对全球、美国国内生产者以及美国在第三国市场竞争力的影响。此外,"美中经济安全委员会"还在其向美国国会提交的2021年度报告中称:"美国关键的技术、管理知识和商业关系流向中国,但私人交易缺乏透明度,这既加剧了美国监管机构的监督挑战,也增加了美国经济和国家安全利益的潜在风险"[②]。

[①] Jared Mondschein, "The CHIPS Act Alone Won't Secure U.S. Semiconductor Supply Chains," RAND, October 12, 2022, accessed November 1, 2020, https://www.rand.org/blog/2022/10/the-chips-act-alone-wont-secure-us-semiconductor-supply.html.

[②] "2021 Annual Report to Congress ," U.S.-China Economic and Security Review Commission, November, 2021.

无论是对供应链安全的审查，还是对中国产能过剩、交易监管等问题的关注，都预示着美国将这些问题作为推进其经济安全政策的又一借口，就现有供应链与中国展开对话和博弈，在传统经济领域打压中国的转型发展。美国主导建立西方"替代性"科技产业链同盟，意图通过贸易谈判、扩大投资等方式，实质性地增强对象国家承接"中国产能"的能力和基础。美国旨在通过全球产业链的重塑限制中国企业和产品，并加速在华企业和资本从中国"回流"和"外流"，实现全球供应链"去中国化"，重建全球制造业生态。中国若不及时应对，则将面临企业受制、产业转移、贸易排除的可能性和严重后果。中国部分跨国企业和进出口行业在短期内将出现经营受损、部分地区就业危机等问题，而从长期来看，美国的一系列举动将破坏国内产业生态，危及中国在全球价值链的地位。

第二，在对华科技竞争方式上，拜登政府将由对华单边施压向多边围堵转变。未来国际社会中权力转移的两大趋势之一就是权力在不同国家之间的转移，美国为了维护自身的全球领导力就要注重"巧实力"的建设。[①] 特朗普偏离了奥巴马政府"巧实力"战略的理念轨道，侧重运用"硬实力"。拜登则在一定程度上回归"巧实力"战略，通过提高美国在国际事务中的参与度和影响力，扩大美国的国际同盟阵营。2020年1月15日，中美两国签订第一阶段贸易协议后，美国战略界对2018年以来特朗普政府的对华战略进行了比较深入的讨论与反思。各方得出的一个比较一致的结论是：美国通过增加关税和出口管制等手段直接胁迫中国就范的成本太高且效果不佳，应当建立围堵和遏制中国的多边同盟，利用多边机制削弱和限制中国。拜登在竞选期间曾多次宣称，要将美国带回国际多边平台，并在上台前表示将以美国盟

---

① Joseph S. Nye, Jr., *The Future of Power* (Public Affairs, 2011), pp. xi-xv.

友国家的共同利益为支柱施行"一种连贯的对华战略"。① 美国国家安全顾问沙利文主张中美和平共存，美国应与盟友共同制定科技、贸易和知识产权规则和标准。这表明，拜登政府具有强烈的多边主义思维倾向，将利用规则、标准并联合盟友将中国套牢在以规则为基础的多边框架内，对中国科技发展进行压制。美国参议院于2021年3月发布了"民主技术合作法"提案，旨在发展"民主国家"间的技术合作伙伴关系，共同制定全球技术规则、标准和协议，并拟在人工智能、5G、半导体芯片制造等重点技术领域投入50亿美元，展开与中国的竞争。2021年12月，美国、澳大利亚、丹麦、挪威签署"出口管制和人权倡议"，使用出口管制工具防止可能损害人权的软件和其他技术的扩散，加拿大、法国、荷兰和英国政府对该出口管制和人权倡议表示支持。2022年5月，美日印澳在"四方安全对话"峰会上表示将促进5G、网络安全等前沿领域合作，为应对全球半导体供应链的产能及脆弱性而加强优势互补，建设多样化、有竞争力的半导体市场。

"民主国家"技术伙伴关系的核心目标包括协调技术政策和标准、完善由私营部门主导且政治中立的决策程序、采用一致的数据隐私和共享标准、制定多边出口管制、投资筛选和技术转让政策、协调关键技术领域的供应链政策等。国务卿布林肯也曾表示，美国注重确保技术"民主国家"的团结有效合作，只有这样美国才能成为技术准则和标准的缔造者。2021年2月，沙利文在与荷兰首相的外交和防务顾问范莱文（Geoffrey van Leeuwen）会面时称，半导体制造设备作为"瓶颈技术"，仅由美、日、荷三国主导，这使实施对华限制措施相对容易。美国所倡导的半导体国际联盟可能包括欧洲主要生产国和亚洲的韩国，以及中国台湾地区，为达到限制中国的目的，美国将投入数十亿美元

---

① Yen Nee Lee and Spencer Kimball, "Biden Says He Won't Immediately Remove Trump's Tariffs On China," CNBC, December 2, 2020, accessed January 22, 2021, https://www.cnbc.com/2020/12/02/biden-tells-nyt-columnist-he-wont-immediately-remove-trumps-tariffs-on-china.html.

为半导体制造设施的研发提供资金。美国大力推进西方国家"技术联盟",以"价值观同盟"为幌子,极力鼓吹其所谓"民主、人权、反监控"的民主联盟,目的是与利益相关国家建立一个共同的阵线,形成统一的愿景,集中力量促进一种将中国排除在外、并能够挟制中国的国际规则和体系。

拜登政府以国际联盟为基石,不断增强其出口管制政策的有效性,对中国关键技术和产业实施精准施压。这种策略有利于美国巩固其对关键技术领域的控制权,减少中国获取先进的替代性技术的渠道,并减弱对美国本土企业的损害,成本小而对华危害大。因此,中国在人工智能、量子计算、生物等关键、新兴领域将面临更为严密和持久的封锁。为此,中国更应加紧调研关键产业供应链的风险点,提高自主研发的效率,并发展替代性技术和供应商,防止陷入孤立、被动的局面。有国内学者指出,拜登政府的"技术联盟"以技术遏制为核心、以传统盟友关系为基础,在新兴技术领域的贸易、研发和规则制定等方面形成不同程度的合作。为此,美国不仅在国内加大了对新兴技术领域的资金、立法和技术支持,还联合盟国与伙伴加强新兴技术协调,试图编织对华技术遏制的网络。"技术联盟"具有鲜明的特点,其提出背景具有特殊性、顶层设计极富战略性、联盟合作充满针对性、动员力量突出全面性、实现方式体现多层性。①

第三,拜登政府更多地通过加强科学、教育、基础设施、人才和移民投资,提高美国的创新能力。《国家安全战略》提出,美国将从其对外政策和国内政策双管齐下,加大对创新能力和工业实力的投资,强化产业链应变能力;发展公共部门的现代产业战略,使之与私营部门的创新能力相辅相成,对美国劳动人口、战略部门和供应链进行战略性的政府投资,特别是在关键及新兴技术方面。拜登政府改变了特

---

① 凌胜利、雒景瑜:《拜登政府的"技术联盟":动因、内容与挑战》,《国际论坛》2021年第6期,第3—25页。

朗普政府一切从国家安全、军事安全出发的角度，转而更加注重美国基础创新能力的提高和综合创新环境的优化，侧重保持美国长久的全球科技领导地位。在创新和研发投入方面，拜登表示将投入3000亿美元创新基金，用于支持美国国家科学基金会（NSF）、美国国立卫生研究院（NIH）、美国能源部（DOE）和高校等研究机构的研发活动；设立突破性技术研发计划以支持5G、AI等技术的创新发展；建设新的科研基础设施，支持劳动技能开发和培训。2022年8月，拜登政府宣称将在未来5年内为《芯片与科学法案》中科技创新相关部分投资约1699亿美元，[①] 其中，用于半导体研发的资金将投向包括国家半导体技术中心（NSTC）和国家先进封装制造计划（NAPMP）、美国制造业研究所在内的多个研发机构。政府研发投入对企业和市场具有杠杆效应，最终能够拉动全社会整体研发投入的增加。在科技人才交流方面，拜登在竞选总统阶段便表示将取消特朗普政府的移民政策，撤销H-1B签证限制，拜登还提出免除对美国科学、技术、工程和数学领域毕业的外国博士生签证上限限制。同时，拜登高度重视美国科学、技术、工程和数学专业人才的培养，提出了一系列提高基础教育普及度和高校人才培育的措施计划。例如，2022年美国总统科学技术顾问委员会提出，美国商务部与国家科学基金会共同成立国家芯片教育和培训基地，并在未来5年拨款10亿美元，用于升级教育实验室设施、支持课程开发。此外，建议国土安全部为提交移民申请的半导体领域高端人才提供"绿色通道"，以吸引国际半导体领域优秀人才。[②] 拜登政府采取的吸引高技术人才的行动，在长期内可能加剧中国人才外流的风险，中美两国

[①] "FACT SHEET: Chips and Science Act Will Lower Costs, Create Jobs, Strengthen Supply Chains, and Counter China," The White House, August 9, 2022, accessed November 2, 2022, https://www.whitehouse.gov/briefing-room/statements-releases/2022/08/09/fact-sheet-chips-and-science-act-will-lower-costs-create-jobs-strengthen-supply-chains-and-counter-china/.

[②] Executive Office of the President, "Revitalizing the U.S. Semiconductor Ecosystem," *President's Council of Advisors on Science and Technology*, September 2022.

人才竞争将愈加激烈。特别是科学、技术、工程和数学等面向实用性技术及其交叉应用的重点学科领域，中国高技能人才流失问题亟须关注。人才和后备力量关系到中国未来科技创新和科学成果转化的能力，中国应当高度重视人才吸引力问题，调整海外人才引进和本土人才管理机制，使人才吸引力与人才安全并重。总而言之，在高新技术领域，拜登政府采取了"遏制＋发展"的方针，着重强调在高科技产业发展过程中，通过提升美国的创新能力和创新速度以继续保持对全球产业链的绝对控制，而不仅仅纠结于如何在短期内遏制中国的创新能力。通过组建国际同盟寻求一种在竞争中与中国共存的方式，在适应与中国竞争的同时，也谋求美国自身的发展。正如美国国家安全顾问沙利文所指出的，"美国应少关注如何使中国减速，而是应多关注如何使自己跑得更快"。① 中美双方在高科技领域的竞争可能趋于隐性化、长期化和白热化。

第五节　小　结

在特朗普政府宣布美国实行"全政府"对华战略后，美国动用行政、司法和外交等多种手段，全方位打压中国的科技企业，遏制中国高新技术的发展，削弱中国技术的国际影响力。特朗普政府的对华科技"硬脱钩"是其"零和博弈"思维的体现，也是在"美国例外论"影响下的美国国家安全观对现实国际形势的反映。中美科技实力的相对变化和中国在全球价值链地位的提高，对美国的全球霸权地位构成了挑战，这是导致美国对华战略转变的根本原因。在中美科技领域竞争日趋激烈的背景下，即使拜登政府与特朗普政府在诸多方面持有不同立场，但美国国家安全战略的演变逻辑并未发生根本性改变。因此，

---

① Kurt M. Campbell and Jake Sullivan, "Competition Without Catastrophe: How American Can Both Challenge and Coexist with China," *Foreign Affairs* 98 (2019): 96.

拜登执政后仍持续推进美国对华科技竞争战略，但具体措施有所不同。例如，拜登政府更多地依赖多边体系围攻中国，以及利用规则遏制中国发展，在与中国科技竞争中谋求美国自身的发展，而改变了特朗普政府双输的"硬脱钩"策略。

从整体上看，拜登政府继承并超越了特朗普政府的政策，其不仅扩大了对华技术管控的范围，还对技术管控的方式进行更为精确的调整。美国对华科技遏制的政策框架正在变得清晰且具有连贯性，其演进的方向值得我们密切关注。

第 六 章

美国科技竞争战略对中国数字经济创新的冲击

冷战结束后，经济安全取代军事安全成为美国国家安全战略的核心。美国在20世纪90年代确立的对华"接触"战略的目标在于，通过"内部化"中国从而实现对中国发展路径的掌控。然而，中国经济所迸发出来的爆发力和创新能力，冲击了美国国家经济安全观的两个重要前提假设。由于数字经济是当前和未来世界经济发展的重要驱动力，美国对华实施科技竞争战略的重点领域集中在与数字经济相关的技术和产业上，从而对中国数字经济创新的各个维度构成了不同程度的冲击。因此，需要对美国的科技竞争战略对中国数字经济创新发展的冲击进行全面、系统的评估，以找到中国数字经济创新的突破口。

第一节 评估对中国数字经济影响的四个维度

一般认为，数字经济是由信息技术与实体经济深度融合产生的新经济形态，创新驱动是数字经济发展的重要特征。数字经济时代，大量的新兴技术不断涌现，数据作为关键生产要素助推了新兴技术的创新发展。数字技术和相关设备是美国开展对华科技竞争的重点领域。中国拥有丰富的数据资源，因此在数字经济时代中国面临着对美国"弯道超车"的重大历史机遇。本章从基础理论与技术创新、标准与行业规范制定、元件研发与装备制造，以及商业模式创新与应用这四个维度，分析美国对华科技竞争战略对中国数字经济创新的冲击。

一、数字技术与数字经济的逻辑关系

数字技术对数字经济创新发展具有极为重要的基础性作用。[①] 数字技术与传统非数字对象的结合将对产品设计、生产、流通和使用产生巨大影响。美国哈佛大学法学院教授尤猜·本科勒归纳了数字化对象的分层体系，数字化对象分为设备层（硬件和操作系统）、网络层（技术协议标准）、服务层（应用程序）和内容层（文本、图像、视频等信息）的四层结构体系。企业通过组合不同层次的组件实现对数字产品的创新，提高了企业参与价值创造过程的可能性。数字技术的可编码性、数据均质性和自引用性，使其能够作用于数字设备、网络、服务和内容四个层次的数字化对象，提高数字技术的可用性，也增加了企业参与价值创造过程的积极性。[②] 由于数字环境中的价值创造过程基于多个利益相关者的贡献，价值始终是共同创造的，[③] 因此产品和服务的数字化能力使企业能够跨越传统行业边界整合资源。数字技术赋予数字化产品和服务"融合"和"生成"的新功能。融合功能是对"现代

[①] Karina Fernandez-Stark and Gary Gereffi, *Global Value Chain Analysis: A Primer* (Handbook on global value chains. Edward Elgar Publishing, 2019), pp. 54-76; Märtha Rehnberg and Stefano Ponte, "From Smiling to Smirking? 3D Printing, Upgrading and the Restructuring of Global Value Chains," *Global Networks* 18.1 (2018): 57-80.

[②] Yochai Benkler, *The Wealth of Networks: How Social Production Transforms Markets And Freedom* (Yale University Press, New Haven, CT, 2006).

[③] Michael Barrett, Elizabeth Davidson, Jaideep Prabhu, and Stephen L. Vargo, "Service Innovation in the Digital Age: Key Contributions and Future Directions," *MIS Quarterly* 39.1 (2015): 135-154; EL S O, PEREIRA F. Business modelling in the dynamic digital space. An ecosystem approach[M]. Springer International Publishing, Heidelberg, 2013. Sawy El, Omar A., and Francis Pereira, *Business Modelling in the Dynamic Digital Space: An Ecosystem Approach* (Heidelberg: Springer, 2013).

社会技术和信息基础设施的必要、普遍、交互式的重新配置",[①]数字化对象的可重组性和分层体系统一了原来分散化的用户体验。数字化对象架构的各层间仅是松散耦合的,生成功能使数字化对象能够根据开放式的设计而动态变化,这种对数字化对象架构各层组件的重新组合是数字经济创新的主要表现。

数字技术对数字经济创新的影响,还体现在对数据资源的数字化处理中。众所周知,数据以数字技术为基础,已成为数字经济创新所需的关键生产要素。2017年12月,习近平总书记在中央政治局集体学习时曾强调,在互联网经济时代,数据是新的生产要素,是基础性资源和战略性资源,也是重要生产力,因此要构建以数据为关键要素的数字经济。[②]数字经济时代的数据来源广泛,包括消费者行为、商业流程、科学研究等,海量的数据信息为人工智能和机器学习等技术提供基础资料。数据在提高社会生产效率方面具有双重创新性,不仅能够通过改善企业生产要素配置并优化生产流程来提高生产效率,而且还能够推动数据分析和处理能力的提高。需要明确的是,这里的数据并非简单堆积的信息,数据能够成为推动数字经济创新关键生产要素的重要前提是,数字信息和知识只有基于现代信息和通信技术完成数字化和生产要素化之后,才能够不断催生数字经济新产业、新业态和新模式。[③]在参与生产过程、提高生产效率和进入资本积累过程方面,数据要素与传统技术要素不同。因此,只有经过数字化处理的数据才可被视为参与生产的数据要素,为数字经济的创新发展提供来源和基础。

[①] David Tilson, Kalle Lyytinen, and Carsten Sorensen, "Desperately Seeking the Infrastructure in IS Research: Conceptualization of 'Digital Convergence' as Co-Evolution of Social and Technical Infrastructures," 2010 43rd Hawaii International Conference on System Sciences, IEEE, 2010.

[②]《习近平:实施国家大数据战略加快建设数字中国》,中国共产党新闻网,http://cpc.people.com.cn/n1/2017/1209/c64094-29696290.html,访问日期:2022年10月29日。

[③] 徐翔、赵墨非:《数据资本与经济增长路径》,《经济研究》2020年第10期,第38—54页;胡树祥、韩建旭:《发展数字经济培育中国经济发展新动能》,《光明日报》2019年1月30日。

二、数字经济创新的三个核心特征

在数字经济时代，创新驱动是数字经济发展的重要特征。数字经济的自增长模式拥有高成长性的天然特质，① 在催生新业态、推动传统产业结构升级、促进经济高质量发展方面具有重要作用。基于互联网和相关信息与通信技术的发展，数字经济通过新的生产要素投入、更高的资源配置效率和全要素生产率促进经济的整体增长。② 凭借新一代信息通信技术的创新发展，数字经济具有处理大规模数据信息、精准发现和匹配市场多样化需求和供给，创新性产品和服务提高消费者整体福利、促进消费的同时，也培育了经济发展的新动能、拉动了就业水平的提高。③ 更为重要的是，数字经济的生产技术和产品，以及商业模式的创新能够为中国传统产业赋能，推动传统经济的数字化转型。④ 在中国制造业转型升级的过程中，数字技术与新型商业模式进一步推动了消费者对制造业生产过程的参与深度。⑤ 这对促进产业链以制造业为中心向以服务为中心的转变产生了重要作用，提升了中国制造业的竞争优势，最终能够在一定程度上实现中国传统产业在全球价值链地

---

① 杨佩卿：《数字经济的价值、发展重点及政策供给》，《西安交通大学学报（社会科学版）》2020年第2期，第57—65页。

② 荆文君、孙宝文：《数字经济促进经济高质量发展：一个理论分析框架》，《经济学家》2019年第2期，第66—73页。

③ Erik Brynjolfsson and Brian Kahin, eds., *Understanding The Digital Economy: Data, Tools, and Research* (Cambridge: Massachusetts Institute of Technology Press, 2002); Bo Carlsson, "The Digital Economy: What Is New and What Is Not?" *Structural Change And Economic Dynamics* 15.3 (2004): 245-264; Rumana Bukht and Richard Heeks, "Defining, Conceptualising and Measuring the Digital Economy," *Development Informatics Working Paper* 68 (2017).

④ 焦勇：《数字经济赋能制造业转型：从价值重塑到价值创造》，《经济学家》2020年第6期，第87—94页。

⑤ Thomas Keil, Eero Eloranta, Jan Holmstrm, Eila Järvenpää, Minna Takala, Erkko Autio, David Hawk, "Information and Communication Technology Driven Business Transformation — A Call for Research," *Computers in Industry* 3 (2001)；刘斌、魏倩、吕越、祝坤福：《制造业服务化与价值链升级》，《经济研究》2016年第3期，第151—162页；周大鹏：《制造业服务化对产业转型升级的影响》，《世界经济研究》2013年第9期，第17—22页。

位的攀升，提高在全球价值链利润分配中的份额。因此，数字经济的发展是中国实现"弯道超车"的关键机遇。

数字经济时代的创新以降低成本、提高效率为目标。生产投入的低成本或成本递减是推动创新最大的驱动力，也是对投资最具吸引力的选择。[①]一方面，数字技术通过使生产要素融入全球价值链分工的非生产活动环节，先进技术与传统的非生产增值活动相结合，提高非生产环节的收益，例如采用3D打印进行研发，社交媒体与市场营销融合，等等。另一方面，数字技术通过直接进入生产环节，通过智能制造、采用低成本的新材料等方式提高生产效率，节约生产成本。在数据要素的作用下，数字经济的创新具有三个核心特征。

第一，创新周期加快。虚拟现实、3D打印等数字技术加快了产品设计和测试进度，降低了创新成本，缩短了产品从生产到推向市场的时间周期，特别是在线上进行数字产品的直接发布和产品升级，效率得到大幅提升。

第二，数字经济创新逐渐趋于服务化创新。数字技术为创新性服务提供了机会，制造业企业可以根据消费者的偏好进行柔性生产，提供个性化产品和技术服务，即"制造业服务化"。[②]

第三，数字经济更多地表现为协同创新。数字经济创新需要多种

---

① 王姝楠通过分析数字经济的"技术—经济"范式指出，投入产出的相对成本结构的动态变化是创新和投资的最大驱动力。总体价格水平可以通过直接降价实现，也可以间接通过扩大用户市场范围，使生产和分销具有更大的规模经济来实现。参见王姝楠、陈江生：《数字经济的技术——经济范式》，《上海经济研究》2019年第12期，第80—94页。

② 一些国内外学者的研究认为，制造业服务化是企业从以生产产品为中心向以提供服务为中心的转变，是一种新的经济范式。制造业服务化是企业实现产品差异化、满足消费者需求、赢得市场竞争的经营策略，是大数据时代制造业发展的必然趋势。参见：Edward D. Reiskin, et al., "Servicizing the Chemical Supply Chain," *Journal of Industrial Ecology* 3.2‑3 (1999): 19-31; Michael W. Toffel, "Contracting for Servicizing," Harvard Business School Technology & Operations Mgt. Unit Research Paper 08-063 (2008)；周大鹏：《制造业服务化研究、成因、机理与效应》，《上海社会科学院》2010年，第36—48页；徐振鑫、莫长炜、陈其林：《制造业服务化：我国制造业升级的一个现实性选择》，《经济学家》2016年第9期，第59—67页。

能力、经验和技术的融合，因此使创新向协同化发展。支持开放式创新的新型工具（如网络平台）汇集多方资源，更增强了协同创新的趋势。

三、中国数字经济创新的四个维度

为了更加细致地分析美国对华科技竞争战略对中国数字经济创新的影响，需要对数字经济创新的维度进行划分。有学者将创新维度划分为持续性创新、效率创新和市场创新；[①] 麦肯锡将中国企业的主要创新类型归纳为底层技术创新和商业模式创新。[②] 数字化创新的维度可以分为底层的技术创新和上层的商业模式创新。广义的技术创新还可分为基础研究与数字技术的创新，数字技术标准的国际化推广，以及数字产品和基础设施的建设。前者是对数字技术本身的创新，后两者是为数字技术的成熟和推广提供支持，与底层技术[③] 同属数字经济创新的"生产力"。

本书将两者同样视为数字经济创新的重要维度。而商业模式的创

[①] Bryan C. Mezue, Clayton M. Christensen, and Derek Van Bever, "The Power of Market Creation: How Innovation Can Spur Development," *Foreign Affairs* 94 (2015): 69.

[②] 中国企业具有四个创新类型。其一，科学研究型创新，主要指企业和科研人员合作，将科研成果转化为商品，获取商业价值。此类创新集中在知识与技术密集型行业，如生物、医药、电子、互联网等行业。其二，效率驱动型创新，主要指通过改进流程降低生产成本、压缩生产周期、提高产品质量，这种创新源于生产知识与生产规模，主要存在于资本和劳动密集型产业。其三，工程技术型创新，指整合、吸收上下游厂商的先进技术，设计开发新产品。此类创新来源于企业自身、合作伙伴和供应商的知识储备，是科研与实践的结合，不仅适用于汽车制造、电信通讯等传统工程技术型产业，还在物流、仓储等新兴行业广泛应用。其四，客户中心型创新，主要指通过产品、服务或商业模式上的改进，捕捉消费者的需求，主动创造客户、创造市场，依据市场的反馈不断更新，满足消费者需求。数字经济中新兴的"新零售模式"就是此类创新的集中体现。参见："The China Effect on Global Innovation," McKinsey Global Institute, October, 2015, accessed August 6, 2020, https://www.mckinsey.com/~/media/McKinsey/Featured%20Insights/Innovation/Gauging%20the%20strength%20of%20Chinese%20innovation/MGI%20China%20Effect_Full%20report_October_2015.ashx.

[③] "底层技术"是指支撑数字经济创新的广义上的技术，既包括数字经济领域中已广泛应用的基础性技术和设施，也包括信息通信尖端技术。

新则是数字技术商业化应用对生产组织结构产生变化的结果，属于数字经济的"上层建筑"。一方面，商业模式的创新受到底层技术的影响。数字技术使市场搜索、追踪需求、预测偏好的成本大幅度降低、数字产品边际成本趋于零的特质，商品运输成本的显著降低，颠覆了传统商业模式的成本结构，激励企业寻求更好的价值创造模式，促进了数字经济商业模式的创新。另一方面，数字经济条件下的数据驱动型商业模式创新也具有"自推力（自我推动机制）"。因此，数字经济创新具体表现在基础理论与技术、技术的标准化、数字产品和基础设施以及技术的商业化应用等不同维度。本章接下来将从基础理论与技术创新、标准与行业规范制定、元件研发与装备制造和商业模式创新与应用四个维度（如图6-1所示），评估美国对华"全政府"科技竞争战略对中国数字经济创新的冲击。

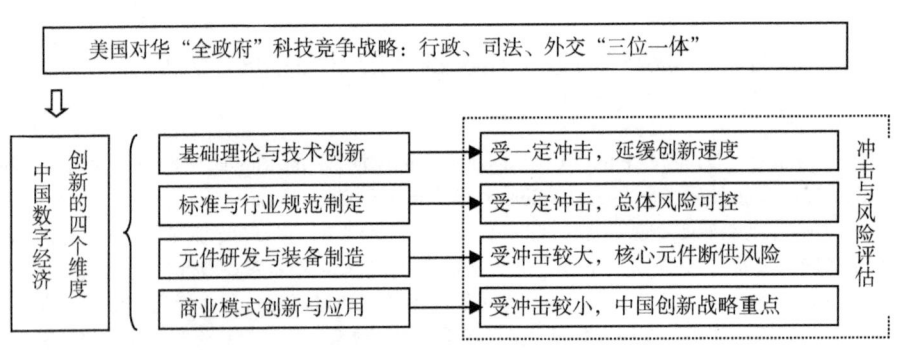

图6-1 评估美国科技遏制战略对中国数字经济创新影响的四个维度

资料来源：作者整理。

第二节　对中国基础理论研究与技术创新活力的抑制

基础理论与技术创新是数字经济创新的基石。① 李克强在中科院物理研究所考察时曾强调，基础研究的深度和广度决定了一个国家原始创新的活力。② 4G网络商业化推广后，以数字技术快速创新为基础的数字产品蓬勃涌现；智能手机的普及和无线网络的发展为机器学习、人工智能等新兴技术提供了动力。数字时代的大量产品创新以及这些产品和服务对人类生活方式的改变，都源自基础理论研究和技术创新活动。基础研究推动了数字技术的发展，而数字技术的进步为数字经济的创新发展提供了动力。颠覆性创新和更短的创新周期是数字时代技术创新的重要特征，是科技企业获得更强市场竞争力的关键。人工智能和区块链技术的创新引领了数字经济新的增长点；半导体技术受摩尔定律作用，以快速的技术革新和产品升级推动信息通信技术产业蓬勃发展。中国在此方面取得的突破与快速发展，是美国对华展开"全政府"科技竞争的主要原因。

一、科技合作受阻影响知识跨国流动

由于创新对经济增长具有重要作用，新兴国家需要不断取得技术进步以满足短期和长期的经济增长目标。新兴国家获得新技术主要通过三种手段，即技术研发、技术交易和技术扩散。技术研发手段指政府采取多种形式，如直接补贴、税收减免或外国竞争保护，以支持新技术研发。技术研发包括对现有技术的创造性模仿或改良，也包括渐

---

① "Protecting Online Consumers during the Covid-19 Crisis," OECD, April 28, 2020, accessed November 10, 2020, http://www.oecd.org/coronavirus/policy-responses/protecting-online-consumers-during-the-covid-19-crisis-2ce7353c/.

② 李克强：《基础科研深度决定一个国家原始创新活力》，新华网，http://www.xinhuanet.com/politics/2015-05/08/c_1115227335.htm，访问日期：2020年11月10日。

进性和突破性的技术创新。^①从长期来看，技术研发手段有利于新兴国家增强技术实力并实现经济利润，但短期内很难取得跨越式的进展。技术交易和技术扩散手段，则旨在缩短新技术从发明到广泛使用的时间。技术交易手段指通过商业交易从外国引进和转让技术，既包括获得技术许可、技术寻求型对外直接投资，也包括中国此前实行的"以市场换技术"策略，即为换取技术而放松市场准入。在本土吸收和创新能力的配合下，技术交易手段被证明是提高生产力水平最具效率的方式。^②技术扩散手段主要指一国通过非交易手段从外国获取先进技术，包括旨在加速技术和知识传播的政策，如对开放性知识的收集、与外国专家的科研合作等，知识在传播过程中将逐渐从高科技国家扩散到低技术水平国家。美国对华科技竞争战略对中国获得先进技术的三种方式进行阻挠，削弱中国技术研发能力、拒绝对华敏感技术交易、阻碍技术扩散，使中美科技合作严重受阻，以此减缓中国技术进步的步伐。

特朗普政府对中美科技交流合作方面的限制政策，阻碍了知识与技术的正常流动。在一国的创新体系中，资本和劳动是两个基本的投入要素，前者一般指研发（R&D）^③投入，后者指的是能够进行研发、

---

① Cheung Tai Ming, "The Chinese Defense Economy's Long March from Imitation to Innovation," *The Journal of Strategic Studies* 34, no.3 (2011): 325-354.

② Fu Xiaolan, Carlo Pietrobelli, and Luc Soete, "The Role of Foreign Technology and Indigenous Innovation in the Emerging Economies: Technological Change and Catching-Up," *World Development* 39, no.7 (2011): 1204-1212.

③ 研发（R&D）涵盖广泛的发明创造活动，通常将研发活动分为三种：基础研究（Basic Research）、应用研究（Applied Research）以及开发（Development）。基础研究的目的是在没有特定应用的情况下对研究内容获得更全面的知识和深入的理解；应用研究的目的是获取知识，以满足特定的公共需求；开发是指系统地应用从研究中获得的知识，这些研究被用于生产所需的材料、设备、系统或方法。参见："Science and Engineering Indicators 2012," National Science Foundation, Arlington, VA: National Science Foundation, 2012。

具有拓展技术前沿能力的高素质劳动力。① 这两个要素的流动（研发合作和人力资本流动）是国际科技合作的主要表现。近几十年来，研究人员的跨国科研合作日益盛行，出现大量优秀的合作成果；支撑创新的人力资本比以往任何时候都更具流动性，发达国家和发展中国家之间已经出现了"人才循环"的流动规律和创新红利；跨国公司经常在其母国外进行研发，出口企业通过产品技术溢出效应实现了产品和技术的升级。②

特朗普政府阻断科学、技术、工程和数字领域人才交流和政府间科技合作，使中美科技合作壁垒提高，合作范围逐渐缩小。美国政府通过签证限制政策，阻挡科学、技术、工程和数学领域的中国留学生。首先，美国政府在仔细评估和严格筛选中国学生留学申请的同时，缩小可接受的风险范围。加强对每个申请者资质的审查，将导致更高的拒绝率和延迟处理率。其次，与以上个案审批机制（case-to-case basis）不同，具有特定专业或社会背景的签证申请人则成批量地被自动禁止申请。2020年5月，白宫发布公告，禁止中国"军民融合"战略相关实体的学生和研究人员赴美进行学习与交流，这项公告每年可能对3 000—5 000名中国申请人构成影响。③ 另一项法案将阻止所有科学、技术、工程和数学领域中国研究生赴美学习，该法案目前威胁约

---

① 关于技术变革的早期经典文献认为，新知识的产生仅反映了两种投入：现有的知识存量和人力资本。参见：Paul M. Romer, "Endogenous Technological Change." *Journal of Political Economy* 98, no.5, Part 2 (1990): S71-S102.

② Richard B. Freeman, "Globalization of Scientific and Engineering Talent: International Mobility of Students, Workers, and Ideas and the World Economy," *Economics of Innovation and New Technology* 19, no.5 (2010): 393-406; Leonardo Costa Ribeiro, et al., "A methodology for Unveiling Global Innovation Networks: Patent Citations as Clues to Cross Border Knowledge Flows," *Scientometrics* 101, no.1 (2014): 61-83.

③ Matt Spetalnick and Humeyra Pamuk, "U.S. Planning to Cancel Visas of Chinese Graduate Students: Sources," Reuters, May 28, 2020, accessed December 20, 2020, https://www.reuters.com/article/us-usa-china-students-idUSKBN2342AX.

76 000名在美中国留学生的留学身份。[①]赴美留学生和访问学者的大幅度减少，意味着中国对美国科学、技术、工程和数学等基础科学领域前沿研究参与度的降低，对全球领先的研究方法、数据和思想理念的接触和吸收程度受到物理距离因素的限制。

在中美政府间科技合作方面，特朗普政府关闭了美国国家自然科学基金会的北京分部。2018年，美国参议院还对国家卫生研究院（NIH）提出监督并防止中国研究人员"不良行为"的要求。[②]受美国对华科技"脱钩"意向影响，澳大利亚作为美国的忠实盟友和国防科技经费接受者，也进一步收紧与中国研究型大学的合作。另外，美国以所谓国家安全之名对在美中国籍科学家进行监视、诉讼和驱逐，通过切断中美两国之间在人员、科研和产业等方面的科技交流，为中国接触前沿技术设置障碍。中美政府间科研合作的人为中断，将有可能增加中国接触全球前沿研究和尖端技术的难度，从而延缓中国基础研究和技术创新的进程。

二、暴露出中国技术创新的薄弱环节

美国对华科技竞争暴露出中国缺乏推动数字经济爆发式增长的颠覆性技术和基础理论创新这一薄弱环节。颠覆性技术的广义概念由对技术不连续性（Technological Discontinuities）的研究衍生而来，[③]有学

[①] "Cotton, Blackburn, Kustoff Unveil Bill to Restrict Chinese STEM Graduate Student Visas," Tom Cotton Senator for Arkansas, May 27, 2020, accessed December 20, 2020, https://www.cotton.senate.gov/news/press-releases/cotton-blackburn-kustoff-unveil-bill-to-restrict-chinese-stem-graduate-student-visas-and-thousand-talents-participants.

[②] Jocelyn Kaiser, David Malakoff, "NIH Investigating Whether U.S. Scientists Are Sharing Ideas With Foreign Governments," Science, August 27, 2018, accessed December 20, 2020, https://www.sciencemag.org/news/2018/08/nih-investigating-whether-us-scientists-are-sharing-ideas-foreign-governments.

[③] Michael L. Tushman and Philip Anderson, "Technological Discontinuities and Organizational Environments," *Organizational Innovation* (2018): 345-372.

者对基础研究促进企业技术进步的"创造性破坏"效应进行了实证检验。① 另有学者提出了颠覆性技术的定义，即使以前的产品、服务或流程无效的变革。② 颠覆性创新是指由于产品、服务、流程或组织变革导致行业或类似组织体系中现有参与者无法以原有方式继续创造价值的活动，③ 这种创新能够通过以点带面的方式作用于行业层面，也可以延伸至对社会制度的改变。学者们对中国和印度的高技术产业进行案例研究后发现，即使中印两国尝试进行创新，但很少实现颠覆性创新。④ 从整体上看，中国产业链虽然完整度高，门类齐全，但产业链的纵深度有待提高，在高端技术和顶尖元件的研发和制造方面能力不足。以人工智能产业布局为例，美国在人工智能产业的技术布局呈现全产业布局特征，在底层技术、中层技术和技术应用方面均有部署，产业技术层次完备。而中国的科技企业则主要集中于应用领域，在中层技术稍有拓展，而在人工智能芯片等基础技术领域的研发鲜有原创性成果（参见表6-1）。

表6-1 中美科技型企业人工智能产业技术领域布局

企业	底层技术	中层技术		技术应用
	芯片	技术平台/框架	行业解决方案	消费级产品
谷歌	定制化张量处理器（TPU）、量子计算机	云机器学习引擎	语音智能应用程序接口、谷歌云	谷歌无人车、谷歌智能家庭

---

① Zvi Griliches, "Productivity, R&D, and Basic Research at the Firm Level in the 1970s," *American Economic Review* 76, no.1 (1986): 141-154.

② Erwin Danneels, "Disruptive Technology Reconsidered: A Critique and Research Agenda," *Journal of Product Innovation Management* 21, no.4 (2004): 246-258.

③ 张庆普、周洋、王晨筱、陆露：《跨界整合式颠覆性创新内在机理与机会识别研究》，《研究与发展管理》2018年第6期，第93—105页；吴佩、姚亚伟、陈继祥：《后发企业颠覆性创新最新研究进展与展望》，《软科学》2016年第9期，第108—111页。

④ Tilman Altenburg, Hubert Schmitz, and Andreas Stamm, "Breakthrough? China's and India's Transition from Production to Innovation," *World Development* 36, no.2 (2008): 325-344.

续表

企业	底层技术	中层技术		技术应用
	芯片	技术平台/框架	行业解决方案	消费级产品
亚马逊	新一代智能芯片（Annapurna ASIC）	分布式机器学习平台	语音合成服务、人脸识别技术	智能音箱语音助手、智能超市、无人机
脸谱网	人工智能硬件平台	深度学习框架	人脸识别技术	聊天机器人、人工智能管家、智能照片管理应用
微软	人工智能芯片	分布式机器学习	微软认知服务	即时翻译、小冰聊天机器人、虚拟助理、智能摄像头
苹果公司	神经网络引擎	/	/	语音助手、照片管理
腾讯	/	腾讯云平台	智能搜索引擎"云搜"和中文语义平台"文智"、优图	写作机器人、围棋人工智能产品"绝艺"、天天P图
百度	对话式人工智能操作系统及芯片	深度学习平台"飞桨"	自动驾驶开放平台	百度识图、百度无人车
阿里巴巴	/	机器学习平台	城市大脑	智能音箱天猫精灵、智能客服"阿里小蜜"

资料来源：腾讯研究院：《中美两国人工智能产业发展全面解读》报告，2017。

造成这一弱势局面的主要原因，是中国在全球技术生命周期中处于劣势地位，以及中国创新体系仍不完善。一方面，全球价值链分工对中国的创新体系具有一定程度的负面影响。全球化过程中，跨国公司的全球经营促进了全球资本、技术、知识、人力要素的跨国流动，中美企业间跨国投资使中国通过直接投资（FDI）的正向和逆向技术溢出效应，在与美国企业和市场的互动中提高技术水平、捕捉市场需求，从而促进产品和技术的创新。同样，中美贸易与商业往来也帮助中国企业提高产品质量、优化工业流程、开拓新兴市场。然而，由于在全球价值链利润分配中，中国具有比较优势的劳动密集型行业的价值增值部分主要集中在流通环节,①中国企业在参与国际分工时处于劣势地位。以出口加工嵌入全球价值链低端位置带来的对外技术依赖,使中国的技术创新长期停留在"模仿"阶段。

改革开放以来,中国的经济发展模式主要依靠资本拉动技术进步,进口设备和直接投资是技术革新的主要来源,技术进步路径以"技术引进、消化吸收、技术再创新"为主。中国对外国的技术引进容易产生路径依赖,②进而可能引发对技术创新的不利影响。而研究表明,发展中国家的企业被局限在国际生产网络中具有比较优势的劳动密集型行业,使技术模仿型企业能够得以生存,但并不适合技术创新型企业生存。③美国作为全球技术输出国,为维持技术的垄断地位对最先进的技术输出加以限制,并通过专利转让和跨国直接投资等方式输出进入成熟期的技术。中国作为美国技术的引进国之一,由于技术基础、学习和吸收能力较为薄弱,其对美国产生的技术依赖有可能被美国的科技竞争战略利用,从而使美国进一步锁定中国的技术劣势。

另一方面,基础研究是科学研究体系的源头,中国在基础科学研究的整体水平和支持体系方面仍存在诸多问题,这是中国颠覆性技术创新能力较弱的内在原因。首先,中国基础研究整体水平偏低,研究内容较为零散。中国科学院的饶子和院士指出,基础类项目在国家重点研发计划中的比例偏低,研究内容以零散的点状分布为主。这说明目前我国的基础研究支持体系尚不完善,缺乏顶层设计。④其次,中国

---

① 巫强、刘志彪:《本土装备制造业市场空间障碍分析——基于下游行业全球价值链的视角》,《中国工业经济》2012年第3期,第43—55页。

② 唐未兵、傅元海、王展祥:《技术创新、技术引进与经济增长方式转变》,《经济研究》2014年第7期,第31—43页。

③ Peter J. Buckley, "The Impact of the Global Factory on Economic Development," *Journal of World Business* 44, no.2 (2009): 131-143.

④ 孙玉松:《筑牢科学地基,突破"卡脖子"瓶颈》,《科技日报》2019年3月11日,访问日期:2020年12月22日 http://digitalpaper.stdaily.com/http_www.kjrb.com/kjrb/html/2019-03/11/content_416812.htm?div=-1。

科研制度环境束缚研究能力。基础科研项目课题申报比例较低，经费审批程序烦琐，人才评价标准单一，成果收益分配存在问题，都对科研人员的研究能力和科研进展造成一定负面影响。推动科学人才流动和合作网络建设对促进基础研究成果的转化十分重要，与欧美国家相比，中国在国家重点实验室、创新基地等支撑科学研究的基础设施建设，以及学术界—产业界的科学研究合作环境建设方面，都有待进一步加强。

最重要的是，中国对基础研究投入总量不足，投入结构不合理。1999—2016年，基础研究在中国研发经费占比仅为5%左右。[①] 2019年，中国基础研究经费仅占全国科技研发总经费的6.03%，政府的基础研究投入占中央财政科学技术总支出的12%。私人部门对基础研究的投入更加薄弱，仅占全国基础研究总经费的3.8%。[②] 而2017年，美国企业为美国基础研究贡献了28.8%的资金支持。[③] 发达国家私人部门对基础研究的投入和重视程度远远高于中国企业，2018年，英国、美国、韩国、日本和法国的基础研究经费分别占其国内研发总投入的12%—23%。中国企业对基础科学研究重视不足，是导致其原创性技术十分匮乏的重要原因。汤森路透公司发布的2020年全球百强创新企业中，美国和日本企业分别为39家和32家；相比之下，中国大陆地区仅有华为、小米和腾讯上榜（2016年仅有华为一家企业登榜）。在中美"贸易战"中，特朗普政府对高技术产品征收惩罚性关税，其中包括支撑基础研究和技术创新的实验设备。此举提高了中国的科研成本，延缓了学术进展。

---

① 根据国家统计局于2019年4月印发的《研究与试验发展（R&D）投入统计规范（试行）》的规定，研发经费支出主要用于基础研究、应用研究和试验发展三方面。其中，试验发展是利用已有知识开发或改造产品和工艺，并不增加新的科学技术知识。

② 国家统计局：《2019年全国科技经费投入统计公报》，http://www.stats.gov.cn/tjsj/zxfb/202008/t20200827_1786198.html，访问日期：2020年12月24日。

③ "The State of U.S. Science and Engineering 2020," NSF, Science & Engineering Indicators, accessed December 26, 2020, https://ncses.nsf.gov/pubs/nsb20203/data#table-block.

三、冲击评估与展望

美国对华科技竞争的诸多举措对中国的基础研究和技术创新产生一定程度的影响。美国对中美科技交流与合作的封锁，无疑将在一定程度上延缓中国基础研究和技术创新的速度。中国的数字经济创新发展进度也将为此而延迟，将可能使中国在全球激烈的数字经济创新中继续处于"技术跟随"的不利地位。较长的研究周期和较大的资金投入风险，是基础研究的重要特征之一。基础科学的重大突破往往需要科研人员有"十年磨一剑"的坚持精神，在不断尝试和积累中取得原创性成果。众所周知，5G通信技术、纳米技术、人工智能等支撑新一轮产业革命的核心技术，是支撑数字经济发展的基础，是决定中美博弈未来的关键。习近平总书记曾指出，基础研究是科技创新的源头；基础科学研究的"地基"将决定国家核心竞争力这座"大厦"的稳定性和生命力。[①]

首先，中国在基础研究与技术创新领域具有一定的抵御冲击的能力。一方面，中国在信息通信技术领域的基础科学研究水平已有大幅提高，为数字技术的发展奠定了基础。过去十年间，中国科研人员在计算机领域的期刊发表数量增长了三倍，文献发表量已超越美国。虽然美国研究成果的影响因子高于中国，但自2008年以来，中国的高被引论文数量占全球比例增加了一倍以上。[②] 另一方面，中国在技术创新

[①] 人民网：《习近平总书记在科学家座谈会上重要讲话引发热烈反响》，2020年9月7日，http://js.people.com.cn/GB/n2/2020/0907/c360300-34275013.html，访问日期：2021年3月21日。

[②] "OECD Digital Economy Outlook 2020," OECD, accessed December 25, https://www.ama.gov.pt/documents/24077/219772/OECD+Digital+Economy+Outlook+2020+%2800000002%29.pdf/c5bbd2e5-f50e-461e-882c-82d4d7db5bdb.

领域呈现稳定发展态势，信息通信技术领域相关专利数量显著增加。①根据2020年经济合作与发展组织发布的数据，在2014—2017年这一期间，中国拥有的信息通信技术相关IP5专利家族所占比例增加了20%，而经济合作与发展组织国家的专利占比有所下降。同时，中国已从信息通信技术制造转向信息通信技术设计，中国已成为全球信息通信技术设计专利的主要贡献者。中国企业在美国申请的信息通信技术设计专利占比已从13%增至26%；在日本申请的专利占比为21%，约提高30%；在欧洲的设计专利份额达到16%。中国在信息通信技术领域的专利数量体现了中国企业在提供新型信息通信技术解决方案的产品或流程方面具有一定的创新能力。虽然中国的颠覆性创新能力仍然有待加强，但有研究表明，中国在积累创新和模块创新方面的实力明显增强。②基础研究和技术创新能力的稳定提高，将在一定程度上对冲美国在底层技术方面对中国实施遏制的负面影响。

其次，美国阻碍与中国的科技人才交流，也减少了中国在高新技术领域尖端人才的流失。例如，尽管中国极为重视人工智能产业的发展，但仍有大量顶尖的人工智能领域人才流向美国。③2009—2018年，国际人工智能领域的神经信息处理系统大会和研讨会（NeruIPS）与会人员的统计数据表明，2800名在中国攻读本科的与会者中只有25%留在了中国；其余约2100人中有85%选择在美国工作。但美国政府对科学、技术、工程和数学领域攻读硕士、博士的中国留学生实施签证限

---

① 信息通信技术领域的相关技术专利包括高速网络、移动通信、数字安全、传感器和设备网络、高速计算、大容量和高速存储、大容量信息分析、认知和含义理解、人机界面以及影像和声音技术，等等。参见：Takashi Inaba and Mariagrazia Squicciarini, "ICT: A New Taxonomy Based on the International Patent Classification," *OECD Science, Technology and Industry Working Papers*, No. 2017/01, OECD Publishing, Paris (2017).

② Dieter Ernst and Ba R. Naughton, "China's Emerging Industrial Economy: Insights from the IT Industry," *China's Emergent Political Economy*, Routledge (2007): 65-85.

③ Bilal Hafeez, "China's AI Talent Base Is Growing, and then Leaving," August 16, 2019, accessed December 25, 2020, https://macropolo.org/chinas-ai-talent-base-is-growing-and-then-leaving/.

制，并对留学生毕业后的工作签证收缩发放、对用工企业的高技术移民提高最低工资标准，这都将直接降低中国科学、技术、工程和数学领域留学生留在美国的概率，由此也间接提高了中国留学生和顶级科研人才学成归国的意向与概率。阻断中国赴美留学生和科研人员的正常交往，对美国国家利益的损害更大。中国高技术人才扩充了美国的科学和创新生态系统，两国之间的科研合作使美国受益匪浅。而美国的限制措施也需要大范围的国际配合，因为在生物技术、人工智能及其他两用技术领域的研发活动大都在美国以外的其他国家进行。① 美国的单边制裁措施要以技术领先国家的集体行动为前提，因此如果缺乏其他技术领先国家的支持，美国对人才交流的限制政策将难以对中国的技术进步和创新产生实质性影响。②

最后，中国研究者与国际学者的合作分布领域广泛。特别是科学与工程领域，2016—2019年中国学者占美国发表论文总量的12%，占英国的10%，澳大利亚的17%，加拿大的11%，在日本、德国中也占据一定比例（参见表6-2）。由此可见，中国在基础研究国际合作中表现出强大实力。有数据显示，在全球疫情期间，中美两国科研人员在新冠病毒研究方面的合作论文数量是中国与英国合作数量的2.7倍。在2020年前4个月，中美合作的论文在全球冠状病毒论文总量的比重达到4.9%，而在2018—2019年这一比例为3.6%。③ 2022年兰德公司在英

---

① Remco Zwetsloot, "US-China STEM Talent 'Decoupling': Background, Policy, and Impact," Johns Hopkins University Applied Physics Laboratory, 2020.

② Daniel Kliman, Ben FitzGerald, Kristine Lee, and Joshua Fitt, "Forging an Alliance Innovation Base," Washington, DC: Center for a New American Security, March, 2020, accessed December 25, 2020, https://s3.amazonaws.com/files.cnas.org/documents/CNAS-Report-Alliance-Innovation-Base-Final.pdf; Remco Zwetsloot, "China's Approach to Tech Talent Competition: Policies, Results, and the Developing Global Response," Washington, DC: Brookings Institution, April, 2020, accessed December 25, 2020, https://www.brookings.edu/research/chinas-approach-to-tech-talent-competition/.

③ "Coronavirus Trumps Poor US-China Relations As Scientific Collaboration Spikes, Study Shows," South China Morning Post, July 25, 2020, accessed January 1, 2021, https://www.scmp.com/news/china/diplomacy/article/3094423/coronavirus-trumps-poor-us-china-relations-scientific.

国的一项研究表明，调查中大多数英国学者对继续与其中国合作者展开合作研究的前景持积极态度，并高度赞扬了中国合作者的严谨性和提供高质量研究成果的潜力[①]。在特朗普政府对华科技竞争战略背景下，中美学术界科研合作不降反增，从一个侧面显示出美国对华"科技脱钩"策略的不合理性和不稳定性；同时也印证了我们应该对中美科技合作的前景保持一定信心。综上所述，美国政府的遏制举措对中国数字经济创新的基础理论与技术创新具有一定冲击，总体表现为中国数字经济的创新速度可能因此受到影响；但通过增加科研投入以及中国科研主体的不断创新，中国的理论与技术创新仍存在进一步突破的可能性。

表6-2　2016—2019年中国研究者参与的科学与工程领域国际合著论文

国家	国际合著论文数量	中国参与合著论文占该国国际合著论文比重（%）	中国参与合著论文占该国总论文比重（%）
美国	617 294	27	12
英国	273 531	15	10
德国	242 853	11	7
澳大利亚	139 313	26	17
日本	105 236	23	8
加拿大	144 385	19	11

资料来源：汤森路透（Thomson Reuters Incites）数据库。

第三节　对中国形成和推广技术标准与行业规范的冲击

越来越多的研究表明，技术与国际权力格局之间具有较强的互动

---

① "Don't Cut Research Ties with China, Say UK Academics," RAND Corporation, June 22, 2022, accessed November 1, 2022, https://www.rand.org/news/press/2022/06/22.html.

关系,① 技术标准制定权和话语权是美国维持其全球科技领导地位的核心要素。保持全球领导地位是美国始终坚持的战略目标。冷战结束后美国以军事、经济领域的绝对优势掌握着国际规则的制定权。随着信息技术的发展和普及,国际规则制定权的争夺重点集中于追求全球技术标准制定的话语权。而美国在互联网信息时代形成的"温特尔"(Win-tel)式的技术优势,使其更为重视对全球科技、经济、政治等领域的技术标准和治理规范的主导地位。凭借在信息技术领域强大的科技实力和丰富的人力资源,在"温特尔主义"的影响下,美国在全球技术标准的制定方面拥有较大主导权。5G技术产生前的国际通信网络技术标准,大多以美国为首的西方国家企业共同制定和推行。美国对国际技术标准和规则的主导为其获得了巨大的经济利益和国际影响力。由此可见,全球技术标准的主导权是美国行使科技霸权、对竞争对手进行科技遏制的重要支撑。

一、阻碍中国技术标准的形成与全球推广

数字经济的跨界融合创新并未弱化知识产权的重要地位;相反,美国更加坚定地实施知识产权保护战略,通过将技术专利推广成国际标准争夺国际竞争的话语权。底层技术国际标准竞争的实质是对国际影响力、国际位势的争夺。美国政府认为,5G等"未来数字基础设施"底层技术具有战略意义,为确保美国创新体系的稳定,应对此类底层技术采取更严格的安全标准。② 以华为公司为代表的中国通信企业在全球5G技术标准的制定方面拥有先发优势,而美国则处于相对劣势地位,因此打压华为公司成为美国对华科技竞争战略的重要内容之一。

---

① Daniel W. Drezner, "Technological Change and International Relations," *International Relations* 33, no.2 (2019): 286-303.

② Elsa B. Kania, "Securing Our 5G Future: The Competitive Challenge and Considerations for U.S. Policy," Center for a New American Security, November 7, 2019, accessed January 1, 2021, https://www.cnas.org/publications/reports/securing-our-5g-future.

中国在5G等关键技术规则制定方面的领先优势击中美国的利益要害，因此美国对华采取强硬措施以弱化中国在技术标准制定方面的话语权，具体体现在对中国技术标准的形成和扩散进行遏制和打压。

首先，美国对华科技竞争举措将阻碍或延缓中国技术标准的形成与实现。技术创新是技术标准形成的原因和基础，技术标准是技术积累和技术创新的结果。[①] 随着技术创新的不断深入，技术不断成熟并实现规模化产出，载于新产品中的新技术得到推广，从而使技术标准得以建立、更新和推广。[②] 依靠技术创新而产生具有强大竞争力的产品和技术，是技术标准形成和实现的前提。美国对中国基础理论研究和技术创新进步不断施压、发布实体清单强化对华高技术产品的出口管制，都将在一定程度上削弱中国的技术创新实力，并影响中国高技术产品在全球范围内的市场竞争力。另外，随着5G技术的发展，国际标准，尤其是信息通信技术领域的国际标准，越来越成为行业联盟的产物，企业和技术专家在国际重要技术标准的形成中发挥重要作用。在美国提出的"多利益相关"模式的背景下，2019年12月，美国国会提出"美国5G领导力"法案，要求美国外交机构充分利用联邦资金，加强美国在国际电信联盟、第三代合作伙伴计划（3GPP）、国际标准化组织以及电器电子工程师协会等国际组织中的领导力。美国国务院将可能利用上述组织位于美国的地理优势，通过美国签证审批来影响这些机构的运作。[③] 此举将对中国技术标准在国际联盟中的认可度产生不利影响，进而破坏中国技术标准的实现。

其次，美国的科技竞争战略将影响我国技术标准和规范的全球推

[①] 王道平、方放、曾德明：《产业技术标准与企业技术创新关系研究评述》，《经济学动态》2007年第12期，第105—109页。

[②] 赵树宽、余海晴、姜红：《技术标准、技术创新与经济增长关系研究——理论模型及实证分析》，《科学学研究》2012年第9期，第1333—1341页。

[③] 李峥：《美国推动中美科技"脱钩"的深层动因及长期趋势》，《现代国际关系》2020年第1期，第33—40页。

广。技术标准扩散的实质是技术与知识的溢出和传播。一个领域内部的知识转移速度决定了技术创新扩散的效率,进而决定了技术标准扩散效率。① 美国试图阻断中美科技交流渠道,收紧科技合作关系,利用司法手段对中国学者进行监视、惩罚,在国际上对中国进行"污名化"指责,诸多手段都将造成知识与技术在两国间的低效传递,从而影响中国技术标准的扩散。技术标准扩散也是产品以技术标准为依托而实现市场化的过程。② 特别是在知识经济时代,当一项技术拥有足够的用户基础后,便成为事实上的技术标准。而当一项技术的用户基础不足时,即使被国际技术标准联盟认可,也将面临被国际主流标准排挤的风险。在这一点上,中国在推动国内通信技术标准国际化的过程中已有前车之鉴。早在3G时代,中国在两种国际标准——宽带码分多址(WCDMA)和码分多址(CDMA)2000之外,将时分同步码分多址(TD-SCDMA)作为国内3G技术标准,以降低对国外技术的依赖。1998年,中国向国际电信联盟提交"时分同步码分多址"这一技术标准的提案,而后分别被国际电信联盟和第三代合作伙伴计划接受为国际标准之一。③ 然而,尽管中国政府大力推动与外国企业合作结成联盟,④ 但是时分同步码分多址的采纳率远落后于另外两项技术标准,

---

① Kim Chang-Su and Andrew C. Inkpen, "Cross-Border R&D Alliances, Absorptive Capacity and Technology Learning," *Journal of International Management* 11, no.3 (2005): 313-329.
② 李薇、邱有梅:《纵向伙伴关系维度的技术标准扩散效应研究》,《科技进步与对策》2014年第17期,第20—26页。
③ Gao Xudong, "A Latecomer's Strategy to Promote A Technology Standard: The Case of Datang and TD-SCDMA," *Research Policy* 43.3 (2014): 597-607.
④ 在3G技术标准联盟中,中国的技术创新能力明显不足。3G领域大多数专利都是外国公司拥有,而中国公司专利则占少数;即便在时分同步码分多址的相关专利中,中国企业(大唐电信)也仅占7%,而大多数则被诺基亚、爱立信、西门子等外国企业持有。参见:欧阳长征:《TD-SCDMA联盟名存实亡,三部委急投7亿救场》,《21世纪商业先驱报》2003年8月23日,http://tech.sina.com.cn/it/t/2003-08-23/1353224651.shtml,访问日期:2020年12月23日。

始终未能成功向全球市场推广。① 而在5G时代，中国在5G技术标准方面已领先美国，美国的出口管制政策、投资限制措施、提高对华高技术产品进口关税等举措将影响中国产品的国际市场份额和影响力。为了在其国内市场遏制中国通信企业产品和技术的推广，美国国会试图通过一项法案，斥资19亿美元支持美国联邦通信委员会（FCC）逐步移除美国国内所有的华为公司和中兴公司的电信网络设备。② 此外，美国政府利用外交结盟，鼓动欧盟、日本、澳大利亚等盟友对华进行技术围堵，阻断中外基础设施合作，试图建立"技术铁幕"来孤立中国。美国主导的西方价值观念下的国际联盟旨在通过缩小中国技术和产品的市场规模，在国际价值链中削弱中国的影响力，进而阻碍中国技术标准的国际采用率和推广程度。

目前，美国对全球技术标准拥有很大程度上的控制权，中国仍处于美国掌控下的全球标准和制度体系中。理论研究表明，当技术使用者从一项技术标准转向其他技术标准需要付出高昂的转移成本时，就会产生技术标准锁定效应。技术标准通过技术扩散和使用的网络效应，形成技术标准的锁定效应，导致市场失灵和垄断的产生。③ 美国拥有全球领先的技术优势，其技术和产品在全球的推广使美国的技术标准随之在全球广泛推行，美国进而在很大程度上掌握了全球技术标准和行业规范的制定权。例如，为维护知识产权（IP）从而确保科技领先优势和网络协议带来的巨额经济利益，美国自1980年代起就致力于建设

---

① Kim Mi-jin, Heejin Lee, and Jooyoung Kwak, "The Changing Patterns of China's International Standardization In ICT Under Techno-Nationalism: A Reflection through 5G Standardization," *International Journal of Information Management* 54 (2020): 102145.

② David Shepardson, "U.S. Lawmakers Back $1.9 Billion to Replace Telecom Equipment from China's Huawei, ZTE—Sources," Reuters, December 21, 2020, accessed December 23, 2020, https://www.reuters.com/article/usa-internet-congress/us-lawmakers-to-back-19-billion-to-replace-telecom-equipment-from-chinas-huawei-zte-source-idUSKBN28U0MC.

③ 陶爱萍、李丽霞、陈宝兰、刘志迎：《技术标准锁定与技术创新中的市场失灵研究》，《工业技术经济》2013年第9期，第97—103页。

一种支持美国利益和价值观的国际知识产权保护制度,并在1994年关贸总协定乌拉圭回合谈判中得以明确。在美国主导下建立的技术标准和行业规范中,各国的话语权并不对等。随着全球化程度的不断提高,全球价值链的锁定效应使国际技术标准体系逐渐形成美国等技术领先国家掌握核心标准制定权、中国等技术落后国家技术跟随的"中心—外围"结构。在技术标准锁定效应的作用下,中美两国在科技领域里存在的较大差距不但使中国的高技术产业遭受巨大利益损失,[1]而且也造成了中国在改革原有规范、建立新技术标准的推广方面面临困难。例如,在2012年召开的国际电信联盟全球会议中,中国、俄罗斯等89国签署了新的国际通信条例,而以美国为首的55国则拒绝通过该项新协议。[2]美国通信领域资深科学家丹尼尔·冈萨雷斯提出,建议美国专利商标局将其专利数据库与第三方技术标准数据库建立链接,以此多角度评估中国5G专利质量,审查中国5G标准必要专利,如出现问题应向美国政府发出预警。[3]种种做法体现了美国为维护技术与经济优势而将全球规则制定权牢牢掌握在自己手中的意图。而当前美国阻止中国在高技术产业特别是数字产业和技术领域的赶超,用新的规则和标准将中国锁定在全球价值链的中低端位置,服从美国在科技领域制定的规则。

二、拉拢盟友建立新标准体系以孤立中国

美国拉拢盟友建立新的国际标准和规范,构筑制度霸权对中国已经形成、实现和扩散的技术标准造成冲击。美国的制度霸权在信息通信技术标准的推广和国际制度的建立领域均有所体现。2019年

---

[1] 张宇燕:《理解百年未有之大变局》,《国际经济评论》2019第5期,第4页,第9—19页。

[2] "New Regulations Promise Better Connectivity For All," International Telecommunication Union, accessed December 24, 2020, https://itunews.itu.int/en/NotePrint.aspx?Note=3331.

[3] Daniel Gonzales, Julia Brackup, Spencer Pfeifer, and Timothy M. Bonds, "How to Securing 5G: A Way Forward in the U.S. and China Security Competition," RAND Corporation, 2022.

5月,经济合作与发展组织通过了全球第一份政府间人工智能政策指南《经济合作与发展组织数字经济政策委员会关于人工智能的建议》(Recommendation of the Council on Artificial Intelligence)。为确保人工智能领域的安全可靠性,经济合作与发展组织提出了两方面的原则:一是各国应基于价值观实行负责任的管理制度;二是各国应制定国家政策并进行可信赖的国际合作。[①]这些主要原则与特朗普政府对人工智能发展规划的基调完全一致。这份政策指南成为发达国家接受的人工智能发展的"国际准则",被很多国家采纳。[②] 2020年12月16日,美国"大西洋理事会"(Atlantic Council of United States)发表的《2021年的十大风险和机遇》报告指出:重塑世界贸易组织、建立新多边主义、跨大西洋国家进行技术合作以对抗中国、美国及盟友建立数字治理国际结构等事件并列成为最有可能发生的全球事件,这预示着美国在数字经济领域将极有可能推动以新规则与标准为中心的新一轮全球化。美国已推动建立了多项与其盟友的技术创新合作机制,例如技术侦查旗舰计划、外国比较测试计划(FCT)、基于"五眼联盟"建立技术合作计划(TTCP)、国家技术与工业基础(NTIB)、《布拉格5G安全倡议》和国防创新单元(DIU)等。美国的新规则对中国电信服务商、数字服务提供商以及设备制造商,在技术研发、内部管理和海外运营的合规方面将带来较大挑战。

在数字化监管标准方面,西方战略界提出了"中国数字权威主义",认为"必须使美国保持人工智能领域的领先地位,与同盟民主国家密切合作,制定符合西方民主价值观的数字监控标准,平衡维护

---

① 具体建议包括:投资于人工智能研究与开发;培育人工智能的数字生态系统;为人工智能营造有利的政策环境;建立人员能力并为劳动力市场转型做准备;进行可信赖的国际合作。

② 孙海泳:《美国对华"科技战"中的联盟策略:以美欧对华科技施压为例》,《国际观察》2020年第5期,第134—156页。

安全与尊重隐私和人权之间的关系,推进相关规则的执行"。①美国旨在制造中美市场的分裂,建立与中国互不兼容的技术标准和行业规范,增加中国企业技术标准"走出去"的难度。美国在《网络空间战略》对国际网络制度的构建、在全球数据治理中形成的"美国范式",都是美国利用其庞大的网络基础设施、强大的经济实力和国际影响力,在网络空间主导构建新的制度体系,是"盎格鲁-撒克逊"式的国际经济体系在数字经济时代的延续。

三、扩大与中国技术标准发展的差距

目前,中国在标准发展和竞争战略方面的部署仍有欠缺,与发达国家,如美国、韩国、日本存在一定的差距,从而影响了中国技术标准的形成、实现和推广。美国通过国家标准协会发布《美国国家标准战略》《美国标准战略》及其修订版,明确了美国在技术标准发展和标准竞争方面的战略目标与定位,为美国在新一轮工业革命中的标准制定展开部署。韩国在颁布《国家标准基本法》后,已四次出台国家标准5年计划,构建和完善国家标准体系,并将智能产业和融合型产业标准的制定作为重中之重。日本则分三个阶段完成了国家标准化战略的制定,倡导以企业为主导的标准化体制。相比之下,中国在技术标准发展的战略设计方面尚需进一步完善。《标准化法》对中国标准发展战略并未提出具体的实施方案;《国家标准化体系建设发展规划(2016—2020)》对中长期标准发展与竞争战略的方向和重点缺乏相应的设计和指导。此外,中国还缺乏与国家重大战略全面对接的标准发展战略。②相关标准的发展战略目前仅涵盖智能制造、装备制造业领域,在范围

---

① Andrea Kendall-Taylor, Erica Frantz, and Joseph Wright, "The Digital Dictators: How Technology Strengthens Autocracy," *Foreign Affairs* 99 (2020): 103.
② 杜传忠、陈维宣:《全球新一代信息技术标准竞争态势及中国的应对战略》,《社会科学战线》2019年第6期,第89—100页,第282页。

和层次上尚未实现与《中国制造2025》的全面对接。

一方面，中国国内的相关标准和规范制定落后于技术和经济社会的发展。目前，中国在数字经济领域相关技术以较快的速度发展，信息通信技术研发的蓬勃开展、数据资源的大量产生都需要相应的技术标准和制度规范进行规制和治理。另一方面，标准研发滞后于技术创新，导致标准供求结构失衡。根据摩尔定律，半导体技术的创新周期为18个月，而中国国家标准的制定周期平均为36个月，难以跟进技术创新速度，从而对中国信息通信技术标准的形成和确立产生不利的影响。而新一代信息技术大量涌现，中国在大数据、人工智能领域的相关标准在对应范围和细化程度方面也存在缺失。同时，行业规范治理落后于数字经济的发展，也存在某些数字资源错配和市场失灵的问题。与美国和欧盟较为成型的治理模式相比，中国在网络与数据治理领域的立法尚不完善，仍处在起步阶段。在数字治理领域的标准和法规建设上需要进一步健全。国内对大规模的数据资源和不断涌现的网络安全问题，以及大型科技企业的资源垄断问题，也需要形成明确的治理原则和法律体系，而对美国"长臂管辖"的治理方式也需要作进一步有力还击的充足准备。例如，在解决平台企业数据垄断的问题上，中国仍存在标准划分不清、发展不足的缺陷。

中国数字经济创新应用层出不穷，经济活力得到极大提高。然而，数字经济市场中的资源集中度日益提高，对平台企业垄断和不正当竞争行为，为社会公平和创新发展带来隐忧。为解决平台企业数据垄断问题，中国政府于2020年年底依据《反垄断法》对阿里巴巴等互联网企业的违法事实作出行政处罚。2021年2月，国务院反垄断委员会制定发布了《国务院反垄断委员会关于平台经济领域的反垄断指南》，明确了对平台企业在经济领域滥用市场支配地位的认定原则，并在经营者集中的申报标准上明确区分了不同类型企业营业额的计算方式，将协议控制架构的经营者集中纳入反垄断审查范围。欧美国家，尤其是以反垄断执法严格而闻名的欧盟，在反垄断规章和执法力度方面已形成独特的市场竞争优势。中国陆续出台的反垄断规章和指南，将有利于中国互联网领域的法律制度更为完善，为数字经济创新提供公平和活跃氛围，也使互联网行业能够长期保持持续健康的发展。

四、冲击评估与展望

美国对全球规则的制定权极为敏感和重视，中国在5G领域的技术标准领先优势是美国对中国进行科技竞争战略的重要原因。2020年12月，"美中经济安全审查委员会"在提交给美国国会的年报中，对中国推广替代性全球规范和标准进行了全面评估，得出结论：中国的崛起对全球技术秩序和美国具有深刻影响。因此，美国对中国标准与行业规范的国际影响力进行全方位的压制和打击。美国对华科技竞争战略将在一定程度上阻碍中国通过"技术专利化—专利标准化—标准国际化"这一路径提高在国际科技竞争中的话语权。

同时，也需要认识到，中国在积极参与国际技术标准竞争方面已经取得了一定的进步。具体表现为以下两个方面。

第一，现行标准中中国的参与度有所提高。在通信网络基础设施领域，中国不断尝试提升在国际技术标准和规范中的地位。与时分同步码分多址（TD-SCDMA）标准相比，中国在5G技术标准方面已由"标准追赶"升级为"标准先行者"。中国的5G技术标准在全球5G领域具有领先地位。一方面，中国在5G标准必要专利（SEP）方面占据优势，不断提高对国际标准的参与度与贡献度。由于信息技术行业具有先入者优势特征，因此在制定标准和竞争战略中，知识产权越来越重要。因此，拥有强大专利组合的公司显然处于控制有价值的新技术并赢得标准竞争的有利位置。[①] 中国的5G标准化完全基于欧盟提出的

---

① Carl Shapiro, Hal R. Varian, *Information Rules: A Strategic Guide to the Network Economy* (Harvard Business Press, 1999).

国际知识产权标准化框架,且华为5G的标准必要专利组合的网络效应使其在全球具有先发优势。这些标准必要专利不仅将用于常规移动通信领域,还将用在新兴技术以及所谓的第四次工业革命中,例如智慧城市、智能工厂、自动驾驶汽车、智能家居,以及通过5G网络实现万物互联(物联网)的各个领域。① 另一方面,中国的5G计划基于合作与沟通,以全球合作为起点,也以标准和技术的全球化推广和使用为目的。为顺应全球技术标准体系联盟化这一趋势,由工业和信息化部成立的中国通信标准协会(CCSA)组织中国企业和研究机构积极加入制定移动通信标准的国际组织"3G合作伙伴项目"(3GPP)。该项目负责主导国际电信联盟无线电通信部门(ITU-R)对5G标准的研究工作,在2018年完成了对5G无线电部署的"第15版"规范。② 在中国国内5G网络的开发部署上,2013年工信部与国家发改委和科技部共同成立了国际移动通信系统(IMT)-2020促进小组,通过全政府、全产业性质的联盟,共同推动5G标准的制定,支持"3G合作伙伴项目"开发全球统一的5G标准。并且,中国5G系统的开发和测试是在政府、企业、研究机构和高校的密切合作下完成的,知识的加快流动促进技术自主创新能力不断提高,进而推动中国技术标准的形成。

第二,中国信息通信技术产品具有一定的竞争优势。尽管美国政府对其盟友国家施加压力,要求共同封锁华为和中兴等中国企业的5G设备与技术,但欧洲、非洲、中东和美洲的许多国家目前仍然允许使

---

① Anton Manfreda, Klara Ljubi, and Aleš Groznik, "Autonomous Vehicles in the Smart City Era: An Empirical Study of Adoption Factors Important for Millennials," *International Journal of Information Management* 58 (2021): 102050; Ibrahim Abaker Targio Hashem et al., "The Role of Big Data in Smart City," *International Journal of Information Management* 36, no.5 (2016): 748-758.

② David Abecassis, Chris Nickerson, and Jannette Stewart, "Global Race to 5G-Spectrum and Infrastructure Plans and Priorities," *Analysis Mason* (2018).

用华为和中兴设备建设其5G网络基础设施。[1] 华为在欧洲拥有5G先入者优势,已经在欧洲建立了广泛的4G网络。除中欧合作外,中非数字丝绸之路在5G网络建设领域的合作也在持续推进,巴林和柬埔寨等国纷纷接受华为参与其5G网络建设,为中国5G技术标准的国际化推广提供多元化渠道。美国政府企图以结盟的方式规制中国的计划受到新兴国家的反对,大多数新兴国家,包括印度、印度尼西亚、墨西哥、巴西和越南,都强烈反对结盟。[2] 中国还与来自美国、欧盟、日本和韩国的外国电信设备制造商建立了合作伙伴关系,如英特尔、高通、爱立信、诺基亚和三星等公司。以上事实均表明,中国的信息通信技术产品具有一定的市场竞争力。华为设备具有较高的性价比,服务和产品比竞争对手诺基亚和爱立信价格更低。一些国家希望在已有4G基础设施的基础上升级为5G网络,就意味着必须部分或全部使用华为设备,以节约成本。而如果脱离已有设施而重新构建5G通信设施,则面临高昂费用和复杂的过程。此外,中国的"数字一带一路"倡议还为5G合作国家提供金融支持,可支持华为设备在发展中国家的普及和推广。

综上所述,美国的遏制措施对中国的技术标准和行业规范制定方面具有一定冲击,但总体风险可控。中国能够通过提高技术标准的国际推广度和产品竞争力、加快数字行业的规范治理来缓解来自美国及其同盟国家的施压。特别是全球数据治理仍处于起步时期,各主要国家的治理规则仍未成型和大范围推广,中国凭借数据资源优势在全球数据治理规则方面仍有机会掌握一定程度的话语权。

---

[1] Emily Feng and Amy Cheng, "China's Tech Giant Huawei Spans Much of the Globe Despite U.S. Efforts to Ban It," NPR, October 24, 2019, accessed December 25, 2020, https://www.npr.org/2019/10/24/759902041/chinas-tech-giant-huawei-spans-much-of-the-globe-despite-us-efforts-to-ban-it.

[2] Michael J. Mazarr, Bryan Frederick, et al., "Understanding the Emerging Era of International Competition Through the Eyes of Others," RAND Corporation, 2021.

第四节　对中国核心元件研发与装备制造能力的遏制

由于全球范围内仅有个别厂商能够生产高技术产品，造成掌握制造能力的一方拥有绝对的议价能力。在产业链中占据上游位置的国家通过"卡脖子"博弈策略，对下游缺乏自主创新能力的国家施加压力，使下游国家被迫接受报价和条件，由此巩固上游国家的科技领先地位。美国跨国公司在全球价值链中占据顶端位置，具有较强的设计和系统集成能力。[①] 美国掌握着电子信息、机械、航空等行业大部分关键元器件的研发制造技术和先进工艺流程，在软件行业拥有操作系统、数据库；而中国企业处于全球产业链的中下游位置，执行产品生产的中后端制造环节。因此在高技术产业，美国得以利用价值链上的技术优势地位对其掌握的元件和装备实施出口管制，以此遏制中国核心元件的研发和产品制造的发展进程。

一、中国对美国技术与产品的依赖度

20世纪90年代以来的经济全球化进程，极大地促进了全球范围内的产业分工与合作。一方面，前所未有的分工与合作极大地提高了高技术产业以及制造业等传统产业的生产效率，从而带来了世界经济的繁荣与高速增长；另一方面，在以价值链为基础的全球分工格局下，处于不同价值链环节的国家（地区）和产业（企业）紧密地连接在一起，形成了遍布全球而且日趋复杂的生产网络，从而将经济全球化提升至前所未有的高度。中美信息通信技术产业贸易与投资规模也随之不断扩大。2001—2010年，中国对美国信息通信技术产品的出口规模从103.78亿美元增至962.47亿美元，增幅高达827%；2011—2019年，中

[①] 黄宁、盖新哲：《全球价值链视角下的中美"技术脱钩"：成因、趋势及对策》，《科技中国》2020年第9期，第14—18页。

国对美国信息通信技术产品出口的增长趋于平稳，年均增长率为2.11%（参见表6-3）。在投资方面，2011—2018年，是中国对美信息通信技术产业投资活动最为频繁的阶段。2014年，联想集团有限公司以20亿美元收购IBM的X86服务器部门；以29亿美元完成对美国摩托罗拉移动技术公司收购。同时，中国对美国软件行业的投资也逐渐增加，此类投资以风险投资为主体，交易数量众多但单笔交易价值较低。自2014年以来，中国出台一系列促进中国半导体产业发展的政策，推动了这一领域的并购热潮，使软件行业的投资超过34亿美元。尽管中国对半导体产业的投资受到美国外资投资委员会的严格审查，但2016年最大的两笔并购均来自对半导体企业的投资。[①] 2014年后，美国消费者导向的数字化服务行业蓬勃发展。在英特尔、高通、阿尔法、仙童等企业对美国本土科技公司、合资企业和新工厂的战略性投资浪潮的推动下，美国对华信息通信技术投资急剧增加（见图6-2）。2019年，由于美国对中国实行投资限制政策和高技术产品出口管制政策，中美经济关系的恶化直接影响了两国信息通信技术产业的贸易与投资，中美双向信息通信技术投资都呈现出大幅降低的趋势。

表6-3 2000—2019年中国对美信息通信技术产品进出口额

（单位：亿美元）

年份	中国对美国出口额	中国从美进口额
2000	103.78	52.52
2001	112.08	68.24
2002	183.26	60.30
2003	290.96	54.74
2004	432.71	70.20
2005	568.56	77.59

---

① 璞华资本（原华创投资）联合中信资本以19亿美元收购豪威科技（OmniVision Technologies）；北京亦庄国投以3亿美元收购美国硅谷的芯片加工设备供应商麦特森科技（Mattson Technology）。

续表

年份	中国对美国出口额	中国从美进口额
2006	717.41	102.04
2007	790.00	108.33
2008	806.78	113.82
2009	764.18	95.19
2010	962.47	120.20
2011	1054.56	104.05
2012	1140.85	109.22
2013	1174.76	182.17
2014	1248.22	166.00
2015	1200.50	157.55
2016	1131.13	120.34
2017	1322.50	135.47
2018	1456.65	154.43
2019	1233.62	162.26

资料来源：UNCTAD数据库：信息通信技术产品类别的双边贸易流量，https://unctadstat.unctad.org/wds/TableViewer/tableView.aspx，访问日期：2021年2月10日。

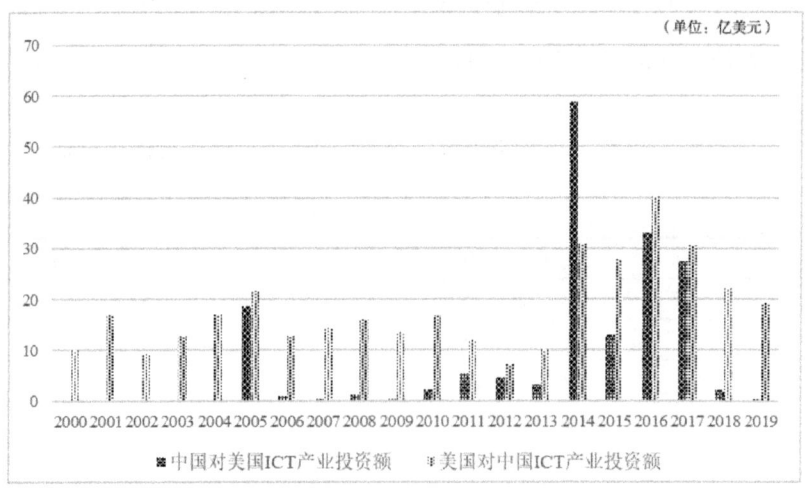

图6-2　2000—2019年中美信息通信技术产业投资额

资料来源：UNCTAD数据库：信息通信技术产品类别的双边贸易流量，https://unctadstat.unctad.org/wds/TableViewer/tableView.aspx，访问日期：2021年2月10日。

全球价值链嵌入位置的不同使中国对美国的技术和市场形成依附关系。长期以来，美国居于全球产业价值链的最高端，以研发和创新优势掌握领先技术，而中国则在价值链的低端，以加工、组装等附加值较低的环节为主，中国企业主要依托美国高端技术和产品进行下游产业的生产和创新，高技术产业对美国技术与产品依赖度较高。[①] 在信息通信技术产业中美两国的货物贸易中（参见图6-3），美国从中国进口信息通信技术产品的比重在2001年至2014年持续剧增，而美国作为信息通信技术产业链产品设计和研发的主要国家，这种反差更加说明中美两国在该产业链不同地位造成的中国对美国的"技术—市场"依附关系，即中国使用美国技术和上游产品完成下游生产环节后，向美国市场出口最终商品。

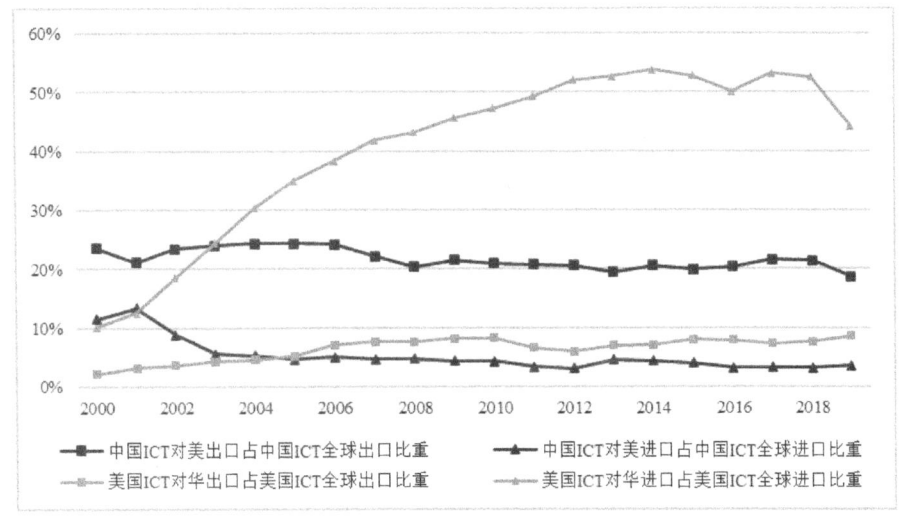

图6-3 中美信息通信技术产业贸易依存度

资料来源：UNCTAD数据库：信息通信技术产品类别的双边贸易流量，https://unctadstat.unctad.org/wds/TableViewer/tableView.aspx，访问日期：2021年2月10日。

---

① 有数据表明，2014年中国进口额最大的是半导体产品，而当年信息通信技术产业中，中国出口额最大的是以半导体产品为中间品的通信设备和计算机产品，突显了中国在该产业中制造、封装测试等中下游环节的主体功能。参见："Beyond Borders: The Global Semiconductor Value Chain," Semiconductor Industry Association, 2016。

从中美两国信息通信技术贸易的产品类别来看（参见表6-4），通信设备、计算机设备是中国对美国出口额最大的两类产品，而中国从美国进口产品中，电子元器件的份额远远大于另外两类产品。电子元器件是信息通信技术产品的核心零件，中国对美国电子元器件产品进口依赖较高。这进一步表明，中国更加依赖美国上游技术和产品的供应。

表6-4 2014—2019年中美信息通信技术产业贸易额按产品类别分布

（单位：亿美元）

中国对美出口						
产品	2014	2015	2016	2017	2018	2019
通信设备	354.18	374.84	382.16	465.99	536.44	486.04
计算机设备	612.26	542.33	494.49	595.43	663.41	545.37
电子元器件	57.04	51.21	40.17	31.04	29.18	23.95
中国从美进口						
产品	2014	2015	2016	2017	2018	2019
通信设备	7.08	6.95	7.61	6.87	6.92	4.86
计算机设备	12.43	11.42	8.71	9.22	8.75	5.14
电子元器件	140.18	132.33	97.45	111.9	129.97	145.66

资料来源：UNCTAD数据库：信息通信技术产品类别的双边贸易流量，2021年2月10日，https://unctadstat.unctad.org/wds/TableViewer/tableView.aspx。

中美服务贸易中知识产权使用的贸易额亦可说明，美国在技术研发领域的优势，在全球产业链中处于中国的上游位置（参见表6-5）。2010—2019年，美国对华出口知识产权使用服务占对华服务贸易总出口比重基本稳定在12%—16%，而中国最高仅为1.51%；在知识产权使用服务贸易额方面，美国对华贸易顺差持续扩大，2019年对华出口额是从中国进口额的约27.3倍。这表明，中国对美国技术的依赖程度远远高于中国技术对美国的吸引力。

表6-5　2010—2019年中美知识产权使用服务贸易额

（单位：亿美元）

年份	美国对中国出口		美国从中国进口	
	贸易额	占出口比例（%）	贸易额	占进口比例（%）
2010	33.08	16.12	0.96	0.84
2011	39.89	15.79	1.38	1.09
2012	44.46	14.89	1.55	1.15
2013	54.75	15.55	1.55	1.06
2014	62.99	15.13	1.78	1.19
2015	55.94	11.95	2.02	1.29
2016	67.78	12.70	2.02	1.22
2017	74.06	13.47	2.72	1.51
2018	80.71	14.14	2.50	1.31
2019	81.44	14.40	2.98	1.48

资料来源：美国商务部经济分析局，2021年2月10日，http://www.bea.gov/iTable/iTable.cfm?ReqID=62&step=1#reqid=62&step=7&isuri=1&6210=1&6211=119&6200=94。

中国信息通信技术产业领军者华为公司，也不可避免地深度依赖美国提供的器件设备和技术服务。在华为公司的92家核心供应商中，有33家美国公司，包括英特尔、高通、博通；而大陆供应商有25家，[①]日本企业11家，中国台湾地区企业10家，欧洲企业8家。如表6-6所示，英特尔和恩智浦（荷兰）获得华为"连续十年金牌供应商"称号。华为在2015年的芯片采购总额约为140亿美元，其中高通占12.9%，英特尔占4.9%，镁光占4.1%，博通占4.3%。2018年，华为对外共采购零部件总额约为700亿美元，其中110亿美元的元器件购自美国企业。华为公司创始人任正非曾指出，由于受制于美国操作系统等一些"生态

---

① 赛迪智库：《从华为核心供应商名单看我国电子信息产业两大问题》，http://ccid.mtx.cn/mobcontent/contentStatus.jspx?contentId=680707，访问日期：2020年12月25日。

问题",华为在终端方面将受到美国的制裁影响。^① 在小米公司、OPPO公司和VIVO公司生产的5G手机中,美国产零部件占比(按金额计算)超过30%,华为在遭遇美国技术出口管制之前,高端机型的美国产零部件使用率达到11%。

表6-6 华为公司的主要美国供应商

	2018年华为核心供应商	为华为提供的主要产品与服务
连续十年金牌供应商	英特尔(Intel)	云计算、云存储技术支持,处理器
金牌供应商	赛灵思(Linx)	FPGA芯片、视频编码器
	美满(Marvell)	存储、网络和无线连接解决方案
	镁光(Micron)	存储芯片
	高通(Qualcomm)	调制解调器芯片
	亚德诺(ADI)	模拟与数字信号处理
	康沃(Commvault)	数据保护解决方案
	莫仕(Molex)	连接器与线缆
	甲骨文(Oracle)	软件
	安森美(ON Semiconductor)	光学防抖、自动对焦、可调谐射频器件;太阳能和大功率应用解决方案
	美国国际集团(AIG)	保险、金融、投资及资产管理等服务
	西部数据(Western Digital)	大数据存储技术、硬盘
	新思科技(Synopsys)	电子设计自动化工具(EDA)、芯片接口
	希捷(Seagate)	高速硬盘、闪存
	思佳讯(Skyworks)	射频芯片
优秀质量奖	赛普拉斯(Cypress)	传感器(三轴加速度计)、BST电容控制器
	高意(II-VI)	光纤通信元件和功能模块、可见光和红外激光器、光学元器件、光电晶体材料和元器件、微光学元器件
联合创新奖	博通(Broadcom)	WiFi+BT模块、定位中枢芯片、射频天线开关
	德州仪器(Texas Instruments)	DSP、模拟芯片

---

① 快科技:《任正非〈财富〉采访纪要》,https://baijiahao.baidu.com/s?id=1646983316538967891&wfr=spider&for=pc,访问日期:2020年12月25日。

资料来源：新浪网：2021年2月10日，https://tech.sina.com.cn/mobile/n/n/2018-11-30/doc-ihpevhcm4113558.shtml。

信息通信技术产业以芯片产品为最核心的元器件，图6-4展示了全球芯片产业的生产链，包括芯片设计、芯片制造、芯片封装和成品测试等环节。美国在芯片设计和装备领域掌握着全球市场的主导权。电子设计自动化工具（EDA）是集成电路产业发展的命脉，美国长期以来主导全球电子设计自动化工具产业，具有压倒性的技术优势。全球前四大电子设计自动化工具公司新思科技（Synopsys）、楷登电子（Cadence）、明导国际（Mentor Graphics）和华算科技（Ansys）都是美国企业，控制着全球约90%的电子设计自动化工具市场，[①]为苹果、三星、高通、英伟达、华为等全球顶级芯片设计商提供软件服务，并拥有芯片开发所需的大部分知识产权。另外，制造芯片所需的资本设备是集成电路产业链上技术最密集的环节之一，也是美国政府限制中国芯片设计和制造能力的重点领域。美国在全球集成电路制造设备领域占市场主导地位，占集成电路资本设备全球收入的52%，日本和欧洲分别为27%和17%。全球前五大晶圆制造设备公司中有三家是美国企业，分别是应用材料公司（Applied Materials）、拉姆研究（Lam Research）和科磊半导体（KLA-Tencor），共占2018年全球晶圆制造设备收入的71%。美国公司在众多集成电路资本设备市场都拥有较大市场份额，在光学掩膜光刻、斜边去除工具、栅堆叠工具、蚀刻和检测等领域的高端产品市场中保持垄断地位。

[①] Cheng Ting-fang and Lauly Li, "China Aims to Shake US Grip on Chip Design Tools," Financial Times, December 4, 2020, accessed December 31, 2020, https://www.ft.com/content/8ed73acb-1aa4-4a98-875a-a372ba960cda.

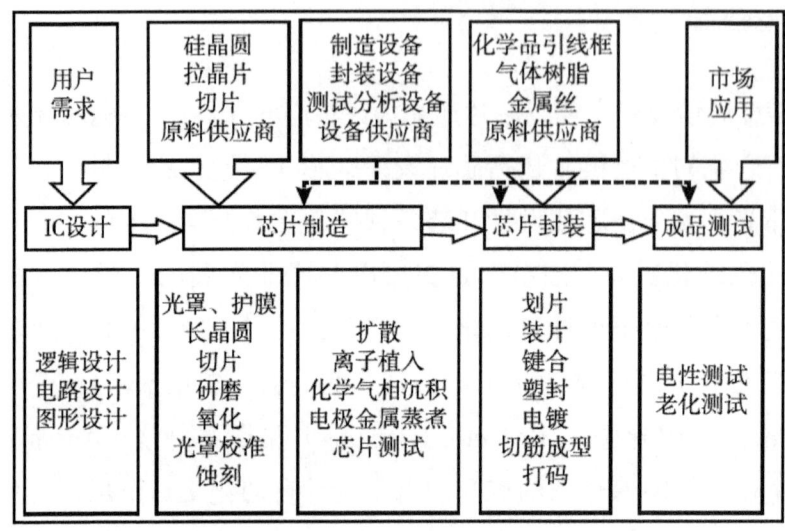

图6-4 芯片产业生产链

资料来源：马双:《全球芯片产业发展报告（2019）》,《数字经济蓝皮书》2019年。

中国在全球芯片产业链中仍以中下游的芯片制造和封装测试为主。如图6-5所示，中国集成电路设计市场份额从2009年的24.3%提高至2018年的34.2%，但芯片制造和封装测试环节的市场份额仍保持在60%以上。由于美国在芯片设计和制造领域拥有技术和核心元器件的垄断优势，使中国的芯片产业对美国的上游技术和产品的依赖较大。

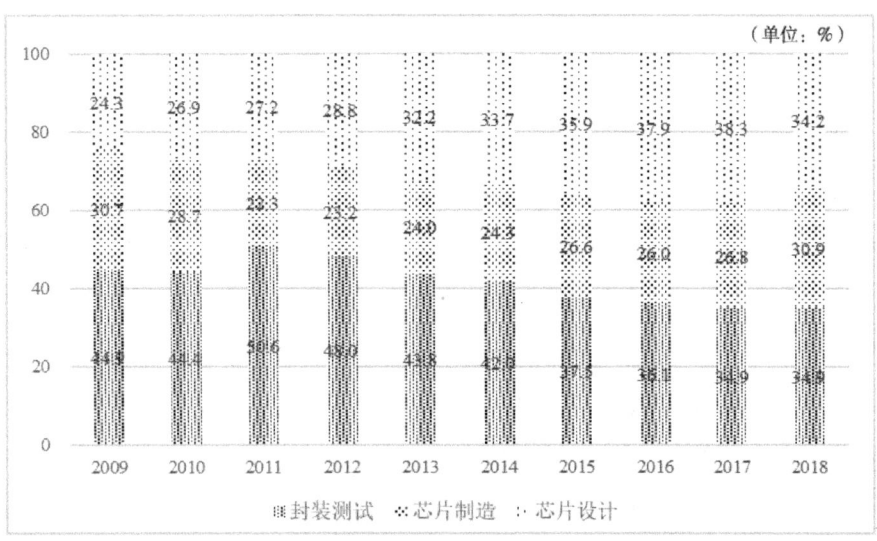

图6-5 2009—2018年中国芯片产业市场结构变化

资料来源：全球芯片产业发展报告（2019）。

除此之外，中国高端制造业整体技术和工艺水平仍落后于美国，诸多元器件和装备需要依赖美国技术和产品进行生产制造。美国利用其创新能力和技术基础优势，进行深入全面的产业布局。在新兴技术产业的部署上，美国竭力发挥核心芯片研发与设计优势，深入核心芯片产业的布局。由于中国在半导体材料、工艺等方面不及美国，因此中国在高端手机的滤波器和振荡器等射频元件、高速的光芯片和电芯片等高端制造业领域受制于美国。中国国内的自动驾驶汽车所需激光雷达芯片分辨率的工艺尚不成熟，需要依赖美国的高端产品。人工智能产业所用芯片主要包括：图形处理器（GPU）、现场可编程逻辑门阵列（FPGA）、专用集成电路（ASIC）和类脑芯片，这些芯片的制造技术主要由美国企业掌握。

在传统行业借助人工智能技术转型方面，美国在制造业、交通、医疗、金融行业拥有雄厚的产业基础，并且美国政府较早地为传统行业数字化转型提供支持，传统行业整体基础设施水平高于中国。现阶段，GPU是人工智能深度学习领域的主流芯片，并行计算能力强大，而GPU行业由美国英伟达公司垄断。英特尔通过大规模并购，在FPGA人工智能芯片领域获得优势地位。在类脑芯片领域，IBM自2008年便已开始着手研究模拟人类大脑的芯片项目，已成为类脑芯片领域的领导者。苹果公司正在研发一款将人脸识别、语音识别等任务集中在人工智能模块上以提高算法效率的专用芯片，苹果将其称为"苹果神经引擎"（Apple Neural Engine）芯片。此外，搭载全球领先的操作系统，美国企业在软件开源方面以先发制人的优势成为全球软件技术创新领域的主导者，微软、谷歌、苹果等美国大型科技企业的计算机、智能手机操作系统具有统领全球下游软件行业的地位。谷歌、脸谱网（Meta）、微软和IBM科技巨头先后向用户开放其应用程序接口（API），安卓（Android）系统成为智能终端技术和应用创新基础平台，开源的应用容器引擎（Docker）成为服务领域的通用标准，使美国企业掌握全球开源项目创新发展中的话语权。虽然华为推出了鸿蒙操作系统，但仍仅限应用于华为的智能终端。由此可见，目前中国在信息通信技术产业的诸多领域仍需依赖美国，特别是在操作系统、集成电路设备等关键领域的技术水平，仍需保持客观的评判和认知。

中美两国在高技术产业布局和结构的差距，使美国能够对中国实施技术遏制，即技术"卡脖子"问题。随着中国移动互联网技术的发展和智能手机的普及，中国产生了海量的终端个人用户数据，为中国数字经济发展积累了丰富的数据资源。但在底层技术和算法方面，中国企业仍缺乏突破性创新技术。虽然中国已连续多年作为全球第一大机器人应用市场，但高端机器人始终依赖进口。我国没有完全掌握核心算法，使国产机器人在稳定性和故障率方面表现不佳。如果无法在核心算法领域实现技术突破，那么未来我国在高端制造领域的发展也会变得更加被动。

二、高技术产业核心元件研制受到阻断

如果美国完全阻断上游产品和技术的供应,那么中国高技术行业可能陷入被动,在短期内可能造成中国高技术产业的生产停滞甚至技术断裂。尤其是美国的科技竞争措施将对中国的关键元件研发造成直接威胁。具体表现为以下两个方面:

第一,元件研发的基础软件被禁用。在美国对华为公司、中兴公司和其他半导体企业的出口管制制裁中,禁止中国企业使用美国电子设计自动化(EDA)软件是关键要点。美国切断其电子设计自动化软件和技术对华出口,将削弱中国的芯片设计能力。[①] 由于芯片的生产过程十分复杂,如果缺乏设计软件更新,芯片设计企业将很难设计新款芯片。美国还试图阻断华为与台积电等半导体制造商合作代工自研芯片,以及直接购买其他企业设计、生产芯片的渠道。诸如光刻机等芯片生产重要元件供应链断裂,在短期内将削弱华为、中芯国际等大型半导体企业的技术迭代能力。

第二,元件研发的人力资本与资金链受到打击。科技人才交流的中断和美国对中国籍学者的调查与制裁,将制造人力资本短缺进而阻滞中国信息通信技术关键元件的研发。此外,元件研发的资金来源不稳定性增加。近年来,美国商务部对中国出口的通信设备、集成电路和微型机电系统传感器等高技术装备产品展开越来越多的"301""337"调查和海关扣押,中国装备制造业的发展已成为美国政府重点遏制的领域。出口的减少无疑使科技企业资金链面临断裂风险;而信息通信技术产业的技术创新需要前期的巨大研发投入,美国对华技术"脱钩"举措不但增加了企业的经营成本,还影响了科技企业的研发资金和制

[①] Ting-fang C and Li L., "Huawei Loses Access to Vital Chip Design Updates from Synopsys," Asia Nikkei, accessed December 30, 2020, https://asia.nikkei.com/Spotlight/Huawei-crackdown/Huawei-loses-access-to-vital-chip-design-updates-from-Synopsys.

造装备的投入，进而延缓企业对核心元件的研发和制造。

三、高技术产业供应链面临断裂风险

美国的遏制措施还使中国信息通信技术生产设备制造的供应链面临断裂的风险，对下游信息通信技术制造业形成巨大打击，进而削弱中国信息通信技术制造业的全球竞争力。具体表现在以下三个方面。

第一，美国是全球信息通信技术和产业的领导者和全球技术输出大国，由于我国的关键基础设施和资源高度依赖信息通信技术和系统，美国联合其盟友切断芯片制造所需基础制造装备的供应，将直接打击中国芯片制造能力，并影响我国对信息通信技术产业的自主控制权。2020年5月15日，美国商务部发布出口禁令，要求所有使用美国晶圆制造设备的外国企业对中国供货前须取得美国的出口许可证。美国还通过对荷兰政府施压，阻拦光刻机巨头阿斯麦（ASML）向中芯国际交付极紫外（EUV）光刻机，阿斯麦迫于压力延迟发货时间。美国在半导体产业的知识产权、材料和基础科学领域的主导权和控制力，使行业内的其他企业对其出口禁令颇为忌惮。由于硬件方面被美国制裁，中国在半导体工艺制程上继续追赶台积电、三星等顶级集成电路制造商的难度大幅增加。特别是在中美"贸易战"和新冠肺炎疫情的双重冲击下，中国高端装备制造业供应链的薄弱环节被放大。在疫情期间，客户违约增加、国际需求降低、产品延期交付都对装备制造企业的盈利构成冲击；而原材料和核心元件的供应中断导致中国装备制造业受到重创，中国在全球数字经济竞争中形成的信息通信技术设备制造优势可能受到重大冲击。

第二，中国在短期内难以实现对美国相关产品的替代。在美国不断增加"实体清单"中的中国科技企业数量的情况下，美国对其基础设施软件、关键制造设备的管制力度和制裁范围不断增强，而中国寻求非美国的集成电路资本设备替代品将面临一定困难。一方面，台积

电、三星等晶圆厂为中国新建晶圆生产线的周期较长。在无须新建晶圆厂的情况下，将生产线移接到新设备、重启新生产线到正常运作将耗时12至15个月。而对于不能立即替换成非美国设备的生产线，设备开发到投入大规模生产至少还需15个月。因此，中国将需要约3年的时间才能够恢复到禁令颁布前的产量。另一方面，全球芯片短缺状况加剧了中国半导体企业"去美国化"的难度和成本。受疫情引发的市场波动和需求反弹影响，自2021年初以来，全球芯片制造业出现了产能不足和延迟交货现象。在此背景下，台积电、三星将更多地聚焦全球芯片市场的大规模供应，对满足美国要求的"去美国化"集成电路制造设备研制的投入将受到一定影响，更会拖延交货时间。美国对中芯国际获得集成电路资本设备和元器件的限制，更加剧了中国芯片供应的紧缩。随着5G技术的发展，数字经济蓬勃发展将引致芯片需求的激增，华为、中芯国际等中国企业的库存芯片将面临较为严重的短缺危机。因此，美国对集成电路资本设备的封锁可能直接导致中国芯片供应链的断裂，而中国在短期难以实现产品替代，进而影响中国企业的国际市场份额，威胁半导体产业价值链地位。

第三，美国以实现供应链安全为目标，借疫情之机将制造环节迁出中国，将影响"中国制造"的国际地位。中国作为制造业大国，已经在工业化过程中建立了门类齐全的工业体系，产业链完整度高，技术附加值也在逐渐提高，为在中国进行加工制造的各国企业带来优厚的利润与便利。美国实施的一系列供应链"去中国化"措施，目的是迫使美国和其他外资企业重新考量中国的区位优势，改变企业关键产品的生产布局，将供应链移出中国。① 虽然中美"贸易战"并非导致制造业外迁的唯一原因，但高关税造成的生产成本提高加速了美国制造

---

① Auslin M., "Demystifying Sino-U.S. Decoupling," Hoover Institution, July 11, 2019, accessed December 29, 2020, https://www.hoover.org/research/demystifying-sino-us-decoupling.

业迁出中国的进程。① 另外，西班牙《经济学家报》指出，技术"休克"将对包括能源和运输网络在内的关键基础设施造成巨大损失，技术"卡脖子"对中国关键基础设施构成风险。② 目前，富士康已将苹果手机的生产陆续转移到印度；中美"贸易战"还在一定程度上加速了美国企业将中国生产环节向越南转移的趋势。而对于拥有完整产业链的中国高技术产业，美国企业的撤资和改址将破坏这种多年形成的产业基础和产业链的完整性，不仅增加了中国高技术产业供应链面临的风险，还破坏了中国产业链的完整性，削弱中国作为制造业大国的整体竞争力，并对产业链上下游企业造成经济损失。美国联合一些西方国家对中国通信装备行业展开联合打压，共同抵制中国5G通信装备，也压缩了中国高端装备制造业的国际市场空间。美国将加速对华科技"脱钩"作为牵制中国的重要手段，不断强化对中国的科技竞争，此举必将对全球高科技产业链合作创新的总体格局产生重大而深远的影响。

四、冲击评估与展望

美国试图发展"去中国化"的全球技术体系。然而，数字经济的基础就是深深植根于全球化的信息技术，这种撕裂当前一体化的国际经济体系和全球化的信息技术生态系统的做法，本身就是对全球数字经济的严重损害。对中国而言，美国对硬件设施实施的管制措施，将对中国数字经济创新发展造成一定冲击。

首先，美国对华为等科技企业实行严格的出口管制政策将使中国的信息通信技术产业供应链安全受到严重威胁。在新冠肺炎疫情的影响下，这种威胁将利用中国相对薄弱的高端技术研发、高度依赖美国

---

① Eamon Barrett, "Manufacturers Are Considering Leaving China, But It isn't All Because of the Trade War," Fortune, June 7, 2019, accessed December 29, 2020, https://fortune.com/2019/06/07/us-china-trade-war-manufacturers-leaving.

② 转引自：王晶：《美国对华5G技术战的实质与对华遏制总体战略——一种政治经济学角度的分析》，《马克思主义研究》2020年第10期，第150—157页。

核心元件设备的高技术产业以及有待深化的高端技术产业布局的相对脆弱性，对中国数字经济创新的硬件基础设施和条件产生较大冲击。短期内，芯片设计、制造等关键技术被"卡脖子"将对中国信息通信技术产业产生较大冲击，进而影响以信息通信技术产业为基础的数字经济创新进程。中芯国际首席执行官梁孟松表示，尽管目前中芯国际暂不需要极紫外（EUV）光刻机生产7nm制程芯片，但未来的5nm、3nm工艺的芯片制造仍对极紫外光刻机存在不可替代的需求。[①] 因此，美国对中国关键元件和设备的出口管制在短期内对高端业务的冲击较大，例如高端芯片代工业务等。中国通信装备和信息系统在国际市场发展受限，也将进一步阻断中国在美国及其同盟国市场的竞争力和信息互通，加深中美在市场和技术标准等多个深层领域的分隔，这将对中国数字经济创新造成巨大的效率减损。因此，中国高技术产业急需提高关键元件与装备的自主研发能力，尽早摆脱关键技术受制于人的局面。

美国对华科技竞争暴露出中国芯片制造体系的主要弱点，既包括中国企业自身在核心技术研发方面的欠缺，也包括在关键元件和生产设备制造方面严重依赖美国技术与产品的状态。由于长期依赖美国芯片进口而对芯片技术和产品储备不足，导致中兴通讯在基带芯片、射频芯片、存储芯片等核心元件都依赖美国而短时间内难以找到替代品，因而在受到美国制裁后生产几乎陷入停滞。美国举全国之力"绞杀"华为，以及逐步升级的对华高科技制裁举措，目的就是延缓中国在高科技领域的创新速度。鉴于美国具有对高端芯片相关知识产权的绝对控制力，因此美国对华"断供"将在短期内对华为等中国高科技企业产生显著的影响。这使中兴通讯、华为公司和中国相关部门认识到中国科技企业供应链的脆弱性，切断美国半导体、软件和相关技术的出

---

① 新浪财经网：《华为遭美国狙击商务部强势回应，会否冲击资本市场？》，https://finance.sina.com.cn/stock/hyyj/2020-05-17/doc-iircuyvi3581830.shtml，访问日期：2020年12月29日。

口将造成严重的后果。为此，如何尽快打破美国的技术讹诈，是中国当前面临的重要挑战。

然而需要指出的是，虽然美国的遏制措施将对中国关键元件与高端装备制造产生重大冲击，但对个别行业的冲击程度要根据该行业自身状况而定。例如，目前美国的出口管制对中国5G建设的影响不大。华为的通信业务已经基本实现去美国化，5G基站所用的14nm工艺芯片已使用深紫外线（DUV）制造设备实现国产化。任正非曾表示，在传送、接入网、核心网等网络连接设备方面，华为处在世界领先水平，基本不再依靠美国。与此同时，在另外一些高端制造元器件加工方面，中国虽不及欧美的超高材料基础和工艺水平，但中国的产品并非毫无价值，而具有相当的可用性。因此，厘清中国在元件制造方面的短板，有针对性地锤炼工艺、提高产品质量至关重要。此外，美国遏制华为的另一重点是封装测试设备，但由于封装测试环节本身处在产业链下游，利润较低，且中国在封装测试环节已有基础，能力较强，不易受到美国制裁的影响。

其次，美国遏制措施的实施受到多方因素的影响，真正的实施效力将有待进一步考察。特朗普政府以单边主义制裁为出发点组建"国际同盟"，其稳定性和各国的配合度已受到质疑。尽管受美国政策约束，中国仍在2020年连续第三年实现3000亿美元的半导体进口额。中国半导体工业协会负责人表示，中国是2020上半年全球大部分行业增长的来源，中国的芯片进口额高于石油，2020年前7个月较2019年同期增长了12%。[①] 此外，美国主张的将产业链迁出中国、重组供应链系统也绝非易事。美国兰德公司国家安全供应链研究所所长马丁表示，半导体产业作为资本密集型产业，建造新的晶圆厂耗资约40亿美元，

---

① "China Still Buying $300 Billion of Chips From US, Elsewhere," Bloomberg News, August 26, 2020, accessed December 29, 2020, https://www.datacenterknowledge.com/regulation/china-still-buying-300-billion-chips-us-elsewhere.

有些则高达约120亿美元，建成需三年以上的时间；加之熟练劳动力转移生产的一系列成本，使得中国大陆和台湾地区在全球半导体产业中具有相当大的影响力。① 亚洲贸易中心的德博拉·埃尔姆斯（Deborah Elms）表示，企业基于理性考量构建供应链，转移供应链关系到企业的竞争力。特别是在新冠肺炎疫情之下，企业资金周转面临压力，供应链迁移将更为困难。② 越南、印度等国家的发展受限于其较低的产能，较为薄弱的产业基础、相对匮乏的熟练劳动力和有待提高的电力等基础设施水平，这都是跨国公司向外转移较高技术附加值生产环节时需慎重考虑的不利因素。中国在全球化中承接全球加工制造环节，制造业体量庞大，这使跨国企业将供应链迁出中国后很难找到拥有同等工业基础的代工制造替代者。同时，尽管部分发达国家倾向于将其制造业迁出中国，新兴经济体却倾向于将制造业迁入中国。③ 因此，中国的全球制造业中心地位短期内很难被全面替代。

美国利用对电子设计自动化工具和资本设备的禁令来保持中美技术差距，在短期内可能有效，但从长期来看，对美国而言将是一个战略错误：不仅技术"脱钩"的商业成本将直接由美国垄断企业承担，还将削弱美国芯片产业的实力。美国约翰斯·霍普金斯大学应用物理实验室的研究人员指出，受到禁令影响的中国企业和其他国家相关企业将考虑对美国电子设计自动化软件和资本设备的替代品，这将使美国电子设计自动化供应商在与下游集成电路制造商的合作中逐渐失去技术优势和行业地位。2022年5月，卡内基国际和平研究院发布名为

---

① Bradley Martin, "Supply Chain Disruptions: The Risks and Consequences," RAND Corporation, November 15, 2021, accessed November 1, 2022, https://www.rand.org/blog/2021/11/supply-chain-disruptions-the-risks-and-consequences.html.

② cnBeta网：《华为和美国的供应链"争夺战"：鸡蛋放同一个篮子里早晚会打翻》，https://www.cnbeta.com/articles/tech/989443.htm，访问日期：2020年12月29日。

③ "Trade War: US Demand for China-Based Inspections Drops by 13% as other Regions Reap Benefits," QIMA, accessed October 14, 2020, https://www.qima.com/qima-news/2019-q3-barometer-sourcing-regions-reap-benefits.

《美中技术"脱钩":战略和政策框架》的报告指出,中美在技术上长期处于密不可分的状态,已经构成了一个庞大的技术网络,技术"脱钩"并重新构建新的技术网将导致危险和混乱的结果。[①] 特朗普的对华战略秉承着"双输"的逻辑,而拜登政府则倾向于在与中国开展竞争的同时更关注美国自身的发展。因此,美国对华高技术产品的管制将以使美国获益的全球价值链分工原则进行有针对性的调整,在部分次高精尖技术领域放松对华管制。

最后,美国对华技术"卡脖子"将刺激中国企业加快其供应商的多元化和自主创新的决心,促进中国相关部门增加对国内半导体业已经相当可观的国家支持,[②] 从而摆脱在核心技术和关键元器件领域受制于人的被动局面。美国联合西方国家对中国网络通信设备制造业的重点打压,短期内使中国的国际环境更加受限。从长期来看,将解除西方国家对中国制造业的严重依赖,重塑全球供应链。实际上,从整体上看,中国在全球价值链上游位置前向参与度提高、下游位置后向参与度下降,特别是信息通信技术产业参与全球价值链的程度逐渐提高,说明中国在全球价值链的地位攀升主要通过供应商的本土化而实现,意味着中国逐渐提高了对外国中间品的国产化替代。美国对华科技"脱钩"政策在长期内将促使中国实施高技术产业进口替代战略,降低高技术企业的市场竞争成本。[③] 华为、清华紫光、中国电子等科技企业都已站在努力摆脱美国技术控制的第一线,对国产芯片设计软件和高端芯片的研制加大研发投入。清华紫光在武汉市建设耗资220亿美元的

[①] Jon Bateman, "U.S.-China Technological 'Decoupling': A Strategy And Policy Framework," Carnegie, April 25, 2022, accessed November 3, 2022, https://carnegieendowment.org/files/Bateman_US-China_Decoupling_final.pdf.

[②] OECD, "Measuring Distortions in International Markets: The Semiconductor Value Chain," OECD Trade Policy Papers, No. 234 (2019).

[③] Broadman H., "Forced U.S.-China Decoupling Poses Large Threats," Forbes News, September 30, 2019, accessed December 25, 2020, https://www.forbes.com/sites/harrybroadman/2019/09/30/forced-u-s-china-decoupling-poses-large-risks/?sh=2f56d6a2507e.

存储芯片工厂,而华为海思已为其大部分高端产品设计了处理器移动设备。

综上所述,美国的遏制政策对中国核心元件研发和装备制造领域的冲击较大,短期内核心元件和装备存在断供风险。从长期来看,遏制措施将倒逼中国高端制造业在技术研发和装备制造方面逐渐实现独立自主。

第五节 对中国数字经济领域商业模式创新的影响

随着全球经济步入真正意义上的大数据时代,以可再生的数据为关键生产要素的数字经济增长模式将逐渐取代传统的以资源投入驱动的经济增长模式。数据要素在生产流通环节与技术研发应用环节的高效、安全的双向流动,能够在数字经济的商业生态系统中,优化市场供求匹配、降低交易成本,以用户为中心开展服务创新、进行价值创造,并催生出更多新兴业态。从经济效益层面来看,数据要素驱动下的商业模式创新是我国数字经济创新发展的关键内容和优势所在,也是中国应对美国对华科技竞争的重要方向。

一、数据驱动下的商业模式创新

产品创新和产业升级都依赖于科研成果的有效转化。技术只有在商业化之后,才能够从研究成果转化为创造价值的生产工具。在数字经济创新向快速更新、服务化、协同化发展的背景下,数字经济的商业模式也发生了诸多重要变化。

首先,数字技术通过在一定程度上消除信息的不完全性,优化市场中的供求匹配问题,进而降低交易成本。数字技术增加了信息的有效性。从需求端视角出发,作用于数据要素的人工智能、大数据和云计算(合称为"ABC"技术)等底层技术,通过大数据精准分析消费者需求后，平台精准匹配上游商家的产品信息，有效减少了消费者因信息不对称、机会主义和有限理性造成的信息搜索成本、议价成本，提高了资源配置效率。从供给端视角出发，技术的高效处理数据信息的能力，使企业精准发现并快速匹配多样化的市场需求。例如，新零售模式企业（例如京东）利用大数据技术进行的消费者市场分析预测正在发挥越来越重要的作用；[1]互联网技术的联通功能为共享经济模式的出现提供了可能。数字技术的应用减少了传统商业模式中厂商与消费者之间的中间商环节，双方线上与线下的互通缩短了商品供给时间，提高了对消费者的价值供给效率。进一步地，新型商业模式依托数字技术产生了新的价格机制。数字技术通过将烦琐的数据提炼为有效信息，为生产者和消费者传递精准的供需信息，从而在价格制定方面更能体现双方诉求。这是对传统经济模式下供需双方相对独立的价格协调方式进行的大幅度改良。例如，在网约车行业，平台企业通过收集和捕捉车辆、用车乘客的时空动态变化，执行千人千价的动态定价策略。当用车需求超过网约车供给时，系统自动提高价格，在短时间内快速调节网约车市场的司机资源和乘客的多样化需求。由此可见，以数据作为生产对象的数字技术，为追求成本节约、效率提高的商业模式创新提供了动力和可能性。

其次，数字经济领域的商业模式创新在价值创造方面趋于以用户为中心的服务化创新。在数字经济中，消费者深度参与了商品的生产过程，这与传统商业模式下消费者处于被动接受商品的地位有明显区别。传统经济形态的创新是从产品端入手，降低生产和交易成本，实现规模经济；而数字经济的重要变革是以需求端为导向，厂商建立全

---

[1] Eric T. Bradlow, et al., "The Role of Big Data and Predictive Analytics in Retailing," *Journal of Retailing* 93, no.1 (2017): 79-95.

渠道的营销模式，进行逆产业链的价值创造。[①]用户对供给侧的生产、决策和创新行为产生广泛的影响。数字化技术和平台模式使细分商品精准地对接用户个性化需求，降低企业成本。在以产品体验、服务、消费的模式下，用户通过商户搜索、选择、体验和评价，能够直接或间接地参与企业的研发与创新活动。企业通过捕捉、满足多样化市场需求，拓展了企业的业务边界，从而为创新企业提供了生存空间。研究证明，消费者对生产过程的深度参与有助于提高数字技术创新的效率。[②]大数据时代下，消费者与生产部门建立直接联系，数据流动使厂商能够掌握消费者的价值诉求，进而提供更具针对性和个性化的价值供给，有助于消除无效供给和过剩产能。

值得注意的是，在企业与用户的互动中，用户的数据为企业的创新提供关键驱动力。用户的需求与反馈信息成为企业技术升级、改良产品、拓展业务、实现创新的重要源泉。用户对商品的偏好是商品使用价值的体现，反映在具体需求中。如图6-6所示，在传统经济中，厂商与消费者之间的信息与价值传递主要表现为链式结构，即厂商对消费者需求与反馈信息随中间环节的增加而难度增大。在数字经济的商业模式中（参见图6-7），创新活动以数据和数字技术为基础，以用户需求为中心提供多样化的产品和服务，并通过网络化的组织形式构建一种良性循环的创新生态系统。在该创新生态系统中，数据和信息流直接从用户传递到平台企业和生产企业，企业获得消费者需求数据后能够直接改进创新活动，提高商品的附加价值，为消费者提供更多的使用价值，商品和价值流由企业流向用户。这样以用户为中心的价值

[①] 徐振鑫等指出，大数据的应用颠覆了企业的制造方式，制造业企业通过整合消费者市场行为数据，利用大数据技术，精准实现对消费者偏好的贴近。数据要素进入生产过程，提高了产品和服务对消费者需求的拟合度，优化了市场资源配置。参见：徐振鑫、莫长炜、陈其林：《制造业服务化：我国制造业升级的一个现实性选择》，《经济学家》2016年第9期，第59—67页。

[②] 戚聿东、肖旭、蔡呈伟：《产业组织的数字化重构》，《北京师范大学学报（社会科学版）》2020年第2期，第130—147页。

创造闭环和以数据为基础的创新循环，是数字经济商业模式创新的重要特征。

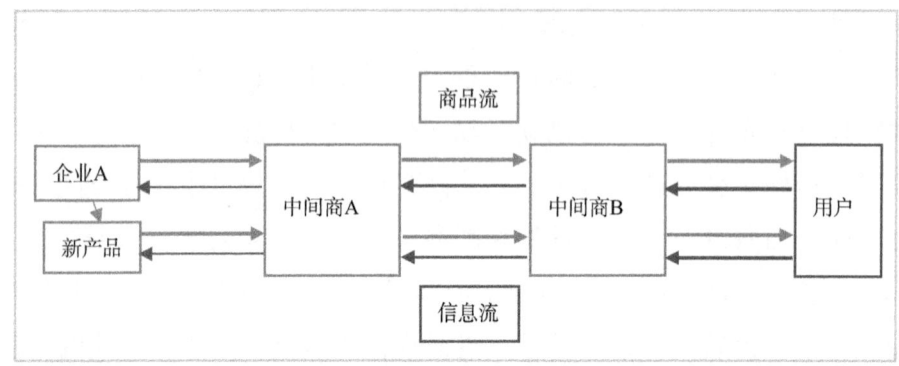

图6-6　传统经济企业创新模式

资料来源：作者整理。

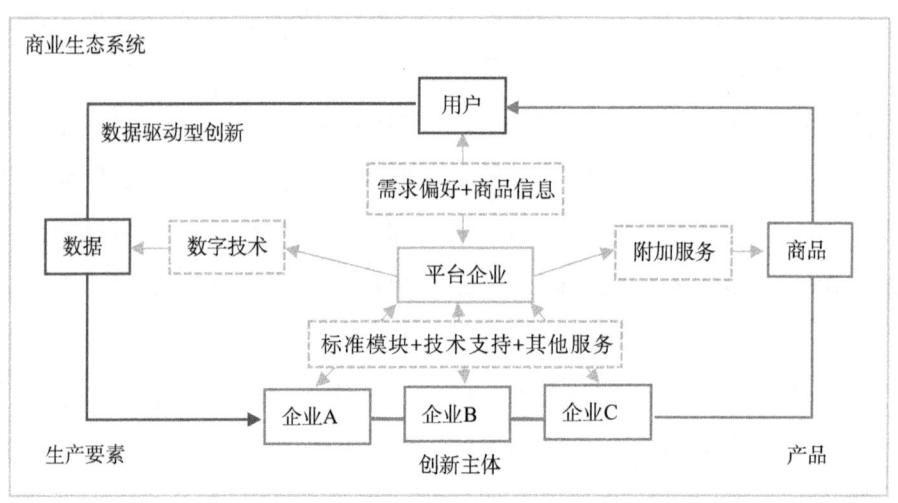

图6-7　数字经济数据驱动型创新模式

资料来源：作者整理。

最后，数字经济商业模式创新以平台模式的网络效应为基础，强化平台企业的价值获取能力。数据革命背后的通信技术的复杂性和相互依赖性导致出现了多个相互连接的商业生态系统,[①] 专业细分的企业,包括垂直一体化的公司,都不再是仅依靠市场交易与外界产生联系。[②] 在全球移动通信行业的商业生态系统中,包括高通等专业技术公司;诺基亚、爱立信等符合标准的基础设施设备供应商;美国电话电报公司(AT&T)、中国移动等网络服务供应商;三星等符合标准的移动设备的下游供应商;谷歌(Google)、苹果(Apple)等开发操作系统和应用程序的软件供应商;以及内容提供商,如媒体、自媒体等;许多公司跨越了价值链中的两个或多个节点。依托商业生态系统产生的新服务,包括流媒体、云计算、物联网和移动支付系统等,都与多个实体企业的技术和业务紧密相关。随着数据成为数字经济创新的关键要素,推动创新活动的主导者由纵向一体化大企业向基于数据生态的互联网平台企业转变。[③] 特别是众多创新主体的商业生态系统推动了平台模式向网络化的创新组织方式演进。这种开放式的创新生态系统集中了核心平台企业,以及大量平台开发者和众多中小企业。各类创新主体在资源禀赋、技术优势、数据类型等方面存在差异性和互补性,如互联网核心平台企业缺乏多样化的生产服务能力,而生产型企业缺乏对客户需求信息的收集和分析能力,技术开发者拥有核心技术,却在技术应用的资金和设备方面缺少支持。而协同化的商业生态系统集合各类企业的核心资源和技术,不断扩大创新生态系统的产品边界和创新效率。以全球开放银行(Open Banking)为例,其实质就是一种

[①] David J. Teece, "Next-Generation Competition: New Concepts for Understanding How Innovation Shapes Competition and Policy in the Digital Economy," *The Journal of Law, Economics & Policy* 9 (2012): 97.

[②] 美国学者詹姆斯·穆尔在对英特尔和苹果公司的研究中,指出企业不应仅被孤立地视为单一行业的成员,而是应被作为跨行业商业生态系统的一部分来研究。参见:James F. Moore, "Predators and Prey: A New Ecology of Competition," *Harvard Business Review* 71, no.3 (1993): 75-86。

[③] 张昕蔚:《数字经济条件下的创新模式演化研究》,《经济学家》2019年第7期,第32—39页。

平台化的商业模式。开放银行的核心是通过开放应用程序接口（API），将以往被商业银行控制的消费者金融数据、算法和交易流程开放共享给该商业生态系统中的其他利益方，包括客户、员工、第三方开发者、供应商和其他合作伙伴，加强向各方提供多样化服务的能力，以构建开放银行体系的核心竞争力。

在协同化的商业生态系统中，平台模式强大的网络效应为平台企业带来资源的良性循环，使这种商业模式成为数字经济的主要商业模式之一。平台企业具有高固定成本、低边际成本的特点，使其具有同时实现范围经济和规模经济的能力。平台企业在短时间内聚集大量用户，收集第一轮信息并利用大数据技术研究分析用户的行为偏好，使用户多样化需求得到精准高效的服务，产生用户黏性并进行推广；大数据挖掘、计算和分析的循环往复不断提高产品和服务质量，从而进一步扩展企业拥有的用户数量和信息。平台模式强大的网络效应和趋近于零的边际成本，使平台企业逐渐形成"赢者通吃"的优势局面，而这也是市场外的潜在竞争者难以很快打破这种由规模经济形成的进入壁垒的主要原因。[1]

二、商业模式创新促进数字经济发展

数字经济凭借高效处理大规模数据信息、准确发现多样化需求、实现供需双方快速匹配、大幅降低交易成本等多方面的优势，[2] 为市场和消费者带来更多更具创新性的产品和服务，并在培育经济发展新动

---

[1] Joe S. Bain, *Barriers to New Competition* (Harvard University Press, 2013); 苏治、荆文君、孙宝文：《分层式垄断竞争：互联网行业市场结构特征研究——基于互联网平台类企业的分析》，《管理世界》2018年第4期，第80—100页；许恒、张一林、曹雨佳：《数字经济、技术溢出与动态竞合政策》，《管理世界》2020年第11期，第63—84页。

[2] Carl Shapiro, Hal R. Varian, and W. E. Becker, "Information Rules: A Strategic Guide to the Network Economy," *Journal of Economic Education* 30 (1999): 189-190; Severin Borenstein and Garth Saloner, "Economics and Electronic Commerce," *Journal of Economic Perspectives* 15, no.1 (2001): 3-12.

能、拉动就业等方面发挥着越来越重要的作用。

(一) 促进传统产业结构升级

数字经济的技术创新和在此基础上的商业模式创新有利于促进我国传统产业的数字化转型,具体而言:首先,能够推动传统产业向创新驱动转型。信息通信技术向传统产业的普及和渗透改变了传统产业长期依靠劳动力和资源要素投入的粗放型发展方式。人工智能、深度学习对廉价劳动力要素形成替代,3D打印等技术减少了传统产业对高污染传统能源的投入。传统产业能够将节约的成本投入到高技术劳动力和新材料中。其次,推动传统产业向智能制造转型。逐渐成熟的数控技术使企业实现自动接单、智能排产、流程监控,生产环节的高效化、智能化有效提高了产量和产品质量。最后,推动传统产业向"大平台+小企业"的组织形式转型。由于交易成本大幅降低,生产技术的应用和商业模式的创新为传统经济的数字化转型升级提供关键条件。大数据时代下,传统产业的转型升级趋向于以消费者市场为导向而建立与消费者的直接联系,并在协同创新模式下实现柔性化生产、协调化分工。这种重要变革是数字技术创造的新的细分市场对传统行业的改变和重构。[①] 消费者对生产过程的深度参与,以数据要素为主要载体,对传统产业组织的数字化转型具有促进作用。特别是在商品功能不断改进、种类不断丰富的时代,消费者越发注重商品附加的服务,使企业制造方式不仅转向数据驱动,并且向服务化创新转型。企业通过融入商业生态系统,利用平台的标准化解决方案、高性能计算存储设备以及其他附加服务,外包共性业务,简化业务流程。由此可见,数字经济在技术创新和生产组织方式上的创新将推动我国传统产业实现数字化发展,促进传统产业的结构升级。

---

① Constantinos Markides, "Disruptive Innovation: In Need of Better Theory," *Journal of Product Innovation Management* 23, no.1 (2006): 19-25.

（二）创造新型数字经济部门

信息通信技术与平台模式的结合在中国派生出多种新型商业模式和经济部门，例如"新零售"模式、共享经济模式、直播模式、金融科技行业，等等；企业对企业（B2B）、企业对个人（B2C）、个人对个人（C2C）等运营模式的创新亦十分活跃。例如，共享经济模式将所有权与使用权剥离，以共享使用权为主要特征，是信息通信技术对分散资源有效整合、多样化需求精准捕捉、供需双方快速匹配的新型经济形态。优步（Uber）、爱彼迎（Airbnb）等共享经济平台在欧美国家普及后，共享经济模式在中国得到了充分发展。目前，"共享+"模式在中国已拓展至生活、生产、知识技能分享多个领域，产生了多个大型共享经济平台企业，如网约车行业巨头滴滴出行，在2016年进入全球互联网企业榜单前二十强。据统计，共享经济在中国已达到相当大的规模和渗透率，2019年中国共享经济市场交易规模超3万亿元，同比增长11.6%；市场参与者达8亿人。中国网民中网约车用户达到47.4%，在线外卖用户达51.6%，住宿、医疗领域的增速较快。共享经济还为中国提供大量就业机会，平台企业员工623万人，同比增长4.2%。[①] 共享经济已成为推动中国服务业转型发展的重要动力，对用户消费方式转变、服务业结构优化起到越来越重要的作用。

（三）促进包容性创新

中国政府一向提倡的包容性增长理念强调使经济发展惠及全体人民，是中国特色社会主义分配制度中公平正义原则的体现。李克强总理在出席2017年夏季达沃斯论坛开幕式中指出，就业是中国包容性增长的根本，创新创业是实现包容性增长的有效途径。理论研究证明，低收入群体亦具有巨大的商业开发潜力，企业若能够以创新的方式开拓和服务低收入市场，不仅能够获得经济收益，还有可能缓解甚至消

---

① 胡雯：《中国数字经济发展报告（2019）》，《数字经济蓝皮书》2019年。

除贫困。[①] 这种能够在低收入市场同时实现经济收益和社会价值的商业模式创新，被称为包容性创新（Inclusive Innovation）。[②]

数字经济的商业模式创新，是推动包容性创新的重要平台。以快手短视频平台为例，通过打破底层（BOP）群体在传统信息传播与交流渠道处于权利底层的固有结构，伸张信息平等的价值主张，在很大程度上改善了经济金字塔底层和顶层间存在的信息不对称和不平等情况。平台企业通过数字技术降低了内容制作、传播和分享的门槛，使各阶层用户能够平等地参与到视频内容的生产和消费过程中，从而扩大这种商业模式价值创造的基础；用户的创作能力也能够通过数字技术得以激发和提升，从而进一步提高潜在收益。另外，短视频行业通过大数据分析技术掌握用户兴趣，根据时空情景等动态特征实现人与内容甚至人与人的精准匹配，在广告投放的选择上为各方取得最大收益。在底层市场的商业模式创新不仅能够扩大平台企业的市场规模和收益，还为解决中国就业问题提供了新渠道。

三、冲击评估与展望

首先，美国对华科技竞争政策对中国的数据资源影响较小。数据在商业模式创新中发挥着核心作用。目前，美国对华科技竞争政策对中国企业获取数据资源并无过多干扰。一方面，中国有丰富的数据资源基础。2020年年末，中国互联网用户规模达9.89亿户，互联网普及率达到70.4%；中国智能手机用户约9.86亿人，预计2023年的移动用

[①] 该理论即"金字塔底层"（Bottom of the Pyramid，BOP）战略。参见：Coimbatore K. Prahalad and Stuart L. Hart, "Strategies for the Bottom of the Pyramid: Creating Sustainable Development," *Ann Arbor* 1001 (1999): 48109; Coimbatore K. Prahalad, "Bottom of the Pyramid as a Source of Breakthrough Innovations," *Journal of Product Innovation Management* 29, no.1 (2012): 6-12.

[②] Gerard George, Anita M. McGahan, and Jaideep Prabhu, "Innovation for Inclusive Growth: Towards A Theoretical Framework and A Research Agenda," *Journal of Management Studies* 49, 4 (2012): 661-683.

户数量将占全球总量的四分之一。2019年中国已建成全球规模最大的光纤和移动通信网络,接通光纤和4G的行政村比例均超98%,固定互联网宽带用户接入超4.5亿户;2020全年移动互联网用户接入流量较2019年增长35.7%,达到1 656亿GB。[①] 中国的数字基础设施正在持续完善,庞大的互联网用户规模为中国的数字经济提供广阔的消费市场,也为数字经济提供海量的数据资源,成为商业模式创新的重要来源。另一方面,美国对域外数据的"长臂管辖"规则暂时未对中国造成过大冲击。中国对跨境数据流动实施数据存储地原则,"本地化"存储能够保护本土数据安全。根据规定,苹果公司已在贵州建立苹果iCloud中国(贵安)数据中心,专门储存中国用户的数据信息。

其次,美国政府对中国科技平台企业的打击,对中国数字经济的商业生态系统整体的冲击风险可控。抖音、快手等短视频平台推动了直播、网红经济,成为新媒体营销的重要渠道。字节跳动公司将抖音在美国推广后受到美国市场的广泛认可。截至2020年6月,抖音的美国月度活跃用户人数超过9 100万人,年龄在10—29岁的用户占62%,是主要为美国青年使用的社交平台。特朗普政府对抖音的封禁,以及禁止美国公民使用微信、支付宝等软件进行交易,强迫多家中国科技企业退出美国市场,对这些企业的国际化发展造成一定程度的影响。但从总体上看,美国针对个体企业的打压不足以对中国整体的数字商业生态系统构成严重威胁。中国的商业生态系统正在稳步发展。目前,中国正逐渐完善基础设施建设和数字经济创新的配套服务,在物流、仓储管理、信息技术系统建设和大数据应用方面,中国数字经济产业具有一定优势。中国的平台经济高度集中化。根据中国互联网络

[①] 和讯网,中国互联网络信息中心:《截至2020年底我国网民规模达9.89亿,互联网普及率70.4%》,2021年3月20日,https://baijiahao.baidu.com/s?id=1690635555380760018&wfr=spider&for=pc;《全国行政村通光纤和4G比例均超过98%,农村和城市实现"同网同速"》,2021年3月20日,http://www.cncms.com.cn/internet/20210126/012618525.html,访问日期:2021年3月30日。

信息中心2016年的报告，阿里巴巴平台占据中国国内电子商务市场的62.5%，京东占23.2%。大型平台呈现出跨界整合业务的特点，例如阿里巴巴拥有在线市场、移动支付、社交媒体多个子平台。较高的集中度和跨界融合意味着平台的商业生态系统能够实现更深程度的消费者参与，进而达到更高水平的数据交互。另外，与欧美市场相比，中国庞大的数据市场和互联网用户市场，对美国企业具有强大的吸引力。

最后，美国对底层技术的封锁将影响中国商业模式的长期创新。美国在技术创新能力、技术影响力方面具有很大优势，特别是美国的科技创新体系为突破式创新营造良好的创新氛围。中国在增量创新方面，在技术的应用式创新上具有独特优势。例如，中国将人脸识别技术与移动支付相结合，首创了刷脸支付方式。2020年12月，兰德公司发布《中国21世纪的创新倾向：确定未来成果的指标》报告，选出了13个能够反映中国未来创新倾向的指标。报告结果显示，美国的技术专利涉及领域广泛分布在经济利基市场，[①]而中国的创新专利则聚焦于人工智能等重点领域的应用上。中国数字经济发展的比较优势在于对数字技术的应用，而基础研究、技术和产品创新方面相对薄弱。[②]《2018年全球数字经济发展指数》报告认为，虽然中国的综合竞争力排名全球第二位，但在数字创新和数字治理方面相对薄弱。然而，以数字技术为依托的商业模式创新的长期发展必然与技术创新密切相关。数字技术在商业模式创新中发挥基础性作用，包括数据资源的数字化处理能力，对用户数据的采集、分析和市场预测能力，智能制造对传统产业生产环节的成本节约和效率提高能力。技术创新对传统产业的

[①] 美国经济学家菲利普·科特勒（Philip Kotler）在《营销管理》中将利基市场界定为"某些未被提供良好服务的群体"，"有获取利益的基础"。利基市场一般是指，被在市场中具有绝对优势的企业所忽略或放弃的某些细分市场，是在较大的细分市场中具有相似兴趣需求的较小的客户群体。参见：Philip Kotler, *Kotler On Marketing* (Simon and Schuster, 2012)。

[②] 刘淑春：《中国数字经济高质量发展的靶向路径与政策供给》，《经济学家》2019年第6期，第52—61页。

赋能效应以提高产业的劳动生产率、拓展产业规模至关重要,是实现传统产业数字化转型的基础,也是实现数据驱动下商业模式创新的基石。因此从长期来看,美国对数字经济底层技术的封锁,必将威胁中国数字经济上层商业模式创新的发展。

综上所述,美国对华科技竞争战略并未撼动推动中国数字经济商业模式创新最根本的基础即数据资源,从而对中国商业模式创新发展的影响是四个维度中最小的。中国已在商业模式创新方面取得丰硕成果,由于中国科技企业的创新更偏重于应用端的商业模式方面,中国在这方面已拥有一定环境基础和市场基础。在中国政府对商业模式创新的大力支持下,"大众创业、万众创新"蔚然成风。虽然美国对个别中国科技企业的打压需要引起足够重视,但对单个企业的封锁不会影响中国科技企业的商业生态系统的正常运作。尽管如此,中国仍需对美国底层技术的封锁保持警惕和紧迫感,加快基础技术的研发。总而言之,美国的遏制政策对中国数字经济商业模式创新与应用的冲击较小,因而中国应利用数据资源等核心优势,将进一步推动商业模式的创新与应用作为中国数字经济创新发展的战略重点。

第六节 小 结

在美国的"全政府"对华战略下,中国在经济、科技、意识形态等多个领域面临巨大压力。特别是在传统经济领域,由于中国在全球价值链中长期受制于对美国的"技术—市场"依附和技术锁定效应,短期内突破美国遏制进而实现进一步发展的难度较大。而数字经济作为一种新兴业态,为中国经济增长、传统产业转型升级提供了新的可能。美国对华科技竞争的重点领域集中在与数字经济相关的技术和产业上,因此,美国的科技竞争战略对中国数字经济创新发展的冲击需要进行综合评估,以找到中国数字经济创新的突破口。根据对数字经济创新的四个维度的风险分析，本书认为，美国的遏制政策对中国数字经济基础理论和技术创新有一定影响，具体表现为：延缓中国技术创新速度，但总体风险可控；对技术标准与行业规范的制定有一定程度的冲击，具体表现为阻碍中国技术标准国际化推广；对关键元件研发和装备制造具有较大影响，切断核心元件的供应链将使中国高技术产业在短期内陷入被动局面；而对数字经济商业模式的创新与应用的冲击较小。为此，应将这一领域作为中国数字经济创新发展的重点。

第七章
美国科技竞争战略下中国数字经济的创新发展

当今世界正在经历百年未有之大变局,全球地缘政治经济格局正在经历深刻调整,而迅速崛起的中国成为激荡酝酿之新格局中的最大变量。显然,中国需要在战略层面和战术层面,做好充分应对美国竞争性对华政策的准备。而随着第五代移动互联网和通信技术的普及,人类社会正在进行广泛而深刻的变革。数据作为经济社会创新发展的重要驱动力登上历史舞台,成为新的关键生产要素,甚至是战略性资源。全球各国纷纷在数字经济创新领域深化战略布局,旨在抢占数字经济发展的制高点,促进数字经济蓬勃发展。美国对华"全政府"科技竞争战略加大了中国在数字经济领域参与全球竞争的难度,中国数字经济的创新发展战略需要明晰的顶层设计和更加有针对性的战略目标,才能在最大程度上弱化美国对华科技竞争战略的冲击,在数字经济的赛道上实现"弯道超车"。

第一节 中美数字经济发展概况
——基于数字经济创新指数的分析

国内外学者和经济组织对各国数字经济发展情况进行了多样的量化分析。通过对中美两国数字经济创新能力的比较,可以看到美国在数字基础设施、创新环境与法律保障，以及数字技术创新等方面具有较为显著的优势；而中国在数字基础设施建设水平方面超过德国和瑞士等工业基础较为雄厚的发达国家，数字技术创新在全球也较为领先，中国数字经济发展具有较大潜力。

一、数字经济创新评价指标体系的构建

数字经济对传统经济模式和生产方式产生了重大冲击，数字经济创新逐步成为推动各国经济增长的主要动力。中国数字经济规模扩张的速度较快，但在基础研究、技术创新与应用等方面存在短板。因此，对各国数字经济创新能力和水平进行定量的横向对比，有助于明确中国数字经济创新水平的全球定位。特别是与美国数字经济创新进行对比，对于应对美国"全政府"对华科技竞争战略和制定中国数字经济创新发展战略，具有较强的政策导向与实践意义。

数字经济的相关指标测度和统计研究已引起许多国际组织、政府机构和有关学者的关注。目前学界、有关机构和组织对数字经济的测度侧重于对数字经济规模体量的统计和评价，并且对数字经济测度的研究内容、指标选取和测度方法不尽相同，表7-1梳理了国内外主要机构和学者对数字经济相关指标体系的研究。其中，虽然单独进行数字经济创新度量的文献较少，但是前期研究中已有关于数字经济创新维度的指标选取和测算方法，为本书建立数字经济创新评价指数提供了理论依据。

表7-1 国内外数字经济相关指标体系一览表

	指数名称	发布方	一/二/三级指标数	一级指标
国际	数字经济与社会指数（DESI）	欧盟	5/12/31	宽带接入、人力资本、互联网应用、数字技术应用、公共服务数字化程度

续表

	指数名称	发布方	一/二/三级指标数	一级指标
国际	衡量数字经济	经济合作与发展组织	4/38	投资职能化基础设施、赋权社会、创新能力、信息通信技术促进经济增长与增加就业岗位
	网络就绪指数（NRI）	世界经济论坛	4/12/60	技术、人力、治理、影响
	信息通信技术发展指数	国际电信联盟	3/11	信息通信技术的接入、使用、技能
	全球创新指数（GII）	世界知识产权组织、康奈尔大学	2/7/21	创新投入、创新产出
	数字知识经济指数（DKEI）	奥扬佩拉（Ojanperä）和格雷厄姆（Graham）①	5/15	经济与体制、教育、创新、信息通信技术使用、知识资源和数字内容参与
国内	数字经济指数	中国信息通信研究院	3/23	先行指数、一致指数、滞后指数
	数字经济指数	赛迪顾问	5/34	基础型、资源型、技术型、融合型、服务型
	全球数字竞争力指数	上海社会科学院	4/12/24	数字设施、数字产业、数字创新、数字治理
	全球数字经济发展指数	数字经济论坛、阿里研究院、毕马威会计师事务所	5/14	数字基础设施、数字消费者、数字产业生态、数字公共服务、数字科研
	数字普惠金融指数	北京大学	3/12/33	覆盖广度、使用深度、数字化程度
国内	国家数字竞争力测度指标体系	吴翌琳②	10/31/68	基础设施、资源共享、资源使用、安全保障、经济发展、服务民生、国际贸易、驱动创新、服务管理、市场环境

资料来源：作者整理。

① 英国学者奥扬佩雷（Ojanperä）和格雷厄姆（Graham）构建的数字知识经济指数（Digital Knowledge Economy Index, DKEI）以2012年世界银行发布的"知识经济指数"（Knowledge Economy Index, KEI）的指标体系为基础，在四项一级指标之上增加了第五项一级指标——知

识资源和数字内容参与。参见：Sanna Ojanperä, Mark Graham, and Matthew Zook, "The Digital Knowledge Economy Index: Mapping Content Production," *The Journal of Development Studies* 55, No.12 (2019): 2626-2643。

② 吴翌琳：《国家数字竞争力指数构建与国际比较研究》，《统计研究》2019年第11期，第14—25页。

本着体系构建的稳健性原则，本书认为，测度体系的设计应当考虑数字经济创新的系统性和层次性，形成"金字塔型"体系结构。在借鉴现有研究的基础上，本书构建的数字经济创新评价指数框架由三个层级构成：第一层级包含数字基础设施、创新环境与制度和技术创新三大要素；第二层级由三大要素各自的几个维度组成，共计8个二级维度；第三层级在每个要素下设置子指标，进而通过多重指标加以描述。整个测度体系层次清晰，结构均衡，具有较强的系统性、稳健性。此外，测度体系的设计也应当结合各国的实际情况，并以现有的统计条件为基础，确保指标数据来源准确可靠、指标口径统一可比、核算方法科学可信。参考"全球创新指数"（GII）评价体系中运用的"投入—产出"分析方法，基于数字经济创新的基本概念、必要条件和数据的可获得性，本书以数字基础设施建设、数字创新环境与法律保障、数字技术创新作为评价一国数字经济创新的三大要素（一级指标）。结合国内外衡量数字经济发展的相关指标体系，选取与数字经济基础设施、创新制度与法律、数字技术创新高度相关的二级指标和三级指标，构建数字经济创新评价指标体系。该指标体系旨在从创新的硬件条件、制度环境以及技术创新等多个维度，对世界主要国家的数字经济创新发展水平和能力进行全面准确的定量分析。数字经济创新具体包括24项指标（详见表7-2，数据来源参见表7-3）。

表 7-2 数字经济创新指标体系

一级指标	二级指标	编号	三级指标
数字基础设施建设	普及程度	1	固定宽带普及率
		2	光纤入户率
		3	4G网络覆盖率
		4	互联网用户比重
	安全保障	5	全球网络安全指数
创新环境与法律保障	法律环境	6	信息通信技术发展法律环境
		7	电子商务法律环境[①]
		8	知识产权保护
		9	数字贸易限制指数
	创新环境	10	风险资本可用度[②]
		11	最新技术可用度
		12	科研机构重要性
	创新文化	13	创业风险偏好
		14	创新型企业发展
数字技术创新	创新产出	15	信息通信技术产品出口占货物总出口比重
		16	信息通信技术服务出口占服务业出口比重
		17	专利申请
		18	商标申请
		19	科技期刊论文
		20	高技术出口占制造业出口比重
	人才投入	21	研究型人才（每百万人口）
		22	高等教育入学率
		23	素质教育水平[③]
	研发投入	24	研发总支出占GDP比重

资料来源：作者整理。

① "联合国贸易和发展会议"根据各国是否颁布电子商务相关法律而评分，涉及的具体法律包括：电子交易法、消费者保护法、隐私和数据保护法和网络犯罪法。

② "全球竞争力指数"以"处于创业阶段企业获得风险投资的容易程度"来衡量一国风险资本可用度。

③ 关于素质教育水平，"经济合作与发展组织国际学生评估项目"对"素质教育"的评估，是采用"15岁学生在阅读、数学和科学方面的表现"作为衡量依据。

表7-3 指标数据来源

表7-2中的三级指标编号	数据来源
1、2、5	国际电信联盟（ITU）《全球信息技术报告》（Global Information Technology Report）
5	《全球网络安全指数》（Global Cybersecurity Index，GCI）
3、6、8、10、11、12、13、14	世界经济论坛（World Economic Forum，WEF）《全球竞争力报告》（Global Competitiveness Report）
4、15、16、17、18、19、20、21、22、24	世界银行世界发展指标数据库（World Developing Indicators，WDI，https://data.worldbank.org/wdi，访问日期：2021年5月20日）
7	联合国贸易和发展会议（United Nations Conference on Trade and Development，UNCTAD，https://unctad.org/en/Pages/DTL/STI_and_ICTs/ICT4D-Legislation/eCom-Global-Legislation.aspx，访问日期：2021年5月20日）
9	经济合作与发展组织《数字服务贸易限制指数》（Digital Services Trade Restrictiveness Index，https://stats.oecd.org/?datasetcode=STRI_DIGITAL，访问日期：2021年5月20日）
23	经济合作与发展组织国际学生评估项目（Programme for International Student Assessment，www.oecd.org/pisa，访问日期：2021年5月20日）

资料来源：作者整理。

二、数字经济创新指数计算方法

本书运用数字经济创新综合指标评价体系，从三大要素和八个方面测度数字经济创新的综合性指数，计算并整理了全球50个主要国家2018年的相关数据。计算方法如下。

首先，进行指标无量纲化。在指标体系中，由于各项指标具有不同的计量单位，因此在计算综合指数时，需统一指标的量纲，即进行无量纲化。这种将数据标准化的处理具体是指运用数学变换的方法消除原始指标或变量不同单位或量纲的影响。本书借鉴中国人民大学应用统计科学研究中心吴翌琳教授的处理方法，[①] 采用正态标准化方法，使用均值与方差对数据进行标准化处理，以准确描述数据所处位置，降低极值对结果的影响。计算方法见（1）式。

$$r_{ij} = 100 \times \Phi\left(\frac{x_{ij}-\overline{x_{ij}}}{s_{ij}}\right) \quad\cdots\cdots\cdots\cdots\cdots\cdots\cdots\cdots（1）$$

其中，$i = 1, 2, 3, ..., 8$，表示二级测度维度；$j = 1, 2, 3, ..., n_i$，表示具体测度要素下的相关指标，n_i 为 i 要素下包含的指标个数。$\phi(x)$ 是采用正态分布函数计算得到的函数值。

其次，对于各项指标的赋权方法，参考吴翌琳和刘军等的方法，[②] 本书采用均等化赋权法，对三个一级指标以及每个一级指标下的二级、三级指标分别进行均等化赋权。该方法不仅简化了统计计算，使结果更加直观，而且突出了测度要素和维度的独立存在、分工协作、相辅相成的特点。因此，在对各类测度维度下所有指标进行无量纲化后，将标准化的数值按照（2）式进行综合汇总，分别得到8个维度的指数得分。

$$f_i = \frac{1}{n_i}\sum_{j=1}^{n_i} r_{ij} \quad\cdots\cdots\cdots\cdots\cdots\cdots\cdots\cdots\cdots（2）$$

其中，f_i 为每一个测度维度的评价指数结果。根据各二级维度指数 f_i 计算各国的数字经济创新三大要素指数。

最后，根据三大维度指数，按照（3）式线性加权的方法，合成最终的国家数字经济创新指数（DEII）。

[①] 吴翌琳：《国家数字竞争力指数构建与国际比较研究》，《统计研究》2019年第11期，第14—25页。

[②] 刘军、杨渊鋆、张三峰：《中国数字经济测度与驱动因素研究》，《上海经济研究》2020年第6期，第83—98页。

$$DEII = \frac{1}{3}(din + diel + dti) \quad\quad\quad\quad\quad (3)$$

其中，din代表数字基础设施建设水平、$diel$代表数字创新环境与法律保障、dti代表数字技术创新水平。

三、中美数字经济创新指数的比较分析

（一）全球数字经济创新水平概况

根据表7-4的国家排名和表7-5的各国分项得分情况，从洲际分布看，欧洲、北美洲和亚洲在全球数字经济创新发展格局中处于领先地位。其中，美国排名第一；前十名中有三个亚洲国家，新加坡（第二名）、韩国（第六名）和日本（第七名）；瑞典、荷兰、芬兰、丹麦、德国、英国等欧洲国家分别位列第三、四、五、八、九、十。中国排在第16名，是数字经济创新水平排名前20中唯一的发展中国家。在表7-5中，欧洲国家的创新环境与法律保障水平普遍高于亚洲国家。欧洲国家对数字经济的布局较早，推动数字经济发展的法律制度较为完善，对推动数字经济创新起到了重要的促进作用。北美洲、大洋洲以发达国家为主，其数字经济的基础和竞争力水平较高。亚洲国家数字经济创新水平呈现出断层的特征，虽然少数国家处于领先地位，但全球大部分发展中国家的数字经济创新水平远落后于韩国、日本和中国。南美洲和非洲国家的经济基础较弱，技术创新和信息基础设施数字化转型较为缓慢和落后。

表7-4 数字经济创新指数国家排名

排名	国家	得分	排名	国家	得分
1	美国	79.01	26	冰岛	53.48
2	新加坡	75.55	27	西班牙	53.28
3	瑞典	74.42	28	葡萄牙	48.13
4	荷兰	73.47	29	斯洛文尼亚	45.81

续表

排名	国家	得分	排名	国家	得分
5	芬兰	71.95	30	捷克	43.81
6	韩国	70.86	31	拉脱维亚	43.11
7	日本	70.85	32	匈牙利	42.87
8	丹麦	70.25	33	意大利	41.83
9	德国	70.22	34	泰国	40.96
10	英国	69.01	35	波兰	40.37
11	瑞士	67.93	36	土耳其	40.04
12	法国	65.15	37	俄罗斯	38.94
13	挪威	64.49	38	斯洛伐克	37.60
14	加拿大	63.76	39	印度尼西亚	34.10
15	澳大利亚	63.56	40	印度	32.14
16	中国	62.60	41	希腊	30.44
17	以色列	61.75	42	智利	29.34
18	爱沙尼亚	61.51	43	哈萨克斯坦	28.71
19	卢森堡	60.55	44	墨西哥	26.71
20	新西兰	60.36	45	埃及	26.19
21	奥地利	58.29	46	南非	24.24
22	马来西亚	58.15	47	巴西	23.06
23	比利时	57.40	48	哥斯达黎加	22.11
24	爱尔兰	55.40	49	哥伦比亚	19.51
25	立陶宛	54.97	50	阿根廷	19.48

资料来源：作者根据测算结果整理制作。

表7-5　2018年数字经济创新前25名的国家分项指数得分

国家	数字基础设施	创新环境与法律保障	数字技术创新
美国	72.99	91.71	72.34
新加坡	80.46	76.61	69.59
瑞典	71.81	79.31	72.13
荷兰	73.81	80.26	66.32
芬兰	73.78	71.60	70.48
韩国	80.96	46.07	85.56
日本	74.66	64.94	72.95

续表

国家	数字基础设施	创新环境与法律保障	数字技术创新
丹麦	74.32	67.13	69.31
德国	62.64	78.50	69.54
英国	74.13	79.44	53.46
瑞士	62.88	74.54	66.38
法国	71.73	63.72	59.99
挪威	80.09	59.97	53.43
加拿大	70.87	69.09	51.30
澳大利亚	71.48	60.15	59.04
中国	66.59	52.90	68.32
以色列	38.30	81.02	65.93
爱沙尼亚	74.89	61.84	47.81
卢森堡	72.96	72.62	36.07
新西兰	62.75	70.28	48.05
奥地利	56.08	50.31	68.48
马来西亚	58.74	74.27	41.43
比利时	61.97	45.73	64.50
爱尔兰	49.23	63.33	53.65
立陶宛	76.94	50.38	37.58

资料来源：作者根据测算结果整理制作，数字经济创新指数的各国分项指数（一级指标）得分详见书后附表1。

（二）中美数字经济创新水平对比

从各国得分情况看，美国在数字经济创新方面以总分79.01处于全球领先地位，在创新环境与法律保障、数字技术创新两个要素上位列第一。同时，美国也在多项二级指标领域处于领先。[①] 而中国数字经济创新指数得分为62.60，与美国存在一定的差距。特别是在数字创新环境与法律保护方面，美国得分91.71，中国为52.90，说明美国具有较高的数字经济开放和治理水平，具有适合创新型企业发展的环境优势。

---

① 各国分维度（二级指标）指数得分详见书后附表2。

中国在数字基础设施和数字技术创新方面虽不及部分欧美发达国家，但在数字基础设施建设水平方面则超过德国和瑞士，数字技术创新方面位列全球第10名，高于荷兰、瑞士、法国、挪威、加拿大、澳大利亚等多个综合排名靠前的发达国家。这表明，中国在某种程度上已经具有与欧美发达国家开展数字经济竞争的技术实力，以及数字经济创新发展所必需的硬件条件。中国在数字经济规模方面表现出强劲的增长态势，数字技术创新水平的进一步提高将对中国数字经济长期、持续、高质量发展具有重要意义。

目前，中国在数字创新环境和法律保障方面的弱势主要体现在保护和规范创新的规则制定方面。例如，在跨境数字贸易的管制方面，由于中国在数字贸易规则的制定方面仍处于探索和起步阶段，与美国的数字贸易规则相比存在一定的差距（参见表7-6）。尽管美国退出了《跨太平洋伙伴关系协定》（TPP），但其主导制定的数字贸易规则已在多数《跨太平洋伙伴关系协定》参与方推行。另外，《国际服务贸易协定》与《美加墨协定》亦是美国主导制定的多边贸易规则，其中《美加墨协定》单独设立"数字贸易"一章。在经济合作与发展组织（OECD）构建的衡量各国数字贸易壁垒的服务贸易限制性指数（STRI）中，对2019年各国的限制政策进行了量化（参见图7-1）。美国、澳大利亚、日本等国的数字贸易壁垒较低，而中国、巴西等发展中国家的数字贸易壁垒明显高于发达国家，其中中国的数字服务贸易壁垒指数接近0.5。[①]

---

① 经济合作与发展组织的数字服务贸易限制指数以各国数字贸易限制政策为基础，分别对基础设施与连通性、电子交易、支付系统、知识产权和其他影响数字贸易的限制措施等方面进行量化，形成数字服务贸易限制指数。需要指出的是，中国的这一指数偏高的主要原因之一是美国和欧盟将中国的数据存储本地化规则，列为主要的一项数字贸易壁垒。

表7-6 中美数字贸易规则主张对比

规则/条款	中澳自由贸易协定	国际服务贸易协定	跨太平洋伙伴关系协定	美加墨协定
电子传输的关税	√	√	√	—
信息流动/跨境信息流动	—	√	√	√
开放网络、网络接入和使用	—	√	√	√
计算设施本地化	—	√	√	√
转移或获取源代码	—	√	√	√
线上消费者保护	√	√	√	√
个人信息保护	—	√	√	√
强制推送的商业电子信息	—	√	√	√
网络安全	—	—	√	√
电子认证和电子签名	√	√	√	√
无纸贸易	√	—	√	√
国内电子交易框架	√	—	√	√
透明度	√	—	—	—
数字产品的非歧视性措施	—	—	√	√
国际合作	√	√	√	√
互联网互通成本分担	—	—	√	—
交互式计算机服务	—	—	—	√
公开政府数据	—	—	—	√

资料来源：根据《中澳自由贸易协定》《国际服务贸易协定》《跨太平洋伙伴关系协定》《美加墨协定》文本整理。

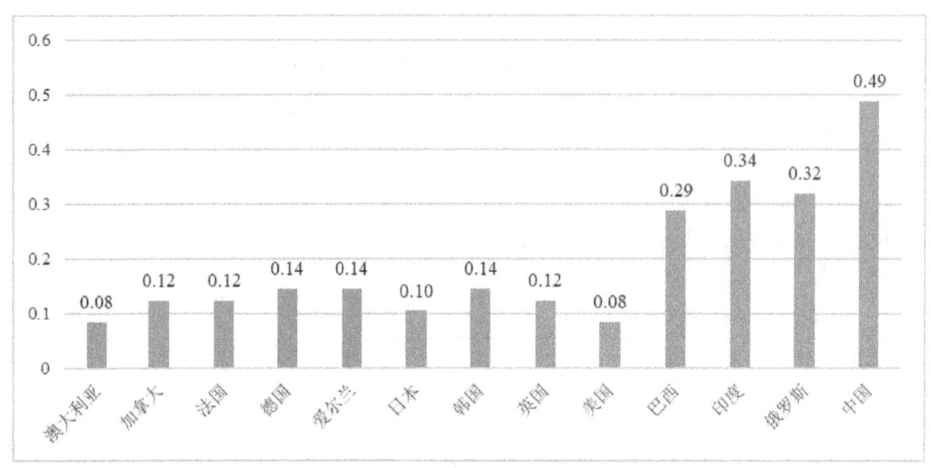

图 7-1　2019 年各国数字服务贸易壁垒指数

资料来源：经济合作与发展组织统计数据库。

完善数字经济创新的制度保障，在一定程度上对政府部门的数字经济治理能力提出了更高的要求。在上海社会科学院发布的《全球数字经济国家竞争力发展报告（2019）》提出的评价体系中，美国、新加坡、中国、英国等国在数字产业、数字创新、数字设施和数字治理等方面位居世界前列。其中，中国在数字产业方面表现更为突出，在数字经济治理的公共服务和基础保障方面则表现较弱（参见图7-2）。① 提高国家数字治理能力，在制度方面推动改革和创新，不仅仅有利于改善数字经济创新的制度环境，而且将增强数字经济的普惠性和包容性。在美国政府加紧对华科技竞争的背景下，在全球主要国家纷纷布局数字经济创新发展的关键历史时期，制度创新将成为中国发展数字经济以应对美国对华科技竞争战略的关键。

---

① 数字治理竞争力的评价指标分为公共服务，包括电子政务和数据开放；治理体系，包括法律政策和治理机构；基础保障，包括网络安全产业发展水平和网络安全服务器配置。该指标体系较为全面、客观地评价了各国在数据治理相关领域的表现，因此可作为评价各国当前数据治理水平的参考。参见：王振、惠志斌、徐丽梅、王滢波：《全球数字经济国家竞争力发展报告（2019）》，上海社会科学院，2019。

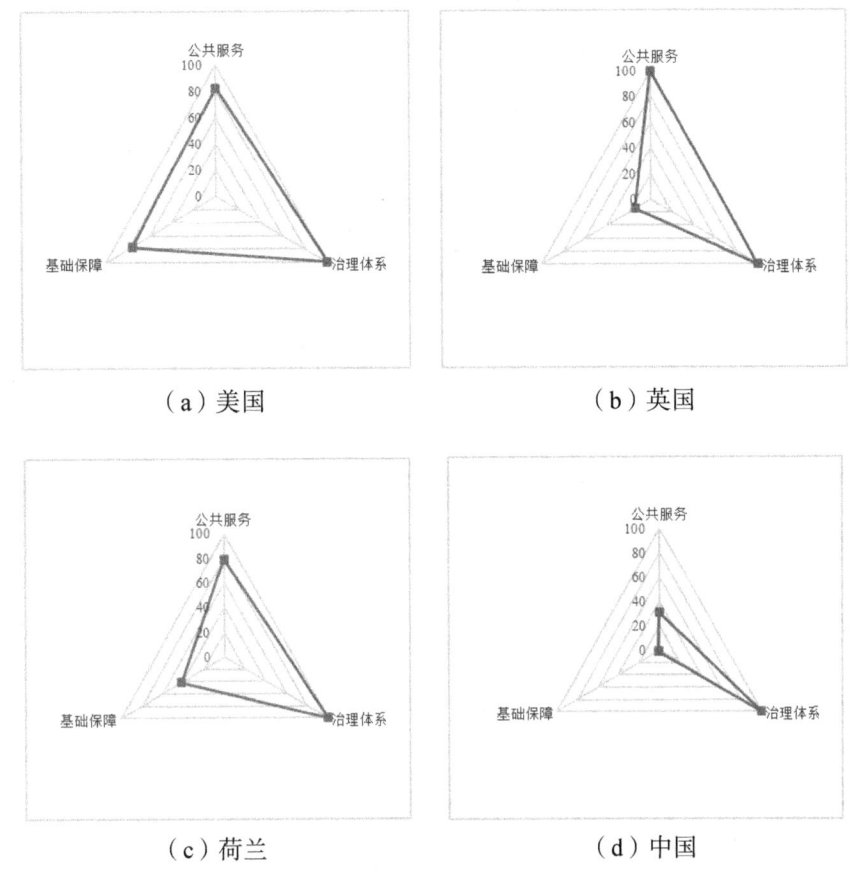

图7-2 国家数字经济治理竞争力内部结构示意

资料来源:王振、张伯超:《全球数字经济国家竞争力发展报告(2019)》,《数字经济蓝皮书》,2019。

第二节 中美数字经济创新竞争态势的变化

近年来,全球各主要国家纷纷展开数字经济布局。由于数字经济是中美两国科技竞争的主要领域,两国在技术领域也具有不同的理念,因此在全球范围内有可能形成中美"双中心"的数字经济发展格局。

但数字经济具有"创新循环"的特征,这使中美数字经济竞争仍存在较强的相互依赖性。换言之,美国对中国的技术封锁也将限制其自身数字经济的创新发展。

一、中美"双中心"的全球数字经济秩序

在数字时代下的中美科技竞争不同于冷战时期的美苏竞争,数字时代中美科技竞争的焦点主要在于数字技术,而非冷战时期美苏的意识形态冲突。阎学通认为,在核武器约束下的有限战争、大国战略竞争和意识形态分歧的背景下形成的冷战思维,以及基于数字经济和网络安全而产生对数字技术优势的重视所形成的数字思维,将共同影响美国对华外交政策,进而使中美竞争下的国际社会形成一种新的国际秩序。[①]

实际上,美国将对数字技术优势的重视融入冷战思维和国家安全逻辑是"技术民族主义"(Techno-Nationalism)的一种体现。自20世纪80年代末,美国加强技术创新与国家安全、经济繁荣、社会稳定的紧密联系,引起了学者们对"技术民族主义"的讨论,认为"技术民族主义"已成为美国和几个欧盟国家创新体系的特征。[②] 美国试图与盟友共同构建"去中国化"的全球创新体系,对中国等竞争对手国家采取"技术民族主义",而对其盟友国家则采取开放性的"技术全球主义"政策,与盟友国家展开技术创新合作与共享。

[①] 阎学通指出,数字思维是指从网络安全和数字经济的角度看待和应对国际战略问题的思维方式。数字思维建立在对科技力量,特别是数字能力的追求之上。这种思维强调网络空间对国家生存的战略意义比自然空间更为重要,而数字优势则会带来全球主导地位,这种主导地位是建立在一个国家先进的数字经济和网络安全之上的。参见:阎学通:《数字时代初期的中美竞争》,《国际政治科学》2021年第1期,第24—55页。

[②] Dieter Ernst, "Europe's Innovation Union—Beyond Techno-Nationalism?" *East-West Center Working Papers Economics Series* no.132, August (2012); Masaru Kohno, "Ideas and Foreign Policy: The Emergence of Technonationalism in US Policy Toward Japan," *National Competitiveness in a Global Economy*. Boulder and London: Lynne Rienner (1995): 199-223.

"技术全球主义"与"技术民族主义"相对,主张积极融入全球市场和增强全球影响力。"技术全球主义"明确支持减少阻碍技术和知识转移和扩散的壁垒,并认为技术的使用也将增强全球福利。[①]"技术民族主义"和"技术全球主义"均以国家利益为中心,强调了关于科技政策措施的不同目标。"技术民族主义"关注的是通过防止全球化来促进国家利益,"技术全球主义"的特征是与国际参与者共同进行技术开发和跨国界使用。与"技术民族主义"相比,"技术全球主义"强调全球联系,这将有利于国民经济的增长并增加国家的权力。美国的"技术民族主义"是通过其科学技术政策来加强国家认同和国家安全的一种国家行动,有学者认为这也是造成20世纪80年代美日贸易争端的根源。[②] 而中国在促进对外科技合作与交流上更为积极,通过主张全球数字技术合作创造和获取更多数字经济价值。在数字思维的影响下,数字时代中美科技竞争的焦点在于争夺技术优势和以技术优势为基础的对国际秩序的影响力。

本书认为,中美科技竞争将在较长的一个时期内存在,两国将在"技术民族主义"和"技术全球主义"的支配下,形成中美"双中心"的全球数字经济格局。欧盟委员会的一项研究指出,由于中美之间的技术壁垒的增加以及投资流量的减少,全球5G市场已呈现出不同的发展路径。[③] 美国以其标准和规则作为影响其他国家的手段,对技术规则制定的主导权尤为重视,其本质是在数字思维影响下追求数字主权。美国政府从国家安全和意识形态层面对中国在数字经济领域的技术标

[①] Sylvia Ostry and Richard R. Nelson. *Techno-Nationalism and Techno-Globalism: Conflict and Cooperation* (Brookings Institution Press, 2000); Jooyoung Kwak and Heejin Lee, "The Evolution Of Alliance Structure in China's Mobile Telecommunication Industry and Implications for International Standardization," *Telecommunications Policy* 36, no.10-11 (2012): 966-976.

[②] Robert Reich, "The Rise of Techno-Nationalism," *The Atlantic Monthly* 259, no.5 (1987): 63-69.

[③] Michael Dinges, et al., "5G Supply Market Trends: Final Report," European Commission, 2021.

准进行遏制，突显了其"技术民族主义"倾向。特别是特朗普政府的5G战略中具有十分明显的数字保护主义色彩，以"排他性的市场化"安排和"实用性的发展策略"构筑"数字孤岛"，体现出美国整体战略实用性和零和性的价值取向。① 狭隘的"技术民族主义"不但将导致美国在全球创新发展中技术优势的衰退，也将在新冠疫情肆虐的背景下进一步增加全球技术保护主义的盛行。

中国在数字时代初期采取的战略倾向于在经济领域推进全球化，并在安全领域倾向于建立与美国并行的系统。② 在经济方面，特朗普政府的单边主义政策激起了西方大国的普遍担忧，国际社会中的多数国家仍倾向于支持中国所坚守的多边主义。因此，拜登政府的外交政策也不得不在相当程度上向多边主义回归，包括修缮与其传统盟友的关系、推进美日印澳"四边机制"、在跨大西洋和亚太地区排挤和孤立中国，等等。但是，在安全问题上，美国利用国际舆论和军事同盟的影响，在对华遏制问题上向盟友施压，然而这种来自所谓盟友的支持具有一定程度的不稳定性，甚至出现弱化的倾向。2019年皮尤研究中心的调查统计数据显示，38个国家的受访民众将美国视为主要威胁的均值从2013年的25%提高到2019年的约45%。③

展望未来，在以数据要素为驱动的数字经济"创新循环"不断加深、国际政治经济格局不确定性逐渐增强的背景下，全球数字经济竞

---

① 刘国柱、尹楠楠:《数字保护主义与特朗普政府5G战略》,《南开学报（哲学社会科学版）》2020年第5期，第173—182页。

② Zhen L, "BeiDou, China's Answer to GPS, 'Six Months Ahead of Schedule' After Latest Satellite Launch," South China Morning Post, November 6, 2019, accessed January 2, 2021, https://www.scmp.com/news/china/military/article/3036529/beidou-chinas-answer-gps-six-months-ahead-schedule-after-latest.

③ John Gramlich and Kat Devlin, "US Power and Influence Increasingly Seen as a 'Major Threat' to Their Country," Pew Research Center, February 14, 2019, accessed January 2, 2021, https://www.pewresearch.org/fact-tank/2019/02/14/more-people-around-the-world-see-u-s-power-and-influence-as-a-major-threat-to-their-country/.

争格局很有可能最终形成以中国和美国为"双中心"的国际秩序。

二、数字经济模式的"创新循环"特征

数字经济时代,大量的新兴技术不断涌现,大数据的兴起助推了新兴技术的创新发展。大数据分析算法更加关注科学预测,效果也优于传统方法。因此,以数据为导向的管理理念已成为各国政府寻求科技创新、行业发展的有效手段。[①] 然而,与传统经济发展的规律不同,数字经济从基础研究到技术应用开发,再到规模生产和应用的流程等环节存在典型的"创新循环"。数字经济的创新以数据为关键驱动力,生产与流通环节的数据向基础研究和底层技术开发的流动,成为这一创新循环的重要前提。如果生产与应用环节的数据无法正常反馈到基础研究和技术研发环节,则将影响技术创新和产品迭代。

以人工智能的新型算法——边缘计算为例,大规模的数据和终端推动着人工智能、机器学习等技术的创新发展,数据的汇集、迁移、融合、处理分析等环节不断影响着大数据算法和模型的发展方向。工业物联网将传感器等工业现场设备连接到云端,对产品实现从生产到最终销售、用户使用各阶段数据的随时追踪,利用云计算、模糊识别、神经网络等智能计算技术对海量数据进行处理和分析,挖掘数据价值。其中,边缘计算是继云计算之后,在物联网数据处理能力方面的重要创新与提高。边缘计算是指在网络边缘执行计算的一种新型计算模型(图7-3和图7-4分别展示了云计算和边缘计算的运行模式),其对传统云计算模式的创新在于其"去中心化"的分布式计算路径,将原有以数据中心为核心的集中式大数据处理方式,转换为利用从数据源到云计算中心路径之间的计算和网络资源边缘端的大数据处理,并承担分流计算等一部分计算任务,以期实现将计算工作在贴近数据源的计算

---

① 朱东华、张嵬、汪雪锋等:《大数据环境下技术创新管理方法研究》,《科学学与科学技术管理》2013年第4期,第172—180页。

资源上运行，是算法上的改进和优化。

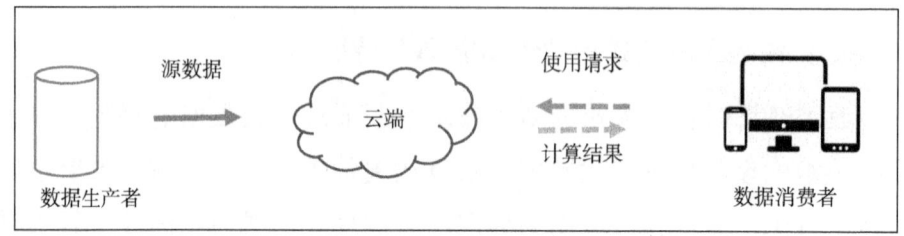

图 7-3　云计算模式

资料来源：施巍松、孙辉、曹杰、张权、刘伟：《边缘计算：万物互联时代新型计算模型》，《计算机研究与发展》2017 年第 5 期，第 907—924 页。

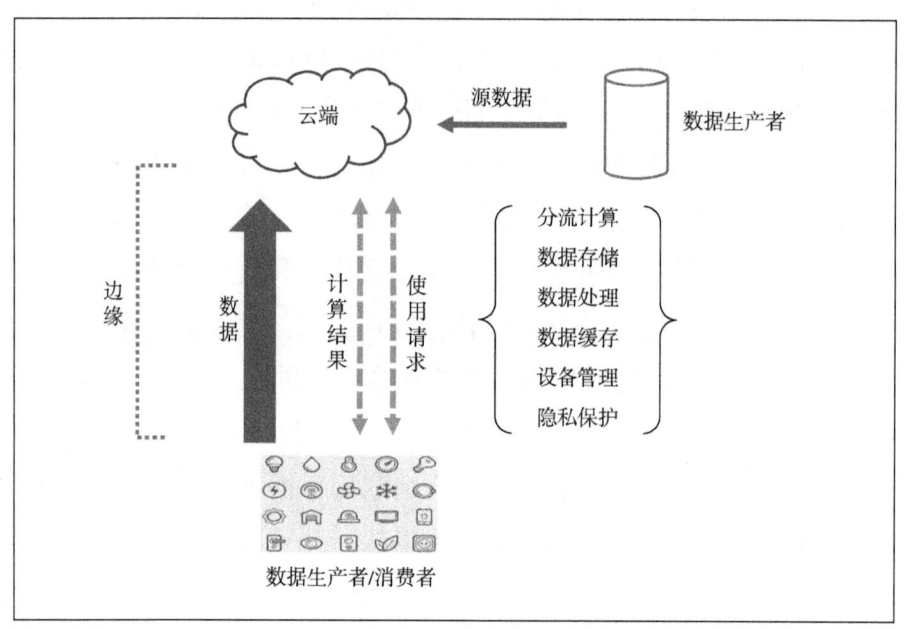

图 7-4　边缘计算模式

资料来源：同上。

推动边缘计算概念兴起的主要原因正是生产和应用层面的海量数据"赋能"技术创新。爆炸式增长的海量数据使集中式计算和存储的云计算模式无法匹配万物互联背景下的数据量级。

首先,集中式云计算能力有限,逐渐到达瓶颈。[①]传感器、智能手机、智能家电等万物互联应用大幅度增加了云计算中心的资源消耗和计算负载,使集中式云计算的源数据处理效率不能满足万物互联的需求。而边缘计算将部分甚至全部的计算任务从云数据中心分散至各边缘(终端)设备上进行,将结论性的数据传输至云端,有效提高大数据处理的实时性、安全性和低能耗性能。

其次,随着边缘设备数据的剧增,数据传输到数据中心途中面临的网络延迟也成为云计算性能的另一障碍。终端设备从主要作为数据消费方,转变为数据生产和消费的结合体。例如,在云计算模式中,作为数据消费方,智能手机主要用于观看在线视频等功能;边缘计算模式中,用户通过智能手机分享照片和视频,并上传至微信、微博、抖音、腾讯视频等平台。由于数据量的激增,在传输到云数据中心时占用大量宽带资源。然而工业制造、自动驾驶、安全监控等方面的应用对数据传输的实时性有较高要求,因此需要对云计算模式网络延迟方面的不足进行改进。边缘计算在贴近数据源的设备上执行计算任务和预先处理,减少了云计算中心的计算压力,降低网络宽带负载,有效缓解了网络延时问题。

最后,用户的隐私信息被上传至云计算中心,增加了个人敏感数据的泄露风险。作为上传至云中心前的一道隔离区,边缘计算先行对数据进行清洗处理,有效避免了个人数据的大范围扩散传播,保护敏感数据的安全。边缘计算作为人工智能的一种计算模式,是由生产和流通环节的数据规模激增而推动的底层技术创新。在万物互联的时代,工业物联网的每个节点企业都在为整个系统提供自己的数据,与物联网加速融合,为物联网数据处理能力提供创新方向,使物联网更好地

---

① Rajkumar Buyya, et al., "Cloud Computing and Emerging IT Platforms: Vision, Hype, and Reality for Delivering Computing as the 5th Utility," *Future Generation Computer Systems* 25, no.6 (2009): 599-616.

服务于智能交通、智慧医疗等行业的应用发展。

数据的关键性作用与数字经济创新的协同发展趋势意味着，数据和对数字技术的应用能力将成为中国实现数字经济创新的关键驱动力。一方面，中国数据资源庞大。中国的数字基础设施普及度和互联网消费习惯的渗透度，使中国成为全球最大的数据市场。阿里巴巴董事局主席兼首席执行官张勇指出，中国数字经济最大的优势在于中国的人口优势和制造业基础，使"中国产生全球最广泛的数据和最丰富的应用场景"，并为推动数字化提供基础设施。① 另一方面，中国在数字技术的应用方面拥有全球领先优势。中国大数据产业市场规模不断扩大并呈加速增长态势，特别是2020年的增幅高达32.6%（参见图7-5）。全球排名前20名的平台企业绝大多数来自中美两国，中国政府对人工智能领域的投资金额为全球最高水平，且人工智能已广泛应用在多个产业和应用场景中，如智能制造、智慧金融、智慧零售、智慧家居、智慧教育、智慧城市、智慧交通和智能医疗，等等。

以智能医疗为例，虽然国内医疗人工智能产业起步较晚，但发展较快。目前中国共有约114家智慧医疗企业，在长三角、珠三角、京津冀三大经济圈初步形成智能医疗企业集聚区。2020年，中国智慧医疗行业规模突破千亿元，② 在面向医护人员的医疗技术与设备器械、面向医院的院区管理和救护流程、面向患者的医疗就诊服务、面向社会的远程问诊和智能导诊等多个场景需求，都有相应的智能化布局。例如，医疗人工智能技术广泛应用于疾病筛查和预测分析、医疗影像诊断、病例与文献研究等领域；远程手术、无线智能监护、应急救援等智慧场景应用突显了医疗产业的智能化和个性化发展方向；院区智慧管理

---

① 钛媒体：《阿里董事局主席张勇：中国在数字经济时代的四大优势》，2021年1月3日，https://www.tmtpost.com/nictation/4168387.html，访问日期：2021年3月30日。

② 物联网报告中心：《中国智慧医疗行业发展研究报告》，2021年1月3日，http://www.wlwbgzx.com/newsdetail/298，访问日期：2021年3月30日。

系统围绕搭建医疗大数据信息系统以实现医院精细化管理,提高医院的管理和服务效率。人工智能、5G技术、云计算、大数据、区块链等技术的应用提高了医院的诊疗和运行效率。信息的互联互通推动了医疗大数据挖掘,对临床研究和智慧医疗仪器的深度开发和推广提供数据参考,①突显了应用层面的数据回流到基础研究和技术研发对数字技术创新的重要作用。

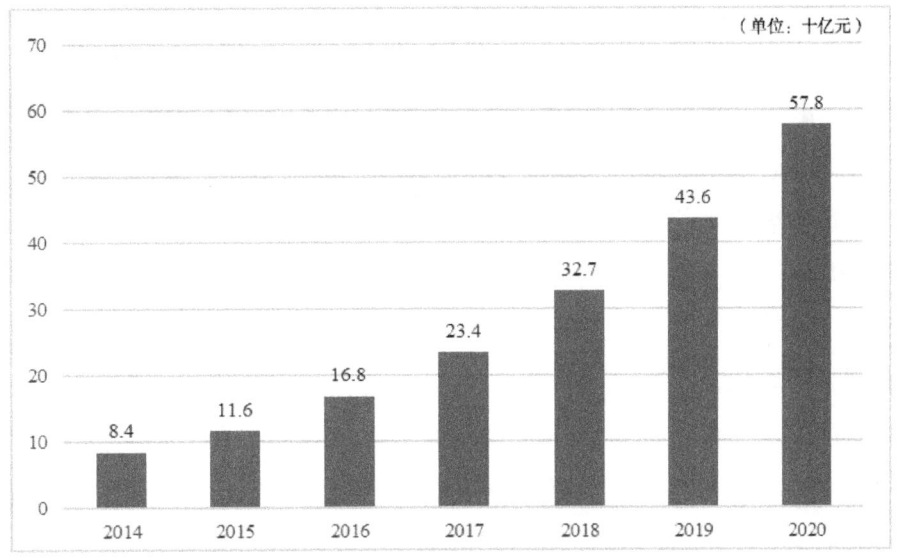

图7-5 2014—2020年中国大数据产业市场规模

资料来源:Statista数据库。

三、中美数字经济竞争的新相互依赖格局

在传统工业时代,美国在基础研究和技术创新领域具有人才、环境、资金、政策等无可比拟的优势资源。在此基础上,美国利用全球价值链分工的技术锁定效应使中国对美国产生"技术—市场"的依赖

---

① Jennifer Berglund, "AI Tackles Hospital Infections: Machine Learning Is Helping Clinicians," *IEEE Pulse* 9, no.6 (2018): 4-7.

关系，即以加工贸易方式嵌入全球价值链的中国，既依赖美国的上游技术和高技术元件，又必须将完成加工组装的产品返销美国市场。位于产业链中下游环节的地位，长期以来使中国对美国的技术与市场形成路径依赖，在技术创新上处于"模仿者角色"。而数字经济的协同创新对全球合作具有内在需求，数字技术在经济各部门的嵌入也将影响全球价值链分配体系。①

如前所述，数字经济模式下的"创新循环"需要以数据流的方式及时反馈终端市场对新技术的反应，虽然美国在现阶段尚未形成对中国数据市场的依赖，但展望未来全球数字经济的发展趋势，尤其是随着中国数据市场规模的不断扩大，美国很可能会在"创新循环"意义上形成对华依赖关系。具体而言，美国在数字经济时代继续保持技术领先优势的前提是技术的持续创新，而中国广阔的数据资源所提供的"即时反馈"，是美国先进技术创新不可或缺的动力。此外，中国市场对数字技术和数字产品庞大的需求，更是美国企业价值创造的重要来源。因此，在数字经济创新方面，美国与中国存在着一种类似于中国对美国的"技术—市场"依赖关系，即美国对中国的"数据—创新"依赖关系。

这种"数据—创新"依赖关系中所涉及的数据并非指来自中国社会、经济、政治、技术，甚至军事活动等方面的数据。出于国家安全的考虑，中国不可能向美国提供敏感数据。美国对中国数据市场的依赖主要是指美国高技术产品需要中国需求市场的数据反馈，以更好地开展数字技术研发和产品创新。例如芯片、飞机发动机、高端数字机床等产品，终端反馈的实时使用数据对于不断完善其产品性能具有极为重要的意义。具体而言，美国将高新产品、新技术出售到中国市场后，需要中国市场在运行中产生大量数据反馈到美国。这一过程对于

---

① 李馥伊：《中国制造业及其在数字经济时代的治理与升级》，对外经济贸易大学2018年博士论文。

美国进行下一代创新十分重要,如果切断中美两国之间的关系,没有市场层面大量的数据反馈,美国数字技术的创新能力将会被削弱。

展望未来,在数字经济时代,中美两国将在这种新型相互依赖格局下开展竞争。从这个意义上说,美国对华实行以技术封锁为目的的科技竞争政策,将在相当程度上影响其数字经济"创新循环"的关键通路,因此也是对美国自身数字技术创新与应用的封锁。

第三节 数字经济发展战略与治理模式的国际比较

目前,以美国和欧盟为代表的全球主要经济体纷纷布局数字经济创新发展,试图在全球数字经济发展的浪潮中占据先机。在全球数据治理领域,已形成以欧盟的制度规范导向型和美国的数据资源导向型为先导的两种较为成熟的数据治理模式。欧盟和美国率先对数据展开全面治理和规制,助力数字经济蓬勃发展。全面了解和把握欧美数据治理的体制和价值取向,对于中国构建符合自身国情的数据治理体系,进而在全球数字经济创新中发挥比较优势,具有十分重要的意义。

一、全球主要国家的数字经济战略规划

信息自由化一直是美国政府数字经济治理的基础理念。20世纪90年代,美国就启动了"信息高速公路"计划,将数字经济的发展作为实现经济繁荣、保持国际竞争力的重点。为了实现对大数据技术领域的掌控,支持信息自由化运动的奥巴马政府于2012年3月正式发布了"大数据研究和发展计划",自此美国大数据国家战略正式确立。美国大数据国家战略对美国和世界都产生了重要影响。这场使美国在全球治理方面开拓了新领域的"全球政府数据开放运动",一方面,吸引了更多的国家加入积极推动大数据产业发展的队伍之中,在全球范围内构建"公开、透明、包容"的政府这一价值理念;另一方面,数据资

源整合、披露和共享也使长久以来困扰大数据技术的个人信息保护问题不断暴露，引起美国政府的持续关注。为加强政府与私人部门间的信息畅通，2015年美国《网络安全法》中规定，私营机构须与联邦政府信息共享，联邦政府各部门之间应进行信息共享。在特朗普政府的"美国优先"理念下，2018年美国政府发布了《数据科学战略计划》和《美国国家网络战略》，为数据科学管理现代化、网络安全战略制定路线图。同年，白宫还发布了《美国先进制造业领导力战略》，旨在通过先进技术与工业制造业结合推动美国再工业化，恢复美国先进制造业的领导地位。通过税收倾斜、制造业回流、"购买美国货"等政策和倡议，推动美国制造业智能化升级、增加数字经济创新动力。

欧盟高度重视发展数字经济的意义，并于1996年率先对不受著作权法保护但又有实质性投资的数据库赋予特殊权利，以激励数据产业发展。2005年，欧盟发布"i2010"战略计划，提出欧盟将在三大重点领域强化数字经济发展：市场导向的数字经济法律框架、政府与私营部门的数字化融合、提高在线服务水平以构建欧洲信息社会。旨在实现货物、服务、资本、人员自由流动的欧盟清晰地意识到，数据作为所有社会经济部门实现增长、创新和数字化的新型驱动力，在欧洲分散的数字市场中无法为大数据、云计算、物联网等数据驱动型产业的发展提供足够的规模保障，使其发挥最大作用。因此，2015年5月，欧委会正式启动"单一数字市场战略"，在欧盟28个成员国之间打造统一的数字市场，革除既有技术、法律和监管障碍，为欧盟个人和企业提供更高质量的数字产品和服务，创造有利于欧盟数字经济繁荣发展的环境。作为"数字市场一体化"的重要举措之一，2016年实施的《通用数据保护条例》（GDPR）通过构建法律框架，明确了数据在欧盟境内自由流动，保证了欧盟公民和企业在线活动的无缝访问和公平竞争，增强欧盟在全球数字市场中的地位。欧盟于2017年启动了"打造欧盟数据经济计划"，确保数据被最广泛地获取和利用，最大程度激发数字经济增长潜力。2018年，欧盟委员会发布《欧盟人工智能战略》和《可信赖的人工智能道德准则草案》，部署欧盟人工智能领域的技术研发、道德规范和投资规划。2020年，欧盟委员会进一步推出《数字服务法》（Digital Services Act）和《数字市场法》（Digital Markets Act），对促进欧洲数字经济创新、加强数字平台打击非法内容和假新闻等方面的责任，以及对科技巨头垄断予以治理，以提高欧洲在全球数字经济市场的竞争力。为提高欧盟的数字主权，2020年12月，欧洲政策中心发布了《提升欧洲的战略自主权——增长、规则及合作的数字主权》报告，提出欧盟成员国的数字主权战略主要分为三大方向。其一，支撑战略，确定欧洲数字经济的依赖性和弱点。降低欧洲对外国技术过度依赖、数字市场的不公平竞争和基础设施脆弱性。其二，赋权战略，促进数字经济增长和创新。消除数字单一市场中的障碍，实现数据开放和创新原则，以中小企业为重点扩大欧盟创新主体资助。其三，参与战略，利用欧盟的监管权力塑造全球技术标准。利用欧盟强大的监管执法权力积极参与国际治理，在新兴技术、数字市场、数据治理等方面实施有效监管。

英国则致力于打造全球一流的数字经济环境、推进经济的数字化转型。2017年，英国政府推出《英国数字战略》，详细阐述英国"脱欧"后的战略部署。该战略包括加强数字基础设施建设、提高公民数字化技能、支持数字经济创新、推进企业的数字化转型、保障安全的网络空间、释放数据市场潜力，以及建设数字平台型政府，使英国拥有全球最安全的网络环境，以及完备的孵化高科技公司的生态系统。英国于2018年发布《数字宪章》，进一步制定了网络空间的规范和准则，强化监管制度以应对数字技术带来的安全威胁。同年，英国出台《产业战略：人工智能领域行动》，促进人工智能和经济社会在数字技术的驱动下蓬勃发展。

作为全球制造业强国的德国，在数字经济创新发展战略部署中依托制造业的传统优势，深入挖掘信息技术赋能工业发展的潜力。在2013年发布《工业4.0——面向未来的智能制造》，2016年发布《德国数字化战略2025》，都旨在开发物联网的经济价值，推进数字化技术的发展和应用，对数字化发展做出系统规划。2018年，德国政府颁布了《德国高科技战略2025》，将企业，特别是中小企业的数字化转型作为科技创新发展战略的核心，为"工业4.0"体系建设提供长期动力。在人工智能等先进技术领域，德国致力于引导人工智能技术在商业领域的应用，并使技术与德国的基本价值观和公民权利相协调，使经济社会与人工智能技术带来的生产和价值链变化相适应。

日本则奉行实用主义理念，注重数字经济对社会的服务功能。日本经济长期面临人口老龄化、经济增长动能不足等问题的困扰，日本政府致力于推进数字技术与经济增长、民生福祉、社会治理的融合。一方面，日本积极推动传统产业的数字化转型。2017年，日本颁布"互联工业战略"，倡导将人工智能、物联网、大数据等先进技术在生产制造领域的广泛应用，以缓解人口老龄化带来的劳动力短缺和产业竞争力不足等问题。另一方面，日本努力加快智能型社会的建设。2016年，日本政府在《科学技术创新战略》中提出了"超智能社会5.0"的概念，在医疗、交通、养老等领域实现智能化。随后，日本相继发布《下一代人工智能推进战略》《集成创新战略》以及《日本制造业白皮书》等纲领性文件，在战略规划和制度建设等方面对数字经济创新发展作出部署。

相比较而言，发展中国家和新兴经济体对数字经济的战略布局相对滞后。2015年，印度政府推出了"数字印度"计划，包括提高宽带上网普及率、建设全国数据中心和推动电子政务等。2016年，巴西政府颁布了《国家科技创新战略（2016—2019）》，将数字经济发展列为国家优先事项之一。2017年，俄罗斯发布了《俄罗斯联邦数字经济规划》，在数字经济的驱动下实现生产运营效率的提升。众所周知，数字经济是全球经济新的增长点,以美国、欧盟、英国、德国、日本为代表的发达国家和其他发展中国家纷纷开展对数字经济创新发展的顶层设计。各国根据自身实力与特点,制定最能够发挥优势的数字经济战略,抢占数字经济创新的制高点。全局性考虑和有侧重点的部署理念,对于中国的数字经济创新战略部署和政策措施具有一定启发和借鉴意义。如何发挥中国的数据优势,实质性提高中国在全球数字经济价值链的地位,是中国在今后一个时期需要深入思考的问题。

二、构建制度壁垒的欧盟数据治理范式

一直以来,欧洲国家在个人隐私保护方面有着悠久的历史和独特的文化传统。欧盟国家从个人数据保护入手构建数据治理体系,既体现了其尊重个人隐私的传统,又突显了欧盟对信息时代的关键生产要素的自主控制和立法权利。因此,欧盟以超前的制度规范构建了庞大而细致的数据治理体系。具体来看:

首先,在个人信息保护方面,欧盟于2016年通过《通用数据保护条例》(GDPR)。作为欧盟数字市场一体化战略的关键性立法,《通用数据保护条例》为数字经济时代构建了颇为完善的个人数据保护制度,对个人数据处理的基本原则、数据主体权利、数据控制者和处理者义务以及数据跨境传输等多个方面做出了详细规定。例如,《通用数据保护条例》赋予了欧盟公民广泛的数据控制权利,数据处置权包括携带权、删除权、被遗忘权等,在个人数据处置方面采取公民自决的原则。《通用数据保护条例》要求处理大规模个人信息的企业设立数据保护官(DPO);处理个人信息时须遵循最少够用、目的限定、存储期限最小化等原则;产品和服务应采取"设计和默认隐私保护"。《通用数据保护条例》的执行和落实机制完备,对违法企业的处罚额可能高达2000万欧元或企业年收入的4%,两者取其高。欧盟通过这样一部单行法,覆盖了囊括公私部门在内各行业的个人信息处理行为。针对个人金融

数据，欧盟于2016年开始实施《支付服务指令修正案》。该指令允许银行将用户的个人金融数据向第三方支付服务商（TPP）开放，第三方支付服务商在获得用户同意后可以访问用户的银行账户和数据，从而为用户提供个性化、多样化的信息和服务。一方面有利于银行数据的开放利用，促进了"开放银行"的形成和发展；另一方面削弱了银行自身对于金融风险管控的能力和潜力。2017年初，欧盟通过了《隐私与电子通信条例》，加深对电子通信服务和用户终端设备信息的规范和保护。除将向用户提供各种应用服务的互联网服务商纳入与传统电信服务商同样的隐私监管框架外，还针对通信内容以及标记通信时间地点来源的元数据进行保护。

其次，基于对个人数据安全的保护，欧盟对于数据的流动也采取了较为谨慎的态度。对于流出欧盟境内的个人数据，欧盟坚持将个人信息的保护置于数据自由流动之上，制定了一系列数据跨境流动管理机制。1995年，欧盟出台了"数据保护指令"（即"95指令"），设置了最为严格的数据保护标准——充分性认定。只有当数据接收国的数据保护水平达到"充分保护水平"，欧盟境内的数据才被允许跨境传输。"95指令"奠定了欧盟跨境数据流动监管体制的基础，充分体现了欧盟对个人信息保护的明确态度。《通用数据保护条例》继承了"充分性原则"的精神，肯定了先前对阿根廷、以色列、新西兰、瑞士等12国的充分性认定，对向这些国家或其境内特定部门转移的个人数据，无须进入欧盟其他数据保护程序。目前，欧盟还进入了对日本、韩国进行充分性认定的程序，其中基于日本法律，对其充分性认定只涵盖私营部门，而日本也将为保护传输到日本的欧盟数据实施额外的保障措施和投诉处理机制。转移到日本的数据将受到比欧盟境内隐私标准更高级别的保护，欧洲企业也将得益于数据在欧日间的无障碍传输。除"充分性认定"外，欧盟还建立了一系列适用于数据跨境传输的机制。例如，"标准合同条款"（SCC）为没有充分认定的组织机构开展数据控制者到控制者、控制者到处理者的传输提供了三套简洁的解决方案。此外，跨国公司遵循"约束性公司规则"（BCR），可实现集团内部成员间的个人数据跨境转移。在获得爱尔兰数据保护委员会许可后，已建立良好数据保护政策和合规框架的集团企业可以依赖"约束性公司规则"开展长期稳定的数据跨境传输。此外，欧盟还专门针对已经脱离欧盟的英国制定了相应的数据跨境流转机制，都作为欧盟个人数据跨境传输的补充机制而发挥作用。此外，2017年，欧盟出台了《非个人数据自由流动条例》，鼓励针对非个人数据设立数据产权，规范这类数据的市场和交易，制定相关贸易规则，促进数据的交换和分享。欧盟要求各成员国在规定期限内废除原有对机器生成数据和商业数据等非个人数据实施的本地化限制，且除非公共安全等正当理由，否则禁止成员国制定数据本地化措施。欧盟数据在欧盟内部自由流动，在确保数据安全的基础上，为实现欧盟"单一数字市场"战略提供了资源保障。

由于美国在个人数据保护方面未达到欧盟提出的"充分保护"水平，双方就双边数据流动规则曾展开长时间的谈判。2000年，双方确定了《安全港协议》，暂时缓解了欧盟的严格规范与美国行业自律间的矛盾。根据协议，美国企业在美国的行为不受欧盟数据保护机构管辖，实质上降低了美欧信息产业的市场准入门槛，吸引了美国中小企业积极加入，促进了美国企业在欧洲市场的发展，大量数据得以传输到美国进行存储和分析。然而，"棱镜门"事件的发生暴露出这项制度的缺陷。2015年，欧盟对施雷姆斯案（一）（Schrems I）作出判决，[①]

[①] 2013年，奥地利隐私权活动家马克西米利安·施雷姆斯（Maximillian Schrems）向爱尔兰数据保护委员会（DPC）提出了针对脸谱网（Facebook）的投诉，指控脸谱网违反了"95指令"。参见：Stuart D. Levi, Daniel and Eve-Christie Vermynck, "Schrems II: EU-US Privacy Shield Struck Down, But European Commission Standard Contractual Clauses Survive," Skadden, July 17, 2020, accessed November 6, 2020, https://www.skadden.com/insights/publications/2020/07/schrems-ii-eu-us-privacy-shield-struck-down.

正式废除了《安全港协议》。面对日益严峻的数据泄露问题，美欧针对数据传输于2016年达成一项新的框架协议，即《隐私盾协议》。新协议对美国公司提出了更严格的个人数据保护义务，对美国政府出于国家安全和执法的数据访问行为作出约束，强化了监督和执行机制，并赋予欧盟公民申请救济的权利。这在一定程度上限制了美国公权力对个人数据的访问权限，而此前美国国内法律并未对这一权力进行足够限制。在2020年7月，因美国将国家安全、公共利益等要求置于首位而纵容对转移到美国的个人数据的干涉，欧盟法院对施雷姆斯案（二）（Schrems II）作出裁决认为，美国的数据保护水平未达到欧盟标准，宣布《隐私盾协议》无效，判定欧盟"标准合同条款"仍然有效，并设置了新的重大障碍。由于此案造成持续的不确定性可能对美欧间数据流动造成强烈冲击。按照欧盟的数据保护标准，中国的保护水平仍未能达到欧盟向中国传输数据的标准，中欧数据跨境转移仍面临障碍。

再次，欧盟在网络信息安全的治理方面同样强调制度构建和组织建设，其治理政策以"多层次多主体治理"为特点，将欧盟委员会、各成员国、企业、民间组织和公民都纳入治理结构中。同时，欧盟也积极开展国际网络安全合作，与美国、北约和其他新兴国家共同制定制度规则。2016年，欧盟首部网络安全立法——《网络与信息系统安全指令》强化了基础服务运营商和数字服务商在履行网络信息系统风险管理、事故应对措施等方面的义务。在制度构建方面，欧盟的网络空间法律体系主要由宏观战略、具体规则和技术标准三部分组成，各成员国依此对各部门的网络安全战略、法律制度和技术规范进行协调，并设立专门机构监控网络安全状态和调整策略。在公共部门与私人部门合作的体系框架内，大量企业、民间组织和科研机构参与到欧盟网络安全治理的实践中，形成了多层次、多主体的信息沟通网络。

最后，欧盟的执法力度为制度规范的贯彻和维护提供了强大保障。欧盟实行"一站式"执法模式，要求各执法对象的主营地成员国设立个人数据保护机构（DPA）并设立数据保护官，行使监管职能，由欧洲数据保护委员会协调个人数据保护机构的执法工作。各国执法力度相当于欧盟反垄断、反不正当竞争的执法力度。表7-7为《通用数据保护条例》施行以来部分案件处理概况。从该表中可见，欧盟对数据泄露等侵犯数据主体权利行为的处罚较为严厉。此外，欧盟建立弹性的国际对话框架，用多层次的机制相互补充，掌握全球数据治理领域的话语权和国际博弈的主动权。例如，欧盟进一步发挥"标准合同条款"和"约束性公司规则"的弹性机制，约束"充分性认定"机制的适用范围。

表7-7 《通用数据保护条例》典型案件与处罚金额

执行国	事件	罚金（万欧元）
英国	英国航空公司网站数据泄露事件	20400
英国	万豪集团数据泄露事件	11000
法国	谷歌定向广告推送事件	5000
德国	海恩斯莫里斯（H&M）线上商城违反数据处理基本原则	3526
意大利	意大利电信集团未充分履行数据处理义务	2780
英国	万豪集团技术保护措施不足	2045
意大利	沃达丰违反数据处理基本原则	1230
德国	笔记本电脑零售商（Notebooksbilliger）违反数据处理基本原则	1040
西班牙	毕尔巴鄂比斯开银行（Bilco Bilbao Vizcaya）未充分履行数据处理义务	500
瑞典	医疗企业（Aleris Sjukvård AB）技术保护措施不足	146
波兰	电商平台（Morele）数据泄露事件	64.5
荷兰	优步数据泄露事件	60
爱尔兰	推特数据泄露事件	45
葡萄牙	巴雷鲁医院过度访问患者档案	40
波兰	金融科技公司（ID Finance）技术保护措施不足	23.5
波兰	数据分析服务供应商（Bisnode）未履行充分性告知义务	22
丹麦	数字公司（IDdesign A/S）违反数据存储限制原则	20
德国	外卖超人（Delivery Hero）未满足用户权利要求	19.5

续表

执行国	事件	罚金（万欧元）
希腊	普华永道处理员工人数据违反透明原则	15
西班牙	沃达丰未满足客户行使遗忘权要求	2.7
捷克	法国巴黎银行个人理财公司违反数据处理基本原则	0.97

资料来源：《通用数据保护条例》执法追踪网站，https://www.enforcementtracker.com/，访问日期：2021年10月22日。

《通用数据保护条例》的出台在全球范围内引起了关注和轰动，对各国的个人数据保护立法产生了广泛的影响。目前，印度、巴西、俄罗斯、智利等国纷纷效仿《通用数据保护条例》，以其为参照，对各国国内个人数据的收集、储存、传输和处理做出了详细的规制，对公民个人的数据权利、数据处理者的义务作出了较为明确的说明。欧盟积极展开战略布局，抢先于其他国家进行数据治理的法律体系建设，制定了规模庞大、体系完备、多层次、有弹性的数据治理法律框架。其严格的规范约束介入到数据的生命周期中，对以数据为生产要素的新兴产业产生了重大影响，特别是其"设计隐私"的数据保护理念将逐步渗透到企业运营模式、新技术开发应用、数据收集和处理的各个环节。这样不仅能够确保欧盟在数据治理领域自主决定如何制定相关法律和制度，还可以通过其跨境数据流动机制在全球数据治理的国际博弈中抢占先机，弥补欧盟在技术研发上的相对劣势，捍卫欧盟数据产业独立自主的发展权，优先满足自身各种产业发展和竞争的需要。

三、强化单边优势的美国数据治理范式

雄厚的信息产业基础和蓬勃发展的技术创新，使美国的数字经济具备较为完善的基础设施和比较完整的产业链条，成为真正的数据大国和信息技术消费大国。而在美国"再工业化"战略目标下，如何巩固和强化其技术与创新优势成为当前美国重塑自身全球竞争力的关键。

与欧盟将个人信息视为基本人权和充分信任公共政策和制度相比，美国更为推崇市场和技术。美国政府和企业更倾向于维持对个人信息保护的自律原则，反对以立法形式规范个人信息处理行为，[①] 认为法律结构会对商业活动构成阻碍。[②] 因此，这种态度决定了美国对于数据跨境流动规则的立场是以市场为导向的，其将经济利益和数据自由流动置于首位。具体来看：

首先，在个人信息保护方面，美国现存两种模式：立法模式和行业自律模式。与欧盟采取的统一集中立法模式不同，美国采取了零散的部门性立法模式，奉行市场主导、行业自治的信息保护政策。1974年美国第一部保护个人隐私的综合性联邦立法《隐私法案》出台后，联邦政府先后颁布和修订了《电子通讯隐私法》《驾驶员隐私保护法》《金融服务现代化法》等一系列部门性立法。2013年，"棱镜门"事件曝光后，为了降低负面影响，美国着重对网络数据安全和情报收集进行规范和调整。此后通过的《第28号总统行政指令》和《司法救济法案》，改变了数据收集的方式，赋予欧洲公民的司法救济权，有针对性地改善了非美国公民的隐私保护境况，一定程度上弥补了美国个人数据保护不足的缺陷，增强了美欧之间的信任。出于对信息自由的传统、高速发展的信息技术和烦琐漫长的立法程序的考量，美国主要采取由政策引导的行业自律模式来平衡个人信息保护和信息自由流动的关系，对不同行业和事项加以区分保护。行业自律模式的主要形式包括由自律性组织如美国隐私在线联盟提出指导性原则的行业指引；由非官方组织对达到相应个人信息保护标准的企业颁发隐私认证的网络隐私认证计划，网络认证以美国隐私认证权威机构颁发的"企业隐私认证"

[①] 齐爱民：《拯救信息社会中的人格：个人信息保护法总论》，北京大学出版社，2009，第173页。

[②] 戴恩·罗兰德等：《信息技术法》，宋连斌、林一飞、吕国民译，武汉大学出版社，2004。

（TRUSTe）为代表；以及技术保护与企业自律等。随着大数据技术的应用和普及，数据安全面临前所未有的挑战，美国对于个人数据的保护和管理趋于严格。2018年6月，美国加利福尼亚州为增强对消费者隐私权和数据安全的保护，颁布了《加州消费者隐私法案》。该法案通过赋予消费者数据访问权、删除权、不销售个人信息权、禁止歧视等权利，对在用户不知情的情况下收集个人隐私、用于商业行为的企业进行严格规范和惩罚，是目前美国国内在隐私保护领域最严格的立法。

其次，与自由主义的贸易政策相一致，美国对数据流动也一直秉承倡导自由流动的态度。凭借雄厚的信息技术产业基础和庞大的电子商务网络，特别是大型跨国科技企业，如谷歌、苹果、亚马逊、微软等，美国在数字经济时代的数据跨境自由流动能够削弱数字贸易壁垒，有利于企业在全球收集更多的数据，开辟巨大的市场空间。[1] 以建立高标准的隐私保护体系和数据本地化措施为代表的对数据自由流动的限制，会显著增加企业的经营成本。基于产业优势和对数据流动的依赖性，美国利用其政治经济的国际影响力，不断推广数据跨境自由流动的治理理念和模式。在亚太地区，2005年发布的《APEC隐私框架》采纳了美国大力推行的"跨境隐私保护规则"（CBPR），通过确定隐私保护原则消除数据流动障碍，吸引全球数据流向美国本土。"跨境隐私保护规则"充分体现了美国的价值主张，本质上强制各国放弃坚持个人数据在本国享有的高保护水平，转而接受美国较低的保护水平。美国积极寻求传统盟友的支持，包括加拿大、澳大利亚、韩国、日本等，形成以美国为主导的网络效应。此后，经济合作与发展组织于2013年通过的《跨境隐私规则体系》（CBPRs），在"跨境隐私保护规则"框架基础上增加了对企业的约束力，也是美国倡议并加入的数据

---

[1] Asuquo Kofi Essien Allotey, "Data Protection Regulations and International Data Flows: Implications for Trade and Development," United Nations Conference on Trade and Development, 2016: 103-106.

自由流动保护机制。美国近年来主动要求在全球双边和多边贸易协议（FTAs）中加入电子商务章节，促进数据自由流动，[1]进一步增强美国信息技术跨国企业的竞争力，并促进数字贸易的发展。2012年，《美韩自由贸易协定》首次在全球双边和多边贸易协议的电子商务章节中对数据自由流动的相关规则作出特殊规定。虽然美国已退出跨太平洋伙伴关系协定谈判，但其在2015年主导达成的协议文本中提出限制数据保护主义和规范数据跨境流动的原则，引入"商业信息跨境自由传输条款"，为削弱数据本地化措施提供了范本。2018年，《美加墨自由贸易协定》在原有的《北美自由贸易协定》框架基础上增加了"数字贸易"一章，通过对数据和数字产品跨境流动制定细则，维护美国数字供应商的竞争力，减少数字贸易壁垒的限制。

再次，作为网络空间主权的一部分，美国在数据主权方面的主张凸显了其争夺全球数字经济主导权的意图。传统主权观念以地理空间为划分标准，[2]而互联网的发展使主权概念向网络空间延伸渗透。[3]数据在数字经济时代为一国带来的经济和政治利益，使其成为主权国家开展新一轮国际竞争的焦点。为解决微软与美国政府间对于境外数据管辖权的争议，2018年，美国国会紧急通过《澄清域外合法使用数据法案》（即"CLOUD"法案）。对于微软坚持的"数据存储地标准"——即存储于爱尔兰的数据不接受美国政府管辖，美国国会在"澄清域外合法使用数据法案"中予以否定，坚持采用"数据控制者标准"。该法案将"长臂管辖"延伸至全球数据治理领域，宣告"其对所有记录在

---

[1] 许多奇：《个人数据跨境流动规制的国际格局及中国应对》，《法学论坛》2018年第5期，第130—137页。

[2] 翟志勇：《数据主权的兴起及其双重属性》，《中国法律评论》2018年第6期，第196—202页。

[3] 黄海瑛，何梦婷：《基于CLOUD法案的美国数据主权战略解读》，《信息资源管理学报》2019年第2期，第34—45页。

美国数据服务平台的域外数据拥有管辖权"。① 对于外国政府部门调取存储在美国的数据，需要在与美国政府签订相关协议后，方可向美国境内组织申请调取数据。② "澄清域外合法使用数据法案"赋予政府从数据占有方调取数据的权力，体现了对数据主权的强势态度。

从美国目标明确的数据治理原则可以看出，美国对数据资源和市场获取的鲜明立场。一以贯之的"自由主义"精神和市场主导模式贯穿在美国庞大的数据治理制度体系中，坚持数据跨境自由流动，反对违背经济效率和互联网开放精神的本地化措施。同时，美国利用政治、经济的影响力，通过一系列规则设计，争夺对数据资源的掌控权。美国大力推行的"跨境隐私保护规则"框架，降低了美国企业在个人数据保护方面的运营成本，吸引全球数据流入美国本土，实质上增强了美国企业获取数据的能力；再通过"澄清域外合法使用数据法案"，使美国法律的管辖权覆盖到在全球运营的美国企业，"长臂管辖"至各主权国家境内，旨在通过扩张数据主权效力争夺全球数据资源。

欧盟和美国分别在规则设计和数据资源获取领域展开对全球数据治理主动权的竞争，而中国在个人数据保护和跨境数据流动规则制定等方面尚处于起步阶段，与欧美业已制定的模式和规则存在差距。中国于2020年10月公布了《个人信息保护法（草案）》，目前与欧美模式的某些条款不甚相容。例如，欧盟《通用数据保护条例》的地域适用范围包括"所有营业地设立在欧盟内的数据控制者或者处理者"，无论对欧盟个人数据的处理行为是否发生在欧盟境内。此规定直接影响了存储或处理欧盟个人数据的中国企业，而在中国的相关法案中并无与之相对的明确强调其域外效力的条款，使之与欧盟法案具有同等解释

---

① Aravind Swaminathan, Robert Loeb, Emily S. Tabatabai, "The CLOUD Act, Explained," Orrick, April 6, 2018, accessed May 23, 2019, https://www.orrick.com/Insights/2018/04/The-CLOUD-Act-Explained.

② "H.R.4943-CLOUD Act," United States Congress, accessed May 30, 2019, http://www.congress.gov/bill/115th-congress/house-bill/4943.

力度。综上所述,中国在数字经济创新战略的规划与举措中,应进一步明确和提高数据的重要地位,发挥中国在全球数据治理体系中的重要作用。

第四节 中国数字经济创新发展的战略定位

在数字经济时代,中国只有充分发挥并强化数据大国的独特优势,才能在全球数字经济创新的浪潮中掌握主动权,才能在中美科技竞争中突破美国的技术"锁定"。因此,中国数字经济创新战略的顶层设计应以强化数据优势为核心,以打造开放的本土技术标准、完善的数据治理体系、一流的数据基础设施和柔性的风险监控体制为主要目标,在数字技术应用和商业模式创新方面形成规模优势,形成中国数字经济创新发展的核心竞争力。

一、形成开放的本土技术标准

大国间在领土和资源上的冲突,使当前世界的竞争在全球规则制度、技术标准领域的竞争尤其激烈。[①] 信息通信技术领域的新技术开发与技术标准制定的优势,将使一国在数字经济时代占据有利地位。在某种程度上,美国与中国的科技竞争实质上是对全球数字技术标准制定权的争夺。中国政府和企业高度重视信息通信技术产业的技术标准制定,科技部提出了以"人才—专利—标准"为路线的标准发展战略。

网络外部性在技术标准网络中发挥着重要作用,[②] 在创新生态系统

[①] James A. Lewis, *Technological competition and China* (Center for Strategic and International Studies, 2018).

[②] Kim Hongbum and Dong-Hee Shin, "The Effects of Platform as a Technology Standard on Platform-Based Repurchases," *Digital Policy, Regulation and Governance* 19, no.2 (2017): 153-167.

中，①技术标准开发商可以通过技术许可方式，如苹果公司的移动操作系统（iOS），在收取合理的许可价格的基础上将技术标准的使用权和经营权让渡给配套的技术开发商，如软件开发商、硬件开发商和通信运营商，等等。开源是促进数字经济商业生态系统形成的重要途径，开源能够推动商业模式的创新。技术标准开发商也可以通过开源的方式，如谷歌公司的安卓系统（Android），通过开放系统源代码使技术开发商免费进行深度开发。在技术标准开发商利用配套技术开发商的资源和技术迅速扩大销售市场，不断吸引更多的企业参与其生态系统的同时，其研发的技术就会成为事实上的技术标准。例如，苹果公司和谷歌公司的操作系统都已成为信息通信技术生态系统中公认的事实标准，②两个系统利用网络外部性形成高昂的转换成本，形成了庞大的安装基础，成为目前信息通信技术生态系统中的主导标准。

同样作为全球信息通信技术产业巨头的三星公司，虽然在硬件方面具有一定核心竞争力且形成了庞大的市场规模优势，但苹果和谷歌以平台为依托为智能手机提供相关服务，引领了信息通信技术生态系统的发展。③而苹果与谷歌的技术标准也有所不同。苹果将系统推广为专有标准，以闭源的方式保留了苹果自身的竞争力和系统的安全性，并以先发优势获得大量资源和利润。谷歌和其他开放移动联盟的供应商则以开源的方式，共同打造安卓操作系统的开放标准，并在移动平

---

① 所谓创新生态系统是指面向客户需求，以技术标准为创新耦合纽带，由具有显著"交叉网络外部性"的高技术企业形成的具有类似自然生态系统关系特征的技术创新体系。参见：张运生、邹思明：《高科技企业创新生态系统治理机制研究》，《科学学研究》2010年第5期，第785—792页。

② Chen Kuanchin, Jengchung V. Chen, and David C. Yen, "Dimensions of Self-Efficacy in the Study of Smart Phone Acceptance," *Computer Standards & Interfaces* 33, no.4 (2011): 422-431; Sang Yup Lee, "Examining the Factors that Influence Early Adopters' Smartphone Adoption: The Case of College Student," *Telematics and Informatics* 31, no.2 (2014): 308-318.

③ Martin Campbell-Kelly, et al., "Economic and Business Perspectives on Smartphones as Multi-Sided Platforms," *Telecommunications Policy* 39, no.8 (2015): 717-734.

台的市场份额中占据主导地位。这些均表明，一个核心的技术标准开发平台对形成开放的技术标准具有极为重要的意义。①

在高技术行业对兼容性和不同技术间的交互性和可互相操作性要求下，标准竞争的主要方式已转为依托核心技术标准开发平台而建立的标准联盟进行，这对一国技术标准体系建设提出了更高要求。中国需要遵循这一行业规律，建立开放的本土技术标准，以技术全球主义为导向，将中国的技术标准推向全球。通过提高中国高技术产品的国际市场份额，积极参与国际标准联盟，打造大型平台企业、促进开源式创新，实现中国在数字技术国际标准制定、数字经济规则制定中的话语权和影响力。

二、打造完善的数据治理体系

全球数据治理已逐渐成为新一轮双边、多边贸易谈判的重要议题，引起各国的关注。2019年1月，达沃斯世界经济论坛上，中国、日本、德国、南非等国领导人达成了关于提高数据收集、使用和共享透明度的共识，并提出制定相关纲领和指南。2019年6月，时任日本首相安倍晋三针对二十国集团大阪峰会全球数据治理的中心议题，建议启动全球数据治理，推动国际数据监督体系的建立。二十国集团贸易和数字经济部长在肯定数据跨境流动对提高生产力、推动创新等方面具有重要意义的同时，也认识到数据自由流动带来了对隐私和数据保护、国家安全、知识产权等方面的挑战。2018年，中国数据安全治理委员会发布《数据安全治理白皮书》，结合国际相关标准和体系，为政府和企业的数据安全建设提出理念和框架。2020年10月，中国首次公布《个

---

① Changjun Lee, Daeho Lee, and Junseok Hwang, "Platform Openness and the Productivity of Content Providers: A Meta-Frontier Analysis," *Telecommunications Policy* 39, no.7 (2015): 553-562; Timothy J. Hargrave and Andrew H. Van de Ven, "A Collective Action Model of Institutional Innovation," *Academy Of Management Review* 31, no.4 (2006): 864-888.

人信息保护法（草案）》，体现出我国对公民个人数据治理的重视，是对完善我国数字经济发展基础的长远规划。中国具有丰富的数据要素资源和规模庞大的数据市场，在此基础上数字贸易和数字金融得以蓬勃发展。数据治理有益于使经过规范化管理的数据创造价值，推动数字产业发展，赋能传统产业数字化转型。例如，通过数据治理，进一步拓展中国数字普惠金融的深度和广度；在公共服务方面，有效的数据治理也能够提高电子政务效率和包容性发展水平。

围绕数据的各项权力，世界各国借助各自政策和法律制度强化对数据资源的控制力。全球数据治理的主动权关系到一国在数字经济规则制定的主导权和影响力，进而将决定一国能否在新一轮全球数字经济发展中占据优势地位。美国对华科技竞争战略使中国更应加强对数字经济关键生产要素的控制和治理，将完善数据治理体系作为数字经济创新发展战略的首要目标之一。

三、建设一流的数字基础设施

经数字化处理的数据已成为数字经济的关键生产要素和数字经济创新的重要驱动力，因此数字基础设施，如网络、数据中心、基础软件、云计算平台和信息通信技术等软件和硬件的不断完善，对推动中国数字经济长期稳定发展至关重要。在数字经济推动经济高质量发展的过程中，数字基础设施发挥着极为重要的作用。2022年兰德公司国防研究院的研究指出，互联网用户的增长和全球电信网络的互联互通，使数字基础设施以及一国的所有权、访问权和控制权，已成为中美两国的重要竞争领域，将在中美战略竞争中发挥关键作用。[①]

数字基础设施通过成本节约效应、市场扩张效应和分工深化效应

[①] Julia Brackup, Sarah Harting, Daniel Gonzales, "Digital Infrastructure and Digital Presence: A Framework for Assessing the Impact on Future Military Competition and Conflict," RAND Corporation, 2022.

等机制影响着一国对外贸易的发展,[①]也能够通过新要素驱动、学习倍增和技术扩散等机制为一国经济发展动力转换、结构优化和效率提高注入活力。[②]2019年,国务院办公厅颁布《关于促进平台经济规范健康发展的指导意见》,其中提出在实体经济中大力推广应用物联网、大数据,加快5G等新一代基础设施建设,促进数字经济和数字产业的发展,加强网络支撑能力的建设。例如,数据中心为企业用户的信息和数据传输降低了延迟,实现了大规模并行计算并在此基础上提高了创新效率。数据中心实现了对数据和解决方案的灵活使用,消除了过去访问数据库的软件障碍,提高了企业的管理效率。2020年,中国工业和信息化部提出,加快中国的数字基础设施建设,在短期能够发挥基础设施投资对经济的拉动作用,缓解经济下行的压力;从长期来看,则是能够培育壮大数字经济新动能的战略举措。完善数字基础设施建设,更是中国落实"十四五"规划,深入实施工业互联网创新发展的重要举措。制造业的数字化、网络化和智能化发展,对塑造中国多层次、系统化的工业互联网平台体系,形成柔性供应网络具有重要意义。

全球数字基础设施建设具有明显的不平衡性。目前,新兴经济体与发达国家的"数字鸿沟"[③]仍然较大。根据前文对世界主要国家数字经济创新指数的测度结果可以看到,中国、俄罗斯等发展中国家数字基础设施的完善程度仍与美国、新加坡、挪威等发达国家存在较大差距。"数字鸿沟"使发展中国家无法获取信息和通信技术带来的全部收

[①] Štefan Bojnec and Imre Fertö, "Impact of the Internet on Manufacturing Trade," *Journal of Computer Information Systems* 50, no.1 (2009): 124-132; Alberto Portugal-Perez and John S. Wilson, "Export Performance and Trade Facilitation Reform: Hard and Soft Infrastructure," *World Development* 40, no.7 (2012): 1295-1307.

[②] 钞小静:《新型数字基础设施促进我国高质量发展的路径》,《西安财经学院学报》2020年第2期,第15—19页。

[③] 数字鸿沟(Digital Divide)指的是个人、家庭、企业或区域之间在使用和访问数字基础设施和服务方面的差距。参见:Ben Shenglin, et al., "Digital Infrastructure: Overcoming the Digital Divide in Emerging Economies," *G20 Insights* 3 (2017): 1-36。

益。由于缺乏数字基础设施、支付能力和相关技术，低收入人群和部分农村群体对数字经济的参与程度较低，不利于经济包容性增长。

前中国财政部副部长朱光耀指出，中国数字经济发展的比较优势依托于交通基础设施、通讯基础设施和电子支付系统而产生的物流、信息流和数据流。[①]虽然，中国互联网的铺设和智能手机的普及已经深入广大农村地区，但一些偏远地区的基础设施建设仍较为薄弱，农村网络速度和稳定性存在提升空间，以及一些特殊人群的数字技能得不到普及和应用，这些"数字鸿沟"不利于促进知识的发展与共享，以及社会和经济平等包容的发展。世界银行发展研究小组贸易和全球一体化部门的首席经济学家安娜·芬纳德斯等学者通过对数字基础设施与中国企业出口的研究发现，中国制造业水平的提高取决于网络基础设施的可用性，特别是为了提升宽带在生产中的作用而进行的大规模投资，有力解释了中国制造业的增长。[②]因此，中国应持续加快数字基础设施建设的步伐，提高数字基础设施在订购、生产、交付产品和服务等过程中的效率，促进数据要素流动，发挥数字基础设施在促进国内国际"双循环"中的支撑作用。

在建设世界一流数字基础设施的过程中，不仅应当关注网络的建设，还应当重视数字基建与各个行业的深度融合，以推动制造业、能源、交通和农业等传统产业的数字化、网络化和智能化转型。特别是工业互联网、智慧医疗、智慧城市等领域，主要依托于高水平的数字基建才得以全面发展，因此更应当着重培育壮大丰富的数字基建应用场景，不断创新社会治理模式，扩大数字基建的利用规模和效率。

---

① 和讯网：《朱光耀：中国数字经济有三大比较优势》，2020年9月16日，http://news.hexun.com/2020-09-06/202015251.html，访问日期：2021年1月5日。

② Ana M. Fernandesa, Aaditya Mattooa, Huy Nguyenb, and Marc Schiffbauer, "The Internet and Chinese Exports in the Pre-Ali Baba Era," *Journal of Development Economics* 138, (2019): 57-76.

四、塑造柔性的风险监管体制

数字技术的中立性，意味着如果缺乏政府和其他社会组织的监管和干预，数字技术就无法充分释放其促进经济增长的潜力。数字经济作为一种新兴的经济形态，在体制规则建设方面仍面临诸多挑战。例如，对数字交易市场的监管不足、各国数据治理标准不统一，等等。在数字经济创新主体的活力竞相迸发的过程中，存在一定的由市场配置资源而产生的风险，如互联网为企业提供规模经济，但当商业环境抑制竞争时，就会出现由于市场力量过度集中造成阻碍创新的结果，如个人信息泄露、平台企业垄断等，从而对数字经济的全面发展造成一定干扰。以平台企业的数据垄断为例，目前，我国大数据交易市场尚不成熟，交易标准不统一、法律不明确，市场有效供给不足。[①] 由此形成规模庞大的地下数据交易黑市，用户信息的非法收集、盗用和贩卖行为较为猖獗。数据资源集中于少数企业手中，企业利用数据收集和分析技术，对数据交易加以操控，形成市场信息壁垒，平台企业的网络效应加固了由资源独占带来的不公平的市场地位。

由于大数据本身的非稀缺性、弱排他性、数据产权不明，以及平台企业的网络外部效应等特征，使数据正越来越向少数企业集中。例如，百度作为全球最大的中文搜索引擎，日均搜索量于2013年就已超越谷歌，达到50亿次。阿里巴巴旗下的淘宝、支付宝、天猫、高德地图等平台更是掌握着大量的消费偏好、支付行为、地理位置等私密性的用户信息，足以支撑其建立起蚂蚁信用评价体系用于个人和企业征信用途。腾讯推出的网络即时通信软件（QQ）、微信两款社交网络平

[①] 2017年3月28日大数据产业峰会上，中国工程院院士邬贺铨指出："网络交易平台上的大数据信息量有限，准确性、完整性、合法性、可用性、安全性、及时性等都不能保障"。美通社：《促大数据与实体经济深度融合，推我国经济迈向中高端》，《电脑与电信》2017年第3期，第4—5页。

台,分别承载了全国近10亿人的交友、沟通以及150多万家企业的宣传、营销活动。阿里系(支付宝)和腾讯系(包括微信支付和QQ钱包)在移动支付市场的占有率分别高达53.7%和39.51%,两家企业共占有93%的市场份额。平台企业的网络经济效应一方面在短时间内收集大量数据资源,对数据进行集中存储、分析和使用,创造经济价值并推动创新。另一方面,个别企业对数据资源的独占而形成的数据垄断现象,间接增加了其他竞争者获取数据的难度,在一定程度上不利于以数据为驱动的数字经济创新,这一问题已引起中国相关部门的高度重视。2020年11月,中国人民银行、中国银保监会、中国证监会和国家外汇管理局约谈蚂蚁科技集团股份有限公司(简称:蚂蚁集团),对蚂蚁集团提出落实金融监管、公平竞争和保护消费者合法权益等要求,规范其金融业务的经营。中国人民银行相关负责人指出,查处以蚂蚁集团为代表的金融科技企业"利用市场优势地位排斥同业经营者"的不正当竞争行为,打破垄断、维护市场竞争秩序,是金融管理部门未来主要的政策取向。[①]

需要强调的是,在数字经济创新发展的过程中,还有许多风险点需要政府部门进行监管。以平台企业为核心而形成的商业生态系统是商业模式创新的重要平台。如何在监管的同时,最大限度地减少对数字经济创新各类主体的损害,则需要在未来一个时期重点考量。因此,中国数字经济创新战略应当对塑造柔性的风险监管体制给予足够重视,通过多部门的协作共同构建一个公平、繁荣的数字经济创新环境。

---

① 国际金融报网站:《央行副行长潘功胜就金融管理部门约谈蚂蚁集团有关情况答记者问》,2021年1月6日,http://finance.sina.com.cn/roll/2020-12-27/doc-iiznezxs9200635.shtml,访问日期:2021年3月30日。

第五节 中国数字经济创新的"一体两翼三驱动"战略

面对美国的"全政府"科技竞争态势,中国数字经济创新发展应形成"一体两翼三驱动"的战略,即以数字经济创新为主体,以技术和制度两个维度的创新为方向,以提高自主创新能力、改善数据治理体系、推动商业模式创新为驱动。具体战略举措包括:

一、扶持基础理论研究与核心技术创新

突破关键核心技术是实现依靠创新驱动的内涵式增长的重要途径。尽管中国的半导体、人工智能等相关技术突飞猛进,有赶超欧美的潜力,但仍在许多领域与美国、欧洲乃至日本有差距。例如,全球光刻技术以荷兰和日本为先锋,德国在光刻机镜头的抛光镜片拥有百年的技术沉淀。此外,虽然中国是全球最大、增速最快的工业机器人市场,但国产工业机器人主要分布于中低端,2018年对美出口量仅占总产量的2.75%。[①] 在工业机器人的算法、设计软件和传感器等方面,日本、德国和瑞士在底层核心算法和工艺上仍领先中国。由于在基础材料、工艺和设计上存在差距,中国在数控系统等高端机床制造领域的许多关键功能部件,还依赖日本和德国技术,高端机床的技术水平与世界制造强国相比仍有差距。而这些技术领域对中国发展数字经济、实现传统产业数字化转型极为关键,特别是面临美国的技术封锁,中国更应该提高技术的自主能力,在基础理论研究、核心技术研发、人才培养上加大投资力度,给予政策扶持。习近平总书记曾多次强调,"关键

---

① 银河证券网:《行业点评报告:专用设备行业》,http://pdf.dfcfw.com/pdf/H3_AP201905201331045392_1.pdf,访问日期:2021年1月10日。

核心技术是国之重器"，①是"要不来、买不来、讨不来的"，必须牢牢掌握在中国自己手中。只有中国自主掌握关键核心技术，才能突破美国的技术"卡脖子"。②

第一，坚持对基础研究的持续投入。基础研究是科学体系发展的源头，基础研究的重大突破将带领技术的革命性创新和发展。因此，应当将基础理论的研究置于创新的重要位置，加大对基础科学研究的投资，在多领域实现"从0到1"的突破。对一些与企业合作的科研院所和高校进行财政补贴，支持其进行知识成果转化活动，将"产学研"有机结合，促进技术实用化。

第二，以持续自主创新为基础。通过加大对前沿工程技术等领域的投资，推动人工智能、集成电路、新材料等关键领域的自主研发，提升技术创新能力，培育成熟的高科技产业集群。补足在电子元器件、基础软件的短板，降低对美国的技术依赖，维护中国高技术产业供应链的完整性和自主性。大力引导民营企业开展技术创新，对涌现出的具有较高成长潜力、创新能力的科技型公司给予税收减免、资金支持和奖励等政策制度倾斜，营造激励创新的制度环境。推动"产学研"的有机结合，促进企业与高校、科研院所、行业协会之间的合作，实现知识传递和技术溢出，促进各创新主体间的市场信息沟通。

第三，加大力度引导民间资本向科技领域投资。科技创新需要资本的前期投入，其高风险和高收益的特征往往使其难以得到传统金融体系的支持。因此，形成科技创新与金融资本有机结合的制度安排，对于一国开展可持续的科技创新至关重要。换言之，科技金融对高新技术研发和促进科研成果转化具有重要意义，是国家科技创新制度和

---

① 中国网：《习近平：关键核心技术是国之重器》，2018年7月15日，http://news.china.com.cn/2018-07/15/content_57104684.htm，访问日期：2021年3月30日。

② 新华网：《习近平讲故事："关键核心技术是要不来、买不来、讨不来的"》，2021年7月8日，http://www.xinhuanet.com/politics/leaders/2021-07/08/c_1127635914.htm，访问日期：2021年7月20日。

金融体系的重要组成部分。政府建立基金引导民间资本投入科技企业，能够为科技企业提供多样化的融资渠道。例如，众筹互联网平台为科技创业者提供展示规划和成果、吸引民间投资者进行股权众筹的重要平台，平台模式具有受众广、风险分散和低门槛的特点，能够为科技企业尤其是中小规模的初创企业提供有效融资渠道。

二、培育高水平本土数字技术人才队伍

数字经济创新的一个重要特点是数字技术和产品的研发周期短，创新速度快。林毅夫指出，这种特质凸显了"换道超车型"产业更需要加大对人力资本的投入，高科技人才和对市场方向把握能力较强的企业对"金融物资资本所需相对较少"。[①] 以华为、大疆、腾讯为代表的一类科技型企业，在以"人、机器、资源智能互联"为特征的新工业革命中成功崛起，究其原因，在于对人力资本的大量投入，紧跟甚至超前于市场需求生产新技术、新产品，实现"弯道超车"。因此，中国应当对人才教育和培养战略给予足够的重视。

第一，重点培养基础科学领域人才。在基础研究的关键领域，如数学、计算机、物理、化学、材料等领域加大科研投入。创造自由宽松的科研环境，增加科研工作室、重点实验室等科研平台。改革科研人员的选拔和考核机制，充分调动科研人员的研究积极性。优化高等院校、职业院校的学科设置，在"双一流"学科建设中培育数字经济基础科学与技术、前沿技术相关特色专业的科研实力。聚焦中小学、高等院校和职业学校的基础教育，对数学、物理、化学、生物、计算机等基础学科形成一贯式教育体系，提高自然科学教育在中小学的普及度。

---

① 经济形势报告网：《林毅夫：经济结构转型与"十四五"期间各地的高质量发展，新结构经济学的视角》，2021年7月1日，http://www.china-cer.com.cn/shisiwuguihua/202007016253_5.html，访问日期：2021年10月1日。

第二,大力培育科学精神、工匠精神以及企业家精神。中美科技竞争的关键是创新人才的竞争,因此应大力培养创新型人才,鼓励科研人员和企业家等创新主体勇于冒险、大胆创新。推动科研成果的转化,完善创新激励机制。严格保护知识产权,并将科研人员利用自身技能的创新成果与薪酬和绩效挂钩,利用股权激励等方式以市场价值回报成果价值。鼓励科研人员将先进技术与企业的生产能力、员工素质、国内制度与环境相结合,将技术创新和管理创新深入到企业基层,激发创新主体的活力。职业学校是培育技能型人才"工匠精神"的摇篮,应当进一步提高职业院校在促进传统产业数字化转型中的重要作用,培育具有创新思维和技能的专业人才。在生产中,更应推进现代学徒制,通过教学引导和言传身教,传承发扬严谨专注、敬业专业、精益求精的"工匠精神"。此外,无论是技术创新还是商业模式的创新,都是风险度极高的过程,都需要企业家的眼光、胆识与魄力,推动数字经济的创新。同时,对于企业特别是民营企业的管理者,应当给予鼓励创新创业的政策,使其不断产生新思路、新创意并付诸实践。

第三,进一步加强与其他国家的科技交流与合作。进一步加大对基础研究领域国际合作的支持力度,推动中外科研合作。此外,在人才交流方面,由于拜登政府调整了特朗普政府的歧视性签证限制政策,因而中国应当持续鼓励与美国和其他国家展开以高校、科研院所、企业等多元主体为载体的国际人才交流与合作。鼓励科研人员参加国际学术会议,扩大科技合作范围,在开放的国际环境中整合利用全球创新资源,提高技术创新的国际化水平。加大人才引进力度,实现先进技术和知识的再创新。

三、强化个人数据保护与跨境数据安全

目前,虽然我国在《网络安全法》颁布后进一步出台了《个人信息保护法(草案)》,并制定了个人信息数据保护的基本框架,从而在

一定程度上提高了对个人数据和隐私安全的保护水平。但中国的个人数据保护水平仍未达到欧盟的"充分性认定"标准,使欧盟及其他较高保护水平国家对中国的数据传输受到很大限制。对于数据治理体系的建设和完善,一方面,应当进一步加强对个人数据保护的立法,增强执法力度,提高企业和公民对个人数据隐私权的保护意识。数据归属权的确定能够使数据交易更加有序,使消费者能够更好地控制自己的信息、行使数据权利,提高国内的个人数据保护水平。另一方面,应当在促进数据跨境自由流动的同时,对欧美数据跨境流动规则的安全性保持谨慎态度。以美国、欧盟为代表的发达国家主张促进数据的跨境自由流动,反对数据存储本地化措施。而中国应当对数据自由流动保持理性、清醒的认识。我国出台的《网络安全法》在数据跨境流动方面实行数据本地化存储规则,这无疑是在对我国网络安全的实际情况做出充分评估后制定的政策。放松数据存储本地化措施,将有利于降低数字贸易壁垒,提高中国数字贸易的市场规模和份额。但在个人信息未能得到充分保障和监管的国际环境中,完全放开数据存储本地化措施,将为中国的个人数据安全带来极大风险。然而,数字经济高速发展引起的数据跨境流动是大势所趋。因此,在中国适当降低数据本地化存储要求的同时,应当对各国数据保护水平进行全面评估,根据保护水平的差别设置不同的数据传输机制。例如,对重要数据禁止跨境流动,对个人和商业非敏感数据实行分级管理;构建数据安全和隐私保护认证框架,对保护水平低于中国的国家实行严格管控,对保护水平高于或等同于中国的国家进行相对宽松的数据传输管理。此外,应当对跨国企业收集、存储、分析、处理中国境内数据的全过程进行实时监督,确保数据在跨境流动中的安全性和完整性。

四、完善对数据寡头的反垄断规制措施

促进创新的通常是竞争而非垄断。20世纪80年代美日半导体竞争中，日本政府大力支持和保护松下和东芝等大型企业，而美国则对大型科技企业万国商业机器公司（IBM）展开反垄断调查，规制其市场垄断行为，为行业中其他企业（如苹果、微软等公司）的蓬勃发展创造了空间。美国为创新营造竞争环境，造就了更多优质企业。在数据治理中，规制数据垄断，使行业的竞争环境更加公平，为数据市场交易构建健全的制度和机制，是促进数据驱动型创新的重要保障。

第一，建立数据交易平台，推动企业共享数据。由于数据采集需要企业在前期搭建平台、形成信息网络，具有很高的网络经济效益。监管机构应当发挥数据"寡头企业"在数据采集阶段的规模经济作用，节约社会资源。更为重要的是，监管机构应当在数据存储、数据计算和数据使用三个阶段引入竞争机制，促进数据共享，实现数据从寡头企业向行业内的流动。只有建立健康的数据交易平台，促进数据合法交易，才能够在市场上实现数据共享反哺规模经济的良性循环。贵阳大数据交易所专业人员指出，大数据交易的原则是不交易底层数据，流通的数据必须经过清洗、分析、建模、可视化之后，才能进行交易。[①] 监管机构可以在大数据市场运用类似于专利强制许可的方式，要求数据寡头企业向竞争对手提供符合大数据交易原则的批量数据，并收取一定的费用。此外，监管机构可予以企业经济补偿，打破数据寡头企业在不同地域、不同行业形成的"数据孤岛"，将数据巨头为抑制竞争而囤积的数据变为可供市场竞争者分享、促进创新的数据。

第二，加强对数字行业的反垄断审查力度。对具有市场支配力、滥用市场支配地位的企业进行严格的监管和审查。在反垄断审查中，应当将消费者市场纳入相关市场调查范围。应当明确，消费者获得的所谓"免费服务"背后，暗含用消费者个人数据作为货币而购买服务

---

① 中国证券报网站：《贵阳大数据交易所：大数据资产流通产生价值》，2021年1月18日，http://m.haiwainet.cn/middle/352345/2015/0611/content_28825700_1.html，访问日期：2021年3月30日。

的实质，数据寡头则是通过产品和服务换取了用户行为、交际网络和消费习惯等个人数据。因此，消费者市场作为反垄断相关市场的扩充，应当成为规制数据寡头市场支配力和滥用支配地位行为的重要领域。

第三，为数据驱动型并购交易审查门槛增设标准。由于大数据时代数据垄断具有显著的特殊性，传统的企业并购申报门槛，如企业营业额，已不能有效地对数据驱动型并购进行识别、规制。因此，反垄断机构应当仔细审查并购案特别是数据驱动型并购，在现有的竞争法规基础之上增加审查门槛的标准，例如交易价值门槛等。即便被收购方当时的企业规模并未达到审查标准，有关部门也应从长期的视角，判断分析某项兼并行为是否有铲除潜在竞争对手的可能，以避免对具有创新能力的初创型企业造成损害。

五、参与和推动全球数字治理机制改革

以构建制度壁垒抢占发展先机的欧洲模式和强化单边优势以争夺数据资源的美国模式这两种全球数据治理机制，反映了各国对数据资源控制的新趋势。世界各国纷纷通过制定数字经济战略，建立制度框架，明确数据治理的价值立场。在全球各方利益主体的激烈博弈中，中国应立足数据大国国情，维护中国数据主权、确立对于数据治理的基本逻辑和价值取向，促进数字经济发展。

第一，理性研判全球数据治理规则，维护中国数据主权。在激烈的全球数据治理博弈中，数据主权问题已成为各国高度关注的焦点。一国在对数据资源进行规制的同时，不可避免地会对其他国家产生"规范溢出"的影响，并受到来自其他国家的规则制约。因此，在完善中国数据治理制度的过程中，必须及时跟踪全球规则动态，充分考量博弈各方的政策意向和利益取向，在此基础上制定切实可行、符合本国国情与利益的数据治理制度框架。

第二，制定逻辑清晰的顶层制度设计。当前中国的数据治理处于

起步阶段，各项制度有待完善，由此有必要对数据治理顶层制度进行价值明确、逻辑清晰的设计。以国家安全为前提，在保障网络安全、保护个人信息的基础上，使数据得到合理有效、可控完整的收集和使用，使以数据这一生产要素为主要驱动力的数字经济得到蓬勃发展。同时，建立负责数据监管、风险评估和国际协调的独立部门，负责顶层制度的具体落实。

第三，借鉴欧美经验，坚守基本价值立场。欧盟和美国以"先发制人"的策略建立了较为成熟的数据治理框架，并拉拢各国加入各自体系。美国曾提出，中国《网络安全法》中对数据出境的安全评估规则不应另起炉灶，而应加入"跨境隐私规则"体系。作为以建设数字经济强国为目标的数据资源大国，中国推动数据治理的方向固然需要吸收欧美规则的可取之处，但更重要的是找到我国的竞争优势和价值立足点，建立适合中国数据大国国情、文化习惯的制度体系，细化数据安全标准和技术标准，掌握对国内数据资源的控制权。

第四，加强国内规范与国际规制的协调，适应数字经济发展趋势。目前，美国通过贸易协定谈判输出其国内数据治理的相关法律法规，争夺数据治理的国际规则制定权。在此背景下，中国应当加紧对数据资源展开系统治理，完善治理框架，适时酌情调整数据存储本地化规则，有利于数据在全球安全、合理、高效的利用，推动数字化、智能化产品和服务的开发和普及。中国在全球数字经济格局和5G技术发生深刻变化的关键时期，更应与时俱进，面对不断涌现的需求和问题及时调整立法，梳理出适合国内和国际环境的数据治理规则，使中国在全球数字经济竞争中发挥数据大国优势，在参与全球数据治理的过程中扩大自身的影响力。

六、培育和激发数字市场主体创新活力

中国的经济增长模式以双重策略为保障：面向世界的出口平台和

潜力巨大的国内市场。① 中国的数字经济创新亦应依托出口平台和国内市场,只有在最大程度上发挥数据资源优势、鼓励数字市场主体的创新动力,才能够最大程度上对冲美国对华科技竞争战略的冲击。

第一,扩大国内数字市场需求。在加快形成以国内大循环为主体、国内国际双循环相互促进的新发展格局过程中,应当将扩大内需作为促进国内循环的原动力。不断增长和多元化的国内市场需求,是中国数字经济创新的核心优势之一。因此,应当进一步挖掘中国数字经济的潜力,推动电子商务市场的进一步发展。通过提高数字产品与服务的质量,以供给创造需求。数字经济以用户为中心的商业模式创新将有利于促进消费者消费习惯的转变,形成更为多元化的消费方式。此外,应通过降低数字产品与服务的成本,拉动市场需求,提升消费潜力。

第二,释放民营经济活力。持续推动数字经济的供给侧改革,应当在数字产品和服务的供给端,加快数字技术的商业化应用,促进数字产业在规模和质量两个维度的发展。数字经济创新依赖蓬勃发展的民营经济支撑,因而应当通过推出政府创新项目、孵化器等普惠政策,设立风险投资基金,培育互联网"独角兽"企业,促进商业模式创新主体的多元化。在这一过程中,应注重打通数字经济运行循环中各环节的阻碍,通过大数据技术的应用突破交易、流通、物流等环节的梗阻,打破显性与隐性的要素流通障碍。

第三,以数字贸易和跨境电商等多种方式拓展海外市场。虽然在各种复杂因素的共同作用下,全球产业链面临重组调整的态势,但全球产业链的多元化仍是未来数字经济发展的主要趋势。因此,加大力度促进与其他国家的数字贸易合作,拓展国际市场、推动国际循环,是中国发展数字贸易的重要途径。目前,中国的综合国力与全球影响力不断提升,应当发挥中国完善的基础设施、完整的人才梯队以及庞

---

① Gary Gereffi, *Global Value Chains and Development: Redefining the Contours of 21st Century Capitalism* (Cambridge: Cambridge University Press, 2018), pp. 205-227.

大的国内市场规模这些相对优势，通过优惠的政策和完善的配套服务，以打造互利共赢的双边和多边经济关系为抓手，展开跨境电子商务合作。不断密切中国与世界各国的数字贸易和投资关系，与包括美国在内的更多国家持续深化"你中有我、我中有你"的利益格局，实现更好地利用国内国际两个市场、两种资源，实现内外市场互通对接。从战略层面来看，中国只有进一步融入全球数字经济发展浪潮，才能避免在数字经济时代被美国边缘化的风险。

七、打造和推广"中国版"数字贸易规则

虽然中国凭借海量的数据资源和庞大的数字消费市场，已成为数字贸易大国，但与美国、欧盟等发达经济体相比，中国数字贸易规则的塑造仍处于初期阶段，与美国的数字贸易规则相比尚有差距。在全球数据治理体系中，欧盟范式和美国范式都对数据跨境流动和个人数据保护做出了规则限定，亦将影响中国数字产品的跨境交易。因此，中国在数字贸易的规则和标准制定方面，应当进一步加强设计与规划，打造中国特色的数字贸易标准，发挥中国数据大国和庞大数字市场的规模优势。在打造中国数字贸易规则方面：

第一，应积极调整国内政策，以适当加大数字贸易开放力度为原则。目前中国数字产业尚处于发展初期，开放程度较低，甚至低于一些发展中国家。这不但在一定程度上抑制了中国数字贸易的发展，还将减弱跨国企业的投资动力，降低中国数字市场的吸引力。因此，应当以适当开放中国数字贸易限制为原则，按部就班地完善国内立法，打造适合全球数字贸易自由化趋势的中国版数字贸易标准。

第二，在完善《个人信息保护法》制定的基础上，进一步形成完整的促进跨境数据自由流动的法律体系。保障数据在跨境流动中依法、自由、安全地传输，是构建中国数字贸易标准的基础。应进一步从促进数据自由传输的角度，合理规划数字贸易壁垒体系设计。

第三，积极推进数字贸易交易流程中的标准制定工作。产品技术服务的标准、数字商品与服务的前端技术和后台技术的建设，均需要一套完整的技术标准体系支撑。因此，应当尽快形成一个覆盖从产品服务订购到产品服务交付的整个数字贸易流程的详细技术标准，并提高对数字贸易交易风险的预警能力，对关键内容进行分级管控。

第四，加强数字贸易谈判。数字贸易谈判是提高中国在国际数字贸易中的影响力和竞争力、推进中国数字贸易规则国际化的重要途径。通过参与双边和多边自由贸易协定的数字贸易谈判，借鉴先进的数字贸易规则理念，因地制宜地应用到中国的数字贸易实践中，以提升中国数字贸易的整体水平。在数字贸易谈判中，应当确立中国参与数字贸易治理的基本原则，坚决否定与中国的国家安全、网络安全战略目标不符，或者与中国数字经济发展水平不相符的条款；在可以接受的条款上，如关税、数字产品的非歧视性待遇、线上消费者保护、无纸贸易等条款，可以顺应国际标准予以同意并逐步推行；在需要逐渐放开的限制领域，如个人信息保护、数据跨境流动、公开政府数据等方面，可以结合中国的实际情况做适当调整。

为了破解美国在经济、外交以及地缘政治等领域构建围堵中国的多边同盟体系，中国有必要利用地缘优势，进一步深化与日本、韩国以及东盟国家的区域经济合作，加快与亚太地区国家的数字贸易谈判，在中澳自由贸易协定和中韩自由贸易协定条款的基础上，进一步提高中国数字贸易的开放水平。同时，以深化区域合作为依托，加快开放国内市场的步伐，在东亚范围内形成更加紧密的区域数字经济共同体。这对于对冲美国的"印太战略"，具有至关重要的意义。与此同时，应当继续同欧盟国家就双边经贸合作，特别是在直接投资方面加强对话合作，持续深化与德国、法国、意大利等欧盟主要国家之间的经贸关系，推动中欧数字基础设施建设的合作关系。利用数字技术标准和数字贸易市场与全球市场相连，发挥数字经济的网络外部效应，增加与国际市场的粘合度，促进国际交流。

八、加快传统金融领域的数字技术创新

近年来，在数字技术创新的驱动下，金融科技作为一种新型金融模式在全球范围内受到广泛关注。2017年，金融稳定委员会（FSB）将金融科技创新归纳为五类，即支付结算类（例如，移动支付和数字货币）、存贷款与资本筹集类（例如，个人对个人借贷和众筹融资）、保险类（例如，互联网借贷平台保险）、投资管理类（例如，智能投顾）以及市场设施类（例如，分布式账本和大数据计算）。[1] 美、英等发达国家纷纷出台扶持金融科技创新的举措，中国亦在金融科技创新中不断探索与尝试，力图在全球金融竞争格局的变化中掌握主动权。美国的金融科技创新作为其大数据国家战略的重要组成部分，受到联邦政府各部门的高度重视。因此，其金融科技创新具备良好的创新氛围、厚重的人才基础和坚实政策保障。特别是在2008年国际金融危机后，美国持续深化金融监管体制改革：一方面，加强宏观审慎监管理念，完善监管框架；另一方面，利用人工智能和大数据技术提升金融监管效果。目前，中国在金融数字技术创新方面已先行先试并形成诸多可圈可点的成功案例。2020年8月，中国商务部发布《全面深化服务贸易创新发展试点总体方案》，提出在京津冀、长三角、粤港澳大湾区等地区开展数字人民币的试点工作。2021年初，中国人民银行主导下的数字人民币作为法定货币落地北京，天然的创新基因和广阔的应用场景使数字人民币将在多个产业掀起新一轮数字经济的创新浪潮。中国在平衡金融科技的创新和监管这对矛盾方面具有一定制度优势。同时，

---

[1] "FinTech Credit: Market Structure, Business Models and Financial Stability Implications," Report Prepared by a Working Group Established by the CGFS and FSB, May 22, 2017; "Financial Stability Implications form FinTech: Supervisory and Regulatory Issues that Merit Authorities' Attention," Financial Stability Board, June 27, 2017.

巨大的市场规模也是中国在全球金融科技创新竞争中的重要优势。中国的人口和不断完善的互联网基础设施衍生了庞大的个人金融业务需求，这使得移动支付、互联网理财等数字金融市场得到长足发展。因此，中国应在全球金融科技创新的竞争中争取主动权。

第一，充分调动市场主体在金融科技创新方面的活力，完善金融业综合统计体系，助力金融大数据技术与商业模式创新。加快智能金融的发展是中国传统金融机构应对金融科技创新浪潮的重要途径。2019年8月，中国人民银行印发《金融科技（FinTech）发展规划（2019—2021年）》，明确指出要提高金融科技的应用水平，将金融科技打造成为金融高质量发展的"新引擎"。[①] 应国务院提出发展智能金融的要求，应建立中国金融大数据系统，不断完善金融业综合统计体系，为创新智能金融产品与服务、提高智能化技术与设备的应用水平奠定数据基础。

第二，发展数字普惠金融和消费金融。目前，市场上涌现出大批民营银行、消费金融和金融控股公司等新型金融机构，在提高金融效率的同时，也提高了消费者享受金融科技的便利程度。而随着金融与科技的深度融合，金融服务向智能化发展，数字鸿沟问题逐渐显露。数字普惠金融服务在老年、农村等群体中的可达性，受到支撑金融服务的软件和硬件门槛的约束；而农村市场仍具有相当大的开辟潜力。因此，普惠金融和消费金融的进一步发展对于打造中国特色金融科技创新优势、助力乡村治理、扩大内需和推动消费升级，都具有十分重要的战略意义。

第三，探索监管科技创新。2020年10月，国务院金融稳定发展委员会在专题会议中指出，"当前金融科技与金融创新快速发展，必须处理好金融发展、金融稳定和金融安全的关系"。监管科技作为维护金融

---

① 中国政府网：《央行提出金融科技发展三年规划》，2021年1月20日，http://www.gov.cn/xinwen/2019-08/23/content_5423691.htm，访问日期：2021年3月30日。

稳定与安全的重要工具，在主要发达国家的金融监管改革中得到高度重视。微观金融数据收集和大数据分析技术的开发与应用，已成为金融监管科技创新的核心。中国应通过自主研发、合作研究、项目招标等多种方式，灵活开展符合国情的金融监管科技创新，提高前沿数字技术在金融监管领域的应用水平，维护金融体系的稳定。

第六节　小　结

美国"全政府"对华科技竞争战略对于中国数字经济创新的四个维度产生了不同程度的冲击。从总体上看，中国在数字经济商业模式创新上的相对优势较为显著，表现出了较强的抗压能力和韧性。然而，中美两国在数字经济创新水平方面仍存在较大差距。因此，中国数字经济的创新战略应在持续推进基础理论和技术创新的基础上，为商业模式的创新营造更为广阔的发展空间和更为有利的制度环境。在数字经济时代，美国的"技术民族主义"已难以适应数字经济创新发展的要求，而中国在数据资源和数据市场的优势将使美国对华形成"数据—创新"依赖关系。因此，中国在数字经济创新战略的顶层设计上应突出和巩固数据资源和市场优势，以此在中美数字经济竞争中争取主动权。具体而言，应当以形成开放的本土技术标准、打造完善的数据治理体系、建设一流的数字基础设施和塑造柔性的风险监管体制为主要目标，打造发挥中国优势的数字经济创新战略。本书认为，中国数字经济创新发展应该形成"一体两翼三驱动"的战略框架，即"以数字经济创新为主体，以技术和制度两个维度的创新为方向，以实现技术突破'卡脖子'限制、改善数据治理体系、大力推动商业模式创新为驱动"，激发创新主体活力，扩大国内需求，拓展国外市场，促进国内国际双循环，提高中国在全球数字经济规则制定中的话语权，推动中国数字经济创新发展。

第八章
结　论

当今世界正在经历百年未有之大变局，美国政府对华实施"全政府"科技竞争战略，试图推动对华科技"脱钩"，从而对中国数字经济创新发展产生了重大的冲击与影响。通过深入研究美国"全政府"对华科技竞争战略形成的背景、主要的手段、对中国的冲击以及中国应采取的应对举措，本书主要得出以下结论：

第一，美国对华战略的变化遵循美国国家安全战略演变的基本逻辑。冷战结束后，国际安全形势发生巨大变化，美国的国家安全观念和国家安全战略发生根本性转变，经济安全取代军事安全上升为美国国家安全的核心。美国国家安全战略的演变遵循两个基本逻辑："不变"的逻辑是美国始终致力于维护其在全球经济格局中的主导地位；"变化"的逻辑则在于美国的经济安全战略根据国际安全环境的变化而动态调整。在引领经济全球化的过程中，美国凭借贸易强国地位和美元的国际影响力，维系着符合美国价值观和国家利益的全球秩序。确保美国经济规模的绝对优势以及维持政府对战略性产业的干预，是美国维护经济安全和全球领导地位的基本原则。

第二，保持全球科技领先优势是美国维护自身经济安全的重要前提条件，是美国基于全球价值链分工体系对其他国家施加控制和影响的有力支撑，也是推动美国数字经济创新发展的主要驱动力。因此，美国历届政府极为重视保持和巩固美国的科技领先优势，对美国科技创新体系进行战略部署和详细规划，并对高技术产业进行干预和扶持，以确保美国在主要科技创新领域相对于全球各国保持"绝对"领先优势。保持科技领先优势进而维护美国国家经济安全这一理念，贯穿了美国对华"全政府"科技竞争战略产生与实施的全过程，并将对中美关系产生持续和深远的影响。

第三，中美两国在全球价值链上的"位势差"，是长期以来美国采取对华科技合作政策的基础。在后冷战时代美国国家安全战略发生转变的背景下，美国推行自由贸易、拓展国际市场，推动中国等国家融入全球经济体系。美国主导下的经济全球化为美国带来了专业化分工的巨大利益。在全球产业链中，中国凭借劳动力资源优势以加工贸易的方式嵌入全球价值链的中低端位置，局限于加工组装环节。而美国则凭借科技优势位居全球价值链顶端，并掌握着利润最丰厚的研发和销售环节。中美两国在全球价值链分工体系上存在显著的"位势差"，为美国带来巨大的经济利益和全产业链掌控能力，这是美国对华实行科技合作政策的前提。

第四，中美科技实力的相对变化和中国在全球价值链地位的提升，在技术层面影响了美国的全球主导地位，美国由此认为其国家经济安全受到了威胁，这是导致其转变对华科技战略的根本原因。随着中国科技实力的快速提升，中国高技术产业沿全球价值链攀升的能力明显增强，且中国在数字经济领域的已有优势，缩小了两国之间的"位势差"，使美国的科技优势地位面临挑战。在此背景下，美国制定和实施对华科技竞争战略的原因和目标不言自明。中美科技竞争已经上升到了对未来全球经济主导权以及国际秩序话语权的争夺这一层面。新冠肺炎疫情所引发的全球公共卫生危机，仅仅是美国深化对华科技遏制、加速对华科技"脱钩"的催化剂；而中国的快速崛起与美国基于单极思维的国家安全战略发生的内在冲突，则是美国对华政策由"接触"和防范并重转向"规锁"的根本原因。

第五，特朗普政府对华科技竞争战略以"全政府"为主要方式，综合运用行政管制、司法诉讼和外交施压等多种手段，全方位打压中国的科技企业，遏制中国高新技术发展，削弱中国技术的国际影响力。具体手段包括：在行政层面对华实施高技术出口管制，特别是对中国科技企业进行强力打压；限制中国对美国的高技术领域投资，颁布《外国投资风险评估更新法》限制对华技术转移；加大对华知识产权相关调查、提高中国高技术产品进口关税、封锁中国部分应用程序，限制美国对华投资，等等。在司法层面，美国开展"中国行动计划"，集中对中国企业和个人以及在美研究人员进行审查和指控；还利用美国司法的"长臂管辖"原则对中国科技企业施以压制。在与法国阿尔斯通反腐败案进行对比后，本书认为，美国在针对"华为司法引渡案"中，表现出更为明显的利用司法武器达到遏制竞争对手、瓦解制裁目标的真实目的。在外交层面，美国频繁引导国际舆论"污名化"中国，组建所谓的国际同盟联合抵制中国的5G技术和设备，并打破对华科技外交传统，阻碍两国正常科教文化往来，对中国实行科技"硬脱钩"。特朗普政府的对华科技"硬脱钩"政策是"零和博弈"思维的体现，也是在"美国例外论"影响下的美国国家安全观对现实国际形势的反映。

第六，中美两国在科技领域的竞争将长期存在，因此拜登政府保持了对华科技竞争的总基调，并在具体遏制手段和方式上进行了调整。在中美科技领域的平行竞争日趋激烈的大趋势下，尽管拜登政府与特朗普政府在多方面政见不同，但美国国家安全战略和对华科技竞争战略的核心逻辑和主基调，在未来一段时期内很难发生根本性改变。由于特朗普政府采取的以"硬脱钩"为主要特征的对华科技竞争战略效果不佳，并对美国经济尤其是高技术产业发展和全球供应链造成一定程度的负面影响。因此，拜登政府在对华科技竞争的具体措施上有所改变。拜登政府更多地依赖多边体系向中国施压，利用国际规则遏制中国发展，在与中国开展科技竞争的同时提升美国科技创新能力。

第七，美国的"全政府"对华科技竞争战略对中国数字经济的四个维度产生了不同程度的冲击。通过研判中国数字经济创新四个维度面临的冲击与风险，本书认为，美国的遏制政策对中国数字经济基础理论和技术创新有一定影响，具体表现为延缓中国技术创新速度，但总体风险可控；对中国制定技术标准与推广行业规范有一定程度的冲击，具体表现为阻碍中国技术标准的国际化推广；对中国关键元件研发和装备制造方面则具有较大影响，如切断核心元件的供应链将使中国高技术产业在短期内陷入被动局面；而对数字经济商业模式创新与应用的冲击较小，这也是中国进行数字经济创新的优势所在，应作为中国数字经济创新发展战略的重点。

第八，进一步推动数字经济创新是中国突破美国的科技遏制，打造创新发展新格局，进而实现高质量可持续发展的战略举措。由于美国的"全政府"对华科技竞争战略使中国在经济、科技、意识形态等多个方面面临巨大压力，特别是在传统经济领域，由于中国在全球价值链中长期受制于对美国的"技术—市场"依附和技术锁定效应，短期内突破美国遏制进而实现进一步发展的空间较小。而数字经济作为一种新兴业态，为中国经济增长、传统产业转型升级提供了新的可能，以数据驱动的数字经济创新成为中国实现"弯道超车"的重要机遇。

第九，中国在数字经济创新的全球竞争中具有数据市场广阔、部分数字技术领先的优势。在数字经济时代，中美两国对数字技术优势的角逐最终将形成中美"双中心"的全球数字经济格局。在创新活动对全球合作具有内在需求的数字经济时代，中国的数据资源、市场和数字技术优势将很有可能使美国的数字经济创新在一定程度上对中国数据市场产生依赖。在美国实施"全政府"对华科技竞争战略的背景下，中国在商业模式创新方面具有更好的抗压能力和韧性。因此，中国数字经济创新发展战略应当借鉴全球主要国家数字经济的战略规划和全球数据治理的经验，在数字经济创新战略的顶层设计上更加突出和巩固中国的数据资源和市场优势，以此争取在中美数字经济竞争中的主导权,并在参与全球数字治理的过程中扩大影响力。

第十,中国应根据自身发展需要和相对优势制定符合当前国情和国际背景的数字经济创新发展战略。通过对比中美数字经济创新指数,本书认为,中国数字经济创新战略应在持续推进技术和制度创新的基础上,为商业模式的创新营造更大的发展空间和更有利的制度环境。具体而言,应当以形成开放的本土技术标准、打造完善的数据治理体系、建设一流的数字基础设施和塑造柔性的风险监管体制为主要目标,设计发挥中国优势的数字经济创新战略。在战略举措方面,应形成"一体两翼三驱动"的战略框架,即"以数字经济创新为主体,以技术和制度两个维度的创新为方向,以实现技术突破'卡脖子'限制、改善数据治理体系、大力推动商业模式创新为驱动"。以此战略激发创新主体活力,扩大国内需求,拓展国外市场,促进国内国际双循环,提高中国在全球数字经济规则制定中的话语权,推动中国数字经济创新发展。

参考文献

1. 包宗和,倪世雄. 当代国际关系理论[M]. 台北:五南书局出版,2010:36.
2. 保罗·克鲁格曼. 战略性贸易政策与新国际经济学[M]. 北京:中国人民大学出版社,北京大学出版社,2000.
3. 陈继勇. 中美贸易战的背景、原因、本质及中国对策[J]. 武汉大学学报(哲学社会科学版),2018 (5).
4. 陈江生,沈非,张滔. 论美国对华"贸易战"的本质——基于"帝国主义论"视角[J]. 马克思主义研究,2019 (11):69-79.
5. 陈强,陈凤娟. 中美科技合作中美方战略分析及思考[J]. 中国科技论坛,2016 (03):150-155.
6. 陈维涛,朱柿颖. 数字贸易理论与规则研究进展[J]. 经济学动态,2019 (09):114-126.
7. 陈文鑫. 美国"全政府"对华战略探析[J]. 现代国际关系,2020(7):1-7.
8. 陈子烨,李滨. 中国摆脱依附式发展与中美贸易冲突根源[J]. 世界经济与政治,2020 (03):21-43.
9. 程伟等. 美国单极思维与世界多极化诉求之博弈[M]. 北京:商务印书馆,2012.
10. 楚树龙,陆军. 美国对华战略及中美关系进入新时期[J]. 现代国际关系,2019 (03):20-28.
11. 崔海燕. 大数据时代"数据垄断"行为对我国反垄断法的挑战[J]. 中国价格监管与反垄断,2020 (01):56-64.
12. 达巍. 美国对华战略逻辑的演进与"特朗普冲击"[J]. 世界经济与政治,

2017 (5)：21-37.

13. 达巍. 全球再平衡：奥巴马政府国家安全战略再思考[J]. 外交评论 (外交学院学报)，2014，31 (02)：59-81.

14. 戴恩·罗兰德等. 信息技术法[M]. 宋连斌，林一飞，吕国民，译. 武汉：武汉大学出版社，2004.

15. 段伟伦，韩晓露. 全球数字经济战略博弈下的5G供应链安全研究[J]. 信息安全研究，2020，6 (01)：46-51.

16. 冯维江，张宇燕. 新时代国家安全学——思想渊源、实践基础和理论逻辑[J]. 世界经济与政治，2019 (04)：4-27，154-155.

17. 冯昭奎. 日本半导体产业发展与日美半导体贸易摩擦[J]. 日本学刊，2019 (S1)：151-152.

18. 弗雷德里克·皮耶鲁齐，马修·阿伦. 美国陷阱[M]. 法意，译. 北京：中信出版社，2019.

19. 格雷厄姆·艾利森. 注定一战：中美能避免修昔底德陷阱吗？[M]. 上海：上海人民出版社，2019.

20. 管传靖. 全球价值链与美国贸易政策的调适逻辑[J]. 世界经济与政治，2018 (11)：118-155.

21. 郭峰，王靖一，王芳，孔涛，张勋，程志云. 测度中国数字普惠金融发展：指数编制与空间特征[J]. 经济学 (季刊)，2020，19 (04)：1401-1418.

22. 姜安. 列宁"帝国主义论"：历史争论与当代评价[J]. 中国社会科学，2014 (10)：4-25.

23. 蒋芳菲. 从奥巴马到特朗普：美国对华"对冲战略"的演变[J]. 美国研究，2018 (4)：75-96.

24. 靳风. 美国出口管制体系概览[J]. 当代美国评论，2018 (2)：117-120.

25. 荆文君，孙宝文. 数字经济促进经济高质量发展：一个理论分析框架[J]. 经济学家，2019 (02)：66-73.

26. 鞠建东，余心玎. 全球价值链研究及国际贸易格局分析[J]. 经济学报，2014，1 (02)：126-149.

27. 军事科学院世界军事研究部. 美国军事基本情况 [M]. 北京：军事科学出版社，2004：56-57.

28. 卡萝塔·佩蕾丝. 技术革命与金融资本：泡沫与黄金时代的动力学 [M]. 北京：中国人民大学出版社，2007.

29. 雷达. 中美贸易战的长期性和严峻程度 [J]. 南开学报（哲学社会科学版），2018 (3)：3-5.

30. 李兵，岳云嵩，陈婷. 出口与企业自主技术创新：来自企业专利数据的经验研究 [J]. 世界经济，2016，39 (12)：72-94.

31. 李馥伊. 中国制造业及其在数字经济时代的治理与升级 [D]. 对外经济贸易大学，2018.

32. 李继尊. 关于互联网金融的思考 [J]. 管理世界，2015 (07)：1-7.

33. 李军. 外国投资安全审查中国家安全风险的判断 [J]. 法律科学 (西北政法大学学报)，2016，34 (04)：189-200.

34. 李坤望，王孝松. 美国对华贸易政策的决策和形成因素——以PNTR议案投票结果为例的政治经济分析 [J]. 经济学（季刊），2009，8 (02)：375-396.

35. 李莉文. "逆全球化"背景下中国企业在美并购的新特征、新风险与对策分析 [J]. 美国研究，2019，33 (01)：9-25.

36. 李枬. 美国国家安全委员会决策体制研究 [J]. 美国研究，2018，32 (06)：127-141.

37. 李淑俊，倪世雄. 美国贸易保护主义的政治基础——以中美贸易摩擦为例 [J]. 世界经济与政治，2007 (07)：69-74.

38. 李晓. 美元体系的金融逻辑与权力——中美贸易争端的货币金融背景及其思考 [J]. 国际经济评论，2018 (06)：52-71.

39. 李杨等. 数字贸易规则"美式模板"对中国的挑战及应对 [J]. 国际贸易，2016 (10)：24-27.

40. 李峥. 美国推动中美科技"脱钩"的深层动因及长期趋势 [J]. 现代国际关系，2020 (01)：33-40.

41. 李忠民，周维颖，田仲他. 数字贸易：发展态势、影响及对策 [J]. 国际经济评论，2014 (06)：131-144.

42. 梁一新. 美国对华高技术封锁：影响与应对[J]. 国际贸易，2018 (12)：23-26.

43. 列宁选集：第2卷[M]. 北京：人民出版社，2012：650-651.

44. 卢瑟·利德基. 美国特性探索——社会和文化[M]. 龙治芳等，译. 北京：中国社会科学出版社，1991.

45. 罗伯特·基欧汉，约瑟夫·奈. 权力与相互依赖 (第3版)[M]. 门洪华，译. 北京：北京大学出版社，2002.

46. 罗伯特·吉尔平. 跨国公司与美国霸权[M]. 钟飞腾，译. 北京：东方出版社，2011.

47. 潘圆圆，唐健. 美国外国投资委员会国家安全审查的特点与最新趋势[J]. 国际经济评论，2013 (05)：130-141.

48. 潘圆圆，张明. 中国对美投资快速增长背景下的美国外国投资委员会改革[J]. 国际经济评论，2018 (05)：32-48.

49. 潘悦. 在全球化产业链条中加速升级换代——我国加工贸易的产业升级状况分析[J]. 中国工业经济，2002 (06)：27-36.

50. 潘忠岐. 利益与价值观的权衡——冷战后美国国家安全战略的延续与调整[J]. 社会科学，2005 (04)：40-48.

51. 彭光谦. 国际战略格局剧变中的美国国家安全战略[J]. 美国研究，1993 (4)：7-21.

52. 戚聿东，肖旭，蔡呈伟. 产业组织的数字化重构[J]. 北京师范大学学报 (社会科学版)，2020 (02)：130-147.

53. 戚聿东，肖旭. 数字经济时代的企业管理变革[J]. 管理世界，2020，36 (06)：135-152.

54. 萨米尔·阿明. 资本主义、帝国主义、全球主义[M] // 批判的范式：帝国主义政治经济学. 罗纳德·奇尔科特主编. 施扬，译. 北京：社会科学文献出版社，2001.

55. 萨缪尔·亨廷顿. 我们是谁？美国国家特性面临的挑战[M]. 程克雄，译. 北京：新华出版社，2005.

56. 萨缪尔·亨廷顿. 文明的冲突与世界秩序的重建[M]. 周琪等, 译. 北京: 新华出版社, 2010.

57. 宋国友. 中美贸易战: 动因、形式及影响因素[J]. 太平洋学报, 2019, 27 (06): 64-72.

58. 苏治, 荆文君, 孙宝文. 分层式垄断竞争: 互联网行业市场结构特征研究——基于互联网平台类企业的分析[J]. 管理世界, 2018, 34 (04): 80-100.

59. 孙成昊. 美国国家安全委员会的模式变迁及相关思考[J]. 现代国际关系, 2014 (01): 28-35.

60. 孙成昊. 特朗普执政后美国国家安全委员会的变化[J]. 现代国际关系, 2019 (11): 34-42.

61. 孙海泳. 论美国对华"科技战"中的联盟策略: 以美欧对华科技施压为例[J]. 国际观察, 2020 (05): 134-156.

62. 孙海泳. 美国对华科技施压战略: 发展态势、战略逻辑与影响因素[J]. 现代国际关系, 2019 (01): 38-45.

63. 谭云清, 李元旭, 翟森竞. 锁定效应、跨界搜索对国际代工企业创新的影响[J]. 研究与发展管理, 2017, 29 (02): 52-60.

64. 唐未兵, 傅元海, 王展祥. 技术创新、技术引进与经济增长方式转变[J]. 经济研究, 2014, 49 (07): 31-43.

65. 陶爱萍, 李丽霞, 陈宝兰, 刘志迎. 技术标准锁定与技术创新中的市场失灵研究[J]. 工业技术经济, 2013, 32 (09): 97-103.

66. 陶文钊. 美国对华政策大辩论[J]. 现代国际关系, 2016 (01): 19-28.

67. 特奥托尼奥·多斯桑托斯等著. 帝国主义与依附[M]. 毛金里, 译. 北京: 社会科学文献出版社, 1999.

68. 王道平, 方放, 曾德明. 产业技术标准与企业技术创新关系研究评述[J]. 经济学动态, 2007 (12): 105-109.

69. 王晶. 美国对华5G技术战的实质与对华遏制总体战略——一种政治经济学角度的分析[J]. 马克思主义研究, 2020 (10): 150-157.

70. 王岚, 李宏艳. 中国制造业融入全球价值链路径研究——嵌入位置和增

值能力的视角 [J]. 中国工业经济，2015 (02)：76-88.

71. 王振，惠志斌，徐丽梅，王滢波. 全球数字经济国家竞争力发展报告 (2019) [M]. 上海：上海社会科学院出版社，2019.

72. 吴春秋. 广义国家安全战略 [M]. 北京：时事出版社，1995：25.

73. 徐子沛. 大数据 [M]. 南宁：广西师范大学出版社，2013：15.

74. 约翰·米尔斯海默. 大国政治的悲剧 [M]. 王义桅，唐小松，译. 上海：上海人民出版社，2003.

75. 约瑟夫·E. 斯蒂格利茨. 全球化逆潮 [M]. 李扬，唐克，章添香，译. 北京：机械工业出版社，2020.

76. 詹姆斯·施莱辛格. 国家安全的政治经济学：当代大国竞争的经济学研究 [M]. 韩亚军，李韬，陈洪桥，译. 北京：北京理工大学出版社，2007.

77. 张宇燕，冯维江. 从"接触"到"规锁"：美国对华战略意图及中美博弈的四种前景 [J]. 清华金融评论，2018 (7)：24-25.

78. 张宇燕. 跨越"大国赶超陷阱" [J]. 世界经济与政治，2018 (1)：1-2.

79. 赵玉林. 高技术产业经济学 (第二版)[M]. 北京：科学出版社，2012.

80. 中国现代国际关系研究院经济安全研究中心. 国家经济安全[M]. 北京：时事出版社，2005：4-6.

81. 周大鹏. 制造业服务化研究：成因、机理与效应 [M]. 上海：上海社会科学院出版社，2010：36-48.

82. 周念利等. 特朗普任内中美关于数字贸易治理的主要分歧研究 [J]. 世界经济研究，2018 (10)：55-64.

83. 周琪，付随鑫. 美国的反全球化及其对国际秩序的影响 [J]. 太平洋学报，2017 (4)：1-13.

84. 周琪，付随鑫. 美国人工智能的发展及政府发展战略 [J]. 世界经济与政治，2020 (06)：28-54.

85. 周琪，意识形态与美国外交 [M]. 上海：上海人民出版社，2006：14-15.

86. ALAM N, GUPTA L, ZAMENI A. FinTech Regulation[M]. FinTech and Islamic Finance. Palgrave Macmillan, Cham, 2019: 137-158.

87. ALTENBURG T, SCHMITZ H, STAMM A. Breakthrough? China's and India's transition from production to innovation[J]. World development, 2008, 36(2): 325-344.

88. ANA F, MATTOO A, NGUYEN H, SHIFFBAUER M. The Internet and Chinese Exports in the pre-Ali Baba Era[J]. Journal of Development Economics, 2019, 138: 57-76.

89. ARTHUR W B. Competing technologies, increasing returns, and lock-in by historical events[J]. The economic journal, 1989, 99(394): 116-131.

90. AUTOR D H, Dorn D, HANSON G H. The China shock: Learning from labor-market adjustment to large changes in trade[J]. Annual Review of Economics, 2016, 8: 205-240.

91. AUTOR D, DORN D, HANSON G. The China Shock: Learning from Labor-Market Adjustment to Large Changes in Trade[J]. Annual Review of Economics, 2016, 8: 205-240.

92. BAIN J S. Barriers to New Competition[M]. Harvard University Press. 1956.

93. BAKVIS H, JUILLET L. The horizontal challenge: Line departments, central agencies and leadership[M]. Canada School of Public Service, 2004.

94. BALDUIN D A. Economic Statecraft[M]. Princeton: Princeton University Press, 1985.

95. BARRET M, DAVIDSON E, PRABHU J, VARGO S L. Service innovation in the digital age: Key contributions and future directions[J]. MIS quarterly, 2015, 39(1):135-154.

96. BENKLER Y. The wealth of networks: How social production transforms markets and freedom[M]. Yale University Press, New Haven, CT, 2006.

97. BERGER D, EASTERLY W, NUNN N. et al. Commercial imperialism? Political influence and trade during the Cold War[J]. American Economic Review, 2013, 103(2): 863-96.

98. BERGLUND J. AI tackles hospital infections: machine learning is helping clinicians[J]. IEEE pulse, 2018, 9(6): 4-7.

99. BLACKWILL R D, HARRIS J M. War by other means: Geoeconomics and Statecraft[M]. Cambridge, MA: Harvard University Press, 2016.

100. BLACKWILL R D, TELLIS A J. Revising US grand strategy toward China[M]. Council on Foreign Relations, 2015.

101. BOGDANOR, VERNON, ed. Joined-Up Government[M]. Oxford: Oxford University Press. 2005.

102. BOJNEC S, IMRE F. Impact of the Internet on Manufacturing Trade [J]. Journal of Computer Information System, 2009, 50(1):124-132.

103. BORENSTEIN S, SALONER G. Economics and Electronic Commerce[J]. Journal of Economic Perspectives, 2001, 15(1): 3-12.

104. BOUSTANY C W, FRIEDBERG A L. Answering China's Economic Challenge: Preserving Power, Enhancing Prosperity[M]. National Bureau of Asian Research, 2019.

105. BRESLIN S. China and the global order: signalling threat or friendship? [J]. International Affairs, 2013, 89(3): 615-634.

106. BRYNJOLFSSON E & KAHIN B, eds. Understanding the Digital Economy: Data, Tools, and Research [M]. Massachusetts Institute of Technology, Cambridge, MA, 2002.

107. BUCKLEY P J. The impact of the global factory on economic development[J]. Journal of World Business, 2009, 44(2): 131-143.

108. BUYYA R, YEO C S, VENUGOPAL S, et al. Cloud computing and emerging IT platforms: Vision, hype, and reality for delivering computing as the 5th utility[J]. Future Generation computer systems, 2009, 25(6): 599-616.

109. BYRNE M R. Protecting national security and promoting foreign investment: maintaining the Exon-Florio balance[J]. Ohio St. LJ, 2006, 67: 849.

110. CAMPBELL K M, SULLIVAN J. Competition without Catastrophe: How American Can Both Challenge and Coexist with China[J]. Foreign Affairs, 2019, 98: 96.

111. CAMPBELL-KELLY M, GARCIA-SWARTZ D, LAM R, YANG Y. Economic

and business perspectives on smartphones as multi-sided platforms[J]. Telecommunications Policy, 2015, 39(8): 717-734.

112. CAREY R, CARAHER M, LAWRENCE M, et al. Opportunities and challenges in developing a whole-of-government national food and nutrition policy: lessons from Australia's National Food Plan[J]. Public health nutrition, 2016, 19(1): 3-14.

113. CARLSSON B. The Digital Economy: what is new and what is not?[J]. Structural change and economic dynamics, 2004, 15(3): 245-264.

114. CHAD P B, Douglas A I. Trump's Assault on the Global Trading System And Why Decoupling from China Will Change Everything[J]. Foreign Affairs, Vol. 98, No. 5, 2019, pp. 125.

115. CHAGUAN. Globalisation under quarantine[J]. The Economist(London), 2020, 434(9183): 50.

116. CHEN K, CHEN J V, YEN D C. Dimensions of self-efficacy in the study of smart phone acceptance[J]. Computer Standards and Interfaces, 2011, 33(4): 422-431.

117. CHESNALS F. The Economic Foundations of Contemporary Imperialism[J]. Historical Materialism, 2007, 15(5):121-142.

118. CHRISTENSEN T, LæGREID P. The Whole-of-Government Approach to Public Sector Reform[J]. Public Administration Review, 2007, 67(6): 1059-1066.

119. CLARK I. China and the United States: a succession of hegemonies? [J]. International Affairs, 2011, 87: 1, pp. 13-28.

120. CLINTON B. A New Era of Peril and Promise[J]. US Department of State Dispatch Magazine, 1993, 4: 57-58.

121. COE D T, HELPMAN E, HOFFMAISTER A W. International R&D spillovers and institutions[J]. European Economic Review, 2009, 53(7): 723-741.

122. COOPER R N. Economics of interdependence: economic policy in the Atlantic community[J]. Economica, 1968, 37(146):216.

123. Copeland D C. Economic interdependence and war: A theory of trade expectations[J]. International security, 1996, 20(4): 5-41.

124. COPELAND D C. Economic interdependence and war[M]. Princeton University Press, 2014.

125. CSPAN, National Association for Business Economics Conference, Peter Navarro Remarks, March 6, 2017.

126. CURRAN J. China Syndrome[J]. The National Interest, January/February 2019, 49-57.

127. DANNEELS E. Disruptive Technology Reconsidered: A Critique and Research Agenda[J]. Journal of Product Innovation Management, 2004, 21(4): 246-258.

128. DE VILLIERS M. Reasonable Foreseeability in Information Security Law: A Forensic Analysis[J]. Hastings Comm. & Ent. LJ, 2007, 30: 419.

129. DORUSSEN H. Heterogeneous trade interests and conflict: What you trade matters[J]. Journal of Conflict Resolution, 2006, 50(1): 87-107.

130. DOYLE B. The Whole-of-Nation and Whole-of-Government Approaches in Action[J]. Interagency Journal, 2019, 10: 105-122.

131. DOYLE M W. Kant, Liberal Legacies and Foreign Affairs[J]. Philosophy and Public Affairs, 1983 (3): 205-235.

132. DREZNER D. Technological Change and International Relations[J]. International Relations, 2019, 33(2): 286-303.

133. EL S O, PEREIRA F. Business modelling in the dynamic digital space. An ecosystem approach[M]. Springer International Publishing, Heidelberg, 2013.

134. ELBRIDGE A C, MITCHELL A W. The Age of Great-Power Competition How the Trump Administration Refashioned American Strategy[J]. Foreign Affairs, Vol. 99, No. 1, 2020: 118-130.

135. ERDEI I. Cumulative convictions in international criminal law: reconsideration of a seemingly settled issue[J]. Suffolk Transnat'l L. Rev., 2011, 34: 317.

136. FARRELL H, NEWMAN A L. Weaponized Interdependence: How Global

Economic Networks Shape State Coercion[J]. International Security, Summer 2019, 44(1): 42-79.

137. FELS E. Shifting power in Asia–Pacific? The rise of China, Sino-US competition and regional middle power allegiance[M]. Cham, Switzerland: Springer, 2016, pp. 788.

138. FERNANDEZ-STARK K, GEREFFI G. Global value chain analysis: a primer[M]. Handbook on Global Value Chains. Edward Elgar Publishing, 2019.

139. FOOT R, KING A. Assessing the deterioration in China–US relations: US governmental perspectives on the economic-security nexus[J]. China International Strategy Review, 2019, 1(1): 39-50.

140. FOOT R. Chinese strategies in a US-hegemonic global order: accommodating and hedging[J]. International Affairs, 2006, 82(1): 77-94.

141. FOXLEY A, SOSSDORF F. Making the transition: from middle-income to advanced economies[M]. Washington DC: Carnegie Endowment for International Peace, 2011, pp. 18–19.

142. FRANK A G. Capitalism and Underdevelopment in Latin America: History Study of Chile and Brazil[M]. New York: Monthly Review Press, 1969, pp. 30.

143. FREEMAN R B. Globalization of scientific and engineering talent: international mobility of students, workers, and ideas and the world economy[J]. Economics of Innovation and New Technology, 2010, 19(5): 393-406.

144. FRIEDBERG A L. Competing with China[J]. Survival, 2018, 60(3): 7-64.

145. FRIEDBERG A L. The debate over US China strategy[J]. Survival, 2015, 57(3): 89-110.

146. FRIEDMAN B H. The Terrible 'Ifs' [J]. Regulation, 2008, 30(4): 2007-2008.

147. FU X, PIETROBELLI C, SOETE L. The role of foreign technology and indigenous innovation in the emerging economies: technological change and

catching-up[J]. World development, 2011, 39(7): 1204-1212.

148. FUHRMANN M. Exporting mass destruction? The determinants of dual-use trade[J]. Journal of Peace Research, 2008, 45(5): 633-652.

149. GAO P, GAO X, LIU G. Government-Controlled Enterprises in Standardization in the Catching-Up Context: Case of TD-SCDMA in China[J]. IEEE Transactions on Engineering Management, 2020, 68(1): 45-58.

150. GAO X. A latecomer's strategy to promote a technology standard: The case of Datang and TD-SCDMA[J]. Research Policy, 2014, 43 (3): 597-607.

151. GAWANDE K, HOEKMAN B M, CUI Y. Global supply chains and trade policy responses to the 2008 crisis[J]. The World Bank Economic Review, 2014, 29: 1-27.

152. GEORGE G, MCGAHAN A M, PRABHU J. Innovation for inclusive growth: Towards a theoretical framework and a research agenda[J]. Journal of management studies, 2012, 49(4): 661-683.

153. GEREFFI G, HUMPHREY J, STURGEON T. The governance of global value chains[J]. Review of international political economy, 2005, 12(1): 78-104.

154. GEREFFI G, MEMEDOVIC O. The global apparel value chain: What prospects for upgrading by developing countries[M]. Vienna: United Nations Industrial Development Organization, 2003.

155. GEREFFI G. Development models and industrial upgrading in China and Mexico[J]. European Sociological Review, 2009, 25(1): 37-51.

156. GEREFFI G. International trade and industrial upgrading in the apparel commodity chain[J]. Journal of international economics, 1999, 48(1): 37-70.

157. GILL I S, KHARAS H. The middle-income trap turns ten[M]. Washington DC: The World Bank, 2015. pp. 15.

158. GOH E. Contesting Hegemonic Order: China in East Asia[J]. Security Studies, 2019, Vol. 28, No. 3, 614-644.

159. GOLDSTEIN A. China's Grand Strategy under Xi Jinping: Reassurance, Reform, and Resistance[J]. International Security, Vol. 45, No. 1, Summer

2020, pp. 164-201.

160. GOWAN P. The Global Gamble: Washington's Faustian Bid for World Dominace[M]. Verso, 1999.

161. GROSS O, AOLÁIN F N. Law in times of crisis: emergency powers in theory and practice[M]. Cambridge University Press, 2006.

162. GROSSMAN G M, HELPMAN E. Innovation and growth in the global economy[M]. Cambridge, MA: MIT Press, 1993: 43-111.

163. HARDING H. Has US China policy failed?[J]. The Washington Quarterly, 2015, 38(3): 95-122.

164. HARGRAVE T J, VAN DE VEN A H. A collective action model of institutional innovation[J]. Academy of Management Review, 2006, 31(4) : 864-888.

165. HART J A, KIM S. Explaining the resurgence of US competitiveness: The rise of Wintelism[J]. The Information Society, 2002, 18(1): 1-12.

166. HASHEM I A T, CHANG V, ANUAR N B, et al. The role of big data in smart city[J]. International Journal of Information Management, 2016, 36(5): 748-758.

167. HAVERTZ R. Trump's Departure from Smart Power[J]. Zeitschrift für Außen- und Sicherheitspolitik, 2019, 12(1): 93-111.

168. HE K, LI M. Understanding the dynamics of the Indo-Pacific: US–China strategic competition, regional actors, and beyond[J]. International Affairs, 2020, 96(1): 1-7.

169. HEATH J. National security and economic globalization: Toward collision or reconciliation[J]. Fordham International Law Journal, 2019, 42(5), 1431-1450.

附　录

附表1　2018年各国数字经济创新指数分项（一级指标）得分

国家	数字基础设施	创新环境与法律保障	数字技术创新	国家	数字基础设施	创新环境与法律保障	数字技术创新
美国	72.99	91.71	72.34	冰岛	42.15	60.86	57.42
新加坡	80.46	76.61	69.59	西班牙	76.28	39.93	43.62
瑞典	71.81	79.31	72.13	葡萄牙	57.93	43.48	42.98
荷兰	73.81	80.26	66.32	斯洛文尼亚	48.31	35.47	53.64
芬兰	73.78	71.60	70.48	捷克	34.74	40.50	56.17
韩国	80.96	46.07	85.56	拉脱维亚	54.54	33.31	41.47
日本	74.66	64.94	72.95	匈牙利	59.95	25.04	43.62
丹麦	74.32	67.13	69.31	意大利	54.81	29.73	40.95
德国	62.64	78.50	69.54	泰国	51.47	40.41	30.99
英国	74.13	79.44	53.46	波兰	53.10	23.21	44.81
瑞士	62.88	74.54	66.38	土耳其	53.40	31.48	35.23
法国	71.73	63.72	59.99	俄罗斯	56.71	17.90	42.21
挪威	80.09	59.97	53.43	斯洛伐克	44.31	33.01	35.49
加拿大	70.87	69.09	51.30	印度尼西亚	34.95	50.61	16.74
澳大利亚	71.48	60.15	59.04	印度	28.49	42.31	25.63
中国	66.59	52.90	68.32	希腊	28.10	21.23	41.99
以色列	38.30	81.02	65.93	智利	20.57	42.04	25.41
爱沙尼亚	74.89	61.84	47.81	哈萨克斯坦	40.26	24.94	20.94
卢森堡	72.96	72.62	36.07	墨西哥	23.34	33.58	23.21
新西兰	62.75	70.28	48.05	埃及	39.45	20.46	18.66
奥地利	56.08	50.31	68.48	南非	18.90	34.59	19.22
马来西亚	58.74	74.27	41.43	巴西	14.16	26.90	28.13
比利时	61.97	45.73	64.50	哥斯达黎加	9.89	32.75	23.68
爱尔兰	49.23	63.33	53.65	哥伦比亚	19.58	21.23	17.73

续表

国家	数字基础设施	创新环境与法律保障	数字技术创新	国家	数字基础设施	创新环境与法律保障	数字技术创新
立陶宛	76.94	50.38	37.58	阿根廷	10.04	20.39	28.03

资料来源：作者根据测算结果整理制作。

附表2　2018年各国数字经济创新指数分项（二级指标）得分

国家	数字基础设施		创新环境与法律保障			数字技术创新		
	普及程度	安全保障	法律环境	创新环境	创新文化	创新产出	人才投入	研发投入
美国	61.23	84.75	80.30	96.38	98.45	66.92	64.74	85.36
新加坡	80.71	80.22	85.19	70.50	74.15	59.20	89.81	59.76
瑞典	82.02	61.60	73.00	70.68	94.26	49.76	73.26	93.37
荷兰	69.77	77.86	78.18	71.36	91.25	54.97	76.82	67.18
芬兰	75.49	72.06	80.75	75.73	58.32	45.35	82.10	84.00
韩国	86.37	75.55	53.10	50.28	34.82	67.87	89.03	99.77
日本	72.40	76.91	69.38	75.94	49.50	58.72	67.66	92.46
丹麦	77.43	71.21	72.07	55.16	74.16	38.19	80.18	89.54
德国	54.71	70.56	69.03	82.82	83.65	53.81	64.78	90.03
英国	62.78	85.48	75.10	80.27	82.96	52.05	56.38	51.94
瑞士	69.55	56.21	77.28	70.75	75.60	40.47	64.92	93.75
法国	59.92	83.53	63.04	80.38	47.74	52.18	59.44	68.35
挪威	81.03	79.15	72.98	63.38	43.53	41.07	55.15	64.07
加拿大	62.59	79.15	72.04	64.84	70.39	44.12	63.52	46.28
澳大利亚	64.18	78.79	71.17	49.84	59.43	42.04	77.81	57.28
中国	67.34	65.85	40.20	63.78	54.71	92.26	44.82	67.89
以色列	21.63	54.96	68.38	75.04	99.63	61.07	36.88	99.84
爱沙尼亚	68.36	81.42	74.79	50.01	60.72	40.88	61.29	41.27
卢森堡	67.87	78.05	82.63	68.00	67.24	30.08	43.34	34.78
新西兰	69.04	56.46	70.58	62.67	77.59	32.80	72.14	39.20
奥地利	46.78	65.38	62.23	52.22	36.49	39.82	74.42	91.20
马来西亚	38.15	79.33	72.95	57.69	92.18	60.45	22.17	41.67
比利时	61.39	62.56	44.53	58.50	34.17	38.78	69.71	85.02
爱尔兰	43.24	55.21	62.60	43.67	83.71	59.09	70.00	31.86

国家	数字基础设施		创新环境与法律保障			数字技术创新		
	普及程度	安全保障	法律环境	创新环境	创新文化	创新产出	人才投入	研发投入
立陶宛	71.96	81.92	55.98	38.40	56.75	36.74	50.33	25.68
冰岛	81.91	2.39	45.49	55.96	81.13	40.36	69.18	62.71
西班牙	72.70	79.86	48.42	54.65	16.72	38.49	57.53	34.82
葡萄牙	67.18	48.69	51.79	49.04	29.60	33.25	56.51	39.19
斯洛文尼亚	61.87	34.76	41.84	40.64	23.94	33.65	67.60	59.69
捷克	58.44	11.05	47.68	48.93	24.90	56.09	53.24	59.20
拉脱维亚	62.89	46.18	35.95	37.32	26.66	50.30	56.66	17.46
匈牙利	57.83	62.08	35.86	36.25	3.00	47.71	37.28	45.87
意大利	41.72	67.90	42.52	29.22	17.45	40.26	42.25	40.36
泰国	44.76	58.19	26.34	36.14	58.74	50.22	15.32	27.43
波兰	43.41	62.79	29.37	23.63	16.62	44.74	55.68	34.00
土耳其	35.37	71.43	33.26	25.07	36.12	31.62	47.93	26.15
俄罗斯	45.73	67.68	12.49	17.40	23.81	43.29	56.33	27.00
斯洛伐克	47.14	41.47	40.74	40.97	17.33	49.89	34.05	22.53
印度尼西亚	16.69	53.21	48.31	34.73	68.80	35.14	5.40	9.67
印度	17.95	39.03	26.90	47.74	52.29	55.43	3.55	17.91
希腊	49.37	6.83	34.34	19.72	9.61	34.79	58.31	32.86
智利	37.92	3.23	41.80	48.03	36.30	30.95	33.47	11.81
哈萨克斯坦	26.81	53.72	14.93	16.92	42.96	38.89	15.77	8.17
墨西哥	26.80	19.89	45.20	30.66	24.88	49.15	9.41	11.06
埃及	9.87	69.02	8.64	20.03	32.71	30.69	5.60	19.70
南非	13.62	24.17	31.11	29.25	43.43	31.42	3.71	22.52
巴西	16.28	12.03	25.94	25.18	29.57	40.95	7.73	35.70
哥斯达黎加	19.74	0.03	50.62	23.37	24.27	44.61	13.35	13.07
哥伦比亚	28.57	10.59	25.28	21.62	16.77	31.30	12.07	9.84
阿根廷	18.83	1.24	24.56	14.62	21.99	36.27	32.34	15.47

资料来源：作者根据测算结果整理制作。

后 记

本书记录了我和李征在2019—2021年这三年间对美国的科技与安全战略、中美经济关系以及中国数字经济发展的一些系统性的思考。由于这些领域的很多问题始终处在动态发展变化之中，因此很多思考目前看来不一定成熟，能够以专著的形式呈现出来，我们在倍感欣喜的同时也诚惶诚恐。

2018年中美"贸易战"爆发以来，各方对中美关系"质变"的讨论极为热烈。作为世界经济领域的学人，我和我的研究团队也高度关注美国对华战略的转变及其对中国经济的影响。两个事件对我们的研究起到了关键的"催化"作用。首先是2018年美国制裁中兴公司，中兴公司在付出了高昂的代价之后勉强通关；其次是2019年以来美国对华为公司采取的一系列超常规遏制举措，从软件、硬件乃至人员等不同维度全面"绞杀"华为。这使我们开始关注美国对华科技战略与政策的转变，以及这种转变对中国可能产生的冲击。

2019年初，在反复思考和酝酿之后，我以"5G通信时代美国对华'全政府'科技遏制战略与中国数字经济创新发展研究"为题，申报了当年的国家社科基金一般项目并有幸中标。刚好当时跟随我攻读博士学位的李征需要选择一个研究领域撰写博士学位论文。我将一部分研究任务布置给了她，并带领研究团队推进这项课题研究。为了更好地搜集资料，尤其是获得一手的调研数据，我申请并获得了2019—2020年度中美"富布赖特"访问学者项目的资助，于2019年7月飞抵美国首都华盛顿特区，在约翰斯·霍普金斯大学高级国际研究院

（SAIS）开始了为期一年的访问研究，其间走访了乔治·华盛顿大学、马里兰大学、彼得森国际经济研究所、布鲁金斯学会、哈德逊研究所等众多美国高校和科研机构，与众多美国学者开展了广泛而深入的学术交流，这对于本书的撰写起到了极大的帮助。李征也几乎与我同时赶赴美国，在内华达大学雷诺分校进行访问交流。我们师生俩一个在美国东海岸的华盛顿，一个在毗邻美国西海岸的雷诺，共同就本书宏大的主题展开研究。由于横跨数个时区，我们不得不错开时间，通过在线交流的方式讨论问题。现在想来，十分有趣。

2020年上半年在美国工作期间，是我思维活跃、十分高产的一个阶段。我陆续撰写了五篇文章，分别发表在《马克思主义研究》《国际经济评论》《国际金融研究》《现代国际关系》《东北亚论坛》等学术期刊上，其中的很多观点也一并收入了本书中。2020年8月和9月我和李征先后回国，随后开始进入项目研究的收尾阶段。我一边指导李征撰写她的博士学位论文，一边着手整理大量文献资料。文献的整理是枯燥的，这一点我和李征都深有同感，但是当框架思路搭建好，主要观点跃然纸上时，那种油然而生的自豪感又是令人无比喜悦的。2021年6月，李征完成了博士学位论文并顺利通过答辩。2022年3月，本项目的研究通过了国家社科基金的结项评审并被评为"优秀"等级。

2022年初，我在郑永年教授的邀请下，赴香港中文大学（深圳）国际事务研究院作访问学者和客座教授。在深圳工作期间，我不仅参加了大量的高水平学术研讨会，结识了更多的学界和业界同人，还得以接触到华为、腾讯、大疆等国内高科技行业的领军企业，这加深了我对国家科技战略和经济安全的认识。在此基础上，我又申报并获批了2022年度国家社科基金重点项目"中美科技竞争的驱动逻辑、演进态势及对我国经济安全的冲击研究"（项目批准号：22AGJ006）。在这个项目的研究过程中，我将此前对中美科技竞争和数字经济的研究深化、拓展至经济安全领域，试图构建一个全新的理论分析框架。在推进这个项目的过程中，我产生了很多新的想法并继续指导李征补充新的资料，尤其是跟踪拜登政府对华科技战略的变化，不断修订和完善以她博士论文为基础的书稿。经过一年多的筹备和打磨，本书得以最终出版。

付梓之际，我和李征向所有一直以来关注和支持我们开展学术研究的领导、老师、同事以及朋友们，致以诚挚的谢意！吉林大学经济学院的项卫星教授是我的授业恩师，也是本书的首位读者。项老师不仅通读了书稿，修订了许多谬误，还对书稿的写作提出了很多真知灼见。香港中文大学（深圳）国际事务研究院院长郑永年教授为本书的写作提供了很多帮助，尤其是开阔了我的视野，为本书的后续研究指明了方向。中国银行研究院副院长钟红研究员多年来始终鼎力支持我的学术研究，对本书的写作也助益良多。中国社科院美国研究所经济研究室罗振兴研究员和中兴通讯高级副总裁助理帅新平是我研究团队的核心成员，对项目的完成和本书的写作提供了有力支持。

此外，我还要感谢吉林大学经济学院的李俊江教授、李晓教授、杜莉教授、宋冬林教授、丁一兵教授、王倩教授、邵学峰教授以及史本叶教授等众多师友，他（她）们对我和李征的学术成长起到了至关重要的作用；感谢吉林大学国家发展与安全研究院的肖晞教授，是她带领我进入了国家安全学这一研究领域，并为本书的撰写提供了大量灵感；感谢复旦大学"一带一路"及全球治理研究院黄仁伟教授和同济大学政治与国际关系学院门洪华教授，两位师长多次邀请我参加高水平学术会议，并为本书的研究提供了大量高屋建瓴、思想深邃的建议；感谢中国社会科学院金融研究所的张明研究员以及世界经济与政治研究所的徐奇渊研究员和冯维江研究员，他们提出的意见与建议，令本书增色许多；感谢武汉大学经济与管理学院的余振教授和刘威教授、东南大学经济管理学院浦正宁教授以及香港中文大学（深圳）国际事务研究院的众多同事们，与他（她）们的讨论与相处是极具启发

后　记

和令人愉悦的！感谢世界知识出版社的车胜春编辑，他的敬业与专业使得本书得以顺利出版。感谢所有在研究道路上陪伴我们一路前行的良师益友！

李征是我首个毕业的博士研究生，这本书也是她出版的首部专著。她为本书的写作付出了大量的努力，但书中可能存在的错误与问题，均由我负责。本书付梓之际，她已赴福建江夏学院工作。对我而言，本书是一个研究项目的开始；对她而言，则是科研道路的起点。希望各位师友和学界同仁继续关注和支持她的成长，相信她也会用更加扎实的研究成果回馈大家的厚爱。

与李征及各位师友、同仁共勉！

王　达

2022年12月于深圳

图书在版编目（CIP）数据

美国对华科技竞争战略与中国数字经济创新发展研究/王达，李征著．—北京：世界知识出版社，2023.6
ISBN 978-7-5012-6607-4

Ⅰ．①美… Ⅱ．①王… ②李… Ⅲ．①科学技术—竞争战略—对华政策—研究—美国②信息经济—经济发展—研究—中国 Ⅳ．①G327.12②F492.3

中国版本图书馆CIP数据核字（2022）第234439号

书　　名	美国对华科技竞争战略 与中国数字经济创新发展研究 Meiguo Duihua Keji Jingzheng Zhanlüe Yu Zhongguo Shuzi Jingji Chuangxin Fazhan Yanjiu
作　　者	王　达　李　征
责任编辑	车胜春
责任出版	李　斌
责任校对	张　琨
出版发行	世界知识出版社
地址邮编	北京市东城区干面胡同51号（100010）
网　　址	www.ishizhi.cn
电　　话	010-65265923（发行）　010-85119023（邮购）
经　　销	新华书店
印　　刷	北京虎彩文化传播有限公司
开本印张	710毫米×1000毫米　1/16　25¾印张
字　　数	367千字
版次印次	2023年6月第一版　2023年6月第一次印刷
标准书号	ISBN 978-7-5012-6607-4
定　　价	98.00元

版权所有　侵权必究